每个人都面临着挫折和失败的可能,只要秉持不生气、不抱怨、不折腾的态度,随时观照自己,找回内心真正的力量,就会获得成功、幸福,就会活得开心、自在。

经典实用　全本珍藏

不生气 不抱怨 不折腾

与其生气，不如争气

与其抱怨，不如改变

与其折腾，不如努力

大全集

端木自在 ◎编著

平凡者工作生活的幸福秘诀
优秀者光彩照人的行事指南

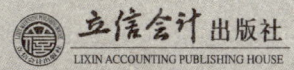
立信会计 出版社
LIXIN ACCOUNTING PUBLISHING HOUSE

图书在版编目（CIP）数据

不生气 不抱怨 不折腾大全集 / 端木自在编著. —上海：立信会计出版社，2011.12

（超值金版）

ISBN 978-7-5429-3184-9

Ⅰ.①不… Ⅱ.①端… Ⅲ.①人生哲学—通俗读物

Ⅳ.①B821-49

中国版本图书馆CIP数据核字（2011）第257925号

策划编辑　蔡伟莉
责任编辑　蔡伟莉　张　寻
封面设计　久品轩

不生气　不抱怨　不折腾大全集

出版发行	立信会计出版社			
地　　址	上海市中山西路2230号		邮政编码	200235
电　　话	(021) 64411389		传　　真	(021) 64411325
网　　址	www.lixinaph.com		电子邮箱	lxaph@sh163.net
网上书店	www.shlx.net		电　　话	(021) 64411071
经　　销	各地新华书店			

印　　刷	固安县保利达印务有限公司
开　　本	787毫米×1092毫米　　　　1/16
印　　张	25
字　　数	488千字
版　　次	2011年12月第1版
印　　次	2013年1月第4次
书　　号	ISBN 978-7-5429-3184-9/B
定　　价	29.00元

如有印订差错，请与本社联系调换

前　言

人的一生究竟要怎样度过？这恐怕永远也无法正确解答。许多人一生都在感叹：我这一辈子，没有一刻让自己安宁过。直到死时，才悟出一点道理：原来是自己"杀"死了自己。

一些人之所以感到处世艰难并不是因为外在的原因，而是自己的思维观念和处世方法出现了问题，愤世嫉俗、圆滑世故、投机取巧、烦闷、暴躁、怨忿、折腾等，好像整个世界都在跟自己过不去。

这个世界是很公平的，没有人一辈子都辉煌，也没有人一辈子都落魄，辉煌与落魄只是一时的，关键是看我们用怎样的心态面对。

智慧的人始终秉持不生气、不抱怨、不折腾的态度，积极进取，努力奋斗，为开创自己的美好未来而不断前行。

（一）不生气

人与人之间由于性格、修养、思维方式、生活方式以及所处的生活环境等不尽相同，发生某些摩擦或冲突是难免的，情感的冲动甚至失控的出现也可以理解。然而，若是经常处于容易冲动、点火就着的状态，则会使人的身心健康受到损害。《内经》说"百病生于气也"，是有道理的。近代科学研究证明，情绪失控、暴怒、大喜大悲等来自心理和情感的负面因素能击溃人体生物化学保护机制，使人体抵抗力下降，进而使人体为疾病所侵袭。

生气不仅会伤身，还会使人远离真理。也即是说，"气"不仅会危害个人，还会贻误事业。《三国演义》中的刘备怒气难抑，率兵讨伐东吴，结果被火烧连营，导致惨败。第四次中东战争中，以色列第190装甲旅旅长阿萨夫·亚古里与埃军第二步兵师先头部队遭遇时，因三次进攻均未成功，便恼羞成怒，把剩余的85辆坦克孤注一掷，结果中计惨败，在3分钟内这85辆坦克便毁于一旦。这样的例子古今中外举不胜举。

聪明人如果生气，则在情感失控、冲动的情形下，比普通人更危险一些。正如美国先哲爱默生所言："聪明人比庸人更懂得避免祸事；但在冲动的时候，聪明人吃的亏比庸人更大。"一个只会冲动的人是蠢人，一个能驾驭自己的情感，做到尽量不冲动做事的人是真正聪明的人。所以，你要想真正发挥自己智力的潜能，就要学习运用理智的原则驾驭情感、控制怒气。

不生气还是区分强者与弱者的方法之一。真正的弱者不在于战胜不了别人，而在于战胜不了自己。他们或多或少地充当着情感的奴隶，受着情感的驱使，少有克制自己的勇气和信心。真正的强者都是驾驭情感的高手，他们控制情感冲动、内心欲望的过程也正是战胜自我、超越自我的过程，而战胜了自我的人多为生活中的强者。所以弱者之弊正在于受取于情感。如果愤怒之时，你能冰释掉心中的火焰；消沉之时你能寻回奋斗的力量；无聊之时你能够将时间用于有意义的忙碌；空虚之时，你能够充实自我；懦弱之时，你能够找回信心，扬帆起程……那么，孤独、忧心、失望、丧气、沉沦永远不能搅扰你。东边是光明的彼岸，你扬帆向东，西边是成功的港口，你挥桨朝西，如此，你不为强者，谁为强者？

能否理智地驾驭自己的情感，也是一个人是否走向心智成熟的重要标志。感情用事者不仅会远离成功，还会因为自己的不成熟给别人带去伤害、给自己招来祸端。西楚霸王项羽不采纳亚父范增的建议，感情用事地放走刘邦，终难成大事，虞姬玉陨，霸王自刎。这样的例子不胜枚举。不把自己的意志强加于人，不因自己的悲喜而改变生活的原则，以宽容的态度对待别人的言行，以成熟的心智判断生活中的是是非非，这是一种高尚的人格修养，也是一种百炼成钢的大智慧。

(二)不抱怨

你觉得自己现在心情愉快吗？你数过自己每天会为几件事劳神费心吗？你是否经常抱怨碰到郁闷的事儿并因此牢骚满腹？

生活中，每个人都会面临不同的压力，每天都有人不是抱怨这个人就是抱怨那件事，甚至有的人从早到晚不停地抱怨：早上上班挤公车跟人吵架，心情不爽；合租的人一身烦人的生活恶习，不好明说；老板最近常给自己脸色看，内心纠结；老婆每天都会用琐事烦自己，没完没了……我们不仅会针对某个人，也会针对某件事抱怨，一旦找不到知心人倾诉心中的抑郁，我们就会在脑海里抱怨给自己听。长此以往，抱怨也就成了一种不自觉的习惯。

当抱怨成为坏习惯后，它就像紧箍咒一样令我们苦不堪言、无法自拔，对他人、对自己都没有任何好处。心灵一旦成了"抱怨"编织的牢笼，就会看谁都不顺眼，对任何事都不满。实际上，没有一种生活是完美的，或许真的是我们的心灵太过沉重了，需要减点压，放轻松。

遇到不顺心的事儿，发发牢骚、吐吐苦水很正常，但千万不要让负面的抱怨情绪和不顺心的状态把心情变得越来越糟糕，使心态变得更坏。比如，当你总是抱怨世界上没有一个好老板的时候，就已经在心里种下一个"不相信有好老板"的结论。即使遇到了相对好的老板，你也会从心底对他产生怀疑，这样一来，你还能在公司安心工作吗？如果给心灵减点压，换成另一种心态，以专注和感恩之心在职场工作，你就会自然营造出有利的工作氛围。

为什么我们总是活得很累？因为我们的压力太大了。过于沉重的心灵负担，让我们变得小心眼，过分在乎自己的付出，而没有看到自己的所得，或是偏执地认为自己的所得远远小于付出。

生活是一面镜子，不抱怨的人从镜子中看到的是不抱怨的生活，心灵轻盈的人看到生活总是绿树成荫、阳光倾泻。世界上每一件事都是公平的，得与失总是交替存在的。停止抱怨、放开心灵，让生活继续流动，让周围的一切不如意都因为你的不抱怨而改变。

"减压"真就是一种神秘的解药，它能治愈习惯抱怨的人，打扫每个人内心的垃圾，再把好心情传递给周围的人。给自己减压，给他人减压，给世界减压，这是我们都应该做的事。

不妨这样去想：如果因为自己的事抱怨，就试着学会接纳自己的错误；如果因为别人的事而抱怨，就试着把抱怨转化成宽恕。这样过了一段时间，你的生活便会有巨大的改观。

俄国有一句老谚语："打扫全世界，先从打扫你家门前的台阶开始。"给心灵减点压，就是一种不抱怨的智慧。每天保持这种智慧，不论在工作还是生活上，无论面对同事还是家人，你都会充满微笑，拥有一颗乐观、平和之心。

也许我们做不到永不抱怨，但至少应该让自己的心灵少一点抱怨，多一点轻松。拥有好心态从不抱怨开始，放下心灵包袱才能自在每一天。就让书中这些充满不抱怨智慧的故事，告诉大家如何正确驾驭自己的心灵和人生。

（三）不折腾

2008 年 12 月 18 日，胡锦涛总书记在纪念党的十一届三中全会召开 30 周年大会上的讲话中指出，只要我们不动摇、不懈怠、不折腾，坚定不移地推进改革开放，坚定不移地走中国特色社会主义道路，就一定能够胜利实现宏伟蓝图和奋斗目标。

会后，"不折腾"迅速成为热门话题。作为俚语，"折腾"可意译为胡闹、捣乱，也就是指翻来覆去、无事生非等，一般含贬义色彩。胡锦涛总书记所说的"不折腾"，是强调国家禁不起折腾，而对于我们个人来说，这句话有更深一层的意思：人生也是禁不起折腾的。

很多人喜欢没事找事做或找一些没做过的无聊之事去做，或与别人无理取闹。殊不知，这样没事找事，最容易引发大事，甚至造成伤害，不但害了别人，也害了自己。

很早以前,有一个没发生过灾害的国家。那里五谷丰登,人民安宁,即没有疾病流行,也无灾害发生,举国上下无忧无虑,一片歌舞升平的景象。

有一天,国王在宫殿中对大臣们说:"我听说天下有个叫灾祸的东西,种类很多,但不知道它到底长什么样子?"

众大臣也说:"我们也听说过,但都没见过它的样子。"

于是,国王派遣一位大臣去邻国购买灾祸。

天神遥知此事,便化作一位商人来到市场上,摆出一个外表看似猪形的怪物,用铁索紧紧绑住等在一旁,静候那位大臣到来。

果然,那位大臣来到了怪物前,停住脚步仔细看起来。问道:"这是什么怪物。"

商人说:"这是'祸母',能制造灾祸。"

大臣一听,非常高兴,心想:我可找到要买的东西啦。他连忙询问价钱,商人说价值千万。大臣问:"它以什么为食?"

商人说:"它以针为食,每日要吃一升针。"

大臣将一切打听仔细,便欢欢喜喜把"祸母"买回了国。从此以后,全国百姓停止了原来的工作,所有的人每天只做一件事,那就是到处找针,以喂养"祸母"。全国因喂养"祸母"却找不到足够针的而犯愁,没多久,整个国家变得官府混乱,人民动乱,五谷不收,病害肆虐,举国不安,百姓无以为生。这时,人们终于明白了:这就是灾祸。

国王没事找事买"灾祸",百姓没事找事养"祸母",最终受害的是国、家和自己。

在现在这个功利社会,没有一个人希望自己是一个庸庸碌碌的人,更不希望自己的一生无所作为,于是,一些人动起来了。教师扔下课本去卖茶叶蛋,孩子辍学去学做买卖,公务员撇下铁饭碗下海经商,商人抛开生意去当官……结果每个人都变得面目全非,在失败的泥潭中苦苦挣扎。

人的生命只有一次,它就像一块易碎的玻璃,稍不注意就会哗啦一声变成碎片。因此,我们的生命是禁不住折腾的。但是,我们毕竟只是凡人,不可能一生都只做正确的事而不做无意义的事,这就需要我们具备一定的人生智慧,尽量少做一些瞎折腾的事。

世上所有的人都有一个美好的心愿,那就是一辈子能平平安安、快快乐乐、健健康康、安安稳稳、轻轻松松地度过。要实现这个美好的愿望,就让我们从不生气、不抱怨、不折腾开始吧!

目录

不生气

目录

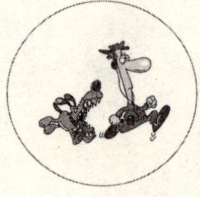

不抱怨

目录

不折腾

目录

目录

目录

不 生 气

　　在我们成长的过程中,肯定会遇到很多烦恼和不愉快。但是,在遇到烦恼和不愉快的时候,我们是一直因这些烦恼和不愉快所困扰而生气,整日沉浸在痛苦中;还是忘掉它,把烦恼和不愉快抛到脑后?相信大多数人会选择后者,不生气是做人做事的大智慧。

第一章

不生气，为小事郁闷不值得

生气，对自己、对别人都是有百害而无一利。尤其是当你为小事而生气时，不妨冷静地想一想：我这样做真的值得吗？

生气没有好结果

生活中，我们每天都会遇到很多让人心情不愉快的事，这些事情多数都是不起眼的小事，但有时候正是这些小事却能酿成一场大的灾祸。

新闻中曾报道过一起命案，事件的导火索竟然是开空调这样的小事。犯罪嫌疑人是一个22岁的小伙子，在餐馆就餐时要求开空调，遭到了女服务员的拒绝，两人就此开始争吵。经众人拉开后，小伙子愤然离去，不过他越想越生气，冲动之下就跑到商场里买了一把钢刀，回到餐馆对着这位跟自己同样年纪的女服务员连刺数刀，导致女服务员当场死亡。

这一时的生气和不冷静，毁了两个人的家庭，也毁了两个年轻人的未来。事后小伙子追悔莫及，但无奈事情已无可挽回，他因故意杀人罪被判处死刑。临刑之前，小伙子为了表达他悔罪的心意，同时也为了警示血气方刚的年轻人，他咬破手指，在纸上写下了"生气没有好结果"这几个字。

人在生气时，交感神经兴奋，通常会肌肉紧张，毛发竖起，鼻孔开大，横眉张目，咬牙切齿，双拳紧握……总之是调动了身体里所有的能量储备，这时的人就好比是一个炸药桶，一旦爆发，后果可想而知。

在民间，有一种"男戴观音女戴佛"的说法，这虽然在佛经上没有依据，却是中国人培养"做人不生气"这一好习惯的宝贵经验。男人多戴观音，是为了让阳刚之气中少一些残忍和暴力，多一些像观音菩萨一样的慈悲与善心；女人多戴弥勒佛，是为了让阴柔之气中少一些嫉妒和斤斤计较，多一些宽容和包容，像弥勒佛一样肚量宽广。如果这一美好的愿望能够实现，社会不就和谐了吗？家庭不就幸福了吗？

身上不戴观音和佛像，我们也可以做到为人理性不生气。清代的东阁大学士阎敬铭为了平时能浇灭心中的怒火和怨气，就写了一首文字朴实却道理深刻的《不气歌》：

他人气我我不气，我本无心他来气。

倘若生病中他计，气下病来无人替。

请来医生将病治，反说气病治非易。

气之为害大可惧，诚恐因病将命废。

我今尝过气中味，不气不气真不气。

"急则有失，气则无智"，遇事冲动、动辄生气，不仅有损身体健康，又容易让人丧失理智，做出一些疯狂的举动，令自己失去金钱、友谊甚至是生命。同时，经常冲动、爱生气的人，他的心脏、大脑和肠胃都会受到损害，严重者还会致死。

由此看来，生气实在是有百害而无一利、损人又不利己的愚蠢行为。我们遇事时千万不要生气，要用平常的心态、大度的胸怀、理智的思维去对待，把"生气"这个魔鬼赶得无影无踪。这既是正确的做人之道，也是和谐的处世之法。

我们遇事时千万不要生气，要以平常的心态、大度的胸怀、理智的思维去对待，赶走"生气"这个魔鬼，让它消失得无影无踪。

气坏身体损失大

俗话说："心不爽则气不顺，气不顺则疾病生。"身体健康就是人这一辈子最大的幸福，不管你有多么成功，拥有多少财富，如果身体不好、总是生气，日子就会过得不顺心。《圣经》上说："人若赚得全世界，却赔上自己的生命，又有什么益处呢？"只有调理好自我、不生气，保持健康的心态，你才能做什么事情都开心。

我们越来越关注自身的健康，也想方设法地寻求健康之道。如何才能拥有一个健康的身体呢？方法固然有很多，但最重要的还是要有一个不生气的良好心态。

马寅初在20世纪50年代提出人口论：中国960万平方公里国土，6亿人口正好，不能太多，人口多了以后，森林不够，土地不够，水资源也不够，粮食更不够。这个观点非常正确，结果却挨了批判，教育部部长等职被撤。要是换作另一个人，这么被打击还不要气死了？而马寅初却什么事也没有，反而写了一副对联自我欣赏："宠辱不惊闲看庭前花开花落，去留无意漫观天外云展云舒。"最后，他活到102岁，等到了平反的那一天。

《黄帝内经》中有这样一句话，叫"恬淡虚无，真气从之"，就是说心态平和，则正气存内，抵御外邪的能力就强，保持健康的机会就大。那些百岁老人，尽管他们的居住环境、饮食习惯、养生方法千差万别，但他们无一例外的都是心情豁达、恬淡的人。所以说，不生气的心态决定着一个人的健康状况。

唐代著名的医学家、养生家孙思邈，活了100多岁。据说他在109岁时写成了《备急千金药方》，139岁写成了《千金翼方》，其养生之道就是淡化对名利的追逐，内心不急不躁，保持"不生气"的心境。孙思邈认为不重视心态调节，只在服食药物等养生方法上下工夫，是绝对达不到健康长寿的目的。

孙思邈的养生方法称为"十二少"：少思、少念、少事、少语、少笑、少愁、少乐、少喜、少好、少恶、少欲、少怒。他认为人的七情六欲，是人难以回避的精神活动，如果放纵或者抑制都会对身体造成损害。为此，要做到适度，就贵在一个"少"字上，尤其是"气"和"怒"要有所节制，不可过度。

爱生气的人，由于陷入愤怒的情绪难于解脱，极易导致机体内分泌功能失调，使肾上腺素、去甲肾上腺素过量分泌，引起体内一系列有害的生理改变，诸如血压升高、心跳加快、消化液分泌减少、胃肠功能紊乱等，还有头昏脑涨、失眠多梦、乏力倦怠、食欲不振、心烦意乱等症状。紧张的心理会影响内分泌功能，内分泌功能的改变又会反过来增加人的紧张心理，形成恶性循环，危害身心健康。一旦不生气、放宽心，心理上便会经历一次巨大的转变和净化过程，诸多忧愁烦闷就能得以避免或消除。

"钞票诚可贵，生命价更高，若为健康故，万事皆可抛。"即使再有权再有钱，总是生气想不开，凭你有多少钞票，也买不来健康。一场大病袭来，万贯家财就会被席卷一空。健康不存在，谈何奋斗？健康是生活快乐的基础，对社会、家庭和每个人都至关重要。因此遇事不要生气，生气时学会消消气，才是我们生活处事的基本原则。

如何才能拥有一个健康的身体呢？方法固然有很多，但最重要的还是要有一个不生气的良好心态。

不要因为小事窝火

人与人相处，难免会发生矛盾与摩擦。当别人嘲讽你、攻击你时，你可以反唇相讥、针锋相对，但结果肯定是大家都生气。如果因为一些小事情而冤冤相报，是很不值得的。学会不为小事生气，用宽容的心去说服对方，你才能赢得对手与众人的尊重。

生意人最常说的一句话是"和气生财"，因为做生意只有脾气好一点，说话态度和气一些，顾客才会心里舒服，愿意买你的东西。相反，总是一副生气的表情，不仅赚不到钱，也很难做成大事。这正应了农村的一句谚语："好活计不如好脾气，好买卖全靠一张嘴。"

人的行为其实是可以相互影响的，如果你是一个面带微笑、讲话和气的人，别人跟你说话时也会客客气气的，语调也会很友好。如果你不会说和气话，别人也就不愿意对你态度好。

黄征两口子在一家饭店旁边开了一家小便利店。经常有顾客到黄征的店里买完东西后，就把车停在店门口，到饭店里吃饭。这天中午，黄征和妻子正在吃午饭，店门前来了一辆奔驰车，车子停到店门口，一位中年男人在黄征的店里买了一包中华烟，然后就要到旁边的饭店里去吃饭。

黄征的妻子见状，连忙跑出门叫住了那个男人："先生，麻烦你把你的车子移一下吧，你的车挡在我家的店门口了。"中年男人不想移车，随口说道："我吃完饭很快就回来，不耽误你们做生意。"黄征的妻子听完后很生气："你这个人怎么这样？开个奔驰有什么了不起，快点把车挪开。"中年男人也不示弱："你说对了，我就是很了不起。我爱停哪就停哪，你管得着吗？"两个人你一言我一语互不相让地吵了起来。两人越吵声音越大，周围的人纷纷驻足围观。有几个路人本来想来小店买烟，一看这架势便纷纷绕道往别处去了。

黄征一见这种情况，赶紧从店里走了出来，对妻子说："行了，咱们开门做生意讲究和气生财，犯不着为这点小事和客人吵架。"随后，黄征从口袋里掏出一包中华烟微笑着递给中年男人："先生，不好意思，我老婆她脾气不太好，还请您多担待。"

中年男人接过烟，没有说话。黄征接着说："这车真不错，你一定是大公司的老板吧？""也不算太大。"中年男人的语气已经缓和多了。"别谦虚了，您的公司怎么也比我们这家小店强，我们也就是在北京混口饭吃。"黄征说。

"都一样，大家都不容易……"那男子把手中的烟还给了黄征，看了看自己的车说,"我的车停在这里,确实会影响你的生意,我给倒开吧。"黄征赶紧跑到车后面,指挥着"倒,倒,倒……停",协助他重新停车。就这样,一场冲突平息了,一切又恢复了正常。

作为生意人,最忌讳的就是与顾客针锋相对地争吵。当顾客情绪激动的时候,你不应该告诉顾客他错在了哪里,而是要避其锋芒,先稳定住顾客的情绪,再让顾客心平气和地听自己讲道理。

面对中年男人的不合作态度,黄征的妻子选择用感性的方式来解决问题,毫不掩饰自己的气愤,结果双方越说越僵。而黄征则非常理性和圆滑,尽管事情错不在自己,他还是本着"以和为贵"的原则,控制住自己的脾气,努力促使事态向着缓和的方向发展。他以和气的口吻与中年男人沟通,求得对方的理解和让步,使事情得以顺利解决,车挪开了,生意继续做,双方皆大欢喜。

生活中,我们经常也会遇到类似的情况。当他人的做法不合理、甚至不讲理时,如果一味地采用强硬的态度、责问的方式去沟通,只会激起对方的抵触情绪,结果事情越闹越僵,一旦出现不可收拾的局面,对双方都没有好处。

做人,就要有好脾气,学会说软话。只要是不涉及原则利益的问题,就要使气氛尽量和谐一些,不要因为一时之气引起冲突而影响大局。

别为自己的长相而烦恼

菲律宾外长罗慕洛由于身材矮小,一直自惭形秽,为了不被别人歧视,他经常穿高跟鞋走路。但是他毕竟只有一米六左右的身高,穿上高跟鞋又能有多高?这样做的结果,只能是引来更多人的嘲笑。

人的相貌都是天生的,既然没有机会去选择,洒脱一点岂不更好?终于有一天,罗慕洛意外得知自己的身高超过拿破仑,之前对于身高的烦恼全都消失了。他开始勇敢地面对现实,脱下高跟鞋,发誓永不再穿了。

当罗慕洛不再计较自己的身高之后,便把全部精力用在了工作上,最终取得了令人瞩目的成就,成为著名的政治活动家、联合国的发起人之一。

当有人问他为什么不再为身高生气时,罗慕洛坦率地说:"如果我长得高大英俊,那我讲出的话不管多有水平,人们都会认为是理所当然的。但是我现在其貌不扬,别人很容易认为我没有什么水平,这时候我再讲出有水平的话,别人就会大感意外,对我刮目相看了。"

白皙的肌肤、清秀的容颜、丰腴的胸部、优雅的表情、匀称的身材加上残缺的双臂,这就是希腊神话中爱与美之神——维纳斯。维纳斯的雕像是一件不寻常的杰作,在古代西方艺术史上占有重要的地位。它之所以能有如此巨大的魅力,就是因为那残缺的双臂,给人留下了充分的想象空间,彰显出一种神秘感,透出摄人心魄的缺憾美。

生活中,人人都有缺陷,事事都不完美。如果做人做事都追求完美,就无异于自寻烦恼、自讨苦吃。

有这样一个笑话,说的是一个男人来到一家婚姻介绍所找对象。进门后,男人看见面前有两扇小门,一扇上写着"美丽的",另一扇上写着"不太美丽的";男人推开"美丽"的门,面前又是两扇门,一扇上写着"年轻的",另一扇上写着"不太年轻的";男人推开了"年轻"的门,面前又有两扇门,一扇上是"聪明的",一扇上是"不太聪明的"……就这样一路走下去,男人先后推开了8道门,当他来到最后一道门前时,门上只写着一行字:您喜欢的女人过于完美了,还是到天上去找吧。

这个笑话说明一个道理:世界上没有十全十美的人,也没有绝对完美的事。因此,我们不要过分追求完美,尤其是对于自身的相貌。

有个樵夫在山上砍柴时,捡到了一块很大很漂亮的玉,他非常喜欢。但是,让樵夫觉得可惜的是,这块玉上面有一些小瑕疵。樵夫心想,如果能把这些小瑕疵去掉的话,这块玉就完美无瑕了,到时候就会非常值钱了。于是,他把玉敲掉了一个小角,但是瑕疵仍在;再去掉一角,瑕疵依然有……最后,瑕疵是被去掉了,但玉也被敲得支离破碎了。

爱美是人的一种天性,人也正是在这种爱美之心的驱使下,不断完善自己,使镜子中的那个人看起来越来越好。但凡事都要适度,对长相上的缺陷耿耿于怀或者暗自生气,就大可不必了。要知道,完美只是一句极具诱惑力的口号,是一个漂亮的陷阱。

大度的人不生气

一个人品格的形成,大体上要经历三个阶段:

第一阶段是"不大度",年少轻狂时,好胜心极强,什么都要和别人比高低、争输赢。

第二阶段是"比较大度",人生经验丰富之后,开始知道"量小失众友,度大集群朋"等至理名言的深奥之处,于是学会了对人对事宽容大度。

第三阶段是"非常大度",阅历更丰富,心态变得平和,真正明白了"大度为上"

的人生哲理，因而在处理人际关系时，更加虚怀若谷与豁达开朗。

从以上三个阶段不难看出，若想做人不生气，只靠智慧和机遇是远远不够的，还必须要有大度的胸怀。"量大好做事，树大好遮阴"，如果一个人心胸大度，凡事以大局出发，就能博得众人的认同，事业上便会前途似锦。

春秋时期，齐襄公被杀后，公子小白和公子纠为争夺王位明争暗斗，鲍叔牙与管仲各为其主，一个帮助公子小白，一个帮助公子纠。双方智斗时，管仲还用箭射中了小白衣带上的钩子，令小白险些丧命。后来小白抢先回国，做了齐国新国君，即齐桓公。

齐桓公执政后，任命鲍叔牙为相国。鲍叔牙心胸宽广，坚持把好友管仲推荐给齐桓公，并解释说："只有管仲能担任相国要职，我有五个方面比不上管仲：宽惠安民，让百姓听从君命，我不如他；治理国家，能确保国家的根本权利，我不如他；讲究忠信，使百姓为国家效力，我赶不上他；制订礼仪，使各国都来效法，我不如他；指挥战争，使百姓更加英勇，我不如他。"齐桓公是个宽容大度的人，不记私仇，采纳了鲍叔牙的建议，重用管仲，任命他为相国。管仲担任相国后，协助齐桓公在内政、经济、军事等方面进行改革，使齐国在数年之间就成为中原地区的强国，齐桓公也因此成就了"九合诸侯，一匡天下"的春秋霸业。

古往今来，那些能干大事、能取得成就的人，无一不是胸怀大度的人，宽容大度、虚怀若谷、以德报怨，是他们的共同品质。

美国开国总统华盛顿连任一届总统后，便坚持不再连任。离任时，他兴致勃勃地出席告别宴会，频频向人们举杯祝福。次日，他又参加了新任总统亚当斯的宣誓就职仪式。然后，挥一挥礼帽向大家告别，坦然地回到了家乡的维农山庄。

大度是大气、大方、大量，是开阔的胸襟、博大的胸怀，是用不生气来笑看成败得失，容忍冷嘲热讽。"君子量大，小人气大；君子不争，小人不让；君子和气，小人斗气；君子助人，小人伤人。"

三国时，袁绍手下的谋事陈琳写了三篇檄文，不但把曹操本人臭骂一顿，而且还骂到曹操的父亲、祖父的头上。曹操当时气得火冒三丈，但是袁绍兵败后，曹操不仅没有杀掉陈琳，反而不计前嫌，委以重任。曹操因为有善纳言、心胸广、能容忍的大气度，让一大批文人武将聚集到了自己的身边，为雄踞中原打下了坚实的基础。

胸怀大度是一种高尚的品质，它是智慧、人格、品德和情操相结合的产物。大度者严于律己，宽以待人，能虚心接受批评、意见，能对误解、诽谤不生气，付之一笑。这种心胸，正是干大事者所必备的素质。

有理也应让三分

我们平时与人打交道时，要学会以理服人，没理时不能蛮不讲理，有理时不要得理不饶人。没理时还蛮不讲理的人，似乎很少见，许多人或许是没有意识到自己"无理"，才会趾高气扬。

"服务员，你过来一下！"一位顾客高声喊道，指着面前的杯子生气地说，"你看看，你们的牛奶是坏的，把我这杯红茶糟蹋了。"

"哎呀，真对不起。"女服务员赔笑道，"我立刻给您换一杯。"

新泡的一杯红茶很快就准备好了，碟子上放着新鲜的柠檬和牛奶，跟之前的一模一样。女服务员走到顾客面前，轻声地说："先生，喝红茶时如果同时放入柠檬和牛奶，有时候柠檬酸会造成牛奶结块。"说着，女服务员亲自示范了一下，果然牛奶结块了。

顾客的脸一下子红了，不自然地喝了一口红茶，尴尬地对服务小姐说："明明是我错了，你为什么不明说呢？"

"毕竟您是客人嘛。无论出现什么情况，我们都要努力让客人满意，更何况这件小事也用不着大声嚷嚷，这样让您多不好意思呀！"服务小姐微笑着说。

在往后的日子，这位客人经常会来店里喝红茶，并且和颜悦色地与服务小姐寒暄聊天。

不急不躁的解释，远比反唇相讥效果更好。许多人在没理的时候会低下头，但在有理的时候却不依不饶。其实，"理直"的情况下，更要用"和气"来化解矛盾和误会。"理直气和"更见涵养，更显风度。

故事中的服务小姐轻声提醒顾客，点明了"牛奶变质"的真实原因。顾客本来是在气头上，经过这一点拨，马上觉得自己理亏，气便很快就消了。试想，如果当时服务小姐理直气壮地跟顾客说理，顾客还会愿意听她的解释吗？结果必然是顾客不仅会偏执不信，还会更加气愤，这样一来餐厅会从此失掉一位顾客，也间接影响餐厅的口碑和生意。

所以说，遇事时无论对方有没有道理，我们都要摆出先礼后兵、不气不恼的态度，争取最佳的沟通效果。

一个健康和谐的社会离不开忍让。国与国之间没有忍让，就会兵戎相见；人与人之间没有忍让，就会拳脚相加；夫妻之间没有忍让，总是为小事计较不已，再深厚的感情也会渐渐消失，又岂能"执子之手，与子偕老"呢？

一位老妇人在自己金婚纪念日那天，向来宾道出了她保持婚姻幸福的秘诀。

她说:"从我结婚那天起,我就准备列出丈夫的10条缺点,为了我们婚姻的幸福,我向自己承诺,每当他犯了这10条错误中的任何一条的时候,我都愿意容忍和原谅他,即使他真的做错了。"

有人问老妇人,那10条缺点到底是什么呢,老妇人回答说:"老实告诉你们吧,50年来,我始终没有把这10条缺点具体地列出来。每当我丈夫做错了事,让我非常生气的时候,我就会马上提醒自己:算他运气好吧,他犯的是我可以原谅的那10条错误当中的一个。"

无论是在婚姻的旅程中还是在人生的旅途中,面对生活中的一些磕磕绊绊,如果能像那位老妇人一样,学会有理也能让三分,学会真心宽容和包容,幸福就会一直陪你到老。

解气的方法有很多种

生活中,对于他人的冒犯,我们不仅要学会不生气,更应当以智慧的方式予以还击。

在北京的一个批发市场里,有一对湖北来的两口子服装生意做得特别好。周围的服装摊贩都嫉妒他们,时常有意无意地把垃圾扫到他们的店门口。湖北两口子只是笑笑,把垃圾都扫到自家的角落里。旁边批发鞋帽的摊主观察几天后,忍不住问:"大家都把垃圾扫到你这里来,你为啥不生气,反而把垃圾都堆到自己屋里?"

湖北两口子故意大声地说:"在我们老家,过年的时候大家都会把垃圾往家里扫,垃圾越多代表赚钱越多。现在每天都有人送钱到我们这里,怎么好意思拒绝呢?你看我的生意不是越来越好吗?"

这番话传出去后,垃圾就不再出现了。既然送垃圾就是"送财",周围的服装摊主当然不愿意"送财"到湖北两口子家里。这对湖北夫妇用他们的智慧,巧妙回击了别人的恶意。

该说的留一句,不该说的千万莫开口。在发表态度、观点之前先克制怒气,冷静下来,考虑周全后再说,不轻易说出伤害他人的话,更不能骂人。一旦开口辱骂对方,"人民内部矛盾"便容易直接转化为"敌我矛盾",使关系进一步恶化。

如果能够在日常生活中少引起矛盾、多化解争执,你的人际关系就会越来越融洽,办事也容易成功。相反,如果你总是出口伤人,凭一时之气大吵大闹,不仅容易破坏人际关系,还会阻断财路。

富弼，是北宋年间与包拯、欧阳修、胡暖齐名的政治家。富弼为人胸襟开阔，当了宰相后，经常教育子孙说："做人要大度，'忍'字是众妙之门。如果在清廉和节俭之外，再加上容忍，有哪一事办不好呢？所谓'相'就是像土地那样要包容万物，像妇女一样忍耐持家。"富弼就是靠着这个"忍"字，在宰相的位子上坐得四平八稳。

有一次，同朝的一个官员因为某事辱骂富弼，骂得非常难听，而富弼却像没有听到一样，专心地做自己的事。一个与富弼关系很好的官员实在听不下去了，就对富弼说："你一定要好好整治他一下，出出这口恶气。"富弼满不在乎地说："他是在骂别人吧。"这位朋友很不理解地问："指名道姓地骂你，怎么会是骂别人呢？"富弼轻描淡写地说："那也不一定啊，天下同名同姓的人多了。"后来，这个辱骂他的人知道了此事，感到非常羞愧，主动向富弼道了歉。

被人当面骂，却听而不闻，富弼的这种"忍耐"真的达到了一定的境界。试想，如果那人骂一句，富弼回敬一句，如此唇枪舌剑、"礼尚往来"，必然会加剧矛盾，也有损富弼的形象。用这种熟视无睹的方式，既能让对方自惭形秽，又能维护自己的形象，何乐而不为呢？

第二章

忍一忍，前方道路更平坦

对某些不公平的事不理会、不计较，并不是窝囊，而是一种宽宏大量。懂得遇事先忍一忍的人，无疑是成熟和明智的人。

眼光放远一点

春秋时期，吴国国王寿梦准备攻打楚国，遭到大臣的反对。吴王很生气，在召见群臣时警告说："有谁胆敢阻止我出兵，就将他处死！"

尽管如此，还是有人想阻止吴王出兵。王宫中一个青年侍卫官想出一个好办法：每天早晨，他拿着弹弓、弹丸在王宫后花园转来转去，露水湿透了他的衣鞋，接连三天都是如此。吴王很奇怪，问道："这是为何？"侍卫道："园中的大树上有一只蝉，它一面唱歌，一面吸饮露水，却不知已有一只螳螂在向它逼近；螳螂想捕蝉，但不知旁边又来了黄雀；而当黄雀正准备啄螳螂时，它又怎知我的弹丸已对准它了呢？它们三个都只顾眼前利益而看不到后边的灾祸。"吴王一听很受启发，随后取消了这次军事行动。

这个故事揭示的道理在于：对于人来讲，不可知的东西太多了，许多事往往用尽心思仍一无所得，所以曹雪芹在《红楼梦》中有"机关算尽太聪明，反误了卿卿性命"这样的感慨。

假设你是皇子中的一员却不是太子，心里很想当皇帝，你该怎么办呢？最直接

的做法就是"取而代之"。你跃跃欲试、招兵买马，决定在某个绝好的时机下手，逼父皇退位，自己继承皇位，然后把兄弟打发到老少边穷地区，找机会将太子除掉，这样你就能"一统江山，千秋万代"了。

这个计划想得倒是很好，但是实际结果是你很可能以"大逆不道"的谋反罪名被拉出去砍头。中国两千年封建历史上能够"一站式夺权"的成功者不到10人，李世民、李隆基和朱棣虽然都是幸运儿，但是夺权过程也是惊心动魄、命悬一线，除了要有军师良将，更要有天大的好运气才能成事。像这种成功率在5%以下的风险投资，最好还是"非诚勿搞"。既然直接的不行，你又那么想戴皇冠、穿龙袍，就不妨慢慢来，走"曲线救国"的路子，凭自己的办事能力和不露痕迹的马屁逐渐得到父皇的赏识，如果还能生个"好圣孙"，就能为自己正式越级转正增添很大的筹码。总之硬得不行咱就来软的，巧干要远远胜过蛮干，有技巧地做事会让你回报颇丰。历史上，巧取皇位的经典案例，非清朝的雍正皇帝莫属。

爱新觉罗·胤禛是康熙的第四个儿子，年轻时跟着父皇游江南，并奉旨祭曲阜孔庙、盛京祖陵，亲征噶尔丹、征掌正红旗大营，算是康熙比较赏识的一个儿子。不过康熙的孩子众多，成年的阿哥就有24个。相对于当了近40年太子的二阿哥、精通经史的三阿哥、贤名远扬的八阿哥和康熙最钟爱的"大将军"十四阿哥，素有"冷面王"之称的胤禛优势并不明显。胤禛很聪明，表面上韬光养晦，在父皇面前一副物欲无争的姿态，背地里却扶植自己的势力、培养"四爷党"，像"死党"年羹尧、十三皇子胤祥、舅舅隆科多，都在他获得皇位的过程中发挥了重要作用。接下来，胤禛开始一系列颇有"老爸风范"的大手笔：在江南"煽动"灾民闹事，软磨硬逼掏走地方官和富商二百多万两银子筹款赈灾；追讨国库欠款，逼老臣子上吊，逼皇子王爷变卖家当；借刑部冤案隔岸观火，让八阿哥和太子斗得两败俱伤；借年羹尧之手使太子再度被废。由于自己的做事魄力、人脉积累和儿子弘历深得康熙喜爱，康熙死后，44岁的胤禛终于坐上了梦寐以求的皇帝宝座。

甭管是康熙亲传还是坊间谣传在隆科多的帮助下篡诏夺位，胤禛凭着自己的巧干，获得了想要的位子。这跟在职场里往上爬的技巧差不多，想一步到位、功名显赫是不现实的，你需要用"处下"的智慧巧妙赢得上级的心，再加上能力、气质和人脉的积累，时机恰当自然就能顺利出头。

耐得住寂寞，经得起诱惑

公元676年，中国历史上最伟大的禅师慧能大师决定出山弘法，他最先去了法

性寺。在那里,他看到两个和尚在飘动着旗子的旗杆下面争论不休。一个和尚大声叫道:"明明就是旗子在动嘛。这还有什么好争论的。"另一个和尚反驳说:"没有风,旗子怎么会动?明明就是风在动嘛。"

两人谁也不服谁,周围很快聚了一堆看热闹的人,大家都议论纷纷、莫衷一是。大师摇了摇头,又叹了口气,走上前去对人们说道:"既不是风动,也不是旗子动,而是你们大家的心在动啊。"

人就是这样一种奇怪的动物,都希望能过得平静、幸福,可日子真过得平平静静的话,又会不甘寂寞,就像那两个和尚,对外面的花花世界"心动"。

过去,这个风动还是幡动的故事,常常被当作批判唯心主义的靶子,但这其实是禅宗里面一个著名的公案。它是告诫佛家僧众,面对外面世界的精彩,要能做到熟视无睹甚至是物我两忘,这样才能潜心向佛,早成正果。

做人也大抵如此。人要在滚滚红尘里、横流物欲中、功名利禄下、美色诱惑前,保有不生气的心态、超然的情怀,视若无物,才能静下心来做事。一般的人耐不住寂寞,耐得住寂寞的则不是一般的人。古往今来的智者贤者、成功者,都是耐得寂寞、安于平静的。

著名医学家李时珍耐得27年的寂寞,写下了医学巨著《本草纲目》;司马迁在屈辱中耐得寂寞,终有纪传体史学的奠基之作《史记》问世;文学巨匠列夫·托尔斯泰为了能静心完成巨著《复活》,吩咐仆人对外宣布他已死亡;作家苏童成名之后,上门的采访者、崇拜者络绎不绝,各种笔会、研讨会的邀请如同雪花般飞来,苏童却很冷静地表示门外的繁华与自己无关;2002年度诺贝尔文学奖得主匈牙利作家凯尔泰斯,一向拒绝采访,不出席各种会议,以至几种版本的《世界文化名人辞典》都查不到他的名字。

在喧嚣而躁动的世界里,一般人是很难耐得住寂寞的,因为滚滚红尘中有太多的诱惑,残酷现实中又有太多的羁绊,因此使得人们的心饱受世事的碾压。但是,成就一番事业又必须能耐得住寂寞,十年寒窗、十年面壁、十年磨一剑……寂寞是锻炼人意志的一种方法,也是孕育成功的一个环境。

软件业的民族英雄求伯君当初为了编写WPS,从1988年5月至1989年9月,把自己关在深圳某旅馆的一个房间里,夜以继日地工作。两耳不闻窗外事,只要是醒着,就不停地写。什么时候困了,就睡一会儿,饿了就吃方便面。在这16个月中,求伯君始终是孤独的。有了难题,不知道问谁,解决了难题,也没人分享喜悦。但他还是耐住了寂寞,完成了后来一举成功的WPS。

某文坛巨匠说:"我们有许多研究学术的,搞创作的,吃亏在不能耐得寂寞,总是怕别人忘记了他。由于耐不得寂寞,就不能深入地做学问,就难有所成。"前苏联作家法捷耶夫就是这样,虽然在29岁就登上苏联文坛,并凭借《青年近卫军》一书而当上了苏联作协主席。但是，自此以后，因为他忙着出访、开会、作报告，就再也没有写出一篇小说。

"十年寒窗无人问，一举成名天下知"，这句俗话从一个侧面表现了寂寞与成功的关系。名人之所以出名，那是因为他们能够在无人问津的寂寞中坚持做事情。钱钟书先生的《管锥篇》是一部体大思精、必然传世的学术力作，但却是他在"文革"时被下放到干校期间完成的。从1969——1972年，整整3年的时间里，钱锺书"不以物喜，不以己悲"，在默默无闻的状态下，一字一句地写成了《管锥篇》。

"圣人韬光，贤人遁世"，要想成才、成功、成大气候，除本身的天资、才能、毅力、见识等因素外，甘于淡泊、耐得寂寞则是不可或缺的重要条件。因为人生短暂，时间和精力有限，如果不甘于寂寞，沉溺于花花世界之中，就不可能有足够的时间和精力作保证，就难于在学业或事业上有所成就。

明朝的文征明自小并不聪明，字也写得不好，但因为耐得寂寞、学习刻苦，最终跻身江南四大才子之列。当别人或饮酒闲聊、啸歌相乐，或品茗对弈、消磨时光的时候，只有文征明不凑热闹，独自在一旁读书写字。他每天临写《千字文》，要足足完成十大本才罢休。功夫不负有心人，几年后，文征明的书法就远近闻名，购求他书画的人踏破门坎。

我们每个人都是凡夫俗子，都要食人间烟火，不可能"跳出三界外，不在五行中"。但我们应该在外在世界和内心世界两者之间，找到一个平衡点。有了这种平衡点，我们就会少一些浮躁，多一分安静，就不会被宴请、聚会、考察、报告、旅游这些热闹的场面所包围了，就不会被扑克、麻将、彩票这些诱惑迷了心窍。面对功利、奢华、喧嚣，保持平和与淡然的心境，这才是做事应有的心态。

傅雷先生是中国文学艺术史上著名的翻译大师，他博古通今、学贯中西的学术修养，被学术界称为一两个世纪也难得出现一位的巨匠。傅雷不仅在翻译方面，而且在文学、绘画、音乐等各个艺术领域，都有极渊博的知识。他自己没有弹过钢琴，却能培养出傅聪这样一位世界知名的钢琴家。他没有学过专业美术绘画，却能够赏识当时并不出名的著名国画家黄宾虹，显示出其独特高超的艺术鉴赏力。

傅雷为什么能有如此"天才"呢？他的成功就是来源于他的寂寞。傅雷的儿子傅聪曾经这样评价他的父亲："我父亲是一个文艺复兴式的人物，一个寂寞的先知；一头孤独的狮子，愤慨、高傲、遗世独立……"至于傅雷本人，也曾一再告诫儿子傅聪"要耐得住寂寞"。

奥地利作家斯蒂芬·茨威格写的小说《象棋的故事》里面，主人公叫琴多维奇，他曾被纳粹单独关进一房牢房里面。被寂寞和孤独折磨得几乎崩溃的琴多维奇乘提审的时候偷了一本书，但是他做梦也想不到，他冒险偷来的竟是一本他自己一点也不感兴趣的棋谱。为了打发无聊的时光，对象棋一窍不通的琴多维奇开始静下心研究这本棋谱,翻来覆去研究了无数遍,并自己和自己下棋。在度过了一年极其孤独的囚禁生涯后,琴多维奇意外地成为了世界级的象棋大师。

这个故事也说明,只要能耐得住寂寞,全身心地专注于某行事业,就能取得骄人的成绩。齐白石成名之后,有人就问他是如何从一个乡下木匠成为一代国画名师的,齐白石的回答是:"作画是寂寞之道。耐得寂寞,百事可做。"要成就一番事业,实现人生追求,需要独善其身、耐得寂寞,远离诱惑,敬谢浮名,认认真真做事,踏踏实实做人。这就是齐白石以及所有大师的成功之道。

忍一时者谋全局

西汉名将韩信年轻的时候,有两种爱好,一是钓鱼,一是剑。有一天,韩信带着一把长剑走在街上,忽然,一群无赖挡在了他的面前,其中一个对他说:"别看你带着剑,其实是胆小鬼一个,如果你有能耐的话,就把我杀了,如果你没有能耐,就从我裤裆下钻过去。"说罢,又开双腿等韩信来钻,这群无赖哈哈大笑。韩信顿时火冒三丈,真想一剑刺死这个家伙,但他咬了咬牙,冷静下来,想了想,还是从无赖的裤裆下钻了过去。

这就是著名的"胯下之辱"的故事,俗话说"士可杀不可辱",韩信为什么能忍受这样的奇耻大辱呢?对此,韩信后来说:"我当时并不是怕他,而是没有道理杀他,如果杀了他,也就不会有我的今天了。"作为叱咤风云的一代名将,韩信的确不是胆小鬼,试想一下,如果韩信一剑刺死无赖,就难逃一死,哪有日后百战百胜的韩大将军呢?因此忍让不是窝囊,我们要像韩信那样"忍小忿而就大谋",这才是大智大勇的表现。

忍耐不是麻木不仁,不是懦弱窝囊,相反,它更需要自信和坚韧的品格。能以牺牲自己的小利而保全大局,善于从容退让,这不是窝囊,而是大公无私;对他人的小过失不理会、不计较,这不是窝囊,而是宽宏大量;失败后,能忍受暂时的屈辱,在暗地里默默积蓄力量,这更不是窝囊,而是忍辱负重。能做到这些,才是真正的男子汉大丈夫。"将军额上可跑马,宰相肚里能撑船",古往今来,那些最终成就大事的帝王将相,每一个人或多或少都有过忍让的经历。

唐朝的娄师德为人深沉,气度宏阔,有极强的忍耐力。他的弟弟做州守被罢官免职后非常恼火,娄师德劝他弟弟说:"你要学会忍让,不要因自己被罢官,就大发雷霆。"他弟弟说:"别人把唾沫吐到我脸上,我自己擦干总算行了吧?"娄师德说:"不可以,你自己把别人吐到你脸上的唾沫擦干了,会更加引起吐你人的气愤,你

要让他自己干了。"娄师德靠这种忍让，得到了武则天的欣赏，官居宰相之位。

能包容一切、忍耐一切，必能改变一切、克服一切。当环境所迫或者与人发生矛盾和冲突时，有理智的人总会保持清醒的头脑，对自己有克制，忍让忍让再忍让，一直忍到苦尽甘来的时候。

诸葛亮对孟获一忍再忍，七擒七纵，终于以自己的忍让征服了人心，保住了蜀国大后方的安宁与和平。但在六出祁山时，诸葛亮却遇到了一个更能忍的司马懿。当时，司马懿深知自己的韬略不如诸葛亮，就采取拖延战术，不出兵与诸葛亮决战。无奈之下，诸葛亮派人向司马懿送去一套女人服装，并递信说："如果你羞耻之心还没有泯灭，还有点男子气概的话，便立即批回，定期作战。"司马懿的左右看后，非常气愤，纷纷请战，但司马懿却坚守不战。不久诸葛亮因积劳成疾而死，司马懿没伤一兵一将，不战而胜。

古人说："必须能忍受别人不能忍受的触犯和忤逆，才能成就别人难及的事业功名。"对于做大事者来说，忍让是成就事业必须具备的基本素质，能在各种困境中忍受屈辱是一种能力，而能在忍受屈辱中负重拼搏更是一种本领。

越王勾践在战败后，为了实现雪耻的宏图大志，他忍气吞声给吴王喂马，当低三下四的马夫。他的妻子为吴王献歌跳舞。为了博得吴王的信任，勾践甚至尝过吴王的粪便，因此被吴王放回越国。回国后，勾践卧薪尝胆，重整旗鼓，最终一举灭吴，杀死夫差，实现了复国雪耻的抱负。

有人认定，忍受委屈就是窝囊，承担屈辱就是没有骨气，这是不对的。苏轼就批评了这种观点："匹夫见辱，拔剑而起，挺身而斗，此不足为勇也。"准确地说，忍让不仅是人在困难时的必然选择，也是走出困境的一种智慧，更能彰显一个人的美德。人都会遇到许多不愉快的、难堪的事情，因此会感到很气愤，很窝火，但恰恰此时此刻的所作所为，最能体现出一个人的修养和风度。

廉颇和蔺相如同是战国时的赵国大臣，由于蔺相如几次为赵国立了功，赵王便封他做上卿，位置一下处于廉颇之上。廉颇因此很不服气，扬言说："我见到蔺相如，一定要羞辱他。"而蔺相如听到这话，就一直刻意回避他。在街上遇见他的车子，也都躲避，甚至假装生病不上朝以免与廉颇同列。蔺相如手下的人很不理解，蔺相如解释说："我连秦王也不怕，我会怕廉将军吗？秦国之所以忌惮我们赵国，就是因武有廉将军，而文有我啊。如果我们之间起了争斗，秦国就会乘虚而入，我之所以避着廉将军，为的是赵国的利益。"廉颇听说了这件事以后，十分羞愧，就主动到蔺相如府上请罪。蔺相如的忍让使得赵国出现了将相和睦的大好局面。

"人在屋檐下，哪能不低头"，人在社会上，谁能不吃点亏，谁能不受点气，忍让一下并不是丢脸的事情。不过，忍让也要有限度和原则。对于涉及大是大非的原则问题，我们应该奋起反击。因为无原则的忍让，就是在纵容坏人或者坏习惯，这样会让好人受气坏人当道,如此的忍让还有什么意义呢？所以,忍让也应掌握好原则,把握好尺度。忍无可忍之时,就无需再忍。

生活中我们常常遇到一些无奈:亲人、朋友、同事的误解,甚至是欺凌,面对这些"人民内部矛盾",最好的办法就是忍耐。不生气,其实就是一颗理解、宽容的心,意味着善解人意、通情达理。老话说的"将心比心",现在提倡的"换位思考",就是说要多站在对方的立场上考虑问题,遇事多为别人着想,善于体谅他人的难处,理解对方那些一时冲动的言行,这样自然就能平和地看待问题,也不会觉得自己受了多大的委屈,有了这种大度的胸襟与气度,自然就能忍耐了。

墙上草生于寸土之上,瓦砾之间,势单力薄的它们为什么还能生存？那是因为它们能逆来顺受,能随风摇摆。我们很多人的生存环境与墙上草差不多,没有背景,没有资源,完全是靠自己在打拼未来。所以遇到不如意的事,要忍耐忍耐再忍耐,如果为一些小事情而针锋相对、以牙还牙,结果很可能是两败俱伤。如此一来,哪来的机会实现远大的志向与宏图大业呢？

宋代苏洵说:"一忍可以制百辱,一静可以制百动。"这就是忍让的巨大作用。如果我们对待非原则性的问题,能忍则忍,能让则让,肯定会让我们心态更平和,生活更美好。

与人和睦好处多

我们每个人在这世界上,都会有各种各样的人际关系。有的关系是无法选择也无法改变的,像父子、兄弟、姐妹这些血缘关系,是属于命中注定的一种关系。而另外一些关系,比如同学、朋友、同事这些关系,却是我们在学习工作中结交的。

人会做人,百事可为。怎么才算是会做人？就是拥有广泛的人脉资源。一个大家公认的说法是,一个人的成功只有15%是由于他的专业知识和技能,另外85%要靠他的人际关系与处世的技巧。因为一个人的能力终究是有限的,必须在群体活动和交往中得到发展。一个人所遇到的困难、危机,也必须得到他人的协助、支持才能解决。因此,为人处世必须要与他人和睦相处,要学习好如何与各种人相处的艺术。

1.与老板相处:尊敬加学习

任何一个老板能够干到这个职位上,至少有某些过人之处。其优秀业绩、工作经验、处世艺术、自身魅力等,都是值得我们尊敬和学习的。

2.与朋友相处:真诚加联络

既然是朋友,就要以诚相见,以心换心,谁愿意与虚伪的人交朋友呢?此外,朋友虽好,如果不经常联络,也有可能慢慢变成陌生人。没事打个电话、发条短信,向朋友嘘寒问暖,是费不了多大劲的。

3.与下属相处:帮助加聆听

帮助下属,其实是帮助自己,因为下属工作做好了,自己的工作也就做好了。而倾听下属的心声,既能了解他们的想法,更能赢得他们对你的尊重。

4.与合作伙伴相处:诚信加分享

对合作伙伴所作的承诺,一定说到就要做到。另外,有肉一块吃,有酒一起喝,有钱大家赚,如果过于刻薄,失去了合作伙伴,那是得不偿失的。

5.与竞争对手相处:坦然加微笑

在我们的工作生活中,处处都有竞争对手,这是很平常的现象。所以要心怀坦然,不要耿耿于怀。同时,对他们要报以微笑,因为他们说不定哪天还会成为你的同事呢。

在人的形形色色关系中,最难相处的是同事关系。为什么呢?因为同学有亲疏之分,对不愿意往来的同学就可以"老死不相往来"。朋友虽然都是与自己情投意合、肝胆相照的,但因为大家都忙忙碌碌,即使是最好的朋友,一年也难见上几次面。而同事关系呢?即使关系剑拔弩张,还不得不来往,而且人的一生中相处时间最长的就是同事。

一个单位里的同事相当于是同一条船上的伙伴,关系融洽、同舟共济,就能相得益彰,共同进步。这样不但能做好工作,自己心情也舒畅,有利于身心健康。如果与同事关系不和,甚至有点紧张,那就没有办法搞好工作,整天就会生活在郁闷之中。既然生命的1/3的时间是与同事在一起度过的,那么同事关系就涉及人生1/3的幸福,所以搞好同事关系是非常重要的。

怎样才能与同事和睦相处呢?可以从这几个方面入手:

第一,以诚相见,心诚则灵。同事之间坦诚相见,才会营造出一种和谐友好的工作氛围。要做到这一点,相互信任是先决条件。人之相交贵在知心,如果说话吞吞吐吐,做事遮遮掩掩,必然会引起同事的戒备之心。其次要勤于做事,乐于助人。勤快很重要,懒人到哪里都是不受欢迎的。很多单位早上上班都要打水扫地,这种小事没有分工,我们能主动去做,就会赢得同事的信任。

田先生性格耿直,胸怀坦荡,说话做事都光明磊落,因此,即使曾经误会过他的同事,最终还是很佩服他的为人。另外在工作时,田先生尽量多做事少说话。他认为这样做既可以让自己多积累工作经验,又可以让繁忙的工作占据多余的时间,避免无聊时闲谈别人的是非。所以很多年来,他和同事的关系相处得非常融洽。

第二，与人为善，将心比心。在人际关系中，也有"作用力与反作用力"的原理，也就是说，你怎样对待别人，别人就会怎样对待你。假如我们本着与人为善，将心比心的原则，以诚恳、友善的态度去对待同事，给同事施加"正作用力"，同事当然也会投桃报李，给予你真诚的回报。毕竟一个单位的同事，天天低头不见抬头见，谁都愿意和睦相处、相安无事。

方先生先后在7个单位工作过，无论在哪个单位，他跟同事的关系相处得都很好，给同事们留下了很好的印象。他与同事相处的几点经验是：要待人诚恳、热情，要乐于帮助别人；给所有人以充分的尊重，不因为是上级就溜须拍马，或者因为是下级就横眉冷对；不要在背后议论同事的是是非非；学会对所有人微笑，所有人也会微笑着对你。

第三，严于律己，宽以待人。每个人都有很强的个体意识，都有自己为人处世的行为方式和习惯，所以，与同事相处，一方面要严格要求自己：和蔼可亲，平易近人，给人一张微笑的脸；时刻反省自己，提醒自己，尊重别人，推己及人；己所不欲，勿施于人；为人处世，三思而后行。总之，这世上，没有谁要与你过不去，你也别和人家过不去。另一方面，我们要宽以待人：得饶人处且饶人，只要不是原则性的问题，就别求全责备，哪怕同事有缺点，我们也要尽可能去容忍。人非圣贤，孰能无过，既然如此，我们就要学会宽容与理解。

南先生本来是天生的急性子，一遇到不顺心的事立马就发脾气。刚开始工作时，由于资历最浅，又在试用期，随时有可能被炒鱿鱼，因此南先生不得不克制自己的脾气。即使遇到个别同事因为种种莫名其妙的原因拿他撒气，他也保持一脸微笑。结果久而久之，同事都说他脾气特好，都愿意与他交往，南先生工作起来也得心应手，后来还被提拔成为部门主管。

第四，同事之间，相交淡如水。"君子之交淡如水"这句话运用在同事间的人际关系上最适合不过。因为公司毕竟是一个成员众多，又具竞争性的组织。在一个单位共事，利益关系最为明显，冲突也最容易发生，因此同事之间难以交朋友和产生真正的友谊。既然你不可能和每个人都结为知己，就只有和他们保持泛泛之交，淡淡相处而又不至于彼此伤害，这才是明智之举。

林小姐与一位新同事相处一段后，觉得此人可交为知己，就向她谈了对部门管理的一些私人看法和意见。不料对方却是一个搬弄是非的人，背地里把林小姐的话夸大兼歪曲之后四处散播，搞得林小姐里外不是人，上上下下都对她另眼相待。吃一堑长一智，林小姐的体会是，同事可以一同吃喝玩乐，不可谈任何实质问题，更不宜交心。因为说不定哪天你们的位置和关系会发生改变，到时有些往事造成的影响就很难预料了。同事之间理应有互相帮助之谊，但同时又存在成为潜在竞争对手的可能，其间利害关系甚大，所以不能将朋友当作知心朋友。

第五,不远不近,若即若离。与同事相处不能太远,否则,人家会认为你不合群、孤僻、不易交往;但也不能太近,太近容易让别人说闲话,而且也容易令上司误解,认定你是在搞小圈子。对待所有的同事,都要保持不即不离、不远不近的同事关系,才是最理想的。

特别要注意的是,在一个单位中,不要结成类似"十姐妹"、"八兄弟"之类的小团体,这就是历代帝王所深恶痛绝的"朋党",它严重威胁了帝王的权威,很多朝代的政治不稳定,就是因为"朋党乱政"。单位中这样的小团体,对老板而言同样是威胁;而且,还会遭受到其他同事的厌恶与排斥;再则,再坚固的堡垒也有垮塌的时候,"朋党"堡垒往往是从内部开始破裂的。与其最后灰溜溜地散场,还不如一开始就坚持若即若离的"半糖主义"。

第六,经济往来,AA最佳。同事之间肯定会经常聚会,郊游、烧烤、蹦迪、泡吧或者结伴旅游什么的,经济上的来往较多,最好的处理方法就是采用AA制。免得因为斤斤计较而伤了和气,这样大家心里头没有负担,而且经济上也都承受得起。

在一个单位一起工作是一种难得的缘分,所以我们要珍惜这缘分,要坦诚以待、相互尊重、相互支持和相互理解,建立良好的同事关系。一个不会合理、妥善地与同事交往的人,是很难立足于这个瞬息万变的新时代的。

一位名人说过:"其实,人一辈子活的就是周围那么几个人。"同事就是这重要的"几个人"中的一部分,与同事交往,能做到平等、淡然、和睦相处,既有利于取得工作业绩,还能体验到同事间才有的乐趣和友谊。

踏实努力,不攀比

经济学家认为,人们越来越富,但就是体会不到幸福的感觉。为什么如此呢?就是人与人之间攀比之心在使坏。攀比心一起,心理必然失衡,幸福感大打折扣。

在外打拼多年的李先生因为升职为主管薪水加了不少,年薪达到了6万多元,于是在春节的时候,他用多年的积蓄买了一辆10万元左右的小汽车,与妻子、女儿一块,风风光光地回老家过年。

没想到,在年前参加同学聚会时,李先生良好的心情一下子就不复存在了。原来,聚会同学的小汽车绝大部分在20万元以上。传杯把盏时再一打听,在场的同学年薪几乎都在10万元以上。相比之下,李先生属于穷人了。因此整个聚会时间,李先生闷闷不乐。回来到家后,心想自己奋斗了这么多年,仍然落在同学后面,他一个晚上也睡不着觉。第二天,李先生就带着一家人回公司了。但同学们的风光还是不断刺激着他，使得他在整个春节期间都郁郁寡欢。

"人比人，气死人"，像李先生这样盲目与人攀比，结果只能是自讨没趣。生活中，这样的现象很多，我们如果发现身边的张三升官了、李四发财了、王五中大奖了、赵六买了汽车了、钱七买房子了、李九评职称了……这样的信息总会强烈地打击着我们的自信，使我们感到郁闷无比。

"生死有命、富贵在天"，这话虽然消极，但说明了每个人都有自己的生活方式，日子该怎么过还得怎么过，只要自己开心就好，实在没有必要用别人作为自己的参照对象。如果失去了这种不生气，总是和别人较劲、攀比，越比就会觉得缺少的东西太多，越比就会对自己越没有信心，心理就会失去平衡，就会自寻烦恼。

马克思曾经说过：一座房子不管怎样小，在周围的房屋都是这样小的时候，它是能够满足社会对住房的一切要求的，但是，一旦在这座小房子的近旁耸立一座宫殿，这座小房子就缩成可怜的茅舍模样了。这话说明了一个道理：凡事都怕攀比，一攀比问题就出来了。

丈夫王亮和妻子朱婷原本是大学同学，两人的收入都还不错，也买了房买了车，应该说小日子滋润得很。但也是在一次同学聚会上，朱婷看到过去成绩、能力不如丈夫的男同学，一个个发了迹，而那些远不如朱婷的漂亮的女同学也一个个都嫁了有钱人。与他们一比，王亮和朱婷发现自己什么也不是了，只得悻悻回家。回家后还没完，朱婷到家后就脱口而出："怎么嫁给你了？"这句话更刺痛了王亮的自尊心，两人开始争吵起来，最后闹到要离婚。

过日子是自己过，而不是过给别人看的，因此不应该将什么东西都放在比较的天平上晃荡。攀比不仅会给人增添许多的烦恼、痛苦和折磨，给人所带来的心理压力还会引起很多疾病，譬如十二指肠溃疡、胃病、高血压、糖尿病、心脏病、血管病；还可造成身心失调症、神经衰弱、抑郁症等心理疾病。

小林现实生活虽然衣食无忧，工作也挺稳定，但是每当看到和自己差不多年纪的朋友开着私家车进出豪华公寓，再想想自己住的小而拥挤的家属楼，他的心里总是有一股难言的惆怅。为了不让别人看低自己，他狠狠心、咬咬牙、跺跺脚，按揭买了一套100多平方米的商品房。本以为这样心里就踏实了，殊不知烦心事还在后头呢。物管费、分期付款、车库钱、电梯费，从此像一座大山压得他喘不过气来。整日处于巨大压力下的他开始变得烦躁不安，上班时总觉得没有精神，注意力也无法集中，而晚上则常常失眠、心悸。到医院一检查，心理医生诊断他患了焦虑症。

什么是不生气？不生气就是能平静地面对一切，做到浮沉不乱、宠辱不惊，坦然接受自身的现实以及他人对自己的评价。如果做人没有这种思想境界，就会不择手段地追名逐利，或者死要面子地盲目攀比，结果只能是劳心伤神，疲惫不堪，这又何苦来着呢？

俗语说"知足常乐",对现状不知足,无疑是自寻烦恼。在工作中,学习中,我们可以拿自己与优秀的人做比较,这样才能见贤思齐。但在生活中,我们则应该经常与那些不幸的人相比,就发现自己生活得相当不错了。特别是去去以下三个平时很少去的地方,就会发现自己原来生活在天堂里。

一是贫困的地方。很多人不知道生活的艰辛,不知道生存的困难,当你看到贫困地区的贫困面貌后,看到小孩渴望的眼睛与老人呆滞的神态,心里会产生一种震撼,就知道能吃饱穿暖已经是很幸运的事情了。二是监狱。去看看那些被剥夺自由的人吧,你就会觉得在大街上闲逛、在电视前面发呆不再是苦恼了。三是殡仪馆。上帝对任何人都是平等的,因为人都会死亡。想想那些不可一世但又已经故去的人们,就会知道活着才是真实的,其他全部是虚无的。

攀比实际上是一种欲望不满足的心理过程,人的欲望又是没有止境的。有了几百万,见到上千万的会痛苦,有了上千万,见到上亿的又不舒服;当了处长见了局长会自卑,当了局长见了部长又会不安。因此,攀比的最终结果都是以失败告终,并因此而愤愤不平,这于己于人于家庭于社会都是有害无益的。

倘若与远远强过你的人相比,你就会觉得生活不幸福,并为此烦恼不已;如果与那些不如你的人,比你更穷、房子更小、车子更破的人相比,你的幸福指数就会突然增加,因为一个人的幸福指数与攀比别人是成反比的。所以:

如果今夜失眠,想想那些无家可归的人吧;

如果开车遇到堵车,想想许多还没有汽车的人吧;

如果今天工作不顺利,想想下岗在家的人吧;

如果与老婆吵架了,想想还有那么多人打光棍呢;

如果在周末感到无聊,想想有的人还在加班工作呢……

这不是阿Q精神,而是理智务实的人生态度。如果每个人都能客观地认识自己,知道自己有多大的分量,就能安于平淡,安于平实的生活。

北宋宰相晏殊当职时,正值天下太平。于是,京城的大小官员便经常到郊外游玩或在城内的酒楼茶馆举行各种宴会。晏殊家贫,无钱出去吃喝玩乐,只好在家和兄弟们读写文章。有一天,真宗提升晏殊为辅佐太子读书的东宫官。大臣们惊讶异常,不明白真宗为何做出这样的决定。真宗说:"近来群臣经常游玩饮宴,只有晏殊闭门读书,如此自重谨慎,正是东宫官合适的人选。"晏殊谢恩后说:"我其实也是个喜欢游玩饮宴的人,只是家贫而已。若我有钱,也早就参与宴游了。"

一个人生活质量的高低,不在于你在哪里生活,而在于你怎样生活。生活就得像晏殊这样过,有钱过好一点,没钱就过紧一点,始终不与他人攀比。少一些攀比,就会少一些烦恼、少一些浮躁,这样就能活得潇洒自在,活出一种真正的大气度。

离不良嗜好远一点

嗜好就是人们所喜欢的东西或者喜欢做的事情,它是人生的一种乐趣。人生在世,谁都或多或少有一点自己的嗜好,或嗜吃、或嗜穿、或嗜酒、或嗜烟、或嗜书、或嗜游,如此等等,都算是嗜好。

美国前总统罗斯福即使在战争最艰苦的年代里,仍然坚持每天抽出一点时间来从事自己的小爱好——集邮。做自己喜欢做的事,可以让他忘记周围的一切烦心事,让心情彻底放松,让大脑重新清醒起来。更夸张的是大科学家爱因斯坦,他喜欢的是一个须臾不离其手的大烟斗。后来因为医生让他禁烟,这位科学巨匠居然时常偷偷溜出病房,在大街上拾取烟蒂以填充烟斗,让人不可思议。

生活中,我们难免会遇到愁与恨、悲与苦、烦恼与失望等诸多的不如意。良好的嗜好不仅能让我们忘记这些烦恼,打发多余的时间,还能充实生活的内涵,让自己身心都感觉愉快。加拿大有个著名的医生叫威廉姆·奥瑟拉,他这样表达了嗜好的价值:"没有嗜好,人们不会真正感到幸福或安全。"明代名士张岱《陶庵梦忆》中甚至说:"人无癖,不可与交,以其无深情也。"意思是说,一个人没有嗜好的话,就没有人情味,就不能与他交往。

人有嗜好很正常,也应该要有一点嗜好,良好的嗜好可以带来愉快、友谊、知识,既益于身心健康,也有益于工作事业。那些取得辉煌成就的名人伟人们,都有着自己特别的嗜好。比如,毛泽东喜欢看书,朱德喜欢品格高洁的兰花,叶剑英喜欢钓鱼,陈毅对围棋情有独钟,梅兰芳喜种牵牛花,胡适爱搜集火柴贴花,巴普洛夫喜欢游泳,丘吉尔最另类,喜欢织毛衣。

任何事物都有两面性,嗜好也有好坏之分、雅俗之别。良好的嗜好能养性益智、陶冶情操,有时候还能带来经济效益,而庸俗有害的嗜好则会使人玩物丧志、倾家荡产。《菜根谭》说:"不良嗜好对人的危害有如烈火,那猛烈的欲火即使不使他粉身碎骨,早晚有一天也必然会像引火自焚般把他毁灭。"我们要学习那些名人伟人,培养良好的嗜好,远离不良嗜好。

一是远离酗酒。无论度数高低,酒都是含有酒精的饮料,而酒精是一种能够刺激和麻痹神经系统、有镇静作用的物质,进入口腔后,经过人体的胃、小肠,渗入到血液中,再由血液带到身体的各个部位。每一次的暴饮,往往带来一系列危害。比如酒精过量,会造成不同程度的心率加快,皮肤升温,神志不清,控制力减弱,动作不协调,或出现疲劳、恶心、头痛、呕吐,严重的还会出现酒精中毒现象。长期大量饮酒会损害肝脏,造成酒精中毒性肝炎、脂肪肝和肝硬化,并可导致人体免疫机能

的下降，还易引起胃炎、胃溃疡及十二指肠溃疡、胃出血，饮酒还会增高咽喉、食道、口腔、肝、胰腺等部位癌症的发病率。

酗酒还容易惹事生非，比如说酒壮怂人胆，有的人在醉酒之后往往借酒闹事，危害社会治安，我国每年因酗酒肇事立案的就高达400万起。酒精会让人反应迟钝，影响运动功能，从而容易造成意外事故。我国每年有10万人死于车祸，而1/3以上交通事故的发生与酗酒及酒后驾车有关。此外，酒后误事、酒后失言等现象也是屡见不鲜的。

二是远离吸烟。烟是人类的第一杀手，全世界每年因吸烟导致死亡的人数达250万人之多。烟草中含有焦油、尼古丁和一氧化碳这些有毒的化学物质，吸烟容易导致哪些疾病，我们或多或少都知道一些。这里只说个小典故，这或许更有助于我们对烟草危害的认识。

万宝路香烟的形象代表是美国西部牛仔。一个满面春风的西部牛仔、骑着骏马，抽着万宝路香烟，其英俊潇洒、粗犷豪迈的形象进入了全世界170多个国家和地区。然而，万宝路牛仔们为美国菲利浦莫里斯公司赚得巨额财富的同时，他们又无一例外地成了万宝路香烟的受害者和牺牲品，有6位吸万宝路香烟的牛仔相继过早地离开人世。其中一位在51岁时就死于肺癌，临死前他良心发现，声泪俱下向世人痛彻忏悔："我害了自己也害了大家，我后悔。我劝你们：为香烟花钱，不值得；为香烟去死，更不值得。我劝你们不要吸烟。"

三是远离赌博。"一心赢钱，两眼熬红，三餐无味，四肢无力，五业荒废，六亲不认，七窍生烟，八方借债，久陷泥潭，十成灾难。"这首《十字令》将赌博者的心态、状况以及恶果形象地表现了出来。

美国著名科幻小说家阿西莫夫在读大学的时候，参加了"一生中唯一的一次"赌博，事后，他十分后悔，鼓起勇气向父亲坦白了这事。他父亲不动声色地听儿子忏悔之后，关切地问："结果你有没有赢钱？"阿西莫夫痛苦地说："输掉两角五分……"父亲这才如释重负地说："谢天谢地！你有没有想过，如果你赢了两角五分，那有多可怕？"

有的人为什么喜欢赌博而不能自拔，就是一个"贪"字在作怪。英雄难过美女关，赌客难过贪婪关，这个小故事说明的就是，一个人如果心存贪念，早晚就会走上赌博这条不归路。

赌与贪是互为因果的，有赌必贪，有贪必赌，几乎形成了定律。贪婪，几乎是所有赌徒的共有心理。未赌时想赢，赢了之后想再赢，所以越玩越大，狂赌不已。而在输了之后，贪婪的欲望不时在牵着他的鼻子继续"捞本"，如果"扳"回来了，便认为"时来运转"，想继续再赢；如果"扳"不回来，下的赌注就更大，希望能一把捞回……结果只能是越陷越深。

十赌十输,一个人沉溺于掷骰子、赌马、赌球、轮盘赌、六合彩、老虎机等种的赌博之中,那后果将是极其严重的。不但影响工作、影响学习,还助长不劳而获的习气;不但影响家庭和睦、破坏人际关系,还容易引发偷盗、诈骗、抢劫等违法犯罪现象;更严重的会导致倾家荡产、杀人越货、家破人亡这些惨剧。

人这一辈子,就要该干什么就干什么,不该干什么就不干什么,有益的事情多干,无益的事情少做,有害的事情不做。因此,对于酗酒、吸烟、赌博以及好色、吸毒等不良嗜好,我们要忍一忍,离得远远的。离得越远,自身及家人才越安全。

第三章

消消气，做人可以不生气

毕达哥拉斯说："气愤始于愚蠢，终于懊悔。"如果你不想去懊悔，就应该从现在起学习如何才能消消气。

小怒数到十，大怒数到千

有一个头脑简单、爱生气的人，常常听到别人家的狗叫就跺脚骂上半天。他也知道自己脾气不好，可就是改不了，为此而烦恼不已。

后来有一天，他去城郊的寺庙，虔诚地请教一个高僧："我如何才能克制自己的怒气呢？"高僧笑呵呵地回答："很简单啊，我教给你10个字，'小怒数到十，大怒数到千'，这样就可以了。"高僧简单的回答让他将信将疑，就这样心有不甘地回家了。

当他赶回家里，发现自己的老婆正跟另外一个人并头睡在一起。妒火中烧的他转身操起一把菜刀，准备冲进去砍了这对"奸夫淫妇"。

这时候，他猛然想起高僧教给他的10个字，就强忍着怒火，开始在心里数数。刚数到8的时候，那个"奸夫"突然醒了过来，看着他拿着把菜刀站在自己面前，吓了一跳，说："儿啊，你拿着菜刀做什么！"

原来是这个人的母亲看儿子迟迟不归，特地过来陪儿媳妇聊天。两人等困了，就睡在一起了。

他惊出了一身冷汗，心想："幸亏高僧告诉了我制怒的智慧，不然我已经杀了老娘和媳妇了！"

你看，想做到不生气，其实不需要多么长时间的心灵修炼，简简单单的"小怒数到十，大怒数到千"就可以了。

与人相处时，当对方情绪过于激动时，一定要先保证自己不生气、不动怒。现实中，让人生气发怒的事情时有发生，这时候你一定要做一个头脑冷静的人，忍住一时的怒气，理智地处理各种不愉快，用平和对待无理。毕达哥拉斯说过："愤怒始于愚蠢，终于懊悔。"如果你不去忍耐，任意放纵自己的怒气，首先伤害的就是自己的身心。如果对方是有意气你、刺激你，你忍不了怒气，就很容易中计，被人牵着鼻子走。

发一通脾气、出一口恶气确实很容易，但是代价很大，那样就像你为了赶走一只聒噪的乌鸦而砍掉整棵枝繁叶茂的大树一样，结果得不偿失。你可能见到过或自己亲身经历过这样的情况：朋友之间，因为一句闲话争得面红耳赤，最后撕破脸皮、形同陌路；邻里之间，因为孩子打架导致两家大人拌嘴，最后老死不相往来；夫妻之间，因为家庭琐事互不相让，最后情断义绝、劳燕分飞。当我们以愤怒代替了理智时，结局注定是两败俱伤。

钱很重要，但别为钱坏了事

"有啥别有病，没啥别没钱。"要说钱真是个好东西，没有人敢说他这辈子离得开金钱。没有钱，你吃什么？没有钱，你穿什么？没有钱，你凭什么养育孩子、孝敬父母？金钱的作用虽然是不可低估的，但是这个世上比金钱重要的东西还有很多很多。

身体是革命的本钱，一个人要想在事业上获得成功，最基本的条件就是有一个健康的体魄，而许多人却常常忘记了这个最基本的原则。有一位30多岁的业务经理，拼命工作以实现自己的人生目标：100万元的存款，一栋花园别墅，一辆本田小车。然而，这"三个一"的目标尚未达到，却因劳累过度而猝死。如今，为了多赚钱同时打二三份工，通宵达旦、夜以继日工作的人不占少数，这无疑是"今天用命赚钱，明天拿钱保命"的做法。正如《圣经》上所说："你若赚得全世界，却赔上自己的生命，又有何益处呢？"

仔细想一想，包括健康和亲情，还有很多东西远比金钱重要得多，比如生命、友情、爱情、理想、事业、人格等。能用钱解决的问题都是小问题，很多东西是金钱

换不来的；金钱可以买到鲜花，但它买不到青春；金钱可以买到书籍，但买不到知识；金钱可以买到帮助，但它买不到忠诚；金钱可以买到珠宝，但它买不到友谊……身价过亿的"小超人"李泽楷曾结合自身经验和切身体会，劝勉青年人，在选择事业时不要太着眼于金钱回报，应当讲求个人兴趣和理想。他说："当然要讲求实际生活需要，但是只顾想着赚回来的金钱何时才可以买车买楼的话，你便会成为金钱的奴隶。"

"天下熙熙，皆为利来；天下攘攘，皆为利往。"古人所说的这个"利"字指的就是金钱。人生在世，追求财富本也无可厚非，但对待金钱一定要拿得起，放得下。这主要表现在两个方面：一是不要过度追求金钱；二是千万别抠门，做了守财奴、吝啬鬼、铁公鸡。这两种人的下场通常都是可悲的。

南北朝时的武陵王萧纪，是梁武帝的第八个儿子，小时候深得父王宠爱，可谓"要风得风，要雨得雨"。萧纪颇有文韬武略，南开宁州，西通资陵，内劝农桑，外通商贾，按说不应该把钱财太当回事，可他偏偏就极其吝啬，一文钱都要算计，因而成了中国历史上的一颗政治流星。

一次，萧纪率军攻打江陵，他熔金成饼，100个金饼一篮，装了100多篮，高高挂起，银子则是金子的五六倍之多，还有各种绫罗绸缎，不计其数，以此激励将士奋勇杀敌，但这位吝啬鬼只不过是让大家饱饱眼福而已，每战结束后从不论功行赏。军心因此大乱，叛逃者十之八九，在很短的时间内两岸14城俱失，金银财宝尽被掳去，萧纪自己也死于乱军之中。

比萧纪还一毛不拔的是明末的崇祯皇帝，他继承了祖父万历生性吝啬的毛病。小时候，他用仿影的方式练字，如果纸张较大而范本的字较小的话，他一定会先将纸的一边对齐范本，写完后再把剩下的地方都写满，以免浪费。为了节约起见，他常派人到宫外去从民间采买物品，然后仔细地询问价格。

崇祯没有搞清楚吝啬与节俭的区别，节俭是当用则用，当省则省，花费恰到好处；吝啬则是当用不用，不当省的也要省。崇祯这种守财奴式的"节俭"，对于他的中兴帝国之梦，也是致命的一击。1645年，李自成进逼北京，大明帝国的心脏北京城已岌岌可危，无计可施的崇祯召见了吴三桂的父亲吴襄和户部、兵部的官员们，讨论放弃宁远，调吴三桂军队紧急入卫北京。但吴襄却提出，如果让吴三桂进卫北京，大约需要100万两银子的军需。100万两银子在毕生俭朴的崇祯眼里，是一笔庞大得令他心痛的数字。他不能忍受一下子付出这么多的银子，只得放弃了这一原本还算不错的计划，而坐困城中。

要想坚守京师，筹饷是一个大问题。大明王朝国库里竟然仅有区区40万两，而崇祯的个人财产却丰厚无比。因此，大臣们多次上书恳请，希望崇祯能拿出内帑（皇室内府的库金）以充军饷。但这无疑是要崇祯的命，他向大臣们哭穷说"内帑业

已用尽"。左都御史李邦华着急了，也顾不得是否当众顶撞圣上了，他说："社稷已危，皇上还吝惜那些身外之物吗？皮之不存，毛将附焉？"话已说得再明白不过了，崇祯却"顾左右而言他"，始终不肯拿出一分一厘来保卫他的江山。李自成攻占北京后，从他宫内搜出的白银多达3 700多万两，黄金和其他珠宝还不在其中。

为了节省100万而丢掉了3 700万，乃至整个无法估价的万里江山，这样的损失是再简单不过的一笔账，小学生都能算出来，为什么自幼聪明好学的崇祯皇帝却到死也没有算清楚呢？就是因为他把钱看得太重了，心态一旦失衡，做出的选择自然是十分荒唐的。

守财奴、吝啬鬼、铁公鸡，都是指那些只知敛财却不知怎样使用的人。这样的人在古今中外，上至王侯将相，下到寻常百姓，都大有人在。金钱的作用是什么？不就是用来过日子、干事业或者做善事的吗？钱这个东西，生不带来，死不带去，当花则花，只要不是铺张浪费就行了。否则，一沓沓的钞票与废纸、冥币又有何区别呢？

香港作家张立对金钱有一番妙论："口袋里无钱，存折里无钱，但心里装满钱的人最苦；口袋里有钱，存折里有钱，但心中无钱为大福也。"这话的意思是，有没有钱不是关键，重要的是你如何看待钱。将金钱看得很轻，你就会生活得自由自在；将金钱看得很重，你就会活得很累、很辛苦。

过分追逐金钱与一毛不拔，都容易让金钱主导灵魂，让人分不清是非、善恶、美丑，会颠覆正确的价值观。这些心里只想着钱的人不仅不会有高远的追求，也注定是一个只计较蝇头小利的可怜虫。古人云"淡泊以明志"，意思就是要恬淡寡欲、看淡金钱，这样才能有助于修身养性、陶冶情操，才能做到做人不生气。

看透得失才能不生气

在印度的热带丛林里，人们用一种奇特的狩猎方法捕捉猴子：在一个固定的小木盒里面，装上猴子爱吃的坚果，盒子上开一个小口，刚好够猴子的前爪伸进去，猴子一旦抓住坚果，爪子就抽不出来了。人们常常能用这种方法捉到猴子，因为猴子有一种习性：不肯放下已经到手的东西。

人们总会嘲笑猴子的愚蠢：为什么不松开爪子放下坚果逃命呢？但我们有时候也和猴子一样，为了得到一些而失去了更多：为了得到职务而奴颜媚骨，失去了尊严；为了得到金钱而劳神伤身，失去了健康；为了成就事业而无暇顾家，失去了亲情……有一得必有一失，有一失必有一得，得与失是人生不能回避的轮回定律。

留下了不朽作品的丹麦著名童话作家安徒生，一生都没有结婚，他把自己全部的生命都献给了自己所热爱的童话创作。当安徒生到了暮年,回忆自己人生得失的时候,他说:"我为童话付出了一笔巨大的、无法估量的代价,甚至放弃了自己的幸福。"

是的,安徒生为了得到事业上的辉煌成就,失去了本可拥有的爱情,失去了家庭的温馨,失去了享受天伦之乐的机会。不可否认,他的人生有太多的缺憾,但他却获得了创作的快乐。

得与失,是一种心态。得到了,不可小富即安,也不可贪得无厌;失去了,不必痛心惋惜,更不可一蹶不振。得到的不一定是好事,失去的也不一定是坏事,"塞翁失马"这个故事告诉我们:得与失的转化往往是出乎意料的。

战国时有一位名叫塞翁的老人,他养了许多马。有一天,塞翁丢了一匹老马,邻居们纷纷对此表示惋惜,可是塞翁却不以为意:"丢了马,看起来是件坏事,但谁知道它不会是件好事情呢?"

果然,没过几个月,那匹老马又从塞外跑了回来,还带回了一匹胡人骑的骏马。这次,邻居们又一齐来向塞翁贺喜,并夸他在丢马时有远见。然而,塞翁却忧心忡忡地说:"唉,谁知道这件事会不会给我带来灾祸呢?"

塞翁家平添了一匹胡人骑的骏马,他的儿子喜不自禁,天天骑着骏马去兜风,没想到有一天摔伤了一条腿,成了终生残疾。善良的邻居们闻讯后,赶紧前来慰问,而塞翁却还是那句话:"谁知道它是不是一件好事情呢?"

过了一年,胡人大举入侵中原,边塞形势骤然吃紧,身强力壮的青年都被征去当兵了,结果十有八九都在战场上送了命。而塞翁的儿子因为是个跛腿,免服兵役,他们父子因此躲过了这场生离死别的灾难。

这个故事世代相传,渐渐地变成了一句成语:"塞翁失马,焉知非福。"它说明人世间的"得到"与"失去"都不是绝对的,有时候得到了一些会失去更多,失去了一些也可能得到更多。

在对待得与失的时候,人们有这样几种态度。一种是得到了高兴,失去了生气,这是最常见的一种态度。一种是失去了生气,得到了也不安心。这种人活得最累,因为他们没得到时担心得不到,得到了又嫌所得不多,更怕得到的会失去。如此食不甘味,夜不能寐,人生还有什么快乐可言呢?

有一位商业上的成功人士常常感叹:5年前,我穷得要命。吃的是粗茶淡饭,但胃口却很好;穿的是很不结实的劣质衣服,但衣服里面的身子却很结实;喝的是淡而无味的白水,但却喝得有滋有味;住的是简陋的房屋,但住得很安心;睡的是冷冰冰硬邦邦的木板床,但睡得香甜……那时虽然穷得要命,但我也快乐得要命。当时我就想,如果再有很多钱的话,那我就是十全十美的人了。于是我就拼命地挣钱,终于挣到了很多很多的钱。结果呢?我现在是富了,吃的是最好的饭菜,但却没有一点食欲;穿的是光鲜的名牌衣服,但衣服里面的身子却很虚弱;喝的是高档饮料,但却寡然无味;住的是豪华别墅,心里却很不放心;睡的是软绵绵的席梦思床,但却夜不能寐。得到了财富却失去了快乐,真是得不偿失啊!

还有一种态度是"得之坦然,失之淡然",就是以不生气的态度对待得失,得之不喜,失之不悲。对于别人之得,不攀比、不眼红、不妒忌,借别人之得,找差距,明方向,添动力;对于别人之失,不旁观、不讥讽、不消极,借别人之失,取教训,振精神,创未来。这才是对待得失的正确态度。

唐朝有一个督运官,功不显,名不著,他在一次监督运粮船队时,遭遇不测,翻了船,粮食损失颇多。巡抚在考核他时说:"监运粮食受损,成绩中下。"督运官听后一句话也没说,从容地笑着退了出来。巡抚颇欣赏他的气度和修养,把他叫回来重新评估道:"损失粮食非人力所能及,成绩中中。"督运官仍然没有半句惭愧或辩解开脱之类的话。巡抚深为他的坦荡胸怀所感动,最后评价他说:"宠辱不惊,遇事从容,成绩中上。"这就是在得失面前"宠辱不惊"的不生气姿态。

一个婴儿刚出生就夭折了。一个老人寿终正寝了。一个中年人暴亡了。他们的灵魂在去天国的途中相遇,彼此诉说起了自己的不幸。

婴儿对老人说:"上帝太不公平,你活了这么久,而我却等于没活过。我失去了整整一辈子。"老人回答:"你几乎不算得到了生命,所以也就谈不上失去。谁受生命的赐予最多,死时失去的也最多。长寿非福也。"中年人叫了起来:"有谁比我惨!你们一个无所谓活不活,一个已经活够了,我却死在正当年,把生命曾经赐予的和将要赐予的都失去了。"

他们正谈论着,不觉已到了天国门前,这时,一个声音在头顶响起:"众生啊,那已经逝去的和未曾到来的都不属于你们。你们有什么可失去的呢?"三个灵魂齐声喊道:"主啊,难道我们中间没有一个最不幸的人吗?"上帝答道:"最不幸的人不止一个,你们全是,因为你们全都自以为所失最多。谁受这个念头折磨,谁就真正是最不幸的人。"

的确,得到了多少,又失去了多少,不在于世俗的标准,而在于自身的评判。如果患得患失,即使得到再多,也会失去生命中最重要的元素——快乐。

独木桥边退一步

有一条大河,河水波浪翻滚。河上有一座独木桥,桥很窄,仅用一根圆木搭成。有一天,两只山羊分别从河两岸走上桥,到了桥中间相遇了。但因桥面太窄,谁也无法通过，这两只山羊谁也不肯退让，在桥上用角顶撞起来，而且互不示弱，抵死相拼，最终双双跌落桥下被河水吞没了。

《菜根谭》中说："途经路窄处，要留一步让别人先行，这才是涉世的安乐法。"上面这则寓言也正蕴含了"经路窄处，留一步让别人先行"的道理。在狭窄的路口处，不妨让别人先行，自己退让一步。表面看，好像自己吃亏，但实际上，如果彼此都不相让，势必两败俱伤，倒不如互相宽容，对大家都好。

凡事都应该学会让一步，给别人留有余地，不要将其逼至绝处，否则也许会威胁到自己的生命财产安全。"狗急跳墙""兔子急了也咬人"之类的俗语，大家肯定都是知道的，那何不对人对事都退让一步呢？

以养鱼作为比喻，做人退一步有三种境界：初级境界是玻璃缸里赏鱼，只让它在一定的范围存在和活动；中等境界是池塘养鱼，水肥鱼跃；最高境界是让鱼归江海，任其自由自在地游弋。

为什么有的人做不到退一步呢？那是因为他没有做到不生气，要么自私狭隘，要么斤斤计较，要么得理不饶人。如果人人都能做事退一步，生活中的许多纠葛、怨恨、偏见和不快，都会烟消云散，恶语中伤也将消失得无影无踪。反之，如果以情绪代替理智，让愤怒主导行为，以牙还牙，睚眦必报，结果只能是两败俱伤。现实中，因为一句话、一元钱的小矛盾而导致一场官司、一条人命的事不是经常发生吗？

明代学者薛瑄说："让步是一种喜悦，被别人宽容是一种幸福。惟宽可以容人，惟厚可以载物。"退一步其实就是凡事不生气，不苛求，不极端，不任性，它有助于人际关系的融洽，有助于保持身体的健康，更能增加自身的道德修养。所以，当对人对事可以退让时，我们就应该尽量多一些宽容，学会独木桥边退一步。

遇事冲动是"发狂的野马"

在非洲草原上，吸血蝙蝠在攻击野马时，常附在马腿上，用锋利的牙齿极其迅速地刺破野马的腿，然后用尖尖的嘴吸血。无论野马怎么蹦跳、狂奔，都无法驱逐这种蝙蝠，蝙蝠可以从容地吸附在野马身上，直到吸饱吸足，才满意地飞去。而野马常常在暴怒、狂奔、流血中无可奈何地死去。

事实上，害死野马的不是吸血蝙蝠，而是他们自己。动物学家们经过研究发现，吸血蝙蝠所吸的血量是微不足道的，根本不会让野马死去，导致野马死亡的真正原因是它暴怒的性格。

俗话说："一碗饭填不饱肚子，一口气能把人撑死。"如果我们遇事也如同发狂的野马那样，不能控制心态，不能理智、冷静地面对一切，就很有可能自取灭亡。

刘备、关羽、张飞三人同生共死，齐心协力，从寄人篱下到打下了一大片江山，事业蒸蒸日上。可是，这一份伟业从关羽败走麦城开始，就由盛转衰——先是关羽大意失了荆州，被吴国生擒斩首；然后，张飞被部下暗杀；最后，刘备70万大军被东吴的一把火烧尽。这一连串的"倒霉事"，都是因为三兄弟的冲动。关羽的狂妄自大，为他的失败埋下了伏笔；张飞为关羽报仇心切，情绪失控，以鞭打部下来发泄，导致被害；最后稳重的刘备也失去了理智，不顾孔明等人的苦苦规劝，执意伐吴，结果导致惨败。

冲动是会受到惩罚的，西方有句民谚说："上帝欲使其灭亡，必先使其疯狂。"情绪一旦失控，心态一旦浮躁，那就好比推倒了命运的多米诺骨牌，会坏事连着坏事，霉运接着霉运。

悲欢离合本是常理，我们生活在充满矛盾的世界上，谁没有遇到过让人生气、令人气愤的事呢？然而，无论从生理健康还是心理健康上讲，遇到不顺心的事动辄勃然大怒是有百弊无一利的。因为怒气犹如人体中的一枚定时炸弹，不仅会毁灭他人，还会给自己带来灭顶之灾。

林则徐自幼聪颖，但是他喜怒无常的性格让他的父亲林宾日忧心忡忡，为此，林宾日经常教育林则徐遇事不要冲动。有一天，林宾日给林则徐讲了一个"急性判官"的故事：某官以孝著称，对不孝之子绝不轻饶，必加重处罚。一日，两个贼人入户盗得一头耕牛，又把这家的儿子五花大绑押至县衙，向县官诉其打骂父母不孝之罪。该官一听儿子竟然打骂父母，犯下不孝之罪，于是不问青红皂白喝令衙役杖责其50大棍。直到这家老母跌跌撞撞赶来说明真相，糊涂的县官这才想起找两个贼人算账，可两个贼人早已逃得无影无踪了。

这个故事给林则徐留下了终生难以磨灭的印象。后来林则徐做了高官，他的府衙里长年挂着一块牌匾，上书"制怒"两个大字，以此提醒自己，警示自己。在任两广总督时，一次林则徐盛怒之下把一只茶杯摔得粉碎。当他抬起头，看到"制怒"两字时，意识到自己的老毛病又犯了，立即谢绝了仆人的代劳，亲自动手打扫摔碎的茶杯，以示悔过。

"怒"是人的七情之一，但却是一种负面的情绪。"怒伤肝"、"多怒则百脉不定"，这些浅显的医学道理人人皆知。所以遇事要克制自己，尽量不要发怒，怒气一旦出现，又要善于制怒。除了林则徐"悬联"的方法外，古人还留下了很多制止冲动的方法，值得我们参考。

佩物。《韩非子》中记载，春秋时，魏国邺令西门豹为了克服性情急躁的毛病，便"佩韦以缓气"。"韦"是熟牛皮，西门豹取其质地柔软的特性以自戒。据说每当他

要发脾气时,看到身上的佩物,气就能消一半。

写字。韩愈在《送高闲人序》中介绍,唐代的张说,写字不是为了练习书法,而是以此排遣心中的怒气。

下棋。明代郑瑄在《昨非庵日纂》中写道,李纳性情急躁,易发脾气,但每逢下棋,他的性情就趋于安详、宽缓。所以凡是遇到使他心情躁怒的事,家人便悄悄将棋盘摆在他面前。李纳见了棋盘,怒气马上就消失了。

面壁。晋朝有个人叫王述,脾气很大。据说,他吃鸡蛋,筷子夹不住,竟抓起鸡蛋扔在地上,又拾起放在嘴里咬碎,再狠狠地吐出。如此乖戾的脾气,但必要时也能出奇的克制住而不怒。有一次,他因事和谢奕闹翻,谢奕气势汹汹骂上门来,说了许多非常难听的话。而王述却一声不吭,只是默默地面对墙壁而立。谢奕离去很久,王述才转过身来又继续做自己的事情。

跑步。古时候,一个叫爱地巴的人,他一生气就绕着自己的房子和土地跑3圈。后来他的房子越来越大,土地也越来越多,而一生气,他仍然绕着房子和土地跑3圈。有人不理解他这种习惯,爱地巴解释说:年轻时,一和人吵架、生气,我就绕着自己的房子和土地跑3圈,边跑边想,自己的房子这么小,土地这么少,哪有时间和精力去跟人生气呢?不如多做点事情改变家境;现在老了,我边跑就边想,我房子这么大,土地这么多,上天对我不错了,又何必与人计较呢?一想到这里我的气就消了。”

做一个“会吃亏”的人

清朝时,身为“扬州八怪”之一的郑板桥,给后人留下了2条含有深刻哲理的字幅:一条是“难得糊涂”;另一条就是“吃亏是福”。

“吃亏是福”的典故是这样来的。郑板桥有一个远亲叫郑煊,有一次郑煊做木材生意,运货到外地,没想到货价狂跌,眼看就血本无归了。郑煊以为自己的末日到了,便将苦恼告诉了郑板桥。这时,郑板桥便送了郑煊一幅勉词——“吃亏是福”,其内容写的是:“满者损之机,亏者盈之渐。损于已则利于彼,外得人情之平,内得我心之安,继平且安。福即是矣。”

看到横幅,郑煊精神上得到了稍许安慰,心境也逐渐平静下来,便带着自己的商船回家。没想到在回家的路上,木材的价格突然涨起,郑煊因此发了财。回家后,郑煊静静地思考着郑板桥给他的题词,并从中体会出了人生哲理,于是将郑板桥的题词作为家训,刻在墙壁上以示后人。

人生的得与失是不断交替而始终趋于平衡的,你得到一些就会失去其他的一些,反之也是一样。如果吃亏就是主动地、心甘情愿地失去,那么失去之后你肯定会有所收获。吃亏是以退为进,吃亏是损小获大,吃亏是失利得益,吃亏是弃轻载重,吃亏是去粗取精,吃亏是丢卒保帅。会吃亏者,必定是参透了人生玄机的智者,才能在得与失面前保持不生气,所以不怕吃亏,甚至会主动吃亏。

就拿做生意来说,主动的方吃亏不仅能换来长久的合作和源源不断的利益,还能为自己赢得良好的商业信誉。如果某个商人吃不得亏,为了一点蝇头小利就与合作伙伴斤斤计较,就对员工大肆盘剥,那这个商人迟早会输得精光。古代十大商帮之首是晋商,晋商之冠是乔家,而乔家大院的建筑上刻的却是"学吃亏"这三个大字,为什么他们不刻上"学赚钱"呢?因为乔家在上百年的商海沉浮中,认识到了一个真理——吃亏就是赚钱。

1900年,八国联军攻占北京,在城里大肆掠夺和抢劫财物,当时北京的许多钱庄都被洗劫一空。那些逃到西安的王公贵族,则带着大把大把的银票,向西安的各大票号兑钱。日升昌票号的老板山西人雷履泰,与其他票号掌柜都面临着同样的一个难题:由于日升昌的北京分号被洋鬼子一把火给烧掉了,账本全部没有了,那么在没有账本的情况下,如何知道谁存了多少银两呢?如果只要有银票就给兑换银子,那么元气大伤的日升昌,很有可能面临倒闭的危险。

有伙计说:"干脆不兑钱给他们了,暂时关门算了,咱们票号也是受害者啊!"也有人说:"等把账目核实清楚后再兑换也不迟,这样也不会影响信誉。"但是这些建议,统统都被雷履泰否定了。雷履泰在深思熟虑后决定,凡是储户能拿出存银凭据的,无论是高官权贵,还是平民百姓,而且无论数额大小,一律无条件足额兑换。当时很多人听到这个消息,议论纷纷:雷履泰真是疯了,这不是自己往火坑里跳吗?

雷履泰真的疯了吗?当然没有,雷履泰是在以看似"吃亏"的方式收买人心。作为一个早期银行家(票号掌柜),兑现储户的存款,进行正常的存贷业务,是恪守职业行规的一种体现。储户看到雷老板讲信用、底气足,就会对日升昌票号更加信任。当时前来兑钱的大多是从北京逃亡而来的朝廷官员或者达官权贵,尽管目前时局动荡,洋鬼子甚嚣尘上,但毕竟只是暂时的,大清朝还是要由这些人重新掌权。如果你能够在危难时刻帮他们一把,人家就会牢牢记住你。等到这些人重回京师之后,以他们的政治势力和经济实力,将会给日升昌票号更多的信任和好处。

雷履泰这一"吃亏"的行为,果然为其带来了大机遇。因为这件事,日升昌票号"诚信为本,童叟无欺"的招牌声名远扬,各地的储户对其有口皆碑。战乱过后,当日升昌的北京分号重新开张时,上至达官显贵,下至草根百姓,无不前来捧场,纷纷将自己的积蓄放心大胆地存入票号,甚至朝廷也将大笔的官银交给其收存、汇兑。

　　人世间的事情就是这么捉摸不定，吃亏之后往往会有意想不到的柳暗花明。我们对于得失要看淡一些，不要刻意去追求占便宜，更不能因为吃了亏而耿耿于怀。从我们身边的一些所见所闻不难看出这样一个规律：越是不肯吃亏的人，越有可能吃亏，而且往往还会多吃亏，吃大亏。

　　台湾良机实业公司总经理张广博，素有"水塔王"之称。念小学时，因为家境贫寒，每逢夏日放学之后，张广博都会背上一个装着40根棒冰的木箱，沿街叫卖。有一天，刚刚卖出3支棒冰，暴雨突至导致气温骤降，因此棒冰再也无人问津了。眼看剩下的37支棒冰就要全部化掉了，张广博心想：反正就要化掉了，干脆吃掉吧。于是打开木箱，把剩下的37支棒冰吃得干干净净。结果他因此患上了重感冒，在床上躺了两个多月才恢复健康。

　　为了37支冰棍的小便宜，却吃了花一大笔医药费的大亏。不过，正是这惨痛的教训才使得张广博获得了"该吃亏的时候就得吃亏"的人生经验，才有了他后来辉煌的成就，如此看来，他最终也算是占了大便宜。

　　"吃亏就是占便宜"这句话是很有道理的。人都有趋利的本性，自己吃点亏，让别人得利，就能最大限度地调动别人的积极性，使自己广结良缘。佛学大师弘一法师就这样说过："无论做什么事情，都不要想着占便宜。因为便宜天下人都争相拥有，如果我一个人占据，则他人皆与我结怨；我如果不占便宜而肯吃亏，那么别人对我的怨气便消除了。"此外，"欠债好还，人情难还"，当自己吃亏时，别人肯定会不好意思，会觉得亏欠了你，就会想办法偿还。所以，主动吃亏会形成一种社会存储，或迟或早会有回报。

　　人都有吃亏的时候，关键是自己如何看待吃亏。吃亏之后保持平常的心态，这才是正确的做法。吃亏是福，哪怕被骗、失业、破产这些让人难以接受的挫折其实也是福分，因为"吃一堑，长一智"，这样的大亏吃多了，你就会自然而然地变得精明强干了。

　　原盛大网络总裁唐骏在卡拉OK盛行的时候，研发了一个专门用于卡拉OK设备上用的打分机，演唱者唱完一首歌后，打分机会自动打出分数，这一设备增加了卖点。唐骏的这项专利被三星公司以8万元的价格买断，但三星卖给其竞争对手日本先锋公司的专利使用权就是150万元。为此，很多朋友都觉得唐骏特别亏。

　　但唐骏在谈到这段经历时，却没有一丝遗憾，相反对当年的吃亏心怀感激。唐骏说："应该感谢三星公司，如果没有三星来买这项专利，就没有我创业之初的8万元启动资金，或许后来的事业也不会有现在这么顺利。最重要的是，这件事教会了我如何将专利变成商品，使我从一个学者型的人变成一个商业型的人。"

开个玩笑，消除尴尬和不愉快

1727年，英法两国发生战争，一时间英国人对法国人非常仇视。当时，伏尔泰恰巧正在英国旅行。英国人不分青红皂白，就把伏尔泰给抓了起来，将所有的怒气都发泄到了他身上，冲着他大喊大叫："给这可恶的法国佬一点教训……""把他吊死得了……""快点把他吊死……"

这时，伏尔泰却不慌不忙，微微一笑说："诸位，可否让我这个将死之人说几句心里话呢？"全场顿时安静了下来。

伏尔泰给大家深深鞠了个躬，清了清嗓子，微笑着说："各位英国朋友，你们之所以要惩罚我，是因为我是法国人。不过，以各位的聪明才智，难道没有发现，我生为法国人却不能生为高贵的英国人，这不就是一个天大的惩罚吗？"

这句话说完，在场的英国人全都哈哈大笑起来，伏尔泰被当场释放，得以死里逃生。

对于有苦有乐的人生来说，幽默犹如黑暗中的光亮、饭桌上的开胃菜、齿轮上的润滑油，不少事都会因为你的幽默和自嘲而出现转机，就像伏尔泰一样，一句玩笑竟保住了一条性命。

幽默是什么？简单地说就是有趣、可笑和意味深长，它是人生宴席上不可缺少的一道开胃菜。幽默可以让生活充满欢乐，可以让人不生气，可以化解许多矛盾，可以给人很多机遇。

当年华盛顿会议时，丘吉尔早上正在淋浴，而恰巧罗斯福造访，碰到全身赤裸的丘吉尔，对于两位元首来说本应是很尴尬的事情。然而，丘吉尔急中生智地说："总统先生，大英帝国对你可是毫无保留的啊！"一句话不仅使尴尬烟消云散，还顺便赢得了罗斯福的信任。

其实罗斯福自己也有过类似的经历。1912年，罗斯福在新泽西州的一个小镇集会上发表了一篇演讲。当他在这篇演讲中说到女子也应踊跃参加选举时，听众中忽然有人大声喊道："先生，这句话和你5年前的意见不是大相径庭了吗？"

罗斯福没有回避或者掩饰，而是聪明地回答道："可不是吗？5年前，我确实有另一种主张，现在我已深悟我那时的主张是不对的。"

他的这种坦白、忠实、诚恳、亲切的回答，给了那位问话者满意的答复。

名人如此，凡人也如此。有一天，老公回家看到老婆在煮菜，因为前一天两个人吵了架，老婆拉长着脸。老公就问："老婆，你在煮什么？"结果老婆很生气的回答："煮毒药！"老公幽默地说："够不够两人吃啊？"结果老婆"扑哧"一笑，两人冰释

前嫌。

现实生活中,也常常可以看到,双方争论激烈、剑拔弩张、僵持不下,往往由于其他人的一二句幽默话语,即可使争执的双方和颜悦色,握手言欢,化干戈为玉帛。或者在一个死气沉沉、单调乏味的场合,也往往因为某个人的幽默谈笑,打破了沉闷,活跃了人们疲惫麻木的神经,从而营造出一种生动活泼、健康风趣的氛围。

抗战胜利后,张大千从上海返回四川老家。临行前,好友设宴为他饯行,并特邀梅兰芳等人作陪。宴会开始,大家请张大千坐首座。张大千却说:"梅先生是君子,应坐首座,我是小人,应陪末座。"梅兰芳和众人都不解其意。张大千解释说:"不是有句话'君子动口,小人动手'吗?梅先生唱戏是动口,我作画是动手,我理应请梅先生首座。"满堂来宾为之一笑,并请他俩并排坐首座。张大千自嘲似的幽默,既表现了他的豁达胸怀,又制造了宽松和谐的交谈氛围。

1930年2月9日,蔡元培70岁生日,上海各界人士在国际饭店为他设宴祝寿,他在答谢时洒脱风趣地说:"诸位来为我祝寿,总不外要我多做几年事。我活到了70岁,就觉得过去69年都做错了。要我再活几年,无非要我再做几年错事喽。"宾客一听,哄堂大笑,整个宴会充满了欢快的气氛。

幽默是人际关系的润滑剂,可以很快拉近与他人的心理距离。20世纪50年代初,有一次周总理在中南海勤政殿设宴招待外宾。客人们对中国菜的花样之繁多、风味之独特、味道之鲜美都赞不绝口。这时,上来一道汤菜,汤里的冬笋、蘑菇、红菜、荸荠等都雕刻成各种图案,色、香、味俱佳。然而,冬笋片是按照民族图案刻的,在汤里一翻身恰巧变成了法西斯的标志。贵客见此,不禁大惊失色,忙向周总理询问缘由。对于这个问题,周总理也感到十分突然,但他随即泰然自若地解释道:"这不是法西斯的标志!这是我们中国传统中的一种图案,念'万',象征'福寿绵长',是对客人的良好祝愿!"接着,他又幽默地说:"就算是法西斯标志也没有关系嘛,我们大家一起来消灭法西斯,把它吃掉!"话音未落,宾主哈哈大笑,气氛更加热烈,这道汤也被客人们喝得精光。

幽默还有一个巨大的作用,就是可以让人身心健康,延年益寿。位于亚平宁半岛的意大利,有5 700万人口,其中有1 900万人在75岁以上,平均每3万人中就有1个百岁老寿星。他们一个共同的特点就是:心胸坦荡、乐观开朗、幽默善谈。

幽默不是油腔滑调,也非嘲笑讽刺,而是用影射手法,机智而又敏捷地指出别人的缺点或优点,在微笑中加以否定或肯定。有洞察力而又思维敏捷的人,能够以恰当的比喻、诙谐的语言,打破尴尬,使人轻松。

人的生命只有一次,不管是快乐还是痛苦,不管是得意还是失意,都要度过。与其将太多的无奈与苦恼压在身上,还不如用幽默来点缀生活、用微笑来装饰生活,这样的人生岂不更有乐趣?

第四章

不较真，人活着可别太累

凡事都要"丁是丁，卯是卯"，你会活着很累。与其让自己身心疲惫，倒不如对有些事睁一只眼闭一只眼。

做人不可过于较真

大画家毕加索对冒充他作品的假画，从来就是睁一只眼闭一只眼，概不追究。有人对此不理解，毕加索说："我为什么要小题大做呢？作假画的人不是穷画家就是老朋友。穷画家混口饭吃不容易，我也不能为难老朋友，还有那些鉴定真迹的专家也要吃饭，况且我也没吃什么亏。"

意大利的诗人、散文家和剧作家阿雷蒂诺说："人如果太较真，就是不懂如何生活；不较真既是盾，刀枪不入；不较真又是箭，什么盾也挡不住。"如果说官场上的"不较真"能够让自己进退自如的话，那么在与人交往中的"不较真"就能让自己左右逢源了。所以，在不较真的时候，我们就得装模作样、装聋作哑，甚至是装疯卖傻。

石油大王洛克菲勒是现代商业史上的传奇人物，他的公司垄断了全美80%的炼油工业和90%的油管生意。在为人处世方面，洛克菲勒很有一套，尤其善于装糊涂。

有一次，洛克菲勒正在工作时，一位不速之客突然闯入他的办公室，直奔他的

写字台,并用拳头猛击桌面,大发脾气:"洛克菲勒,你这个卑鄙无耻的小人,我恨你!我有绝对的理由恨你!"办公室所有的职员都以为洛克菲勒一定会拿起墨水瓶向他掷去,或是吩咐保安员将他赶出去。然而,出乎意料的是,洛克菲勒并没有这样做。他停下手中的活,像傻子一样注视着他,对发生的事似乎毫无知觉,就如同被骂的是另外一个人一样。

那无理之徒被弄得莫名其妙,怒气渐渐平息下来。他是准备好了来此与洛克菲勒大闹一场的,并想好了洛克菲勒会怎样回击他,他再用想好的话去反驳。但是,洛克菲勒不开口,他反倒不知如何是好了。不得已,他又在洛克菲勒的桌子上猛敲了几下,可是仍然得不到回应,只得索然无趣地离去。再看洛克菲勒,就像根本没发生任何事一样,重新拿起笔,继续他的工作。

懂得装傻的人绝不是傻瓜,而是真正的聪明,就比如洛克菲勒。而现实生活中,有的人却斤斤计较、咄咄逼人,看似聪明绝顶但最后往往是机关算尽,聪明反被聪明误,这才是真正的傻瓜。

在现实生活中,许多人往往不能控制自己的情绪,遇到不顺心的事,要么借酒消愁,要么以牙还牙,这都是错误的做法。怎样才能做到不较真呢?第一,要学会理智处事,沉不住气时反复提醒自己要以理智的心态来控制感情。第二,要学会苦中作乐,善于在生活中寻找乐趣,多参加一些自己感兴趣的活动,来发泄郁闷。第三,遇到难受、挫折、失败的事,不妨找知心朋友聊聊天。第四,欲望少一点、心胸宽一点,这样更能保持心理平衡,维护身心健康。

凡事都要"丁是丁,卯是卯",这样的人活着会很累。与其让自己身心疲惫,还不如在现实生活中,用一种"不较真"的思维方式,以平常之心、平静之心对待人生,该糊涂时就糊涂,这是历来被推崇的高明的处世之道。一个人如果真能如此的"不较真":淡泊名利、虚怀若谷、大智若愚、韬光养晦、深藏不露、知足常乐……那么这辈子就会过得自在洒脱。

凡事都要"丁是丁,卯是卯",这样的人活着会很累。与其把自己累得身心疲惫,真不如在现实生活中,用一种"不较真"的方式,以平常之心、平静之心对待人生。

不为面子找罪受

说到面子,大概每个人都有说不清的感受。一方面,大家对面子问题很敏感,都希望自己有面子,任何时候都会想方设法保全面子。只要有面子,就会精神倍增,信心百倍,心情好得不得了;另一方面,又常常因为要面子、挣面子而打肿脸充胖子,让自己身心疲倦,活得很累。

比如请朋友吃饭,老婆如果热情招待、能呼来喝去的话,自己在朋友面前就觉得有面子。但如果老婆不理不睬,就觉得丢了面子。甚至为了争回这点面子,和老婆大吵一番,闹得不欢而散。再比如大学生就业时,看见同学应聘上了一好职位,就会想,那小子各方面的能力都和我差不多,我再怎么也得找一个与他等同的职位吧?不然今后有什么脸面见同学?因此只好不停地找更好的工作。

美国人史密斯在所著的《中国人的性格》一书中,共列举了中国人的个性有27项之多:保全面子、节俭持家、勤劳刻苦、讲究礼貌、漠视时间、漠视精确、易于误解、拐弯抹角、顺而不从、思绪含混、不紧不慢、轻视外族、缺乏公心、因循守旧、随遇而安、顽强生存、能忍且忍、知足常乐、孝悌为先、仁爱之心、缺乏同情、社会风波、株连守法、相互猜疑、缺乏诚信、多元信仰、现实务实。

史密斯认为面子思想是中国人特有的个性。事实上也是如此,中国人对面子问题是非常介意的。这从人们的自我介绍中就可以看出,一个人姓秦,他肯定不会说是秦桧的秦,一定说是秦始皇的秦;姓李的人,不说是李莲英的李,一定说是李世民的李;如果遇到一个姓高的,他甚至会说自己是高尔基的高。虽然在很多词典里面都找不到"面子"一词的解释,但从"树活一张皮,人活一张脸"、"打人不打脸,骂人不揭短"这些俗语中就可以看出,"面子"已经是深入人心,甚至是根深蒂固了。

从前,有一个穷人,每日三餐都吃不上。但为了在人前显得有面子,就常常带着蘸油的棉球,每次吃罢粗糠青菜,都会在嘴上涂一层油。然后逢人便讲:"今天吃的又是大鱼大肉。"

还有一个书生,家里很穷却很爱面子。一天晚上,小偷来到他家中,搜寻之后,没有发现值得一偷的东西,便跺脚叹道:"晦气,我算碰到了真正的穷鬼!"书生听了,赶紧从床头摸出仅有的几文钱,塞给小偷,说:"您来得不巧,请将就把这点钱带上。但在他人面前,希望您不要张扬,给我留点面子啊!"

更绝的是2000年前孟子讲的这个故事:一个要面子的齐人,看到别人常常下馆子,认为很有面子。于是,便到别人祭祖的坟地,讨些酒饭吃。回到家里,像得胜还朝似的告诉妻妾说:"实在没办法,今天又被几个哥们请去,喝多了!"

从这么几个小笑话中不难看出,面子是中国人保护自尊心的盾牌。近代历史上的一位爱国主义者杜重远先生对此大声疾呼:"要面子不要脸这几个字,囊括尽了中国的劣根性。政治腐败、经济破产,都是由于要面子不要脸这种人生观的缘故,所以要拯救中国先要革除这种人生哲学。"

面子是中国文化中特有的东西,鲁迅先生就说过"面子是中国人的精神纲领"。据说在英文中就没有"面子"一词,在中文翻译英文时,好多人把"面子"翻译

成"名誉"，这显然是不确切的。因为"名誉"是由于个人的杰出才能、伟大贡献所赢得的荣誉。而中国人所谓的"面子"应该是介于"荣誉"与"虚荣心"之间的一种内心的情感因素。

本来，爱面子是人对自身形象的一种维护，也是人羞耻心理的一种行为表现，如果人不要面子不要脸，会是一个众人所厌恶的家伙。"不怕不要命的，只怕不要脸的"说的就是这个意思。但是，如果太顾及脸面，很多时候只能是让自己有苦说不出。"死要面子活受罪"正是对此种心态的极佳写照。

爱面子、好面子本身没有错，也不是什么恶行，但是面子思想会导致很多恶行。人如果过分爱面子，常常会引发虚荣、虚伪、贪婪的毛病，有时候还会导致悲剧。

崇祯皇帝对朝务的勤勉和生活上的简朴在中国几千年封建历史上都是罕见的，史书对他的评价是："在位十七年，一直勤政理事，鸡鸣就起床直至夜晚都不睡觉，往往积劳成疾。节俭自律，不近女色，宫里从来没有宴乐之事。"但崇祯有一个重大的性格缺陷，就是过于自尊，也就是死要面子，下面这两件事就能看出来。

一是与后金议和。崇祯十四年年底，崇祯接受了兵部尚书陈新甲的建议，与后金私下议和，然而没想到此事不慎外泄，一时间舆论大哗。面对群臣的指责，视面子如生命的崇祯为了表明清白，将一切责任都推到陈新甲身上，冤杀了陈新甲。本来已和皇太极达成的友好停战协议就此不了了之，使得之后明军一直在"攘外"与"安内"两条线上作战，疲于奔命。

二是南迁。崇祯十七年，李自成对京城已经形成包围之势，崇祯知道大势已去，就谋划南迁。本来南迁之事，只要崇祯一人拍案定夺就可以实行，但他死要面子，怕南迁会遭后世耻笑，非要召集群臣商议此事。崇祯的意思是希望大臣合力恳请他南迁，给他一个台阶下，让他体面地离开京城。可这层意思他又不好意思直接说，群臣还以为皇上真的是让他们讨论留京与南迁哪种战略好呢。结果讨论来讨论去耽误了时间，最后想跑也来不及了。爱民勤政的崇祯因为死要面子而落得个亡国下场，实在令人叹息。

有人将面子理解成自尊，这是不对的。自尊是什么？自尊就是自己尊重自己，自己看得起自己。而面子思想却是因为太在意别人对自己的评价而产生的虚荣心，它是精神的枷锁、灵魂的裹脚布，严重干扰人的正常思维与行动。在现实中，有一些人为了面子奔波一生，最后留给自己的却是烦恼一堆。其实，他们输的不是个人的能力，也不是他们的行为技巧，而是这个不名一文的薄薄的脸面。

为什么国内成功的企业家学历不高的占有很大比例，而学历很高的专家教授却少有人成为成功的企业家，归根到底还是面子思想在作祟。学历不高的人较早进入了社会，迫于生存的压力，不得不把面子收起来，不断地闯，不断地试，结果闯出一条路来。而学历较高的人呢？碍于面子不愿从事求人的事情，也不愿放弃自己好不容易得到的工作岗位,结果把自己限制在一个狭小的天地里,怎么可能做成大企业呢?

世界上80%的人都是顾忌面子的,只有20%的人觉得面子无所谓。非常有意思的是,这20%的人掌握了世界上80%的财富,碍于面子的80%的人只掌握世界20%的财富。这个数据说明,只要抛弃虚无又虚伪的面子思想,用不生气之心来看待名利得失,实实在在地做人做事、过日子,不仅自己会活得快乐,而且还会出乎意料地成功。

如果太顾及脸面的话,很多时候只能是让自己有苦说不出。"死要面子活受罪"正是对此种心态的极佳写照。

不钻牛角尖,别为失败沮丧

在这个世界上,没有人能百战百胜,没有谁是常胜将军。在漫长的人生旅途中,遇到艰难困苦、挫折失败都是不可避免的。

理查德·巴哈所写的1万字的故事《天地一沙鸥》,在出版前曾被18家出版社拒绝,最后才由麦克米兰出版公司发行。而其出版后的短短5年内,单在美国就卖出了700万本;《飘》的作者米歇尔,曾拿她的作品和出版商洽谈,却被拒绝了80次,直到第81出版商才愿意为她出书;银屏硬汉史泰龙,去纽约的500家电影公司应聘了3次,每次都被拒绝,直到第1 850次才被聘用。

再看看那些国际上著名的企业,不仅发展之初是跌跌撞撞走过来的,就是在已经能呼风唤雨、雄霸一方的时候,还是免不了失败。

1973年,肯德基将目光瞄准了香港,同年6月,第一家肯德基店在香港开业,1974年数量已达到11家。声势浩大的广告宣传,加上独特的配方和烹调方法,使顾客们都很乐于一试,可以说肯德基在香港前途光明。但是,到了1974年9月,风云突变,肯德基公司突然宣布多家快餐店停业,首批进入香港的肯德基纷纷停业关门,差不多全军覆没。

2001年,沃尔玛首次位列世界500强榜首,但这个世界最大的连锁商进入德国市场4年来却连遭败绩,不仅损失超过1亿美元,而且它在财务上遮遮掩掩的做法,还引起了以严谨著称的德国人的不满。好在沃尔玛对失败非常宽容,"成功要大肆庆祝,失败则不必耿耿于怀,不要对自己过于严肃,过于伤感,过于羞辱。"后来他们吸取教训,重整旗鼓,很快就反败为胜了。

唐代大诗人杜牧写过一首满怀豪情的诗:"胜败兵家事不期,包羞忍辱是男儿。江东子弟多才俊,卷土重来未可知。"这首诗就是告诉人们,胜负输赢不可预

料,不要太计较成败得失,而要以一种不生气的心态去看待。胜利了固然万分欣喜,但不能够骄傲,骄兵必败;失败了,虽然十分难受,也不应该气馁,只要继续努力,卷土重来也说不定啊。

1948年,牛津大学举办了一个"成功秘诀"讲座,邀请到了当时声誉已登峰造极的伟大的丘吉尔来演讲。这一天的会场上人山人海,水泄不通,人们准备洗耳恭听这位大政治家的成功秘诀。丘吉尔用手势止住大家雷动的掌声后,说:"我的成功秘诀有三个:第一是,绝不放弃;第二是,绝不、绝不放弃;第三是,绝不、绝不、绝不能放弃!我的讲演结束了。"说完就走下讲台。会场上沉寂了一分钟后,爆发出的热烈的掌声。

在人生的旅途中,我们都希望自己能一帆风顺、事事无阻,但又有多少人能如此幸运呢?人生总会遇到各种艰辛和曲折,要想成功肯定就会经历失败。"失败是成功之母"这句话并不是对失败者的安慰与同情,它的确是有道理的。因为每一次失败就是否定了一种选择,当所有错误的选择都被否定之后,成功自然就来临了。

庄纳思就是这样成功的,他经过201次的试验才发明了小儿麻痹疫苗。有人问他怎样看待前面的200次失败,他说,"在我的生活中从来没有过200次失败,我从来不认为我做过的任何事情是失败的。我所关心的是,通过所做过的事情得到了什么样的经验,学到了什么知识。如果没有前面200次的试验,我就不会得到第201次的成功。"

胜败乃兵家常事,诸葛亮足智多谋,用兵如神,也有街亭之失;拿破仑纵横驰骋,威震欧洲,最后兵败滑铁卢。世界上最能打仗的美国,在制定作战计划的时候,总会想到失败了的话怎样应变、怎样撤退,甚至怎样投降。第二次世界大战时,一位同盟国的总统在战场上居然对将士这样说,"我们该投降时一定要心平气和地去投降,学会投降是一种学问,因为我们可以再来。我们得为将来做准备。"

失败很常见,失败算不了什么,失败更不是耻辱。我们要坦然面对失败,更要从失败中看到成功的希望。

松下幸之助认为:"当遭遇失败而陷入困境时,最重要的是要勇敢而坦白地承认失败,并且认清失败的原因。"一代伟人邓小平也说:"过去的成功经验是我们的财富,过去的错误也是我们的财富。"因此,失败之后重要的是吸取教训,避免重蹈覆辙,换句话说,失败也要失败得明明白白。如果失败了就痛心疾首、捶胸顿足,不仅于事无补,这种不好的心情还有可能继续导致失败。

徐相洛是韩国三美集团副主席,集团下属的三美钢铁厂是韩国最大的不锈钢生产厂家。三美集团倒闭后,徐相洛下岗再就业,来到汉城市中心一家大酒店参加侍者课程培训。在这家大酒店,人们可以看到,62岁的徐相洛穿着侍者的服装,学习如何端不锈钢盘子。对此,徐相洛平静如水,毫无怨言,甚至对自己能找到工作感到庆幸。

大丈夫就应当如此，能上能下、能屈能伸，视失败为寻常事。那些遇到企业倒闭、股票暴跌就跳楼的人不过是懦夫而已。综观上下五千年、世界两万里，最终功成名就的人，哪一个不是历经千难万险，遭遇坎坷磨难而又处变不惊的豁达人士？看看下面的故事。

8岁时，被赶出居住的地方，必须工作谋生；

21岁时，经商失败；

22岁时，角逐州议员落选；

24岁时，向朋友借钱经商再度失败，后来花了17年的时间才把债务还清；

26岁时，爱侣去世；

27岁时，精神崩溃，卧床6个月；

29岁时，参加国会大选失败；

36岁时，角逐联邦众议员，失败；

40岁时，寻求众议员连任，失败；

41岁时，想担任州土地局长被拒绝；

46岁时，竞选国会参议员，再度失败；

47岁时，争取副总统提名，落选；

49岁时，再度竞选国会参议员，再度失败。

没有谁可以一步登天，所有的成功者都有过失败的经历，这个人是美国历史上颇有作为的林肯总统。失败表面上是一种痛苦，但实际上是一种财富。失败总会让人从中学到一些东西，并能纠正错误的观念，就相当于有人一次次把你从歧途上拉回来，那么你早晚会走上正道。

1954年，巴西足球队在世界杯上意外地输给了法国队，与冠军失之交臂。足球可谓巴西的国魂，因此球员们沮丧、懊悔，准备承受球迷们的嘲笑和辱骂。可是，当飞机降落时，眼前却是意想不到的另一种场面。总统和2万多名球迷默默地站在机场，人群中有一条醒目的横幅"这会过去！"球员们顿时泪流满面。4年后，巴西队不负众望，赢得了世界冠军。在宏大而激动人心的欢迎场面上，人群中依然有那条格外醒目横幅："这也会过去！"

是的，无论是成功还是失败，都是过眼云烟，都会过去的，最终一切都会归于平常。所以我们的心态也要保持平常，既不能沉迷于暂时的成功，也不能因为一时的失败而一蹶不振，只要我们努力过、奋斗过，就会问心无愧，就会无怨无悔。

帮别人就是帮自己

俗语说:"穷鼠咬猫。"对人对事应当以利人利己为本,待人宽一分则对人对己都有好处。古人说得好:"自萧如秋霜,接人如春风。"意思是说对待自己如同秋天的寒凉,对待别人如同春风的温和,这就是说在交际上宽一分、不生气,就会得到自己的幸福。

利人是利己的根基。表面上看,世间哪有这样的傻瓜,利益给了别人却使自己丧失利益?其实如果只为自己的利益打算,结果反而不能为自己谋利,而为利他计划的人反而会利己。举一个例子来说,做商人的只为自己的利益打算,把坏的物品高价卖出,如果存有这种不良的心理,虽一时赚钱,但时间久了谁也不会再来买他的东西。相反的,好的东西如果卖得便宜,自己固然得到的利益较少,但渐渐的,买的人多了,抱怨的人少了,生意就兴隆而永久了,利益不就越来越大了吗?所以,做生意要使买的人欢喜而卖的人也欢喜,皆大欢喜。这是道德的标准,也是利益的根基,又何乐而不为呢?

《水浒传》里的宋江,其貌不扬、生得皮肤黝黑,文不能吟诗作赋,武不能力当千军,却令水泊梁山的一干骄兵勇将,甚至"智多星"吴用都惟其马首是瞻,并且成功地把梁山发展壮大了。这究竟是何缘故呢?其道理说白了,就在于宋江能够与众兄弟一起大碗喝酒、大口吃肉、大秤分金,日子过得和谐。懂得与人合作的宋江,每当山寨干成一票大"买卖",总是记录在册、论功行赏,按照每个人的实际贡献将利润平摊到底,并且从没有瞒着众人中饱私囊的事情发生。这样就算是有人不服他,出于个人利益的考虑,也会让宋江继续坐着头把交椅。从中我们不难得出一个结论,当你的个人能力并不强大的时候,想要获得更大的利益,就一定懂得联合众人的力量做事,共享成果。

有这么一个寓言,说的是一个人很想知道天堂和地狱里面的人究竟是怎么个活法,于是上帝满足了他的愿望,让他分别去天堂和地狱一日游。在地狱,这个人看到人们一个个骨瘦如柴,眼巴巴地看着饭桌上丰盛的菜肴却吃不到。这人觉得很奇怪,仔细一看发现:这里规定每个人必须坐在餐桌上、使用一柄1米多长的勺子,所以每个人都无法把饭菜送进自己的嘴里。而在天堂,这个人看到人们吃饭时却很快乐,尽管餐桌的饭菜、餐具和用餐要求和地狱并没有两样,但是他们是用自己的勺子互相喂给对方,这样每个人就都能够吃到饭菜了。

也许,这就是相互合作的力量。聪明人总是能够与人合作、与人分享,在帮助别人的同时为自己创造机遇。

不要跟李嘉诚比财富

明朝有一个叫胡九韶的人。他的家境很贫困，他一面教书，一面努力耕作，仅仅可以衣食温饱。但每天黄昏时，胡九韶都要到门口焚香，向天拜九拜，感谢上天赐给他一天的福气。妻子笑他说："我们一天三餐都是菜粥，怎么谈得上是有福气呢？"胡九韶说："我们生在太平盛世，没有战争兵祸；我们全家人都能有饭吃，有衣穿，不至于挨饿受冻；家里床上没有病人，监狱中没有囚犯，这不是福气又是什么呢？

胡九韶的这种想法可不是阿Q精神，他的这番话实实在在地蕴藏着深刻的人生经验，他因此生活得很快乐。有很多人之所以不快乐，就是因为他们不满足的心态。而心态不满足的原因有两个，要么是好高骛远，月薪1 000元的人希望月薪10 000元；要么是找错了参照物，与李嘉诚相比自己太穷了。

不幸来自于比较，幸福也来自于比较。我们如果以正确的角度来做比较，就会发现自己真的有多么幸运和幸福。

如果你早上起床的时候，身体健康，没有疾病，那么你就比几百万人幸福，因为他们已经看不到升起的太阳了；如果你从未经历过战争的可怕，牢狱的孤独，酷刑的折磨，饥饿的煎熬，那么你已经比5亿人都幸福了；如果你能够随便出入教堂或寺庙，没有任何被威吓、被施暴、被杀害的危险，那么你就比30亿人幸福了；如果你的冰箱里有食物，身上有衣服，有房住，有床睡，那么你就比世上75%的人都幸福了；如果你在银行有存款，口袋里有钞票，盒子里有零钱，那么你就属于这世上8%的幸福之人。

古希腊哲学家伊壁鸠鲁在《论快乐》中说："无论是拥有巨额财富，还是荣誉，还是芸芸众生的仰慕，或任何其他导致无穷欲望的身外之物，都无法了结心灵的烦扰，更不能带来真正的快乐……凡满足天性者，一点一滴便足以使人富有；而若是填补欲壑，纵然是万贯家财，所带来的也不是富有，而是贫困。"

美国诺贝尔经济学奖获得者萨缪尔森将伊壁鸠鲁这个观点演变成了一个幸福方程式：幸福=已经得到的/所期望得到的。这就是说，我们已经得到的是分子，希望得到是分母，两者相除就是幸福的指数。如果我们在没有能力将分子变大的情况下，也就是没法获取更多的东西时，如果能将分母缩小也就是对现状保持满足的心态，那么幸福的感觉不会比任何人少。

曾是大陆首富的刘永好就说过："拥有亿万财富的喜悦，与农民种红薯获得丰收时候的喜悦，在内心的感受上是一样的。"也就是说，亿万财富与一大堆红薯，会给予人们相同的快乐。当我们没有能力挣亿万财富的时候,那就去收获那堆红薯吧,你同样会很快乐。

据说英国一个专门研究快乐来源的国际组织,曾对4 000名来自不同国家的人进行跟踪调查,得出结论是——低收入的人比年薪超过10万美元的高薪阶层的人更容易对日常生活中的小享受感到快乐,高收入的人很难感受到生活的快乐。在国内,也有类似的说法,就是月薪1 500元的人幸福指数是最高的。

这两个结论看似有些违背常理,因为很多人认为钱越多就会越幸福。实际上,钱不在于多少,而在于恰到好处。比如月薪500元的人,他们的收入大体能满足人类生存的基本需求,也就是可以做到饿了有饭吃,冷了有衣穿。他们没有多余的钱去炒股或者投资,也就不会因为亏损而担惊受怕。他们的工作往往也比较稳定,有比较充足的业余时间,这不是幸福又是什么呢?

一个年轻人老是埋怨自己生不逢时,发不了财,终日愁眉不展。这一天,走过一个满头白发的老人,老人问:"年轻人,干吗不高兴?"

"我不明白,我为什么老是这么穷?"年轻人唉声叹气地说。

"穷?我看你很富有嘛。"老人由衷地说。

看着年轻人一脸茫然的样子,老人就问他:"假如今天我折断了你的一根手指,给你10 000元,你干不干?"

"不干!"年轻人回答。

"假如让你马上死,给你1 000万,你干不干?"

"不干!"

"这就好了,你身上的钱已经超过1 000万了啊!"

老人说完笑眯眯地走了。

时常,我们跟这位年轻人一样,愁眉苦脸,看不到自己所拥有的,终日挂虑未来的难处,自己给自己背上包袱,却很少有知足的心。

唐朝的宗楚客是武则天堂姐的儿子,原先任夏官侍郎,后被武三思引荐为兵部尚书。当时韦后淫乱后宫,干涉朝政,宗楚客为了向上爬升,便趋炎附势效忠韦氏和安乐公主,与她们狼狈为奸,不久就升迁为中书令,相当于宰相。宗楚客虽然依附韦氏,但野心勃勃,还与他人另结朋党,妄想谋取更大的权力。

宗楚客时常对亲信说:"我当初职位卑微时,特别想当大官,当了大官又想当宰相,等当了宰相,又想当天子了,我如果能面南而坐接受万人朝拜一天就足够了。"后来,韦后的阴谋暴露,宗楚客被一并诛杀。人如果不对欲望加以节制,就会被它所奴役,为它生、为它死,宗楚客就是欲壑难填的牺牲品。

一位外国作家说:"贫穷是人的一种心理状态,感觉穷,所以穷。足与不足是相对的,是心灵感觉而已。心态好时,视不足为满足,心情糟时,满足也成了不足。"由此可见，幸福人生的关键在于我们有什么样的心态，在于我们用什么样的观念来生活。有一段手机短信很值得大家参考：

事业无需惊天动地，有成就行；

人生无需长命百岁，健康就行；

金钱无需取之不尽，够用就行；

感情无需死去活来，温馨就行；

朋友无需推杯换盏，理解就行；

思念无需望眼欲穿，想着就行。

不管你是家财万贯，还是一贫如洗，其实平静下来想一想，人的一生如此短暂，与其为了追逐名利而身心疲惫，还不如在竞争激烈、物欲横流、诱惑无处不在的现实社会中，对自己所拥有的一切感到满足。以不生气、宁静的心面对周围的一切，不困于名缰，不缚于利锁，这样心灵才会自由，人生才会快乐。

哲学家讲过：生活像镜子，你笑它也笑，你哭它也哭。什么叫幸福？幸福没有固定的标准，而且跟金钱、权力这些无关，甚至相悖，它只是一种感觉，这种感觉就叫做"知足常乐"。

名利都是身外物，看淡一些

淡泊名利，是一种佳境，追逐名利，是一种歧途。淡泊名利，可能平凡，但还不至于平庸；追逐名利，可能会风光，但心灵就不会自由，这样做人还有什么意思呢？名利无非是身外之物，面对名利，我们要做到：得之泰然，不惊不喜；失之淡然，不悲不怒。为了名利而累心累身，的确是件本末倒置的傻事。

乾隆皇帝下江南的时候，在镇江金山寺，他问寺中高僧法盘："长江中船只来来往往，这么繁华，一天到底要过多少条船啊？"法盘回答："只有两条船。"乾隆问："怎么会只有两条船呢？"法盘说："一条为名，一条为利，整个长江中来往的无非就是这两条船。"

为什么这么多人在为了名利而奔波呢？因为人活在世上，无论贫富贵贱，穷达逆顺，都不是生活在真空里，要生存要发展，都离不开"名利"两字。中国有很多流传千年的学习谚语，什么"书中自有黄金屋，书中自有颜如玉，书中自有千钟粟"，什么"吃得苦中苦，方为人上人"，什么"十年寒窗苦读日，换取功成名就时"，等等，其实还不是在用"名利"两字来激励学子们刻苦学习。

曾有这样一则报道，说的是一所中学的班主任老师，为了激发学生的学习兴趣,引发学生的学习动机,竟然这样向学生宣传学习的好处——学习好能给你们带来荣华富贵、金钱、美女。此消息传出后,在社会上引起轩然大波。很多人都指责这位教师的做法,但也有人认为,这位老师说的是大实话,与"学习改变命运"这句经典口号在本质上是一致的。

诚然,名利能给人带来巨大的物质享受,能满足人的虚荣心。但如果过分地追名逐利,肯定会给人带来无休无尽的苦恼。萨克雷的《名利场》中的女主人翁蓓基·夏泼便是其典范,她的一生都是在不断追求功利中度过的,到最后,她的一切心机全白费了。作者在全书的结尾以感伤而又无奈的语气写下了下面这段话:"唉,浮名浮利,一切虚空,我们这些人里面谁是真正快活的?谁是称心如意的?就算当时遂了心愿,以后还不是照样不满意?"

《红楼梦》中的《好了歌》唱得好:"世上都晓神仙好,唯有功名忘不了。古今将相在何方,荒冢一堆草没了。世上都晓神仙好,唯有金银忘不了。终朝只恨聚无多,及到多时眼闭了。"人来到这个世界,只不过是一个来去匆匆的过客。名和利,都是过眼烟云,是身外之物,生不带来,死不带去,与其一生为名利所累,不如活得踏踏实实、快快乐乐。为了名利而累心累身,的确是件本末倒置的傻事。

天下闻名的居里夫人,一生获得各种奖金10次,各种奖章16枚,各种名誉头衔117个,她对于这些却从来都是"不生气"对待。有一天,一位朋友来她家做客,看见其小女儿正在玩英国皇家学会刚刚颁发给她的一枚金质奖章,朋友大惊道:"现在能得到一枚英国皇家学会的奖章是极高的荣誉,你怎么能给孩子玩呢?"居里夫人笑了笑说:"我是想让孩子从小就知道,荣誉就像玩具,只能玩玩而已,绝不能永远守着它,否则就将一事无成。"不仅如此,居里夫人还毅然将100多个荣誉称号统统辞掉。她对待荣誉的这种态度,是她能够第二次获得诺贝尔奖的基础。

钱锺书先生学贯中西,著有《谈艺录》、《管锥编》、《围城》等著作,享有"博学鸿儒"、"文化昆仑"之美誉。一位美籍华人新闻记者要采访他,却被拒之门外。他把《写在人生边上》一书重印的稿费全部捐献给了中国社会科学院文学研究所;电视剧《围城》的稿费全捐给了国家;国外有许多地方要重金聘请他,皆被婉言拒绝。他对一位年轻人说:"名利地位都不要去追逐,年轻人需要的是充实思想。"钱锺书甘于寂寞、淡泊自守、不求闻达,视名利如浮云,反而让人们从内心里更加敬重他。

"非淡泊无以明志,非宁静无以致远",这句话虽寥寥数字,却道出人生的许多真谛。真正淡泊之人,心胸大度,心态平和,视名利如粪土,堂堂正正做人,踏踏实实做事。现代社会是五光十色的大千世界,充溢着各式各样夺人耳目的诱惑,对于金钱、名利、地位这些东西,很多人嘴上说是"视为粪土",但内心是"看得破,忍不过;想得到,做不来",所以"除了脸不要,什么都要"。对于名利,他们都忍不住要去争一争、抓一抓。结果呢?就像那只小狗,为了追求第二块骨头,就将能给自己带来

幸福的第一骨头也给弄丢了,实在是得不偿失。

能够淡泊于名利的沉浮与得失,就能平静地对待生活,面对身边的人和事。得到了欣然接受,失去了泰然处之;鲜花掌声不忘形,冷嘲热讽无所谓;得意时候不张扬,挫折面前不忧伤……唯有如此平常的心态,才能真正得到内心的快乐。

顺境不浮躁,逆境不消沉

在漫长的人生旅途中,我们每个人都会有得志、得意的时候,也都会有失败、失意的时候。得意当然是好事,失意自然是坏事,所以人们都希望天遂人愿,实现自己的人生理想。但人世间的事,福祸相依,得失并存,有得意就有失意,而且两者之间的转换并不是以人的意志为转移的。

人在得意之时,做起事情来一帆风顺、得心应手。但太顺利了,也不见得就是一件好事,因为这多少会让人有点飘飘然,看不到潜在的危机,努力奋斗的心态也会逐渐懈怠,浮躁、骄傲、专横等毛病也会越来越多。因此,人越是得意的时候越应该如履薄冰、如临大敌,如此小心谨慎才不至于败给自己。

被同行业称为"大哥大"的小天鹅全自动洗衣机,全国市场占有率已达42.2%,销量在全国连续多年保持第一,并成为国内洗衣机行业首家跨进亿元利润的企业。这个行业"排头兵"成功的秘诀就在于,他们在大好形势下,采取令人警醒的"末日管理法"来鞭策自身不断进取。集团董事长朱德坤认为,在一帆风顺的状态下没有危机感的企业,是迟早会被淘汰的。所以他对员工有一个很有意思的要求——唱好两首歌:一首是《中华人民共和国国歌》;另一首是《国际歌》。唱《国歌》是要让工人们意识到,小天鹅的处境随时可能会"到了最危险的时候",唱《国际歌》则是要大家明白"世上没有救世主"、"全靠自己救自己"的道理。

"春风得意马蹄疾,一日看尽长安花",这是孟郊46岁那年进士及第后,按捺不住自己喜悦的心情而写下的诗句,活灵活现地描绘了高中之后的得意之态,酣畅淋漓地抒发了诗人的得意之情。因而,这两句诗成为人们喜爱的千古名句。

人总有时来运转、飞黄腾达的时候,为之兴高采烈也是人之常情,但如果得意过了头,没有了原来的谦虚与自强精神,言行举止失了分寸,变成了得意忘形,那么灾难祸害很快就会随之而至了。

明末清初,大清子弟自强不息、众志成城,仅以12万人对付明朝的300多万各种武装,居然势如破竹,横扫天下。但也许恰恰是因为太顺利了,这个曾经骁勇剽悍的民族,在得到江山后不久,就蜕化成了在茶馆戏楼的提笼架鸟者,八旗子弟成

了百无一用的庸人的代名词。

春风得意描写的就是人生旅途中的顺境。实事求是地说,在顺境中做事,具有得天独厚的优越条件,前进的障碍和阻力较小,可以一帆风顺地到达成功的彼岸。

居里夫人的女儿就是从小受到她父母的"特殊教育",才走上了科学的大道,并获得了诺贝尔物理学奖。我国的著名词人苏轼、苏辙两兄弟,因为出生在书香世家,自幼受到其父苏洵的良好教育和影响,而成为北宋著名的词人,父子三人与韩愈、柳宗元等人一起跻身唐宋八大家之列。

顺境是人人所向往的,也是十分难得的,假如我们有幸身处顺境,就要把握珍惜机遇,努力成材,不要因为幸运而沉溺于享乐。真正的强者在顺境中会不骄不矜,善于在顺境中居安思危,加倍努力,因此他们能让成功与自己有个约会。

顺境,人之所求,却无法有求必应;逆境,人之所畏,却往往不期而遇。如果我们不幸遇到了天不遂人愿的逆境,又该如何面对呢?

14世纪,蒙古皇帝莫沃尔在一次与强大敌军的交战中被打败,溃不成军。皇帝本人躺在一个废弃的马厩里,垂头丧气,心灰意冷。这时,他看见一只蚂蚁正努力扛着一粒玉米,爬上一堵笔直的墙。这粒玉米比蚂蚁的身体大许多倍,蚂蚁尝试了69次,每次都掉了下来。当它尝试第70次时,终于把那粒玉米一直推过墙头。莫沃尔大叫一声跳了起来,"我也能获得最后胜利!"于是他重整军队,终于把敌军打得落花流水。

身处失意的逆境之中,就应该像莫沃尔或者说像他所看见的那只蚂蚁那样,不气馁、不绝望,反而要以更加坚韧的毅力,更加饱满的热情,去努力追求成功。

台湾有一位传奇人物叫赖东进,他出身卑微,却不甘沉沦;缺吃少穿,而奋发刻苦。他的悲惨家境以及和他在非比寻常的逆境中奋斗的故事,感人至深,催人泪下。让人不敢相信,人间竟有如此不幸而又如此勇敢的人。

赖东进出生在乞丐家庭,全家14口人靠乞讨维生。他的父亲是盲人,母亲是智障,他是这一对残疾夫妻的长子,他上边有一个姐姐,下边有10个弟妹。一家人四处流浪,白天沿街卖唱乞讨,夜晚露宿坟墓与死者为伍,世上人所能遭受的耻辱和苦难,他们都遭受了。赖东进刚学会走路,就跟着姐姐开始乞讨,10岁之后边读书边乞讨,总共做了长达17年的乞丐。在这17年中,赖东进不但肩负照顾全家的担子,还努力求学,发奋工作,最终由一个贫苦的乞儿成为一位成功的企业家,还曾荣获1999年台湾十大杰出青年奖。

人在得意之时,往往看不出谁是真正的强者,只有在失意的时候,强者和弱者的区别才能够一目了然。弱者在逆境中只能随波逐流、自甘失败,在困难面前选择了放弃,结果只能是一蹶不振。而强者在逆境中能锲而不舍、坚忍不拔,往往会在在绝境中创造出奇迹。

周婷婷是中国第一位聋人研究生,她是天生的双耳全聋。为了让婷婷说话,她的父亲周弘开始了艰辛的教女历程,他抱着饼干桶,一遍又一遍地教婷婷说"饼干",还说"不说不给吃",硬着心肠任她哭喊,整整40分钟后,婷婷终于吐出石破天惊的两个类似的字音:"布单"。正常孩子能轻而易举地叫出"哥哥"的"哥"字,而婷婷吐出这个音整整用了3年时间。靠着这种自强不息的精神,16岁的周婷婷成为中国第一位聋人少年大学生,大学毕业后,她又被美国加劳德特大学录取为研究生,成为中国第一位聋人研究生。

"心境"决定命运,"心态"决定人生,也许"得意"还是"失意"不能完全由我们自己掌握,但是"快乐"还是"忧郁"却是可以由我们自己选择的。人生是个不定数,何时飞黄腾达,何时落魄潦倒,都难以预料。但我们无论处于何种境地,只要能以不生气的态度善待自己、笑看命运,就能做到宠辱不惊,泰然处之。

得意就好比是走下坡路,走的好会速度加倍,如果吊儿郎当,说不定就会栽跟头;而失意就好比走上坡路,只要不放弃,努力走好每一步,反而能爬到一个更高的起点。所以我们要好好把握自己的脚步,走好自己的人生之路。

第五章

修养好，不做坏情绪的奴隶

人这一辈子活得就是个心态。当你学会情绪管理这门功课，就能在不如意的时候保持一种好情绪，获得一种好心态。心态好了，事情自然就顺利了。

改变自己的心境

一座山上，有两块一模一样的石头。几年后，两块石头的境遇却截然不同：第一块石头受到众人的敬仰和膜拜，第二块石头始终默默无闻、无人理睬。不招待见的石头抱怨道："为什么同样是石头，差距竟然这么大？"第一块石头微笑着说："几年前，山里来了一个雕刻家，决定在我们身上雕刻。你害怕一刀一刀割在身上的疼痛，拒绝了；我却一刀一刀忍受下来，现在成了佛像。"抱怨的石头听完这句话，顿时哑口无言。

"天将降大任于斯人也，必先苦其心智，劳其筋骨，饿其体肤。"孟子的这句话，显然很有道理。社会是真实而残酷的，我们都被生活一刀一刀地雕刻，在艰苦日子的洗礼中，收获宝贵的人生经验，拥有更加成熟的心志，从而一步步走向富裕和成功。

《西游记》中的孙猴子不仅会七十二变，还能用金箍棒降妖除魔，甚至连玉帝老儿都不放在眼里，敢把天宫闹个天翻地覆，看起来他真的是要多牛有多牛。实际上，孙悟空并不是无所不能的，就像现实中的每个人，都曾以为可以无所不能，到头来却总要经历一番磨难和苦痛。

取经路上的九九八十一难，与其说是妖魔鬼怪作祟，不如说是上天的考验，只有经受住种种考验，通过不急不躁、自我完善和调整心境去解决问题，才能最终通过考验、取回"真经"。一路上，孙悟空开始慢慢省悟：我即使能耐再大也有解决不了的难题，需要四处请救兵帮忙；唐僧再怎么不对，毕竟还是师傅，如果我不能说服他、只顾蛮干，就得忍受紧箍咒越收越紧的疼痛；对付高智商的妖怪，不能光靠抢棒子，还得多动脑筋、多想办法；路是一步一步走出来的，心中充满目标和希望，才能慢慢地接近目的地……想必许多人都是在经历各自的"八十一难"后，方才醍醐灌顶，读懂一切的吧。

高晋是北京一家著名报社的副主编，他说："不要看我今天这么风光，想当年刚开始做实习记者时可是受尽侮辱。有一次主编看过稿子后不满意，把我臭骂一顿，把稿子扔了一地，我只好趴在地上，从女同事脚边把稿子捡起来；新闻部主任也常这样训我：'咱这里是用人的地方，真想不明白你在学校里都学了什么东西，难道让我每天帮你修改那些文理不通的稿子吗？'……仔细想想，如果没有那段'窝囊'经历，我还真达不到今天这个水平。"

人生活在社会中，注定会面临太多太多的难题：出身不如别人，生存很艰难；生活的圈子太小，办事处处费心；感情上受到挫折，爱情至今难寻……似乎处处都有绊脚石，令你头疼不已。

这时候，你要具备一种"蘑菇"心态，学会忍受一些不公正的待遇，比如"被安排到不受重视的部门"、"总是做一些琐碎的小事"、"遭遇上司的冷嘲热讽"、"偶尔还代人受过"等。别人越是忽视你或自己越遭遇挫折，你越不要消沉。换个角度看，你会发现这是一件好事，会消除你不切实际的幻想，在无形中形成你的职业态度，使你认识到脚踏实地、用心努力，才能赢得别人的尊重，学到真本事。否则，一受到委屈，就叫嚷着"大不了不干了"，只能被视为不成熟的表现，也难逃"光荣离职"的命运。

对于生活、事业上的种种困难，你是沮丧失望下去？继续郁闷下去？长吁短叹下去？还是改变心境，熬过去？有句歌词唱得好"没有人能够随随便便成功"，风光的背后都是苦难和艰辛，好日子来之不易，它需要你不生气不抱怨，坚定不移朝着正确的方向走下去。

著名笑星赵本山在小品《我想有个家》里有一句经典台词："人生就像一杯二锅头，酸甜苦辣别犯愁，往下咽。"话很风趣，道理也很实在。

没有饥饿的经历，你便不知道一粒米的可贵，不知道那些被太阳晒黑了皮肤的耕种者的可敬，当然更无从感受饿得头昏眼花或者伸手乞讨的可悲和可怕。终日打着饱嗝的人,除了需要一两根牙签剔剔牙齿,没有别的需求,爱心和同情对他们来说,都是多余的东西。

没有品尝过寄人篱下的滋味,听不到风凉话,看不到冷脸,过多的奉承让你形成发育不全的性格。突然某一天,你背靠的大树倒了,你开始失宠,在坑坑洼洼的路上,你绝对不如别人那样行走自如。

每天,我们都应该心平气和地面对生活中的种种苦难和不如意。苦,可以折磨人,也可以锻炼人。吃一番苦,可以使我们更加深切地领悟人生;吃一番苦,可以使我们更加珍惜现在拥有的一切;吃一番苦,可以使我们更具坚韧的品格和精神;吃一番苦,可以使我们对生活多一份感情,对他人多一份爱心,对弱者多一份怜悯。那么,从现在起,改变我们的心境,不生气、不抱怨地生活。

"请随时保持微笑"

在台湾的一个博物馆,有这样一个牌子,上面写了两句话。前面一句是:"本馆有摄像监视",按照我们通常的逻辑,后面的一句话应该是类似"如有偷盗,罚款×元"这样的警示语言,但实际上后面的一句话是"请你随时保持微笑!"出乎意料之余仔细想想,这两句话让我们不由地赞叹这种从容而有风度、充满善意的忠告。

给他人一个小小的微笑,就能传达"祝你快乐"的信息。如果我们脸上随时面带微笑,那么周围的人就会投桃报李,就会有更多的笑容向我们绽放。当人们置身在这微笑的海洋中,人与人之间的陌生和隔阂就会冰雪消融,就会感觉春风习习、暖意盎然,自然就不会做出顺手牵羊的行为了。

当你向别人微笑时,实际上就是以巧妙的方式告诉他,你喜欢他,你尊重他,这样就容易博得别人的尊重、喜爱与信任。人人多一点微笑,世界就会多一些安详、融洽、和谐与快乐。因此,英国诗人雪莱说:"微笑,实在是仁爱的象征,快乐的源泉,亲近别人的媒介。有了笑,人类的感情就沟通了。"

有一位叫珍妮的小姐去参加美国联合航空公司的招聘,她没有任何特殊关系,完全凭着自己的本领去争取。她被录用了,原因是:她的脸上总带着微笑。后来,那位人事经理微笑着对珍妮说:"我宁愿雇用一名有可爱笑容而没有念完中学的女孩,也不愿雇用一个摆着生硬面孔的管理学博士。小姐,你最大的资本就是你脸上的微笑。"

"一副微笑的面孔就是一封介绍信",我们处世要做到心态平和,乐观向上,善待人生,这样才会自然地流露出真诚的笑容。真诚的微笑最能打动人,会使我们产

生一种无形的亲和力与人格的魅力，甚至还能给我们带来巨额的财富。卡耐基就这样说过："微笑不花费什么，但却永远价值连城。"

装潢富丽的科尼克亚购物中心即将开业了，让经理犯难的是，导购小姐工作装的款式迟迟没有定下来。他望着7家服装公司送来的竞标样品，尽管设计得各有特色，但还是感觉缺了点什么。为此他不得不打电话向他的老朋友——世界著名时装设计大师丹诺·布鲁尔征求意见。这位83岁的老人听明白朋友的意思后，说："穿什么制服并不重要，只要面带微笑就足够了。"凭借微笑的服务，科尼克亚成了巴黎最大的购物中心。

美国著名的"旅馆大王"希尔顿也是靠微笑发大财的。当初希尔顿投资5 000美元开办了他的第一家旅馆，资产在数年后迅速增值到几千万美元。此时，希尔顿得意地向母亲讨教现在他该干什么，母亲告诉他："你现在要去把握更有价值的东西，除了对顾客要诚实之外，还要有一种更行之有效的办法，一要简单，二要容易做到，三要不花钱，四要行之长久——那就是微笑。"于是希尔顿要求他的员工，不论如何辛苦，都必须对顾客保持微笑。"你今天对顾客微笑了没有？"是希尔顿的名言。他有个习惯，每天至少要与一家希尔顿旅馆的服务人员接触，在接触中他向各级人员问及最多的也是这句话。即使在美国经济萧条最严重的1930年，全美的旅馆倒闭了80%，希尔顿的旅馆也连年亏损，希尔顿仍要求每个员工："无论旅馆本身遭遇如何，希尔顿旅馆服务员的微笑永远是属于旅馆的阳光。"微笑不仅使希尔顿公司率先渡过难关，而且带来了巨大的经济效益，使公司发展到在世界五大洲拥有70余家旅馆，资产总值达数十亿美元。

人什么时候最美？就是在脸上浮现出一丝微笑的时候。微笑是一种含意深远的身体语言，是沟通人与人心灵的渠道。它可以缩短人与人之间的距离，化解令人尴尬的僵局，可以使别人从见到你的第一分钟起，就自然而然地产生一种安全感、亲切感、愉快感。微笑就是如此富有魅力，如此招人喜爱。每一个发自内心的微笑，所具有的神奇力量往往是无法估量的。

玛丽小姐打开门时，发现一个持刀的男人正恶狠狠地盯着自己。玛丽灵机一动，微笑地说："朋友，你真会开玩笑！是推销菜刀吧？"边说边让男人进屋，接着说："你很像我过去的一位好心的邻居，看到你真的很高兴，你要咖啡还是茶？"本来面带杀气的男人慢慢地变得腼腆起来，有点结巴地说："哦，谢谢！"最后，玛丽真的买下了那把明晃晃的菜刀，男人拿着钱迟疑了一下走了，在转身离去的时候，他说："小姐，你将改变我的一生。"

如果说这个故事无法考证真伪的话，那么《小王子》的作者安东尼的经历却是真实发生的，微笑把他从鬼门关中拉了回来。

第二次世界大战前，安东尼参加西班牙内战，打击法西斯分子，后来陷入魔掌。在监狱里，看守监狱的警卫一脸凶相，态度极为恶劣。安东尼认为自己第二天绝对会被拖出去枪毙，于是陷入极度的惶恐与不安中。他翻遍口袋找到一支香烟，却找不到火柴。他鼓起勇气向警卫借火，警卫冷漠地将火递给了他。

那刻骨铭心的一瞬间，被安东尼那细腻的文笔记录了下来："当他帮我点火时，他的眼光无意中与我的相接触，这时我突然冲他微笑。我不知道自己为何有这般反应，在这一刹那，这抹微笑如同鲜花般打破了我们心灵之间的隔阂。受到我的感染，他的嘴角也不自觉地现出了笑意，虽然我知道他原无此意。他点完火后并没有立刻离开，两眼盯着我瞧，脸上仍带着微笑。我也以笑容回应，仿佛他是个朋友。他看着我的眼神也少了当初的那股凶气……"尔后，两人聊了起来，对家人的思念和对生命的担忧使安东尼的声音渐渐哽咽。后来，看守一言不发地打开狱门，悄悄带着安东尼从后面的小路逃走了……微笑，就这样创造了生命的奇迹。

笑容是一种令人感觉愉快的面部表情，它可以缩短人与人之间的心理距离，为深入沟通与交往创造温馨和谐的氛围。因此有人把笑容比作人际交往的润滑剂。而在笑容中，微笑最自然大方，最真诚友善，是人类最美的表情。微笑虽然只是一个简单的动作，却可以表达多种积极的含义：歉意、支持、赞赏、安慰、关怀……因此，我们最应当问自己的一句话就是"我微笑着吗？"

为什么要随时面带微笑？因为保持微笑，至少有以下几个方面的作用：一是放松身体。当你在生活中遇到身体的紧张状态时，在脸上漾出一个微笑，就能够化解自己的紧张。二是能够放松人的心理，放松人的情绪，放松紧张的思维。三是能够缓解痛苦、哀伤、忧愁、愤怒、难过、压抑等不良情绪。四是能够使一直处于紧张、僵化状态的思维活跃起来，甚至激发出灵感。五是能增加你的魅力，给你带来朋友，为你增加人生的机会，让你更容易成为一个成功者。

现在的社会中，竞争越来越激烈，人们的压力也越来越大。这种情况下，很多人已经笑不出来了，即使勉强笑一下，也是皮笑肉不笑，笑得比哭还难看。只有那些心态平常、与人为善的人，才能真正从内心深处发出真诚的微笑。因此，想要用自己的微笑感染他人，还是先将心态调整好吧。

驾驭好情绪，没事不找事

庄子曾对他的弟子们说："如果能顺着时令的变化而时进时退，顺应自然，主宰万物而不为外物役使。这样怎么会有祸患？这是神农和黄帝的处世之道呀！有聚合就有分离，有成功必有毁败，贤能会被谋算，而无能也会被欺侮。怎可偏执一端呢?你们记住,处世一定要顺应自然。"这段话揭示了老庄思想的主旨——"以我转物,顺应自然"。

著名画家张大千先生是个大胡子,浓密的胡须铺垂近腹。据说有一人见此,顿生好奇,问:"张先生睡觉时,您的胡子是放在被子上面还是搁在里头的?"大千先生一愣:"这……我也不清楚。是啊,我怎么没在意这个呢?这样吧,明天再告诉你。"晚上就寝,大千先生将胡子撂在被子外头,好像不太对头;收进被子里面,又觉不自然。折腾了半宿,都不妥当。这一下他自己也犯愁了,以前这可不是什么问题呀,现在怎么成了件头痛的事呢?

大千先生的烦恼源于他被一件莫名其妙的事扰乱了心绪,变得患得患失。老子的《道德经》虽有5 000多字,其实通篇的主旨也就四个字——顺其自然。顺其自然是一种做人的境界,就是没事不找事,对金钱、名利、地位和美色这些东西"拿得起,也能放得下"。

三国末期,大将王浚巧用火烧铁索之计,灭掉了东吴。三国分裂的局面至此方告结束,国家又重新归于统一,王浚的历史功勋是不可埋没的。岂料,王浚克敌制胜之日,竟是受谗遭诬之时。安东将军王浑以不服从指挥为由,要求将他交司法部门论罪,又诬王浚攻入建康之后,大量抢劫吴宫的珍宝。这不能不令功勋卓著的王浚感到畏惧,因为当年消灭蜀国的大功臣邓艾,就是在获胜之日被谗言构陷而死。他害怕重蹈邓艾的覆辙,便一再上书,陈述战场的实际状况,辩白自己的无辜。每次晋见皇帝,他都一再陈述自己伐吴之战中的种种辛苦以及被人冤枉的悲愤。

这时候,王浚的一个亲戚范通提醒他说:"足下的功劳可谓大了,可惜足下居功自傲,未能做到尽善尽美。"王浚问:"这话什么意思?"范通说:"当足下凯旋之日,应当退居家中,再也不要提伐吴之事。如果有人问起来,你就这样说:'是皇上的圣明,诸位将帅的努力,我有什么功劳可言。'这样,还会有谁议论你呢?"

后来,王浚就按范通说的那样做,谗言果然不止自息。王浚不仅没有获罪,而且还得到了晋武帝司马炎的奖赏。

做人不妨糊涂一点点

"难得糊涂"四个字,出自清朝名士郑板桥之手,现在已经成为老百姓言传的一条生活哲学。郑板桥最初为人题字时,下面还附有一行小字作为解释,字云:"聪明难,糊涂难,由聪明而转入糊涂更难。放一著,退一步,当下心安,非图后来福报也。"

短短33个字，道尽了郑板桥在官场遭遇的苦辣辛酸。郑板桥很早就以诗、书、画"三绝"著称于世，却直到40多岁才考中进士，好不容易走上仕途，先后做了山东范县、潍县的知县。他想为百姓办些实事，老百姓告状，他定是秉公办理，不管被告是平头百姓还是有势力的乡绅，只要真的犯了错，一律严惩不贷。这样伸张正义是没有错的，可是郑板桥不过是一个小小的七品芝麻官，想扳倒那些在朝中根深蒂固的恶势力，其结果可想而知。后来山东遭灾，他不顾乡绅的反对，开仓放粮赈灾，终于被诬告不得已罢官回家，只能以卖画为生。

平心而论，郑板桥是个好官，却不是个聪明官。他后来也明白了这个道理，但是他明白得太晚，再抱怨也已经晚了，官都丢了，自身难保，以后哪还有什么机会给百姓办事呢？

《礼记》中有这么两句话："水至清则无鱼，人至察则无徒。"说的也是做人要"难得糊涂"。这是个很形象的说法，我们可以这样理解：河水太清澈了，鱼就没有办法在其中藏身，因此很容易就让人捉走了，所以说水至清则无鱼；人也是一样，世界上没有十全十美的完人，谁都会犯错误，"至察"的意思就是容不下别人的半点过失，人要是这样，肯定就没有朋友了。所以做人，还是该糊涂的时候糊涂一点好，不较真，不执著，自然也就无气可生。

对于做人糊涂一点点，庄子也有很深刻的理解，他在《庄子·应帝王》中讲了这样一个寓言：

远古时候，南海帝王的名字叫儵，北海帝王的名字叫忽，中央帝王的名字叫混沌。儵与忽出去巡视的时候，常常在混沌的土地上相遇。那个时候的人是很友善的，可不像庄子生活的战国时代那样国与国之间动不动就兵戎相见，国王到了邻国的土地上也不会被扣留做人质。中央大帝混沌每次见到两个邻国帝王，都会盛情地款待他们。

儵与忽被招待得实在过意不去了，就私下商量着怎么报答混沌的深厚情谊。儵说："每个人都有眼、耳、口、鼻七个窍孔用来视、听、吃和呼吸，唯独混沌没有，人世间的很多好东西他都享受不到，我们帮他凿开七窍吧。"忽同意了，于是这两个人就每天帮混沌凿开一窍，到第7天，混沌终于有了眼睛、鼻子、耳朵和嘴。儵与忽正在高兴，却发现混沌死了。

这个寓言很有意思，混沌他是真的迷迷糊糊什么也不知道吗？绝对不是。两个邻国帝王来做客，他盛情招待，这样的人怎么能说是糊涂呢？他没有七窍，可是心里什么都明白。他的两个朋友就不明白了，结果把混沌害死了。

汉元帝刘奭上台后，将当时的著名学者贡禹请到朝廷，征求他对国家大事的意见。这时朝廷最大的问题是外戚与宦官专权，正直的大臣难以在朝廷立足。但贡禹没说这些问题，只给皇帝提了一条意见："注意节俭，将宫中众多宫女放掉一批，再少养一点马。"汉元帝这个人本来就很节俭,而且在此之前已经实施了许多节俭措施,包括裁减宫女与减少御马。贡禹只不过将皇帝已经做过的事情再重复一遍,汉元帝自然乐于接受。于是,汉元帝便博得了纳谏的美名,而贡禹也达到了迎合皇帝的目的。

史学家司马光对贡禹的这种做法很不以为然,他批评说:"谗佞专权是国家亟待解决的大问题,贡禹对此一字不提,这算什么?如果贡禹不了解国家的问题,他算不上什么贤者,如果知而不言,罪过就更大了。"

对于这桩公案,实事求是地说,司马光太书生气与理想化了。古代的帝王虽然常常要下诏求谏,让臣下对朝政及其本人提意见,表现出一副虚心纳谏的样子,其实这大多是一些故作姿态的表面文章。如果大臣信心为真,老老实实地提了一大堆意见,早晚是会招来祸患的。所以,贡禹十分精明,专拣君上能够解决、愿意解决,甚至正在着手解决的问题去提,而对那些重大的、棘手的问题,他选择了装糊涂。这样既迎合了上意,又不得罪人,一箭双雕。

糊涂的本义是指不明事理,对事物的认识模糊或混乱。然而,难得糊涂不是真糊涂,是要揣着明白装糊涂,不抱怨自己貌似不公的待遇。从为人处世上看,糊涂一点点无疑是妥当处世的妙方,是明白做人的锦囊。不然怎么几千年以来,时不时就有人感叹"难得糊涂"或者"聪明难,糊涂更难"呢?

不思八九,常想一二

民国元老于右任老先生,一生饱经沧桑,却能淡泊宁静,荣辱自安。他的高寿养生之道,就是悬挂在客厅中的一副对联:"不思八九,常想一二"。横批:"如意"。

人生数十年如一日,苦是一日,乐也是一日。一个乐观的人,可以把不如意的事看成是上天最美的恩赐。人生不如意事十有八九,要如意,何不"不思八九,常想一二",多接受正面积极的信息呢?

生活中,很多事应当向好的方面看,好的情绪就会有好的导向,促成事情往好的结果发展。

古籍里记载过一个书生考科举的故事。这一年,有个书生已经是第三次进京赶考,住在一个经常住的店里。临考试的前一天晚上,他做了3个梦:第一个梦是梦到自己在墙上种白菜,第二个梦是下雨天,他戴了斗笠还打伞,第三个梦是梦到跟心爱的表妹脱光了衣服躺在一起,但是背靠着背。

这三个梦似乎都有些深意,第二天一早,书生马上去找会算命之人解梦。算命的人一听,连拍大腿说:"请恕我直言,客官您这次考试不去也罢。"书生忙问为什么,算命的人说:"您梦到在高墙上种菜,这不是白忙活吗?戴着斗笠打雨伞,不是多此一举吗?跟心爱的表妹都脱光了躺在一张床上,却背靠着背,不是没戏吗?"

书生听后,心灰意冷,很沮丧地开始收拾行囊,准备回家再苦读3年,希望自己下次会有好运气。正当他打点行装的时候,客店老板走过来问他:"您是来赶考的士子吧,不是明天才考试吗?怎么今天就要回乡了?"

书生便将昨晚做的梦以及今天算命之人的解梦告诉了老板。老板听后,沉吟一阵,对书生说:"您这样想就错了,我倒觉得您这一次务必要留下来。"书生又问为什么,老板说:"我也学过解梦,让我给你解解看。墙上种菜不是高中(种)吗?戴着斗笠打雨伞不是有备无患吗?跟你表妹脱光了衣服背靠背躺在床上,不是说明你翻身的时候就要到了吗?"

书生听后,精神振奋,信心大增地参加了考试,果然进士及第。成败不是一开始就注定的,全在你以什么态度去看这件事。

一次,美国总统罗斯福家中失盗,被偷去了许多东西,一位朋友闻讯后,忙写信安慰他,劝他不必太在意。罗斯福给朋友写了一封回信:"亲爱的朋友,谢谢你来信安慰我,我现在很平安。感谢上帝!因为:第一,贼偷去的是我的东西,而没有伤害我的生命;第二,贼只偷去我部分东西,而不是全部;第三,最值得庆幸的是,做贼的是他,而不是我。"

失盗本来就是不幸的事了,如果因此生气、伤心或者埋怨,只能让烦恼雪上加霜。然而,罗斯福将这件事当作一件好事,并找出三条感恩的理由,这无疑是一种常人难以企及的境界。

别给自己添堵

天空,太蓝;大海,太咸;人生,太难;工作,太烦。人生是很难,工作也的确有很多烦心之处,正因为如此,我们才要找点乐趣,苦中作乐。换个角度说,很多的烦心事都是自己找的,一个人不让自己烦恼,别人很难让他烦恼,让他生气。

人的一生,活着的时间也就那么几万天,快乐过也是一天,郁闷过也是一天。因此无论是为人处世,还是干工作、过日子,都要时时保持一颗平常心,好运来了淡然一笑,麻烦来了平静面对,始终保持愉快的心情。人这一辈子,不就是要过得快乐、不生气吗?

凡事不能不认真,又不能太认真。什么时候认真,什么时候不能太认真呢?这要具体情况具体分析。做人做事、做学问、干工作要认真，面对大是大非的原则性问题要认真。而对于那些无关大局的琐事，就不必太认真和自找麻烦，只有这样你才能排除心中的一切烦恼与杂念。

第二次世界大战时，范·拉塞尔在美国好莱坞经营一家影业公司。拉塞尔手下有一名技术专家名叫皮特·里弗斯，此人的脾气非常暴躁，无论是谁只要一不小心说错了话，便会被他训斥一番，连老板拉塞尔也不例外。好在拉塞尔为人宽宏大量不和他计较，况且里弗斯只是为人很固执，但是很敬业，专业能力是值得肯定的。

有一天，为了一件工作上的事，里弗斯同技术小组的一名助手吵了起来，最后他甚至拍着桌子骂起来，拉塞尔前去劝阻也没用。正在局面闹得无法收场之际，里弗斯的小女儿突然跟着母亲来到了工作室，女儿见到父亲暴怒的可怕模样，吓得当场大哭起来。里弗斯见状，急忙跑过去哄女儿开心，刚才的怒火转眼间烟消云散了。

拉塞尔看到这一情景，突然心头一亮：原来里弗斯的"死穴"是他的宝贝女儿啊，对谁都不服的罗弗斯只有面对女儿时才千依百顺。于是，拉塞尔打算从里弗斯的女儿身上做文章，设法使罗弗斯尽量改变脾气，和同事们搞好关系，为公司作出更大贡献。拉塞尔在离公司不远的地方给里弗斯租了一套房子，目的是让他和妻子、女儿能够生活在一起。罗弗斯对于公司的好意，心里感到十分过意不去，始终不肯接受。

拉塞尔笑着说："搬不搬家，恐怕由不得你了，先去看看房子吧。"

"你这是什么意思？"里弗斯嘟囔起来，"难不成你还要强迫我住进去吗？"

"不是我强迫你，是你的女儿罗丝，她已经替你做主了。"

罗弗斯走进屋子，看到女儿已经把东西搬进来了，正冲他微笑，这样一来罗弗斯就无话可说了。拉塞尔趁机语重心长地对里弗斯说："皮特，作为你的朋友，我可要劝劝你了，为了罗丝你的脾气应该改改了。我知道你每次发完脾气后自己都很愧疚，如果每次与别人发火之前，你都把对方想象成你的女儿，那样气不就自然消了吗？"

里弗斯沉思了半天，对拉塞尔说："你说得对，我真的应该改改脾气了！"

于是，里弗斯听从了拉塞尔的安排，搬进了新居，他非常感激拉塞尔的关照。他按照拉塞尔的建议去控制自己的情绪，也很少在公司里发脾气了，他专心带领自己的科研小组，为公司陆续开发出了一批新产品，创造了巨大的效益。

如果不是遇到拉塞尔这样的好老板用心点拨，里弗斯恐怕依然会我行我素，其结果注定是成为公司里"最不受欢迎的面孔"。人活着不能自己给自己添堵，即使不为了自己，哪怕是为自己的家人，也应该像里弗斯一样调整情绪，不必事事吹毛求疵，不必事事大动肝火。

驱除不必要的欲望

金钱、地位、房子、车子……太多的诱惑、太多的欲望给现代人带来了太多的压力、太多的痛苦。人生若看不破"名利"两字,就会束缚了人的本性,让自己的身心疲惫不堪。如何破解这样的困境,就是要以不生气的姿态为人处世:不必为得到的沾沾自喜,也不必为失意而烦恼丛生,学会淡泊、知足常乐,用一颗不生气、不计较的平常心去生活,活得踏踏实实、快快乐乐。

从前有条蟒蛇精违犯天条,玉皇大帝命雷公轰击它。蟒蛇精无处藏身,现出原形,化作一条小蛇蜷缩于尘土中。刚好遇到寿州一个穷秀才梅生郊游途中发现了它,救了小蛇一命。

有一天,梅生在大街上闲逛,见众人围观皇榜。原来是皇太后身染重病,御医医治无效,因此榜告天下,有能治好皇太后病症者,可进京做官。梅生暗自叹息,可惜我没有灵丹妙药,不然就一步登天了。刚回到家中,突然狂风大作,一条巨蟒出现在眼前,并对梅生口吐人言:"梅相公别怕,你从前救过我的命,今天我要报答你。当今皇天太后病重,你从我腹中割下一块心肝,用它就能治好太后的病。"

随后,梅生进京果然治好了太后的病。皇帝大悦,封梅生为宰相,并放假三月让他回乡祭祖。一路上耀武扬威之余,梅生想,荣华富贵皆过眼烟云,何不再向蟒蛇割一块心肝,以备日后自用,永保长生,于是梅生再次找到大蟒。大蟒此时已识破梅生乃贪心不足之辈,但念其曾救过自己的命,只得忍痛让其再割一刀。谁知梅生贪婪过头,竟然想要割下大蟒全部心肝。大蟒疼痛难忍,就一口吞下了梅生这个宰相。

这就是"人心不足蛇吞相"的由来。由于相传有误,到了今天,"人心不足蛇吞相"变成了人人皆知的"人心不足蛇吞象"。不过,这样能更直观地表达这句话的意思:人的贪欲过大,就好比蛇想把一头大象吞掉。

一个人有欲望,本来是一件好事,因为欲望可以是理想、愿望、目标,成为人奋斗的动力、成功的源泉。但"世上莫如人欲险",欲望也可能是负担、累赘、陷阱。当一个人的贪婪过度、欲壑难填,什么都想要、什么都想争的时候,欲望带给他的就不是满足和成就而是灾难了。

三国时期,钟会、邓艾以两路大军攻灭西蜀,而钟会心生反意,想要据险自守,像刘备一样称帝,进而兵临长安灭魏,再起兵灭吴,将天下掌握在自己一人手中。钟会担心邓艾与自己为敌。怎么办呢?钟会想到告伪状的方法,几次密报司马昭,说邓艾心存反意。司马昭毕竟是谋略场的老手,他虽然担心邓艾逆反,对钟会却也有疑惧之意。接到钟会的密报,他对钟会的真正用意就了如指掌了。于是,他写信告诉钟会说:"邓艾有可能据兵自守,所以我派贾充领兵一万人斜谷,前去援助你。我自己领兵十万在长安,随时准备接应。"司马昭另派新兵之意当然不是为了邓艾,而是为了钟会。钟会也不是呆子,他看了司马昭的信就知道司马昭已经对自己起了疑心,便仓促行事,拥兵而反,最后被杀了。

钟会本想告假状陷害邓艾,使自己阴谋得逞,不想被司马昭察觉而自取灭亡。一个人的欲望好比是烈火,理智好比是凉水,凉水可以控制烈火,理智可控制欲望。当火势达到一定程度时,物就会枯焦,当一个人的欲望超过一定限度时,就会粉身碎骨,所以必须用理智来控制自己过多的欲望,使自己健康地行走在人生的大道上。

鲁国的宰相公仪休非常喜欢鱼,他的宰相府一进门有一个400平方米的鱼池,里面养了不少鱼。每当闲暇无事,公仪休就会站在池边静观鱼戏,看到高兴处,自顾拍手抚掌,脚下踏出节拍,嘴中低声哼唱,好不悠闲自在。虽然公仪休爱鱼成癖,但好多人给他送鱼,却都被公仪休婉言拒绝了。送鱼者拎者着鱼来又拎着鱼走,以至于有人怀疑他是不是真的喜欢鱼。

有一次,一个下人忍不住问宰相:"大人素来爱鱼,可为何别人送鱼,大人却一概不收呢?"公仪休笑着说:"正因为喜欢鱼,所以更不能接受别人的馈赠,我现在身居宰相之位,有人送鱼,一旦我轻易地接受了,便很可能令别人不服,在背后骂我受贿。而拿了人家的东西又要受人牵制,万一因此触犯刑律,必将难逃丢官的厄运,甚至会有性命之忧。再者,我喜欢鱼现在还有钱去买,若果真因此失去官位,纵是爱鱼如命怕也不会有人送鱼了,也更不会有钱去买。那样,岂不更可悲。现在,虽然我拒绝了,却没有免官丢命之虞,又可以自由地买我喜欢的鱼。这样不是更好吗?"一席话让众人顿时心生敬意。

公仪休的可贵之处不是因为他没有欲望,而是因为他能控制自己的欲望,不肯轻易接受别人的馈赠。人有七情六欲,谁能没有欲望?关键在于如何把握。欲望一半是天使;另一半却是恶魔,做人的学问其实就是如何驾驭欲望这匹烈马。"一念之欲不能制,而祸流于滔天",如果人驾驭不了自己的欲望,就会一步步走向灾难。

第六章

心放宽，没什么事情过不去

"万里长城今犹在，不见当年秦始皇"，拥有一颗宽敞的心，所有的一切不快都会烟消云散。

别绝望，坏事总有好的一面

英国作家威廉在成名之前，窘迫得连一双袜子都买不起，甚至因为没有钱买食物，只好上山采摘野果充饥，他的妻子不堪忍受贫穷而离开了他。

祸不单行，倒霉的威廉还收到一封出版社的来信，他还以为是出版社要出版他的小说了呢。结果拆开一看，既不是出版通知，也不是退稿信，而是一封道歉信。信上说，出版社不小心把他的小说原稿弄丢了，特此致歉。威廉几乎要疯了，因为他根本没有留底稿，为了尽快出版，他一写完就把原稿寄出去了。那一刻，他瘫软在地，觉得整个世界都完了。命运对他太残酷了。

后来朋友劝他放弃写作，并为他找了一份工作。威廉拒绝了，他说："这么多坏事都落到我的头上，意味着老天还没有抛弃我，他是在跟我开玩笑呢。"威廉向朋友借了一笔钱，又开始了艰苦的创作。终于有一天，曾经向他道歉的那个出版社来信告诉他，他们找到了他的小说，并愿意以5万美金的价格买下它的版权，还承诺，以后威廉的任何一部作品他们都愿意出版，威廉因此红遍了英伦三岛。

人的一生中，坏事往往都是接踵而至的，但只要你不生气、不绝望，就能够等到否极泰来的一天。明白了这个道理,你就会做到宠辱不惊。以积极乐观的态度去工作、去生活,人生就没有过不去的坎。

德国的尤利乌斯先生是一个很不错的画家,不过却很少有人来买他的画,这使他有点失望。有一天他的朋友劝他说:"玩玩足球彩票吧。只花两个马克就可以赢很多钱!"没想到尤利乌斯花了两个马克买来的一张彩票真的赢钱了,足足赚了50万马克。

有钱之后,尤利乌斯买了一栋别墅并作了一番装修。他很有品位,买了阿富汗地毯、维也纳柜橱、佛罗伦萨小桌、迈森瓷器,以及古老的威尼斯吊灯来装饰这栋别墅。装修完毕之后,他很满足地坐下来,点燃一支香烟静静地享受着新居的美妙。忽然,他想到应该去看看朋友了,就把烟往地上一扔,马上出门了。燃烧着的香烟躺在地上,点燃了华丽的阿富汗地毯……一个小时以后,别墅变成了火的海洋,直到完全消失在灰烬中。

朋友们很快知道了这个消息,纷纷跑来安慰尤利乌斯。"尤利乌斯,真是不幸啊!你现在什么都没有了。"尤利乌斯笑着回答说:"什么呀?我不还活着吗,损失的不过是两个马克而已。能够这么倒霉,也是很难得的事啊。"

乐观,意味着坏事对你没有丝毫消极的影响,意味着好事正在向你靠近。既然我们都还好好地活着,还有什么好生气的呢?

宽恕敌人是一种高姿态

子贡曾问孔子:"老师,有没有哪一个字,可以作为终身奉行的原则呢?"孔子说:"那大概就是'恕'吧。"孔子说的"恕",用今天的话来讲,就是宽恕。宽恕在《现代汉语词典》上是这样解释的:宽大有气量,不计较,不追究。纵观古今,因宽恕对手而传为佳话的事例不胜枚举。

西汉末年,刘秀在河北与自立为帝的王郎展开大战,王郎节节败退,逃进邯郸城里。经过20多天的围攻,刘秀大军攻破邯郸,杀死王郎,取得胜利。在清点缴来的书信文件时,发现了一大堆刘秀的部下私通王郎的信件。这些信件有好几千封,内容大都是吹捧王郎,攻击刘秀的,写信的都是刘秀一方的人,有官吏,也有平民。对此,有人很气愤,说这些人叛国投敌,应该统统抓起来处死。曾经给王郎写信的人,则提心吊胆,十分害怕。刘秀知道后,立即召集文武百官,把那些信件取过来,连看也不看,就命人当众把它们扔到火盆中烧掉了。刘秀对大家说:"有人过去私通王郎,做了错事,但事情已经过去了,可以既往不咎。希望那些过去做了错事的人从此安下心来,努力工作。"刘秀的这番话,让那些私通王郎的人松了一口气,他们非常感激刘秀,甘愿为他效劳。刘秀私下对人说:"如果追查,将会使许多人恐慌,甚至成为我们的死敌。而不计前嫌,则可化敌为友,壮大自己的力量。"刘秀的不计较使自己众望所归,终成帝业。

出生于平民家庭的加拿大总理克雷蒂安其貌不扬,一耳失聪,连英语也说不好,可就是这样一个人却能平步青云,三度登上总理宝座,成为加拿大政坛的"常青树",他的成功之道在于不树敌、肯助人,有着"宰相肚里可撑船"的度量。1993年,保守党在大选中惨败,失去总理宝座的保守党主席坎贝尔难辞其咎,被迫辞去党主席职位。赢得胜利的克雷蒂安总理给这位失去栖身之所的昔日对手,安排了一间办公室和一个秘书,让他从事文件整理工作。1年后,克雷蒂安又给失业的坎贝尔准备了两个供他选择的职位——驻俄国大使或驻洛杉矶总领事,坎贝尔选择了后者——一份年薪12万加元、部长级待遇的工作。

克雷蒂安就是这样以其过人的容人之量把凤敌化为朋友,他对政敌的宽恕,为自己创造了一个融洽的人际环境,铺就了一条通向成功的道路。

宽容对手不是迁就,也不是软弱,而是一种修身之法,是一种充满智慧的处世之道。"以恕己之心恕人则全交,以责人之心责己则寡过",就是告诉我们,对己可以严厉一些,但对人一定要宽恕一些,因为宽恕他人其实就是抬高自己。

给自己的心中留一把锁

有一个经验丰富的老锁匠,没有他打不开的锁,他想将最后保留的绝活传给两个徒弟中的一个,所以决定先考验一下两个徒弟。他搬来两个保险柜,一人一个,两个徒弟都很快打开了。老锁匠问两个徒弟看到了什么。大徒弟两眼放光,兴奋地喊道:"里面有好多钞票!"而小徒弟却说:"我只按照您的要求开了锁,并没注意看里面有什么。"老锁匠当即决定把绝活传授给小徒弟,因为他厚道,他心中有一把锁,能够锁住恶念和贪欲。

厚道,就是留在我们心中的一把无形的锁。简单点说,厚道就是做老实人,说老实话,办老实事。复杂点说,厚道的内涵远比老实要宽泛得多,它包括诚实、守信、有道德、有爱心、修养好、替人着想、待人友善等。做人要厚道,是为人处世的"通行证",是放诸四海而皆准的真理。

社会生活中缺乏厚道,就会缺乏信任、缺乏融洽,人与人之间谈不上坦诚与友爱,就不能和睦相处。生活中,为什么有尔虞我诈的伎俩、有明枪暗箭的争斗、有卖友求荣的小人，有农夫与蛇的悲剧，就是因为有的人做人不厚道。

《易经》中坤卦的主旨是"地势坤，君子以厚德载物"，意思是一个道德高尚的人，做人应该如以宽厚的身体托载万物的大地一样，具有博大与宽厚的胸怀，只求奉献，不为索取，从不与人争功、争名、争利。只有具有这样厚道的品德，才能广纳万物。如此立身处世、以德服众的人，才是真正的智者。

重庆力帆集团的董事长、全国工商联副主席尹明善的经营诀窍就是"做人厚道"。他说："其实一个老板，不必有太大的能耐，最要紧的是厚道。厚道的老板会把员工看作自己的兄弟姊妹一样来爱护，替员工着想。这会使老板与员工同呼吸共命运，激发员工的工作热情，同时还能够使员工也逐渐具有厚道的人品，从而更加有利于企业的发展。员工病无所治，老无所养，厚道的老板心何以安？"

也许我们不是尹明善那样的大老板，但在与人打交道、处理各种关系的时候，都应该从"厚道"出发，给自己的心里加一把锁，做到宽以待人，尽可能地多为他人着想，即使别人犯了错误，也不要恶言讥讽，更不可落井下石。

"地基愈厚，愈能载高；础石愈厚，愈能负重；湖床愈厚，愈能纳深；人性愈厚，愈能受众。"对于厚道的人，鲁迅先生真切地愿"引以为朋友"，陶行知先生赞美说"唯有傻瓜，能救中国"。的确，做人不需要太聪明，需要的是厚道。

汉朝时，在淯阳有一家李姓的大户人家，家中有个仆人，名叫李善。他忠实老成、勤勉厚道，多年来一直忠心耿耿地侍奉主人。后来，李府全家上下都不幸染上了瘟疫，短短的期间，一家老小都接二连三地过世了，只留下了万贯家财和一个出生不久的婴儿——李续。

李家堆积如山的金银财宝，一时间成为了婢女和仆人们争夺的目标，他们忘恩负义，心里都盘算着如何杀害李家这个唯一的血脉，然后霸占财产。为了保住主人的血脉，万不得已之下，李善只好带着幼小的李续逃离了李家。

他们逃到了深山中，开始了无比艰难的生活。意志坚强的李善有着坚定的意志，他不怕吃苦，不但耕种采集、煮饭洗衣，还像慈母一样，无微不至地照顾小主人。虽然李续年幼无知，但不管大事小情，李善都会恭敬地向他禀报，因为他把李家唯一的血脉，看作主人的化身一样去尊敬他。此外，他还悉心地教导李续，希望他能成为德才兼备的人，将来重振李家门风。

光阴似箭，转眼间，李续已经10岁了。李善决心为李家光复家业，于是来到官府击鼓申冤，希望能讨回公道。县令钟离意了解了李善忠义的节操之后，被深深地感动了，他为李家平反了冤情、收回了财产，谋害李续的佣人也受到了惩治，李善终于带着小主人回到了久别的故乡。

县令在感佩之余，还把李善感动天地的事迹呈禀给了皇上，他相信李善忠义的节操，不仅能够移风易俗，而且能够教化后人。光武皇帝得知其事迹后，也非常

感动,请李善担任了太子的老师。

因为教导太子有方,李善被任命为河间太守。在上任途中,途经清阳时,李善想起多年来,李元夫妇一直都把自己当成是李家的一员,平日的关怀和照顾常常令李善感动不已。看到如今物是人非,李善百感交集。

在离李元的坟墓一里地之外,李善就命人停下了轿子。他脱下官服,换上粗布衣裳,一步步地走到主人的墓前。抚摸着残破不堪的墓碑,他禁不住心中的悲怆,跪地放声大哭,哭声哀凄,闻者莫不为之动容。看见墓园里荒芜的小径,杂草丛生,李善就拿起一把旧锄头,认真地清理。打扫干净之后,又筑起了炉灶,准备了丰富的祭品来供奉主人。他跪在主人的墓前,非常伤感地说:老爷、夫人,我是李善,我今天回来探望、祭拜你们,愿你们在天之灵能够得到慰藉。一连几天,李善都不忍离开墓园,人们会不时见到李善抚着墓碑落泪。今天他已经不再是卑微的佣人,而是令人敬畏的朝廷命官,但是他依然不忘本,依然感念李元夫妇当年关心照顾他的恩德情义,就好像自己仍是昔日的李善一样,随侍在主人的身旁。

李善的美德之所以能流芳千古在于:卑微之时,忍辱负重,尽忠职守,显达之后,仍然不忘主人的恩情。千百年来,他的忠义精神始终鼓励着我们见贤思齐,不论身处任何环境、任何地位,都能够做一个尽职负责的人。这个感人至深的故事,不仅结合了恩义、情义与道义,更为后人留下了一个"做人要厚道"的不朽典范。

做人能否厚道,就在于是否有一颗平常心。做人光明磊落,做事坦坦荡荡,对人对事都不计较、不生气,不会为得失而不择手段,也不会为名利而厚颜无耻。

"忠厚传家久,诗书继世长",这是中国人最喜爱的对联之一,也是中国人的处世智慧之一。厚道不是懦弱,不是迂腐,厚道的人更容易得到信任,厚道的人办事更容易得到支持,前途也会更加广阔。

在与人打交道、处理各种关系的时候,都应该从"厚道"出发,给自己的心里加一把锁,做到宽以待人,尽可能地多为他人着想。

活着就是最大的幸运

有人向一位算命很准的老道询问来年的运事如何。老道说:"你明年会交大好运。"那人特别高兴地回去了,回家就开始等着自己大好运的到来。等啊,等啊,从1月等到12月,也没有等来好运。等到除夕那天他高兴极了,心想今天可是一年的最后一天了,肯定能交好运,可是这一天仍然什么好事也没有发生。

这个人沉不住气了,初一的一大早就去找那位道士理论。道士一看见他就笑

着问:"你怎么答谢我?"那人生气地说:"你不是说我去年能交大好运吗?怎么什么好运也没有啊?害的我苦等了1年!"老道慢条斯理地说:"你这不是已经交了大好运了吗?""大好运在哪儿?我不还是这么穷,这一年我连1文钱都没捡到。"老道淡淡一笑说:"你想想这1年里有多少人死于非命,有多少人妻离子散,又有多少人家破人亡,还有多少人遭受着生离死别的痛苦?而你不还是好好的活着,子女孝顺、夫妻恩爱吗?难道这不是最大的好运吗?"

老道的一番话虽然有自圆其说的嫌疑,但是"活着就是幸运"的道理却是千真万确的。人的生命就好像"1",其他的诸如职位、财富这些东西就是"1"后面的"0",只有活着这个"1"存在了,后面那一连串的"0"才有意义。有一句话说的就是这个道理:男人一定要吃好喝好、玩好睡好,一旦累死了,别的男人就花咱的钱,住咱的房,睡咱的老婆,还打咱的娃。其实,不管男人女人,能够平安地活在这个世界上,都应该珍惜和感到幸福。

中国人常用"五福临门"来祝贺他人,这五福的内容是:第一福"长寿",命不夭折且福寿绵长;第二福"富贵",钱财富足且地位尊贵;第三福"康宁",身体健康且心灵安宁;第四福"好德",生性仁善且宽厚宁静;第五福"善终",命终时,没有遭到横祸,身体没有病痛,心里没有牵挂和烦恼,安详地离开人间。

为什么"长寿"被视为五福之首,是人生最大的福气呢?因为只有活着,你才能欣赏这世界万象,观赏这世间百态,死了就再也办不到了。武侠小说中,报复仇家的一种手段就是比仇家活得长,当仇家已经死了,而自己还逍遥地活在这世界上,的确是件大快人心的事。

人生最大的财富是健康长寿,道理人人都懂,但要真正做到,却不是件容易的事。古今中外的芸芸众生,或为名所惑,或为利所动,或为官而奔波,或为爱情而苦恼,却不知人生最大的财富就是自己的生命。

有个年轻人觉得自己的人生太悲惨、太沉重了,他忍受不住了,就跑到一座山顶上,准备跳下去。一位守山老人听了年轻人的哭诉,对他说:"你说你的人生太悲惨,不妨仔细说来,看看咱俩到底谁更悲惨。"

年轻人说:"我从小没有母亲,父亲从不管我,我没有考上大学,到现在还没找到工作。因为没有钱,女朋友也和我分手了,现在我无依无靠,租的房子也到期了……我这样还不够悲惨吗?"

"年轻人,你的人生多么幸福啊!"老人听了哈哈大笑起来,然后接着说:"你从小没有母亲,我连自己的父母是谁都不知道;你没有考上大学,我幼儿园都没去过;你和女朋友分手了,可我始终独身一人;你还有钱租房子,我只能住在山洞里……你说,我们两个到底谁更悲惨?"年轻人很惊讶地说:"想不到还有比我更悲惨的人,如果我换作是你还不如死了算了。"

老人又笑了："如果大家都像你这样想，人类早就死光了。"年轻人不解地问："你的遭遇如此悲惨，为什么还那么开心呢？""因为还有比我更悲惨的人。因为我还活着。"年轻人听了老人最后一句话，恍然大悟，打消了轻生的念头。

人的生命只有一次，所以一定要珍惜，千万别做寻短见的蠢事。既然连死都不怕，还怕活着吗？"月有阴晴圆缺，人有悲欢离合"，也许你正经历着不幸，正处于无比的痛苦之中，但你在不幸之中还是万幸的，因为你还活着。没错，活着就是希望；活着，一切皆有可能。

不走极端，给别人留有余地

韩非子的《林下篇》说："刻削之道，鼻莫如大，目莫如小。鼻大可小，小不可大也；目小可大，大不可小也。举事亦然，为其不可复也，则事寡败也。"意思是，雕刻的诀窍在于，鼻子要先雕大一点而眼睛要先雕小一点。鼻子刻得大还可以修得小一点，但刻小了就不能再变大了；眼睛刻得小还可以再加大，但刻得太大就没法再缩小了。

这段话表面上说的是"刻削之道"，却能引申出一些为人处世的道理：为人处世不能太绝对、太极端，做任何事情都要留有回旋的余地，这样才不会招致失败。

传说太阳神的儿子法厄同驾起装饰豪华的太阳车恣意驰骋，横冲直撞。当来到一处悬崖峭壁上时，恰好与月亮车相遇。月亮车正欲掉头退回时，法厄同依仗太阳车的优势，一直逼到月亮车的尾部，不给对方留下一点回旋的空间。正当法厄同看着难于自保的月亮车幸灾乐祸时，自己的太阳车也走到了绝路上，连掉转车头的余地也没有了，最终万般无奈地葬身火海。

有的人能够在社会上如鱼得水，有的人却四处碰壁，主要原因就在于后者在待人处世中不善于给他人留有余地。所以我们做任何事情都要注意给自己留后路，不可把话说死，把事情做绝，更不能把人逼急。于情不偏激，于理不过头，如此立身处世，才能进退自如、游刃有余。

宋代的吕蒙正胸怀宽广、气量宏大，有大将风度。当吕蒙正初次进入朝廷的时候，有一个官员指着他说："这个人也能当参政吗？"吕蒙正假装没听见，付之一笑。他的同伴为此愤愤不平，要质问那个官员叫什么名字。吕蒙正马上制止他说："一旦知道了他的名字，就一辈子也忘不了，不如不知道的好。"当时在朝的官员也佩服他的豁达大度。后来那个官员亲自到他家里去道歉，两人结为好友，相互扶持。

吕蒙正这样做是对的，给别人留余地，就是给自己留余地；给别人方便就是

给自己方便。人海茫茫也会狭路相逢，你今天得理不饶人，又怎么知道他日会不会再相遇呢？与人相处留有余地，既不让别人难堪，也会让自己活得舒服，何乐而不为呢？

人与人的相处，是因为距离而产生美。我们不仅对那些得罪过甚至伤害过自己的人"得饶人处且饶人"，就是在与朋友相处时，也应该遵循同样的原则。与人交往需要彼此的包容与分享——包括喜怒哀乐，包括忍受对方的全部缺点，但做到这点很难，所以亲密得不分你我反而会滋生矛盾。正是因为这个缘故，很多称兄道弟、歃血为盟的朋友最后往往成为仇人。

喜欢中国画的人都知道"留白"的重要性，"留白"就是特意在画面上空出那了无一墨的空白部分，这不仅仅是构图布局的需要，更可反衬主题，进而给观赏者以无限遐想的空间，所以有句行话说"留白天地阔"。我们要描绘出美好的人生，同样也要遵循一条原则，那就是"万事留有余地"。

满嘴饭不能吃，满口话不可说，载物船不可吃货太多，帆只可张满八九分……这些可是无数人生活智慧的结晶。我们做人做事千万莫把话说死，别将事做绝，否则就会把自己的后路堵死，陷入无路可走的尴尬或者死路一条的绝境当中。

《宋稗类钞》中记载了这样一件事：宋朝有个名叫苏掖的常州人，家中十分有钱，但却非常吝啬，常常在置办田地或房产时，不肯付足对方应得的钱。有时候，为了少付一文钱，他会与人争得面红耳赤。他还最会趁别人困窘危急之时，压低对方急于出售的房产、地产及其他物品的价格，从而牟取暴利。

有一次，他准备买下一户破产人家的别墅，因竭力压低房价而与对方争执不休。他儿子在一旁看不下去了，忍不住说道："爸爸，您还是多给人家一点钱吧。说不定将来哪一天，我们儿孙辈会出于无奈而卖掉这座别墅，希望那时也有人给个好价钱。"苏掖听儿子这么一说，又吃惊，又羞愧，从此开始有所醒悟了。

客家有句谚语："人情留一线，日后好见面。"我们无论是做人还是做事，都要量力而行、适可而止。心态平和了，自然就乐意给别人一个机会，一点空间，一些希望。与人方便，自己也方便，这实际上就是给自己创造了更多发展的机会和空间。

李嘉诚的生意经是这样的："做事要留有余地，不把事情做绝，有钱大家赚，利益大家分享，这样才有人愿意合作。假如拿10%的股份是公正的，拿11%也可以，但是如果只拿9%的股份，就会财源滚滚。"

一位老木匠教徒弟的时候有一个口头禅，就是"注意了，留一条缝隙"。木匠是和木材打交道的，木材的构造有纹理，因此木匠都很讲究疏密有致，黏合贴切，该疏则疏，不然易散落。如果没有处理好这些，那些装修过的房子就会出现木地板开裂或挤压拱起的现象。那些高明的师傅懂得合理地留一些缝隙，给那些组合的材料留足空间，这样就可以避免上述问题。

余地是缓冲器,是润滑油。凡事留一分余地,则可周旋回转,灵活自如;凡事不留余地,则容易失之于刚硬,一旦做错则无可补救。做事能做到"行不至于绝处,言不至于极端",就能使自己左右逢源、进退自如,就能在纷繁复杂又充满风险的人际关系中始终立于不败之地。

顺其自然,简单就好

一位21岁的匈牙利青年,身上只带了5美元到美国闯天下,20年后,他成了百万富翁。他曾经非常自豪地说:"我没有做过一笔赔钱的交易,也没有一次失败的经营。"他就是罗·道密尔,一个在美国工艺品和玩具业富有传奇性的人物。

几年后,道密尔买下了一家濒临倒闭的玩具公司。当时他发现成本太高是这家玩具工厂失败的主要原因,他决定提高产量以降低成本。道密尔规定:凡是制作工人所用的工具、材料,一定都要放在最顺手的地方,要用时,一伸手就可以拿到。这样一来,操作机器的工人,不必再为等材料、找工具耽搁时间,无形中节省了很多时间。这样就能让产品增产并节约成本,因此玩具公司在道密尔的手下起死回生了。

道密尔的成功之道是顺其自然。同样,我们过日子,也要顺其自然,不要刻意去追求什么。饿了就吃,困了就睡,有机会就争取,没把握住就放弃,该干吗就干吗,如此随心所欲、顺其自然,日子就是快乐的,人生就是舒服的。

一个病人问大夫:"我有冠心病、糖尿病,您看吃什么好呀。"大夫问他:"您爱吃什么?"病人说:"我就爱吃东坡肘子、红烧肉。可是听说东坡肘子、红烧肉动物脂肪多,所以不能吃,甚至连香蕉、桃子、西瓜都不能吃。"

大夫说:"这也不能吃,那也不能吃,人活着还有什么意思啊。你想吃什么吃什么,爱吃什么吃什么,因为营养是互补的,世界上没有任何一种食物能满足人的各种需要。既然你喜欢吃这些,就说明你身体需要它。何况,人体自身有很强大的代偿能力和调节能力。只要适可而止,吃这些东西是不会有什么危害的。"

想要做人不生气,就应当顺其自然,对人、做事不要太强求、太执着,一切越简单越好。如果丢掉平常心,挖空心思去追逐、千方百计去攀求,就会产生反常心、异常心,做起事情来就会感觉很别扭,即使成功也毫无快乐的感觉。当然,顺其自然不是守株待兔那样的消极等待,而是顺应客观实际去做,没条件、没能力做、不适合自己做的事情,就不要去做。反之,就要认真做好。

唐朝有个姓郭的人,因为脊背隆起,弯着腰走路,很像骆驼的样子,同乡的人

就叫他"骆驼",他听了并不生气,反而舍去了自己的原名,自称"橐驼"。驼子以种树为业,种的树木或者移栽的树木没有不成活的,而且高大茂盛,果实结得也又早又多,其他种树的人虽然观察效仿,可总是不及他。

有人问驼子诀窍,他说:"我不过是依照树木生长的自然规律而使它按自己的习性成长罢了。"别人不懂,他就解释说:"一般来说,种植的方法是:根要舒展,培土要平,应保留一些原土,种好后周围的土要砸结实。做到这些,就不要再去动它,不要再为它担心,离开它,不必再去照管它了。移栽时像抚育亲生子女,种好后就像扔掉一样,顺应它们的习性,那么树木的生长规律就能得到保全。因此说,我只是不妨碍树木的成长而已,并没有什么能使它们高大繁茂的特殊本领;我只是不抑制不损伤它们的果实罢了,并没有让它们早结果实的秘诀。"

别人又说:"我们也差不多就是这样做的呀?而且更精心呢。"驼子笑笑说:"你们种树时树根还拳曲着而土却要换成新的,培土时不是多就是少。即使有人能够不那样做,却又过于爱惜,过于担心,早晨看看,傍晚摸摸,刚刚离开又马上回来照顾,更严重的是还用指甲抓破树皮来检查它们的死活,摇动根株来观察栽种得是否结实。这样就日益背离树木的生长习性了,虽然表面上看是爱护它们,实际却是在损害它们;表面上说是担心它们,实际上却是仇视它们,因而也就不能与我比。"

这个故事就是唐代柳宗元写的《种树郭橐驼传》,其寓意就是告诉我们对人对事不强求、不生气,不要完美主义,只要顺其自然就好。

顺其自然就是想睡就睡,想坐就坐,热时取凉,寒时向火,没有过分矫饰,以清爽、宁静、洁净的心态来对待生活。特别是遇到"十有八九"不如意的事情时,更要顺其自然,不要耿耿于怀、念念不忘。

三伏天,寺院里的草地枯黄了一大片,很难看。小和尚看不过去了,对师傅说:"师傅,快撒点种子吧!"师傅说:"不着急,随时。"

种子到手了,师傅对小和尚说:"去种吧。"不料,一阵风起,吹走了不少。小和尚着急地对师傅说:"师傅,好多种子都被吹飞了。"师傅说:"没关系,吹走的净是空的,撒下去也发不了芽,随性。"

刚撒完种子,这时飞来几只小鸟,在土里一阵刨食。小和尚急着对小鸟连轰带赶,然后向师傅报告说:"糟了,种子都被鸟吃了。"师傅说:"急什么,种子多着呢,吃不完,随遇。"

半夜,一阵狂风暴雨。小和尚来到师傅房间带着哭腔对师傅说:"这下全完了,种子都被雨水冲走了。"师傅答:"冲就冲吧,冲到哪儿都会发芽,随缘。"

几天过去了,昔日光秃秃的地上长出了许多新绿,连没有播到种的地方也有小苗探出了头。小和尚高兴地说:"师傅,快来看呐,都长出来了。"师傅却依然平静如故地说:"应该是这样吧,随喜。"

世界万物都是自然而然的,事物的发展运动也是自然而然的,遇到些麻烦事,没有必要去怨天尤人,顺其自然就可以了。

物极必反,有点烦恼不是坏事

曾国藩在京城当官的时候,有一年时来运转,自己升职不说,老婆还生了儿子,就连老家的祖父也病体康复。这时候,曾国藩急忙给老家去信,叫家人千万别去催人还债,故意给自己留一点烦心事。因为他深谙"物极必反"道理,事事如意之后,不如意的事情就马上会来了。

美国通用汽车公司老总斯隆有一次主持会议,讨论一项重要决策时,发现居然没有反对意见。这种情况正是很多人所期望的结果,但斯隆却宣布休会,说要听到了不同意见再作决定。不追求十全十美,不幻想完美无缺,这正是斯隆这样睿智的人为人处世的自信和成熟。

吃要山珍海味,穿要绫罗绸缎,住要花园洋房,坐要名贵轿车,妻要国色天香,儿要聪明伶俐,财要富可敌国……这种每天想好事的心态,必定是心为形役,苦不堪言。

上帝给了某个人一次机会,让他沿着一垄麦子走下去,不许回头,只能挑选一个最大的麦穗,如果能挑到最大的,上帝就帮助这个人实现一个最大的愿望。这个人兴冲冲地出发了。他一边走着,见到一个大麦穗,总是想,离地头还有那么远,也许后面还有更大的。他每次看到一个大麦穗,总是这样想。最后到了地头,他还两手空空,只好匆匆忙忙地随便挑了一个,而这个麦穗比开始错过的那些都要小。

这个挑麦穗的人,总想找到更好的东西,而最后一无所获。所有的麦穗,在他的眼里都不够大。上帝是用心良苦的,他旨在告诉大家,人生不可能事事都如意,也不可能事事都好。只想好事的人,注定心情压抑,后悔连连。

《菜根谭》说:"福莫福于少事,祸莫祸于多心",这是讲人生最大的幸福莫过于少一些无谓的事情,最大的灾祸莫过于多一些无益的私心。生活本来就是有好事也有坏事,无论任何事都要平常对待,与其绞尽脑汁谋升迁、挖空心思求财势、终日劳心又伤身,不如上班好好干,下班享天伦,平日里简单的事,不正是幸福和快乐的源泉吗?正如歌词所说:"有爱就有恨,或多或少;有幸福就有烦恼,除非你都不要。如果爱是痛苦的泥沼,那就一起逃。"

拿在大城市打拼、已近"而立之年"的人来说,他们面临的问题和压力很大:没有对象的"剩男",日子过得很"惨"、很孤独,天天吃不到香喷喷的饭菜,听不到枕

边的贴心话；有对象甚至已婚的"宅男"，面临的问题更多，比如婆媳之间的关系很紧张，老婆逼着要孩子，是否该买房，亲戚朋友总以为你事业有成，主动求你在工作和金钱上帮忙……这一切搞得你筋疲力尽，烦恼不已。

当问题接踵而至时，不要气急败坏，更不能乱发脾气。能成大事的人，从来都是"泰山崩于前而不色变"。遇事急躁、抓狂和激动，只能变得行为冲动，容易犯下让自己追悔莫及的错误，不仅不利于解决问题，反而会使事情变得更糟。

不管遇到什么坏事，我们都要以乐观的心态去面对。成大事者要有"没心没肺"的心理素质，天大的事压下来，要能冷静对待。即使某一天发现自己真成了"杨白劳"，遭遇巨大的债务和天大的噩运，也不要想不开。其实，看似精明的"黄世仁"也在担心自己的钱能否要回来，尤其当你没有"喜儿"可以抵债的时候。

没有人希望自己失败或者遭遇困境，但是人活一世，有些坏事是躲不过去的，难免要吃一两次亏，上二三回当，才能变得成熟。麻烦天天有，面对坏事，绝不能怨天尤人、懊悔自责，要调整情绪挺过去。忧愁对事情毫无助益，分析当下的情况并寻求解决办法，才是最要紧的事。

坏事虽然意味着失去与痛苦，却也意味着好事很快便会出现。人总是在不断的烦恼中成熟和成长起来的。有点烦恼不是坏事，你只需要用冷静的心态去处理它们，然后耐心地等待好事的出现。

第七章

解心忧，有些事忘了最好

烦恼大多源于自己的"不满足"，学会忘记一些事情，卸下身上的重负，你自然会轻松许多。

压力再大也"忘得掉"

压力如影随形地渗入甚至主宰了我们的日常生活，由此带来一系列负面情绪——消极、生气、沮丧、挫折和恐惧。在重压之下若想使精神状态保持平稳，不是件轻松容易的事。

我们每天都在为事业打拼，都是"起得比鸡早，干得比驴累，看着比谁都好，一肚子苦恼不知跟谁说"的状态。深圳某IT公司的小冯，今年36岁，最近一直在跟朋友抱怨生活中的种种压力，"你说我容易吗？打拼十来年，现在终于买上房子，有了私家车，全家人每年还到处旅游。但就是这样，老婆还不满意，嫌我回去晚了，抱怨我不关心她，老是打电话'查岗'，担心我有什么'小三'，回家后还不给我好脸色看；女儿在学校里除了惹祸什么好事也不干，学习成绩不好，还怪我不负责任；我在公司一年到头忙得要死，加班到天昏地暗，还总是不顺，与老总和其他副总常因理念不同产生分歧，多数情况下我不得不屈从。我这个人对下属要求特别严，不能容忍错误，经常训斥下属，搞得下属怨声载道，有几个甚至还因此跳槽；休息的日子没劲透了，除了睡觉还是睡觉，夫妻生活既没有意思也缺少激情，身体上还都是

79

毛病,头痛失眠、腰酸背痛,稍一活动就气喘吁吁……唉,我这图的是什么呀?"

在长期的重压之下,小冯这台高速运转的"好机器"已然出现了故障,在职场人际关系、夫妻感情、父女关系和身体健康等方面都出现红色警报,到了不得不维护检修的时候。处于长期精神压力下(如持续与同事、家人发生冲突),生病概率会比平时增加5倍,小至感冒,大至癌症,都有可能出现。

长期与紧张的工作打交道,长期处于应接不暇的生活中,身体得不到应有的休息和复原,很容易产生消极的忧虑情绪。对此,我们应当进行有效的压力管理。以下是关于从容应对压力的一些有效方法。

1.工作做到80分就好

做事标准不要奢求完美,如果满分是100分,做到99分都不够满意,就有点钻牛角尖了。举个明显的例子吧,NBA"飞人"迈克尔·乔丹曾经被誉为在篮球场上无所不能的神,但是当接近不惑之年第二次复出时,却选择了另一种方式帮助球队获胜:他不再使用精彩的突破和飞身扣篮表现自己的能力,而是更多选择睿智的助攻帮助队友得分;利用丰富的经验和精准的投篮,帮助球队取得胜利。这一切是源于乔丹对于自身年龄和身体素质的清醒定位和心理暗示:我原有的事业(打球)和身体在走下坡路,所以我犯不着跟自己较劲,只要努力转换角色,尽我所能打好比赛,至于胜负成败和其他问题我根本无须操心。人无千日好,花无百日红,唯有放下以前的自己,才能更好地专注于工作本身。

工作做到80分就已经很好了,何须苛求尽善尽美?当有数不清的工作任务接踵而至时,如果你每一项工作都能保持在80分,就是一张相当不错的成绩单。乔丹在职业生涯的投篮命中率不过才50%左右,那是因为他一共投了几十万次的球。抓住工作的主流,你就会很大程度上减轻身上的压力。

一个人如果把自己看得太重,就会陷入困境,走入一个死胡同,认为任何事情都要按着他的意志发展,这是很不理智的行为,也会导致我们做人很生气。

在希腊帕尔纳索斯山南坡上,有一个驰名整个古希腊世界的戴尔波伊神托所,这是一组宏伟的石造建筑物,它的起源可以回溯到3000多年前。那个时候,神在人间的使者叫神托,神托就在这里向人们传达太阳神的旨意。在这个神托所的入口处,人们可以看到刻在石头上发人深省的两个词,翻译成今天的话,就是"认识你自己"。

只是因为世上很多人认识不了自己,把自我看得太重,才会产生多种烦恼。古代禅师说:"假如已经不再知道有我的存在,又如何知道物的可贵呢?假如明白连身体也在幻化中,一切都不是我所能掌握、所能拥有的,那么世间还有什么烦恼能侵害我呢?"

2.将压力写出来扔掉

美国心理协会的斯科菲尔德博士提倡通过"写出压力"的方式减压。就是用一支笔把你目前生理和心理上面临的各种压力写在一张张小纸条上，然后把小纸条都揉成一团，像投篮一样扔进远处的纸篓，头脑中想象你已经轻松地甩掉这些烦恼了，最后将没有投中的纸团用安全的方式点燃烧掉，打开窗户深呼吸一口气或者大喊一声，事后你会觉得无比轻松，感觉压力没有想象中那么可怕和令人窒息了。

这种方法是你直面压力并与之较量的一种体验，写出压力的过程其实就是在减压。消化掉压力和烦恼后，你会得到新的压力免疫体，以至于再大的压力袭来时，你都能处变不惊地化解掉。

3.顺其自然，找到快乐支点

古人云："万事劳其形，百忧撼其心。"高度激烈的竞争压力，错综复杂的人际压力，难免令人思虑过度、忧心劳神，不仅睡眠质量不好，还会引起内分泌失调，影响身体系统的正常运转。

很多时候压力都是自找的，谋事在人，成事在天，坦然接受压力和不完美的结果，就是你发现快乐的开始。在情绪焦躁和压力过大时，你需要释放情绪，比如回忆以前的种种快乐，适时消遣娱乐一下，在家中听听舒缓的音乐，与好友品茗、聊天。快乐是一种积极的情绪，来自你对周围事物乐观的看法和认识。只有顺其自然，学会自我调节，你的工作才能张弛有道，顺利发展。

当然，当周遭压力使你焦虑不堪、接近崩溃时，就应该及时求助心理医生了。一旦压力超过你所能承受的极限，就会彻底击垮你。在国外，看心理医生其实就跟看牙医一样普通。心理医生会通过专业的方法替你解压，对你进行心理上的按摩和慰藉，减小你所面临的压力。

除了心理医生外，家人和朋友都是帮你缓解压力的坚强后盾。把你的烦恼向他们诉说，相信就能很好地排遣内心的郁闷和烦躁。

国内著名的电影人姜文在接受采访时说，他的母亲现在从不关心他的事业发展如何，只关心两件事：一是"你吃得好不好"；二是"你睡得香不香"。刚开始姜文还不理解，可到后来慢慢领悟了：构成健康最本质的东西不就是吃得好、睡得香吗？不要再被人贴上"工作起来不要命"的标签了，不会休息的人就是愚蠢的傻瓜，没有健康的人根本就没有未来。

成就事业，不能急于一时。人生是一场马拉松，你的目标是顺利跑完全程，而不是前半程冲刺、后半路退场。压力再大也要"偷着乐"，拥有好身体，才能在未来获得无穷收益。

再忙，也得歇一歇

第二次世界大战期间，70岁高龄的英国首相丘吉尔，日理万机，夜以继日地工作，但他工作起来总是精力充沛，令人惊奇。原来他很会安排自己的休息，每天中午都上床睡1小时，晚上8时吃晚饭之前，又上床睡2个小时，即使乘车，他也抓紧时间闭目养神、打盹儿。正是这种主动休息的良好习惯，使他不觉疲惫，性格豁达，做出了惊人的业绩。他不仅是伟大的大政治家、外交家，甚至还曾获获得了诺贝尔文学奖。

据说好车与普通车的差别不在于发动机，而在于刹车系统，宝马时速可以超过200公里，奇瑞却只能有120公里，为什么？就是刹车系统差距太大，如果上了200公里而不能有效地刹车，那会是什么样的后果？休息与工作的关系，就正如刹车系统与发动机的关系。就是让高负荷运转的身体停下来，歇歇气、加加油、修理一下，然后继续高负荷运转。如果只知道高负荷运转，而不知道刹车，不知道休息，那是很可怕的事情。

再以滑雪来说，滑雪的人都知道，滑雪最大的困难不是不能前进，而是停不下来。如果不学会停止的技巧，那就会摔很多跟斗，或者撞上树、撞上石头、撞上人，或者飞到悬崖下，摔个粉身碎骨。

拳头只有收回来，打出去才有力，而人呢？只有休息好了，才能以很高的效率工作。所以有"会休息的人才会工作"的说法。万科集团董事长王石一会去爬山，一会去探险，乐在其中，让人羡慕。作为一个董事长他肯定忙，也许有些人认为这是不务正业，其实，这种休息方式才是他高效率工作的保证。

生理学家曾做过这样一个试验：让一组身强力壮的青年搬运工人往货轮上装铁锭，小伙子们连续干了4个小时，结果勉强装了12.5吨的货物，这时候大家都累弯了腰，个个精疲力竭。可是，一天后，让这些小伙子每干26分钟就主动歇息4分钟，同样花4小时，却装了47吨的铁锭而不觉得很累，工作效率明显提高。

泰戈尔说过："休息与工作的关系，正如眼睑与眼睛的关系。"这个比喻太贴切了，眼睛睁久了，就得闭上一会，养养神；工作久了，就应该休息一下，这样才能提高工作效率，将工作做得更好。

欧洲一家五金公司的老板发现员工经常躲在休息室、会议室，甚至厕所睡觉。他苦无对策，最后干脆把心一横，设计了有8个房间的小睡区，每个房间备有躺椅、柔和的灯光、优美的音乐和一面假山瀑布。小睡区旁边是咖啡室，让员工醒来后可以闻到浓郁的咖啡香。

老板说："既然我无法打败员工的瞌睡虫，干脆就大方点，让他们光明正大、舒舒服服地睡个饱。"精明的老板其实已经把账算得明明白白，如果员工上班感觉太累，坚持工作反而容易出错。不如让他们小睡一会，振作精神再工作。

这种"上班小睡有理"的办公室新文化，正在欧美国家慢慢盛行起来了，他们提出了"与其靠咖啡因提神，不如小睡片刻补充元气"的口号。这样既有益员工的健康，工作起来又能事半功倍。小睡文化已延伸到欧美各大企业、交通部门、律师事务所，甚至连军方都在考虑是否重新安排任务，以调整士兵的睡眠时间

累了怎么办？不要用喝咖啡来提神，最好的办法就是休息，晚上早点睡，白天睡个神奇的午觉，或者有点空闲时间就打个盹儿。很多名人，因为日常的活动排得满满的，让他们欲睡不得，欲推无术，身心都很疲惫，他们就是靠午睡或随时的小憩来恢复身心疲劳的。

美国总统克林顿一天工作12小时，每晚只能睡5小时，但中午一定要睡一会；罗斯福总统在12年的白宫生涯中，访问、接待的应酬令人疲乏，他的办法是：活动之前，闭目休息20分钟；波兰总统瓦文萨是个早起的人，唯一补充体力的方法是来一个10分钟神奇的打盹儿，即使是站着他都照睡不误；撒切尔夫人一天只睡4小时。一旦"铁娘子"感觉体力不支时，就会找地方小憩一会儿。这种短时间的休息有助于疲惫的身心得到放松，并提高人体进行积极思维的能力。

人也是动物，也需要休养生息。没时间休息，早晚有时间生病，如果一个人长期紧张工作而休息很少，不仅会消耗身体健康，就连精神也得不到放松，心态也得不到缓和，做人做事就难免会出差错。所以有人说"一天到晚的工作并不是永恒的美德"。

有学者认为，因为爱迪生发明了电灯，人类的睡眠时间就少了两成。那么，有了电台，有了电视，特别是现在有了网络之后呢？人们的睡眠时间不知道又少了几成？这也是现代人越来越疲惫的一个原因。因此，除了工作上要悠着点以外，下班后的业余生活也不能太多太滥，不能通宵达旦地打牌、毫无节制地娱乐等。

身体是革命的本钱，也是每个人生活、学习和从事一切活动的本钱。过去，我们学习的英雄模范人物大多是废寝忘食、争分夺秒，甚至带病坚持工作的，以至于不少精英人物英年早逝，让人痛心不已。不管怎样，人最可贵的就是生命与健康，没有了生命，一切都将不存在；没有了健康，人生也是灰蒙蒙的。

累有两层含义：身体上的累和精神上的累。如何让自己别太累了，有几个简易可行的办法。一是将工作与生活分开，别将工作带回家，也尽量少加班。二是在节假日里，你要尽情地休息。三是走路时不要风风火火，开车时不要生死时速。太着急并不等于高效率。四是合理安排休息时间，使身心得到放松，因为人的大脑和身体不是机器，需要休息。五是放松精神更重要，找朋友聊聊天，排解紧张情绪，有张

有弛才不会感到"活得太累"。

法国大作家巴尔扎克是个文坛奇才,但他又是个工作狂,写作起来废寝忘食,不分昼夜,每天工作十七八个小时,通宵达旦。为了使大脑一直处于兴奋状态,他每天靠喝浓咖啡提神。因此,像《高老头》这样的世界名著,他居然只用了三天三夜便能一气呵成写出来,真是个奇迹。巴尔扎克拟定了一个庞大的写作计划,准备撰写143部作品。可惜的是,由于他肆意的透支自己的健康,结果活生生地累死了,仅仅活了51岁,让人为之惋惜。

现在,许多人一天到晚的工作,是为赚更多的钱。可钱这东西毕竟是为人服务的,如果因为钱而赔了自己的健康,那就得不偿失了。即使所从事的工作不是为了钱,比如科学家、军人等,也得吸取巴尔扎克的教训,别让自己太累了,不要以"睡得比狗还晚,起得比鸡还早"为荣。正确的做法是要将心态放平,将步伐放缓,别让自己身心太累了。留得青山在,不怕没柴烧嘛。

"放下"等于如释重负

佛陀住世时,有一位名叫黑指的婆罗门来到佛前,运用神通拿了两个三人多高的花瓶,前来献佛。

佛对婆罗门说:"放下!"

婆罗门把他左手拿的那个花瓶放下。

佛陀又说:"放下!"

婆罗门又把他右手拿的那个花瓶放下。

然而,佛陀还是对他说:"放下!"

这时黑指婆罗门说:"我已经两手空空,没有什么可以再放下了,请问现在你要我放下什么?"

佛陀说:"我并没有叫你放下你的花瓶,我要你放下的是你的六根、六尘和六识。当你把这些统统放下,再没有什么了,你将从生死桎梏中解脱出来。"

黑指婆罗门这才了解佛陀放下的道理,顿时备感轻松惬意。

在我们身上,也有很多放不下的东西,权势、金钱、荣誉等,这些东西看似美好,但如果该放下的时候不放下,也会是人生辛苦的来源,弄不好会成为我们心中沉甸甸的压力,压得我们喘不过气来。如果我们也能遵循佛陀"放下"的教诲,将这些东西统统放下,压力自然就烟消云散了,心情自然就轻松愉快了!

人生在世,有些事情是不必在乎的,有些东西是必须清空的。该放下时就放下，你才能够腾出手来，抓住真正属于你的快乐和幸福。一位作家说："我不会'抓紧'任何我拥有的东西。我学到的是，当我抓紧什么东西时，我才会失去它，如果我'抓紧'爱，我也许就完全没有爱，如果我'抓紧'金钱，它便毫无价值。想要体验快乐的方法，就是将这些东西统统'放掉'。"

每天发生在我们生活周遭的很多悲剧，往往就是无法放下自己手中已经拥有的东西所酿成的：有些人不能放下金钱，有些人不能放下爱情，有些人不能放下名利，有些人则是不能放下不应该执著的执著。

现在的人，都想生活的质量更好一点，无时无刻不在面对着各种有形无形的压力：上学压力、就业压力、工作压力、人际压力、家庭压力、住房压力、养老压力……这其中任何一个压力，都能让人累得半死。只要你还想食人间烟火，这些压力都是不可避免的，唯一的办法就是"放下"，至少没必要时时刻刻去硬扛。

一个留学生刚到日本时，他一边上学一边在餐馆打工，每天晚上都要工作到很晚才能回家，回到家累得只想往床上一躺，什么都不想做。每当他一下子倒在床上时，都会情不自禁地长长叹一口气。这让他回想起了把自己带大的奶奶。那时候他和奶奶睡在一张床上，每天晚上都听到她老人家长长地"唉"一下，那时不能理解，也很不喜欢奶奶的这声"唉"，听着好泄气，好像在抱怨什么。

现在他才终于理解了这一声"唉"，这不是泄气，不是抱怨，是让自己从白天繁忙的工作中解脱出来，是让自己将身上所有的压力放下来。他觉得这一声"唉"真的很管用，每当他"唉"完这一声，总觉得心里就舒服了，然后就可以睡上一个好觉，也为天亮后的继续打拼养足了精神。

"人在江湖飘，谁人不挨刀？"有烦恼、有压力很正常，也并不可怕，重要的是要学会"放下"。这"唉"的一声实际上就是一种释放压力的方法，它有利于肌肉群的放松，有助于使人镇静下来。人为什么会在心情不好的时候"唉声叹气"？道理就在于此。

除了叹气之外，读书、运动、睡觉、郊游、聊天、下棋、做按摩、适量饮酒等，都是一些简单易行的办法。但最关键的得要有一颗不生气的心，正确地评价自己，给自己准确的定位，不过于追求完美，不要与自己过不去，凡事需量力而行，随时调整奋斗目标，既积极进取又要知足常乐。

据世界卫生组织统计证明，压力已经成为了人类健康的第一大杀手。竞争环境的恶劣，生活上烦心的琐事，都让现代人感到压力无处不在，情绪恶化，身体情况也随之变得糟糕，反过来影响到正常的工作和生活，因而形成恶性循环。为此，将这些玩意儿放下已经是现代人迫在眉睫的事情。

在生活中，我们会遇到各种各样的烦恼、方方面面的压力。这时候，我们需要像雪松那样的弹性，去主动弯下身来，释下重负，就又能够重新挺立了。这主动的弯曲,并不是低头或失败,而是一种"放下"的艺术。

一个叫吉姆的法国人40岁的时候继承了一笔财产,拥有了一家资产达30多亿美元的公司。然而,面对丰厚的钱财,他表现得非常淡然,大部分都捐给了福利基金。人们大感不解,他却说:"对我来说,这笔钱已经没有什么实质意义,去掉它,就是去掉了我的负担。"有一次,海啸给公司造成1亿多美元的损失,他在董事会上依然谈笑风生:"纵然失去了1亿美元,但我还是比你们富有10倍,我有多于你们10倍的快乐。"还有一次,他的一个孩子因车祸不幸身亡,他却说:"我有5个孩子,失去1个痛苦,还有4个幸福。"吉姆这种放得下的心态,让他几乎没有什么烦恼。

人生幸福与否,完全取决于自己的心态;生活舒坦与否,就看你是否学会了放下。放下是生活的智慧,放下是心灵的学问。放下压力就轻松,放下烦恼就幸福,放下抱怨就舒坦;放下名利就潇洒;放下狭隘就自在……

还有一个有关"放下"的经典故事。一个小和尚跟随一个老和尚下山化缘,在一条小河边遇到一位姑娘不敢过河,老和尚说:"我背你过去吧。"说完就把那位姑娘背过了河。到了对岸放下姑娘,师徒俩继续赶路,对于师傅的举动,小和尚心中非常疑惑,心里感觉沉甸甸的,可是又不敢说,就这样一直走了20多里。最后,小和尚实在憋不住了,就问老和尚:"师傅,我们出家人应该讲究男女授受不亲,你怎么能背那位姑娘过河呢?"老和尚说:"你看,我把那位姑娘背过了河就放下了,而你却背着她走了20多里。"

小和尚感到的"沉重"来自心里,因为他在心里"背上了",却没有在应该放下时放下,所以他就会觉得越来越重,以致被"压"得快喘不过气来了。现实中的很多压力也是如此,它们本身的分量并不一定很重,而是因为我们拿起来后没有适时放下,所以才越来越重,才让我们越来越累。

人生中太多的痛苦,都来自于不肯放下,放不下功名利禄,看不透恩恩怨怨,所以无端增加痛苦。往往到了最后关头,才知道这些都无足轻重,只有健康、快乐、坦然、宁静的不生气心态,才能让我们感觉舒舒服服的。因此才有这样一种说法:拿不起放不下的是下等人;拿得起放不下的是中等人;拿得起放得下的是上等人。

吃饭有量,做事有度

古往今来,健康和幸福一直是人们追求的美好理想,但是无数的偏方、验方、秘方、仙方试过了,无数的滋补品、营养品、保健品都用过了,都收效甚微,或者适得其反。为什么物质丰富了,吃穿不愁了,生活小康了,各种慢性病反而增多了,各种怪毛病也越练越多了呢？许多人即使没有得病，身体也是处于"亚健康"的状态，破解这一难题的秘诀是什么呢？那就是古人说的"适者有寿"。

这个"适"就是指适度。凡事都有个度，如吃饭这个人生最基本的生存条件，也要适度、适中才好。民以食为天，不吃饭人要饿死。但吃得太多、太好，也是健康长寿的大忌。

中医有句老话："若要身体安，三分饥和寒。"美国科学家做过这样的实验，100只猴子随它吃饱，另外100只猴子吃七八分饱，定量供应。结果随便敞开吃饱的这100只猴子10年下来，胖猴多、脂肪肝多、冠心病多、高血压多、死得多，100只猴子死了50只；另外100只吃七八分饱的猴子，苗条、健康，精神好得多，很少生病，100只猴子十年养下来才死了12只。

"适"字不仅对我们的身体健康有用，而且对我们为人处世也一样有用。因为世间万物，大到治国，小到烹鱼，莫不是一个掌握好"度"的问题。喝酒过度就会伤身体、伤和气，说话过度就会言多必失，谦虚过度就会流于虚伪，热情过度让人心里不踏实，勤奋过度那是透支生命，志气过度只是好高骛远……把握好了这些"度"，则身心健康，事事顺心。反之，则物极必反，得不偿失。

体育运动对身心健康是肯定有好处的，能增强人的体质，防止疾病的发生，但如果运动过量了的话，就会对身体造成不必要的伤害；家长望子成龙的心情是好的，但如果都拼命地让自己的孩子学这学那，结果只能让孩子失去学习的兴趣；还有，补品虽好，但补得过多，不但没有好处，反而会引起身体的一些不良反应。

所谓"度"是一定事物保持自己质和量的限度，任何度的两端都存在着极限或界限，而超出这个范围，事物的性质就发生了变化。比如水的沸点是100度，凝固点是0度。在0~100度这个范围内，水就是水。过了这个度，水要么变成了水蒸汽，要么变成了冰。做事情就是这个道理，过多、过度、过滥就会将好事变成坏事。

太平天国初期，天王洪秀全与杨秀清、石达开等几个王同甘共苦、同心同德，打得清军闻风而逃，很快占据了半壁江山。可惜这么大的势力，说垮一下子就垮下来了，失败的原因很多，其中很重要的一条就是洪秀全封王过度。他在南京建立政权后，滥封王位，今天给张三封王，明天给李四晋爵，封王竟达2 700余人。有2 700多位王，就得建2 700多座王府，每个王府都得配备许多人员。冗员众多，全靠老百姓养着，实在是劳民伤财。最关键的是，这些多如牛毛的王拥兵自重、各自为政，其战斗力远不如当初的那几个王，严重削弱了太平军的战斗力，因此失败是在所难免的。

楚国辞赋家宋玉在《登徒子好色赋》中描写了东邻之女的美："增之一分则太长，减之一分则太短，着粉则太白，施朱则太赤。"这段话说明了恰到好处才是美，而过度或不及都不美。也说明了万事万物都有一个极点，如果超过了这个度，就只

能走向事情相反的那一面。难怪古今中外的仁者、智者、贤人、哲人们无不重视对"度"的把握。马克思主义哲学中的辩证唯物主义讲量变到质变，儒学讲究不偏不倚的中庸之道，老子主张顺其自然，佛学谈心理平衡，达尔文谈适者生存……最妙的一句话是一个不知名的人说的："过失，过失，一过就失；过错，过错，一过就错。"

佛祖下山游说佛法，在一家店铺里看到一尊释迦牟尼像，青铜所铸，形体逼真，神态安然，佛祖大悦：若能带回寺里，供奉起来，真乃一件幸事。可店铺老板要价5 000元，分文不能少。

佛祖回到寺里对众僧谈起此事，众僧问佛祖打算以多少钱买下它。佛祖说："500元足矣。"众僧歃歔不止："那怎么可能？"佛祖说："天理犹存，当有办法，万丈红尘，芸芸众生，欲壑难填，得不偿失啊，我佛祖慈悲，普度众生，就让他仅仅挣到这500元！""怎样点化他呢？"众僧不解地问。"让他忏悔。"佛祖笑答。众僧更不解了。佛祖说："只管按我的吩咐去做就行了。"

第一个弟子下山去店铺和老板砍价，弟子咬定4 500元，未果回山。第二天，第二个弟子下山去和老板砍价，咬定4 000元不放，亦未果回山。就这样，直到最后一个弟子在第九天下山时所给的价钱已经低到了200元。眼见着一个个买主一天天下去、一个比一个给得低，老板很是着急，每一天他都后悔不如以前一天的价格卖给前一个人了，他深深地怨责自己太贪。到第10天时，他在心里说："今天若再有人来无论给多少钱我也要立即出手。"

第十天，佛祖亲自下山，说要出500元买下它，老板高兴得不得了——价格竟然涨到了500元！当即出手，高兴之余另赠佛祖龛台一具。佛祖得到了那尊铜像，谢绝了龛台，单掌作揖笑曰："欲望无边，凡事有度，一切当适可而止啊！善哉，善哉……"

福不要享尽，势力不要使尽，话不要说尽，事不要做尽，心机不要用尽、好处不要捞尽……总之，做事不要走到尽头，否则，事物就会走向反面。这是一个不以人的意志为转移的大自然法则。

一般人的心态是随着自己心情的喜怒哀乐而波涛汹涌、上下起伏的，而不生气则是"不以物喜，不以己悲"，不因环境的变化而患得患失。它能使人心情轻松平和，也能让人长久保持一种豁达、平静、自然、理性的境界。因此，为人处世要做到"适度"两字，首先要有一种平常的心态。具体来说，要做到这么几点：

第一，不卑不亢做人。不同品行的人，做人的态度也不一样。溜须拍马的人表现为卑躬屈膝，刚直不阿的人则表现为不卑不亢。溜须拍马、投人所好，兴许能一时讨人欢喜，可以密切一下彼此的关系，但那是不牢靠的，久而久之必被识破。而不卑不亢、光明磊落之人，最终能得到人们的尊重。

第二，不歪不斜立身。"其身正，不令而行；其身不正，虽令不从。"将孔子的这句话用在人际交往上就是，一个人通过塑造自身形象，便可以影响别人，使人在潜移默化中按照你的意愿去行事；一个立身不正的人，一个品行不端、恶贯满盈的人，是没有人愿意与之相处的。只有堂堂正正地立身处世，才能使友谊地久天长。

第三，不偏不倚办事。做任何事情都不能偏心，偏心就会遭人恨。不少人却往往忽视了这一点，他们在有些问题上喜欢拿原则做交易，放弃原则当"好人"，原以为这样就可以拉上几个朋友。殊不知，这样做只能适得其反。因为讨好了一小部分人，必将得罪大多数人，这不是因小失大、得不偿失吗？到头来只会是搬起石头砸自己的脚。所以，在人际交往中，办事要公平，讲大局，讲原则，既不偏袒这一方，又不倚向那一方。

第四，不亲不疏交友。随着社会生活节奏的加快，人们的交际领域和交际方式也在不断地拓展和改变，以往那种交际范围相对固定、对象相对稳定的社交格局逐渐被交际的复杂化所代替。每个人要与同事、同学、亲戚、朋友、邻居等形形色色的人打交道。要与这些人和谐相处，就必须要把握好分寸，既不能对某个人过分亲密，又不能对有些人过分疏远。"多个朋友多条路，多道冤家多道墙"，不亲不疏的交友之道能让自己多几个朋友、少几个冤家。

"欲速则不达"、"贪多嚼不烂"、"过犹不及"这些我们耳熟能详的词语，强调的都是一个"度"的问题。讲求"适度"虽然不利于个性的发挥和张扬，但在为人处世中，把握好"分寸"也就是"度"又是十分重要的，这决定着人们对你的看法，影响着你周围的人事环境，进而决定着你事业的成功与失败。看来，凡事要适度是我们做人做事的一个很重要的方略，也是维系我们一生能否幸福、快乐的法宝。

对得起良知，心安理得

张女士原是一个国有企业的财务人员，几年前企业突然倒闭，她因此失业了。在再就业时，她发现几乎所有的招聘单位都要求大专以上文凭。于是，她的弟弟为她制作了一份假大专文凭，她顺利应聘在一家公司做财务工作，但因为持的是假证，她常常心里不安，时时刻刻有一种做贼的感觉。

终于有一天，张女士忍受不了这种痛苦，就去了某保险公司应聘营销员。在应聘时，她只出示了高中毕业证。这一次，因为自己心安理得，所以工作起来积极认真，自然而然就取得了很好的业绩。对于那曾经折磨了她很久的用假文凭的经历，张女士说，做人要对得起良心，我再也不会干这种事了。

有人说"人性本善"，也有人说"人性本恶"，其实，人就是天使和魔鬼的统一体，每个人的灵魂深处不可能没有丑恶的一面，这种丑恶一旦遇到合适的环境和土壤，就会转化为丑恶的行为。靠什么才能洗涤灵魂的丑恶面呢？就是像张女士那样，用自己的一颗良心。

所谓良心，实际就是一个人的道德标准和价值观念，一个人判断事物的正确与错误的底线。说得通俗点，良心就是正义之心、善良之心、慈悲之心、仁爱之心、怜悯之心。良心是发自灵魂的声音，它时时刻刻地在监督和调节人的行为。人应该做什么、不应该做什么以及怎样去做，无不受到良心的影响与支配。人间的正义，基本上是靠众人的良知来维护的。因此，一个人做什么事情都应该对得起自己的良心。

正如托马斯·富勒所说的那样——"良心的法则永远不会休庭"，良心始终在默默地监督、指挥着人的一举一动。当人有肮脏的想法时，它就会"主动"起来纠正它，避免自己犯错。或者，当人做了一些缺德事之后，良心就会指责你、审判你，使你感到不安、内疚甚至是痛苦，于是就会真诚地去忏悔，痛改前非，重新做人。

在美国财政部诸多资金中，有一项叫做"良心基金"。那是在1811年，有个人做错了事，时时受到良心的责备。为了换得心境的平静，他匿名捐款给财政部。头脑灵活的工作人员拿这笔钱创立了"良心基金"，以鼓励人们处事不忘良心。此后，捐给"良心基金"的捐款源源不断。现在，良心基金收到的捐款已达数百万美元。

良心是灵魂的声音，是人类最忠实的朋友，不仅个人需要它，社会也需要它，当社会中有良心的人多起来的时候，就会无形之中规范人们的言行，整个社会就会变得温馨与和谐，就会变得很有凝聚力。比如20世纪的50年代，民心善良、民风纯朴，因此社会风气正，治安状况良好，因此让现在的人们常常怀念。

现实生活中，有的人为了自身的利益而昧了天良，经常干这样的一些伤天害理的事情：制作假公章、假证件、假发票；在面粉里掺上廉价的滑石粉；用工业酒精兑上水当白酒卖；给陈大米抛光涂上工业油；用化学添加剂把劣质茶叶炒出顶级毛峰的效果来；从阴沟里提炼食用油……这些人常常说的是："什么良心不良心的，良心能值多少钱一斤？"

在赤裸裸的利益面前，难道良心真的就如此不堪一击吗？肯定不是的！那些因为自作孽而不可活以及老实人终究不吃亏的故事不是不可胜数吗？

有记者拍摄了这样一幅照片：一个非洲小孩因疾病和饥饿而命在旦夕时，旁边有一只秃鹫虎视眈眈地盯着小孩，秃鹫在耐心等待小孩的生命终结。因为小孩的生命一结束，其尸体立刻就会成为秃鹫的一顿美餐。

这幅照片获得了美国新闻界最高奖——普利策奖，但是该照片的作者凯文·卡特却自杀了，因为他愧对自己的良心：为什么不丢下相机给那个快饿死的孩子一块面包呢？难道一个孩子生命的价值不敌一幅新闻照片吗？

没有良心就没有不生气，灵魂就不会得到安宁与快乐。一个人如果做了一件对不起自己良心的事情，是会长时间的忏悔，甚至像凯义·卡特那样付出生命的代价。相反，一个有良心的人，"良心"所带来的善良举动会为他带来更多的机遇。正如美国作家马克·吐温所说："善良是一种世界通用语言，它可使盲人感到，聋子听到。"

"五金大王"叶澄衷是近代宁波商帮的发起人之一，至少有数十位著名宁波商团人物曾是叶澄衷手下的学徒。叶澄衷的发迹也与他做人讲良心的处世态度有着直接的因果关系。

叶澄衷早年在黄浦江上靠摇舢板卖食品和日用杂货为生。有一天，一位英国洋行经理哈利雇他的小舢板从小东门摆渡到浦东杨家渡。船靠岸后，哈利在匆忙离去时不慎将一只公文包遗失在舢板上。当叶澄衷发现时，哈利已经走了。叶澄衷打开公文包一看，里面竟然有好几千美金和钻石戒指、手表、支票本等。

这些物品对于贫穷的叶澄衷来说，真可谓巨大的财富。但是，忠厚的叶澄衷并没有占为己有。他想，洋人遗失这些物品后，必然很着急，也许还会回来寻找。于是，他决定在原处等候。傍晚时分，哈利果然急匆匆地赶来了。原来，哈利根本没想到包是遗失在舢板上。他找遍其他地方，还是没有找到公文包，只好懊恼地返回。没想到，他的公文包掉在了舢板上，而且叶澄衷一直等着他来认领。

哈利把皮包打开一看，东西一样不少，他想不到一个中国"苦力"竟有如此诚实，对这么多的财物竟然毫不动心。哈利非常感动，立即抽出一叠美钞塞到叶的手中，以示谢意。但是，叶澄衷坚持不收，还说物归失主是理所应当要做的分内事。

洋人由此更感到叶澄衷是个诚实可靠的人，当他了解到叶澄衷同时正在做五金生意时，当即提议：由他提供小五金，供叶澄衷代销，销后再结算本金。叶澄衷的发家史由此揭开序幕，一发而不可收，一步步登上了"五金大王"的位子。

对得起自己的良心，不做违背良心的事情，问心无愧，自然会得到更多人的帮助，做事的机会就越多，成功的希望就越大，这个道理是显而易见的，也是千真万确的。所以，当人们一开始懂事的时候，父母长辈就会经常语重心长地教诲："做人得要有良心，要凭良心办事。"

良心其实就是对不幸者产生同情，对失败者予以安慰，这通常是人们自然而然的想法；欠债还钱、知恩图报，这也常常是人们最朴素的做法；不做坏事、多做好事，这也是人们最常见的选择，这些做法，不正是具有良心的表现吗？因此，要做到有良心其实很简单，就是保持与生俱来的那种纯朴的心态，固守做人的基本道德标准。不要因为追求名利、权势这些东西而昧了良心。这方面，香港歌星张学友就给我们作出了表率。

有一次，北京某房地产商拿着300万元支票，请张学友为其房地产做代言人。但张学友觉得很多人买一套房子要花一生的心血，如果他们是因为看到自己的代

言而买了房子，万一房子不好就是害了别人，因此拒绝了房产商的请求，理由很很简单，就是"做人要对得起良心"。

马丁·路德说"昧着良心做事是不安全、不明智的"、雨果说"比海更宏伟的是天，比天更宏伟的是良心"、高尔基说"人如果没有良心，哪怕有天大的聪明也活不下去"等，最应该记住的是拉伯雷的那句话："没有良心的人等于一无所有。"

简简单单最幸福

清朝乾隆年间，北京城出现了一个专偷皇宫宝物的神偷。有一次，御书房里面的玉玺竟然不翼而飞，过了3天又神不知鬼不觉地出现在原地方。这可让乾隆不寒而栗："玉玺失窃倒也算了，但如果这个神偷要取朕的项上人头，那不是囊中取物那么容易吗？"于是乾隆马上让和珅想对策。

和珅出了两个主意：一是派了3 000御林军将紫禁城把守得滴水不漏；二是对进出京城的老百姓严厉盘查。不料，这计策实施了半年没有一点效果，接连着几件宝物被偷不说，也因严重扰民而让百姓怨声载道。

乾隆看这样下去实在不是办法，只得召来一向足智多谋的刘罗锅，让他想想办法。刘罗锅不慌不忙地说："第一，将紫禁城外增派的御林军全部撤掉。第二，将所有宝库的大锁通通拿掉。第三，将存放宝物的箱子全部打开。如此一来，必能手到擒来。"

乾隆听了甚感不解："刘爱卿，你是聪明人，怎么说起这糊涂话来了？"刘罗锅笑嘻嘻地说："请陛下试试看，便知成效。"结果不出10天，神偷居然就被轻易地捉到了。

原来这位神偷已有30年偷窃的历史，如何潜入、开锁、取物、逃跑等，他都有着上千次的成功经验，所以即使再严守的地方也能顺利偷出宝物。可是这次进入皇宫后，竟然没有警卫，也没有锁门，进去后只看见箱子打得开开的，窗户也被拿掉了，这可让神偷不知所措，稀里糊涂就束手就擒了。

曾几何时，我们的生活中复杂的事物越来越多，好多电器的功能复杂得脱离实际，也许与使用者"老死不相往来"。何况，功能越复杂并不见得越好。比如录音机带的收音功能，无论是收听质量还是使用寿命，远远不如老式的半导体收音机。科学的发展从来都是由简单到复杂，人们对自然界的认识由知之不多到知之甚多，但是，切不能忽略了科学的更高级形式——由复杂到简单。

14世纪英格兰圣方济各会的修士威廉，曾在巴黎大学和牛津大学学习，他知识渊博,能言善辩,被人称为"驳不倒的博士"。他提出了一个·"奥卡姆剃刀"的原理,其大意是:大自然不做任何多余的事。如果你有两个原理,它们都能解释客观事实,那么你应该使用简单的那个,因为最简单的解释往往比复杂的解释更正确;如果你有两个类似的解决方案,选择最简单的、需要最少假设的解释最有可能是正确的。如果用一句话来解释"奥卡姆剃刀"原理的话,就是"把烦琐累赘一刀砍掉,让事情保持简单。"

"奥卡姆剃刀"理论问世以后,成就了一个又一个杰出的科学家,如哥白尼、牛顿、爱因斯坦等,都是在"削"去理论或客观事实上的累赘之后,才"剃"出了精炼得无法再精练的科学结论。

通用电气公司的韦尔奇是商界传奇人物,被众多媒体誉为"20世纪最伟大的CEO"、"全球第一职业经理人"。他也是深得威廉的真传,提出了"成功属于精简敏捷的组织"的管理思想,用一把锐利的剃刀剪去了通用电气身上背负了很久的复杂、臃肿、官僚等弊病,使得通用电器公司能够在短短20年时间,从一个痼疾丛生的超大企业改变成一个健康高效、活力四射、充满竞争力的企业巨人。

经过数百年的岁月沧桑砺洗,"奥卡姆剃刀" 早已超越了原来狭窄的领域,具有更广泛、丰富和深刻的意义。如果在生活中,我们能勇敢地拿起"奥卡姆剃刀",以简单的心态做人,把复杂事情简单化,你就会发现心情变轻松,而且距离成功还很近。

1931年,中国女棋手谢军在马尼拉向前国际象棋女子世界冠军奇布尔尼泽挑战,虽然最后夺魁成功,但她在比赛中常常不善于控制自己的情绪,事不顺心,便焦躁怄气,输了棋更是寝食不安,甚至还哭鼻子。为此,当时的东南亚中国象棋棋王陈罗平多次去探望谢军,并且语重心长地向谢军介绍围棋巨匠吴清源的座右铭——"不生气"。

2年后,在蒙特卡洛,谢军接受约谢莉阿妮的挑战。这一回,谢军已经悟出了在这世界级的卫冕激战中,棋手的"不生气"是最重要的。因此,每晚临睡前,她要练半个小时的毛笔字,写的多是"静"、"顺其自然"、"不生气"等字。开赛以来,胃口极佳,睡觉又稳。即使输了一盘后,照样说说笑笑、外出散步、打扑克、下厨做菜,结果最终以8.5比2.5的悬殊比分蝉联国际象棋女子世界冠军。

什么是不生气?不生气就是心存简单,不痴心妄想、不矫情造作。它是一种潇洒自如的生活态度。顺其自然,不会为一些鸡毛蒜皮的小事耿耿于怀,更不去刻意掩饰什么或者戒备什么。如果说做事是越简单越有效,那么做人则是越简单越幸福。

有个弟子问著名的慧海禅师道:"师父,你到底有什么与众不同的地方,能够活得如此潇洒自在呢?"慧海回答说:"也没什么啊。如果说一定要有,那我与众不同的地方就是困了睡觉,饿了吃饭。"弟子大吃一惊,反问道:"这算什么与众不同?

每个人都是这样子的呀。"慧海听了呵呵一笑,说:"我该吃饭的时候就是吃饭,其他的什么也不想,吃得安心舒坦。该睡觉的时候就睡觉,所以也从来不做噩梦,睡得轻松自在。"

在华人首富李嘉诚家人的眼中,最幸福的不是他们富可敌国的财富,而是一家人团聚之时。无论工作如何繁重,每逢星期一,李嘉诚一家人必定在深水湾家中吃一顿饭。吃得也很简单,就是清清淡淡的四菜一汤。吃饭时,两个儿子坐在李嘉诚两旁,经常你一言我一语,说得非常开心,一家人其乐融融地享受着天伦之乐。李嘉诚的小儿子李泽楷说:"我觉得我很幸运,可能是其他人想不到的,我们的生活是那样简单,不是说简单就叫做非常好,而是简单原来就是非常幸福。"

一次赞扬、一个玩具,甚至一块石子、一只蚂蚁就会让一个孩子开心一整天,为什么?就是源于做人的简单。做人太复杂,总要殚精竭虑地去思前想后和平衡得失。这样一来,精神得不到放松,思想得不到清静,心情得不到快乐,幸福也就成为天方夜谭。因此,我们不妨简简单单做人,在简单中品味幸福的人生。

让心灵停靠在家的港湾

钟彬娴是世界500强的公司中屈指可数的女性总裁之一,更为难得的是,作为一个有两个孩子的职业女性,她做到了工作和家庭两不误。对于两者的关系,钟彬娴说:"有时家庭比工作更重要。"有一次,钟彬娴应邀到华盛顿去和总统见面。这很令钟彬娴兴奋,因为这个机会太难得了。但这次会见的时间正好是女儿第一次离家去旅行,女儿希望母亲和她在一起。为了女儿,钟彬娴毫不犹豫地放弃了与总统见面的机会。

能平衡事业与家庭,钟彬娴无疑是幸运的。在生活中,我们经常可以看到:有的人为了事业,整天拼命地工作,牺牲了享受家庭幸福的温馨;有的人为了自己的家庭,做事业不能全心投入,结果事业总是没有进展。

到底是要事业还是要家庭呢?有一个寓言说的就是这个老生常谈的话题。上帝养了两只可爱的兔子,一个叫"家庭",一个叫"事业"。上帝有一天心血来潮,决定将其送给人类,于是找人问:你喜欢哪一个呢?这个人端详了一会,觉得哪一个都是需要的,于是他请求上帝:我可以都要吗?上帝说:可以,不过,从此你要学会奔跑了。因此,就有了现代人在家庭与事业之间的左右奔忙。

事业和家庭到底哪一个更重要呢?我们不妨这样想象一下,一个人在事业上蒸蒸日上,但他的家庭却一片混乱:老婆离婚了,孩子变坏了。累了一天,回到家里却冷冷清清,连个说话的人都没有。失去了应该享有的家庭幸福,这样的人生能算成功吗?中国羽毛球队的总教练李永波就说过:"哪怕有一天我的队员包揽了所有的金牌,可如果我的家庭不幸福,我也认为自己的人生不成功。"

人们为什么会花很多的时间、汗水与心血忙于事业?对于绝大多数的人来说,就是因为事业能给自己带来财富、地位、尊重,而追求这些的最终目的就是希望自己的父母、老婆、孩子能过上高质量的生活。如此看来,追求事业的目的也就是为了有个幸福的家庭。同时,家庭还是一个人的力量源泉,任何人要成就一番事业,都离不开家庭的支持。家庭是大后方,只有后方安定幸福,才能无牵无挂地去拼搏,集中精力去干事业。如果家庭硝烟弥漫,岌岌可危,必定动摇我们干事业的信心与决心,甚至无心干事业。

有社会学家做了这样一个实验,让人在纸上写下自己最难以割舍的20个人的名字。参与实验的人写下的通常是自己的朋友、同事、邻居以及亲人的名字。然后,社会学家让他们在这20个人里面划掉一个认为最不重要的人,然后再划掉一个、再划掉一个……最后只剩下了4个人。在这最后的名单中,绝大部分是一样的,就是自己的父母、配偶和孩子。这个实验结果证明了家庭在人们心中不可替代的位置。

中国人的家庭观是特别强的,认为家庭是一个人的重心。中国人之所以能够经受这么多的苦难还能繁衍下来,靠的就是家庭关系、伦理关系的维系。即使是现在,人们也并没有完全改变"家庭最为重要"的观念,因为家庭是最能找到亲情的地方,是一个人感觉最温馨、最亲切的地方。有一个叫"陈昉百犬"的故事,最能体现家的和睦与温馨。

在宋朝时期,有一个家风纯朴厚道的陈氏家族,上下有13代人,共同生活在一起,足足有700人之多。他们的祖先陈崇,德高望重,为家族制定了严格的家规,希望子孙后世能够恪守不移,代代相传,从而使淳朴厚道的家风能够长长久久地承传下去。到了陈昉主持家务的时候,因为他为人温和厚重,以身作则,勤勤勉勉,使得陈氏家族全家上下充满着一派吉祥和顺的年节般的景致。

陈昉家中,矗立着一座特别建造的厅堂,非常宽阔,能够容下700多人共聚一堂用餐。每到吃饭的时候,大家都穿着整齐,扶老携幼地来到厅堂中。彼此见了面,感到分外地亲切,都互相地问长问短,问寒问暖。他们按照年龄的大小、尊卑的先后,次第而坐,长幼有序,条理井然。

陈家的人只要还有一位尚未到来,大家都一定会静静地等待,直到所有的人都到齐了之后,才开始用餐。吃饭之时,厅堂悄无声息,一片宁静肃穆。等到都吃完了饭,大家才开始热火朝天地聊了起来,谈天说地、侃侃而谈,其乐融融,这是全家共有的幸福时光,也是最感亲情温馨的交融时刻。许多家族性的问题,也常于此时及时沟通解决,避免了各自为政的误会与猜疑。

陈家养了100多条大大小小的狗,它们的性情都特别的温顺,跟街头上那些互相叫吼打斗的野狗,完全不一样。更有意思的是,这群家教严格的狗,全都是在同一个大槽里用食。

由于主人们为家狗作了最好的示范,所以它们个个都温和而又乖巧。每到吃饭的时候,它们也牵家带口地来到大槽前,彼此互相摇着尾巴,以示问候。几条年长的老狗,非常威武地站在那里,原来是在清点人数。要等到所有的狗到齐了,这100多条狗才开开心心地"用餐"。

陈家主人们那上下同心的祥和气氛,连狗都普受熏陶,从而互相尊重、互相敬爱。乡里的人见到这种情形,深受感动,想想看,连狗都能够互敬互爱,如果人父子兄弟之间不能和谐共处,那将何以为人呢?所以乡里之人都纷纷起而效法,忏悔改过,使得那一带的风俗日渐淳朴厚道。

郡守张齐贤将陈昉一家的事迹,向朝廷作了禀报。朝廷有感于他们人与人之间的互敬之诚,所以就免了他们的徭役,而且礼遇有加。希望这个家族的典范,不但得以影响全乡,而且更能感化全国。

陈昉一家700多口人,能够如此敦睦和和谐地生活在一起,实在是难能可贵,生动展现了中国传统大家庭中和煦温馨的一面。这个故事告诉我们,家是情感的归宿,家是心灵的港湾。因为只有在家里,才不会有欺骗和嘲讽,有的只是关怀与温暖。

美国一家周刊也曾做过一个调查,请世界500强大企业的退休CEO们填一份问卷。其中前十大企业的CEO,对其中一个问题的答案惊人的一致。这个问题是:如果可以重新来过,你最希望做点什么?答:多陪陪老婆孩子。玫琳凯是有史以来最成功的女企业家,她就曾说过:"无论你在事业上如何成功,如果你在获得成功的过程中失去了你的家庭,你仍是个失败者,牺牲家庭去换取财富是不值得的。"

德国诗人歌德说:"无论是国王还是农夫,家庭和睦是最幸福的。"我们也经常用"无家可归"、"家破人亡"、"丧家之犬"这样的词语来描述一个人的悲惨境地。可见,完整的家庭以及家庭的幸福对我们每个人的重要性。所以,作为平凡人的我们,要用平常的心态在平淡的日子中,去感受家庭的温暖,感觉生活的快乐,感恩生命的幸福。

第八章

争口气，做人追求高境界

"傲气面对万重浪，热血像那红日光"，只要你心中仍有"不蒸馒头争口气"的念头，你的生活就会变得越来越好。幸福，是需要有动力支撑的。

自己要强，老天也会帮你

大家可能都听过这个故事：一头驴子不小心掉到枯井里，它在枯井里惊恐地叫喊和求救，主人在井边很着急却一时想不出好的办法。无奈之下，主人觉得不值得花更大精力去营救驴子，便找来周围邻居帮助他填满枯井，将驴子"人道"地处理掉。当看到人们纷纷往井里填土，驴子很快意识到自己的危险处境，它停止了无用的叫喊，继而冷静下来，默不作声地抖落掉身上的尘土，狠狠地用脚踩紧。就这样，没过多久，驴子竟然慢慢升到了井口，最后它纵身一跃跳出来，成功自救。

我们每天的生活都是在上演"枯井求生"的动作片，各种各样的困难和挫折通常会不请自来，如同尘土一般落到我们头上。若想从苦难的枯井里脱身出来，办法通常只有一个，那就是：将它们统统抖落在地，重重地踩在脚下。

每一个困难、每一次失败，都是人生历程中的一块垫脚石，都是促使你一步步获得解救的宝贵财富。不要躲起来，要敢于去应对这些不利的状况。一位只有一条腿的退伍军人说："我绝不会向上帝祈求自己有一条新腿，只是希望他告诉我现在

该如何生活。"犹太人也常常说："倒霉时,不要逃避,压力是会帮助你走出困境的。"不管得与失,当困难来临时,我们首先要做的,就是不再继续沮丧和掉眼泪。

一个人站在屋檐下避雨,忽见观音撑伞经过。这个人惊讶地对观音说："菩萨,您度我一下吧,带我一段路如何?"观音说:"我在雨里,你在檐下,檐下无雨,你不需要我度。"这个人立刻跳出屋檐,站在雨中说:"菩萨,现在我也在雨中,您该度我了吧?"观音说:"你在雨中,我也在雨中,我不被淋因为有伞,你被雨淋是因为无伞。不是我度自己而是伞度我。你不必找我,请自找伞去。"说完观音便笑着走了。

成功者总是善于自救的,他们就像褪去光环的菩萨一样,尽管打伞走路,依旧不改强者的本色。凡事求人不如求己,神仙的烦心事,一样得靠自己摆平。

我们不知道自己拥有无尽的宝藏,不求诸己,但求诸人,希求别人的关爱,别人的提携,稍有不能满足所求,就灰心失望。一个没有力量的人,怎能担负责任?一个经常流泪的人,怎么获得别人的尊重?

勇敢面对危机,你会获得尊重。就拿还债来说,首先,不要心存侥幸,清偿债务远比躲债和赖账更容易,也更能让你获得别人的尊重,老话讲得好"无债一身轻"。其次,你要尽快列出所有债务清单,与每一位债主沟通协商,坦诚地将现状告诉他们,取得他们的信任后,说明你的偿债计划,最终达成不同的债务协议。再次,你要找到稳定的工作,积极寻求好的项目,将每个月所有收入的7/10留作家用,保证家人的基本生活,这也是你应当承担的责任。之后,老实地将所有收入的2/10分成若干等份偿还给债主,坚定不移地履行还债的承诺。这样做,债主们绝对会理解和赞许你的诚信行为。最后,将所有收入的1/10存起来,积少成多,以备急需或者用于日后的安全投资。既然要还债,无论如何都要量入为出,减少消费,即便在还清债务之后,也要保证所有开销不能超过总收入的7/10。

想办法尽快还清债务,心态上努力控制自己的情绪,转嫁自己的烦恼和忧虑,牢记四句忠告:

第一,一切没有你想象的那么糟;

第二,天大的困难总有过去的一天;

第三,消极的情绪对改变现状毫无用处;

第四,死不能解决任何问题,只能把灾难和痛苦留给你的亲人。

我们要去跟麻烦战斗,勇敢面对债务之类的难题,以积极的心态想办法减少损失,收获克服困难后的宝贵经验。天大的危机自有解决办法,当因为一点点麻烦事想不开的时候,你唯一能做的就是想办法、挺过去。

香港著名歌手钟镇涛,1996年和当时的妻子章小蕙,趁着香港楼市最火的时候,以钟镇涛本人的名义担保,短期借贷近2亿港币买下香港的5处豪宅。随后1997年爆发亚洲金融危机,香港楼市大跌,钟镇涛债台高筑,每个楼盘的负债利息高达

6万港币。倒霉的钟镇涛不仅很快与"败家"妻子离婚,在2002年7月还被香港法院宣判破产。由于欠债过亿,钟镇涛的许多好友都无力帮忙。

面对突如其来的足以"跳楼"的债务打击,钟镇涛没有绝望和垮掉,虽然知道未来还债的日子会很难,他还是决心从头开始,一步步还债。2006年10月,钟镇涛终于基本上还清债务,法院宣布撤销对他的破产令。回首这9年,钟镇涛感慨地说:"当时真的不知所措,但我始终相信即使是穷途末路,也真的可以再走出来,虽然好艰难、好难走,但今天我可以欣慰地说,我终于挺过来了!"钟镇涛最近的收入依然不低于8位数,而且没有受到此前投资失利的影响,仍然敢投资房地产,他说:"现在才赚到第一勺金,第一桶金尚需时日,演唱会的酬劳我会用来投资。现在我有很多投资分析员,有了这些专业人才,我就再也不用操心了。"

钟镇涛之所以能挺过危机,而没有选择不负责任的"自由落体",完全在于他的勇气和韧性。欠债不可怕,逃避才致命。不管情况如何不利,都要对自己说"坚持下去,我就能东山再起"。

没有永远不败的人,只有永不言败的品质。你究竟是生活中的弱者还是强者,让困难和麻烦检验自己吧。

每天给自己一个希望

美国家居仓储公司首席执行官伯尼·马库斯年轻时,每次到教堂祈祷,都会对上帝许愿。

一天,在教堂门口,一个老婆婆问他:"这么多年,你向上帝许了很多愿,实现了几个?"

他说:"第一年,我许愿,希望母亲的病好起来,6个月后,母亲还是去世了;第二年,我许愿,希望我能够在大学入学考试中顺利过关,一场突如其来的病,打碎我的梦想;第三年,我许愿,希望娶一个漂亮的妻子,后来,我娶了一个眼睛较小的妻子;第四年,我许愿能有一个儿子降生,妻子生的却是一个女儿……"

老婆婆奇怪地问:"你为什么每年还来许愿?"

马库斯说:"我母亲虽然去世了,但是,比医生估计的多活3个月,终日有人相伴病榻边,临终时,她很满足;我虽然错过考试,后来,在一个工程师手下打工,学到不少实际知识;妻子虽然不漂亮,但很聪明,出谋划策,是我的得力助手;虽然妻子生了一个女儿,但是,乖巧可爱,相信有一天,女儿会找一个好爱人。

"我每年来许愿,虽然没有一个愿望实现,但是,每许一个愿,就是一个梦的诞生，就有一个希望。每一件不幸的事情发生后，我一定会从好的方面考虑，才能在不幸福的时候，永不绝望。"

后来，马库斯凭着对"梦想"的渴望与追求，创造了奇迹。他所创办的公司由小到大，最终成为拥有775家分店、15万名员工、年销售额达300亿美元的世界500强企业。

梦想是希望的种子，只有有了梦想的种子，才会有"希望"的结果。

我们都知道，当年受"非典"的影响，很多人的事业都遭受了失败，但有人例外。当他的公司因"非典"关闭时，这对他犹如当头一棒，在大约二三个月里，他的情绪一度低落，但最终他还是接受了这一事实，而且他的心态也为之一变，变得更宽容、更谦逊、更懂得珍惜所拥有的一切。在勤奋工作之余，他从没有放弃对自己梦想的追求。就这样，在经过两年之后，他取得了巨大的成功。

当有人问他为什么能够在极短的时间内东山再起时，他回答说："每天给自己一个希望，就是给自己一个目标，给自己一点信心。希望是什么？是引爆生命潜能的导火索，是激发生命激情的催化剂。每天给自己一个希望，我们将生活得生机勃勃，激昂澎湃，哪里还有时间去叹息、去悲哀，将生命浪费在一些无聊的小事上？生命是有限的，只要我们不忘每天给自己一个希望，我们就一定能拥有一个丰富多彩的人生。"

每天都给自己一个希望吧，因为每天都是崭新的，它充满了希望。

为梦想而奋斗

在许多人看来，奥巴马有着一个被"抛弃"的悲伤的童年，这样一个人竟能健康成长，甚至雄心勃勃地坐上总统宝座，多少让人有点不可思议。父母"抛弃"带来的挫折，父亲、母亲都多次结婚和离婚，剥不掉的黑皮肤，这些如影随形的自卑要么导致一个人沉沦，要么就会迸发出惊人的斗志，产生强烈的成就欲望。在奥巴马身上，正是产生了积极的强大动力，推动他不懈奋斗，从社区工作者、博士、教授、州议员、国会议员一路走来，并最终锁定最高奋斗目标。

人生易逝，当你心中有一个梦想在时，你的生活才会是彩色的。可是有多少人是不实现梦想决不罢休的？又有多少人在为梦想奋斗的过程中半途而废了的？

半途而废的人太多，坚持下来的太少。生活中多数情况是这样的：当你有了一个梦想时你会充满信心地为之奋斗，但途中会遇到很多困难让你丧失信心，最终使你丢掉梦想。

我们常常听到人们各种各样的梦想,每一个梦想听起来都很美好,但在现实中,我们却很少见到真正坚忍不拔、全力以赴去实现梦想的人。人们热衷于谈论梦想,把它当作一句口头禅,一种对日复一日、枯燥贫乏生活的安慰。很多人带着梦想活了一辈子,却从来没有认真地去尝试实现梦想。

为梦想而奋斗,你最后创造的东西就是伟大的。就像在生活中,家庭中常常缺少互相的关怀,但是当你有意的,一天用5分钟的时间来关心家人,你的家庭生活永远不会有任何问题,就是缺乏那一点点关心。你之所以事业无成,就是你每天没有抽出10分钟的时间来关心你的事业,来关心你的成长,来关心你的人格的建立。

美国有个叫摩西的老太太,她80岁开始学画画一直画到100多岁,成为世界著名的画家,就是因为她一直在画画,她忘掉了什么老年,所以她不再老了,也不再死了。突然有一天她坐在夕阳下的草坪上,就觉得怎么时间就这样过来了,一算自己100多岁了,结果当天就死了。

人的年龄是不能计算的,生命是不可以计算的,生命只能用来发挥,尽情地用你的生命来拼搏,你的人生就会越来越精彩,梦想就会越来越接近。

当刚刚进入大学的少年还在抱怨"自己的父亲不是李嘉诚或胡锦涛",还在为选错专业而忧心忡忡时,他们还没真正去思考"我是谁"。这时候,我们需要学习奥巴马的勇气,去接受这个社会所赋予我们的现实身份。

当年轻的大学生在为毕业后的前途感到迷茫,为选择什么样的职业而发愁时,他们还没有真正去思考"我们的梦想是什么"。这时候,我们需要学习奥巴马去关注生活,去了解周遭这世界不同人们的生活现实和变革空间。

当在职场征战数年的人还在为职业转型而困惑重重,无法做出决定,他们还没有真正掌握"实现梦想的各种方式"。这时候,我们需要学习奥巴马的坚定,去平衡自身的兴趣、专业、职业能力与梦想实现的矛盾,重新设定我们的职业目标,规划我们的职业发展。

那些没有确定的目标和抱负,没有规划良好的人生计划,只是一天天得过且过的人,我们不能不感到惋惜。毫无目标地随波逐流,既没有固定的方向,也不知道停靠在何方,在浑浑噩噩中虚掷许多宝贵的时光。这样的日子,没有人喜欢。漫无目的地等待机会,希望命运可以改变生活的想法是不切实际的,能拯救他们的只有自己,只有他们自己的梦想和努力。

聆听内心的声音

想象一下,你可以不受任何制约,你拥有你需要的全部时间,天分和能力来实现你给自己制定的任何目标。想象一下,无论你想让自己成为什么样的人,拥有什么样的东西或是做成什么样的事情制约都是不存在的,那些对你十分重要的目标,无论它们是什么,你都可以实现。任何事情都是可能的,没有任何障碍存在,那么,在这样的情况下,你想做什么?

你想成为一个什么样的人?在每天朝九晚五,两点一线的生活中,这个问题你有没有想过?没有理想和目标,混混沌沌地过日子,只长年龄不长本事。看不到前进的方向,这不会是你自己想要的。

如果我们把市场经济下的终生做一个粗略分类的话,大致可以分为三种:

第一种是生活在自己的圈子里,愤世忌俗,以抱怨的心态处世的人,他们的口头禅是"工资总是那么低"、"公司里到处都是不公平"、"现在的社会怎么这样啊";

第二种是适应环境的人。这种人知道是自己去适应这个社会,这个环境,这个公司,这个团队;而不是这个社会,这个环境,这个公司,这个团队来适应自己。这类人知道调整自己的个人发展方向并与公司的发展方向保持一致。

第三种是适应环境并改变环境的人,是适应环境后,为达到更好的环境而做出的资源整合,为此孜孜不倦地努力,并为之奋斗终生。

有些人属于第一种,到他年老的时候才恍然大悟,却为时晚矣,这类人自己的思维丰富,也总会有种怀才不遇的感觉。属于第二种的人很多,一般在公司能做到经理或身担要职,最起码也是个白领。属于第三种的人很少,因为这类人大多是成了企业家或是政治家,有着自己的事业,为社会承担责任,为社会创造价值为人民谋求幸福的成功人士。剩下的一些人,就是处于转换过程中的。

你是哪一种人?你想成为哪一种人?

知道了你是什么样的人很重要的,但还远远不够。因为你是什么样的人只是你过去的状况,而且是可以改变的。重要的是要做出改变的决定——你想成为什么样的人。

其实,是第几种人没有关系,每种人也各有各的精彩。关键是要知道自己想成为什么样的人,如果一个人对自己都不了解,还谈什么创业,谈什么带领团队,谈什么成功。

你想成为什么样的人,就是一个人对自己的认识、评价和期望,也就是一个人的自我意识。有了这个想法,人就能自觉地生活。没有这个想法,就是被动地生存,是糊里糊涂地活着。有人这样比方,没有目标的人生就是乱拼起来的色块,而有设想的人生就是一幅灿烂、炫目、优美的图画。

生活其实并不复杂,关键是你想成为一个什么样的人,你愿意付出多大代价,能坚持多久。你想成为什么样的人,只要你在心里为自己做个暗示,那么你就会产生无穷的动力,推动你去实现自己的梦想。你想成为什么人,你的头脑里就有了人生的导航系统,有意无意地导引你的行为朝着你的人生目标前行。

明白了你的命运就来自于你的内心暗示,就会给自己一个希望,就不会祈求上帝给你好运。你对自己说:我一定要做个伟大的人。只要你这样想、这样做,你就一定会像你所想象的那样,成为一个伟大的人。

执着梦想拒绝让步

在美国,有一位黑人老人,以在街上卖气球为生,每当生活生意不好的时候,他总要放飞一个气球,以此来激励自己,吸引顾客。有一个流浪的男孩问他:爷爷,要是黑色气球它也会飞吗?"老人说:"孩子,气球它会不会飞,不取决于它的颜色,而在于它心中是否有升腾之气。"

对于老人来说,卖气球是一件大事,是一项重要的任务,是一生奋斗的目标;他努力把自己的事情做好,即使在别人眼里那是很卑微的事;遇到困难,他没有采取消极回避的态度,更没有杞人忧天,而是主动想办法解决。

当你在脑海里描绘自己美好未来时,只有一个问题悬而未决:该怎么努力?这是所有问题里最有力的一个。不断地这样问自己会激发你的创造力,让你的思维活跃,从而实现自己的目标。不成功的人往往在"我的目标能否实现"之类的问题上犹豫不决;相反,成绩斐然的人只想一个问题,即"该怎么努力"。然后他们就会努力寻找办法,以实现自己的目标和设想。

当你尝试着走向目的地时,对自己的未来和梦想不要做任何妥协和让步,不要降低目标,或是争取"勉强的成功"。相反,要抱负远大,把自己看成是天地间最强有力的人物之一,你将创造不朽的将来。在你回到现实当中,设身处地地考虑事情的可行性之前,先决定什么是自己希望得到的。

重要的是观念、思维和行动,不是能力。我们都有成功并富有的潜力和可能,所不同的是你是埋没了这个潜能,还是首先从建立欲望,认识自己,改变思维和采取行动并最终获得自己所想得到并拥有的事物,抑或只会躲在自认为"安全"的角落里,让机会如透过门缝的阳光一样很快消逝?

生活是需要创造的,人是自己观念的产物,你是一个什么样的人,首先在于你想成为一个什么样的人。非凡的志向诞生非凡的勇气,执着于自己梦想的人不会随便妥协。因为人一定要生活在艰苦中、生活在奋斗中、生活在竞争中,绝对不能安逸。我们就是在奔跑当中生活,在奔跑当中辉煌。

为人生制定目标

目标是欲望的表达,"要什么"从来就比"怎样做"更为重要。但目标不是欲望,目标要更加具体,也往往给自己设定了时限。它既有欲望的感情、牵动因素,同时也有自己做主,不让自己从散漫中游移的因素。

古罗马哲学家塞涅卡曾说过:"有人活着没有任何目标,他们在世间行走,就像河中的一棵小草,他们不是行走,而是随波逐流。"

拿破仑·希尔说:"没有目标,不可能发生任何事情,也不可能采取任何步骤。如果一个人没有目标,就只能在人生的路途上徘徊,永远到不了任何地方。"生命本身就是一连串的目标。没有目标的生命,就像没有船长的船,这船永远只会在海中漂泊,永不会到达彼岸。

如果分析一下世界上的成功者,可以发现他们都有共同的特点,那就是他们都拥有人生的明确目标规划。为了完成他们的目标,他们反复思考,努力实践,他们在积极地向自己的目标前进时,赢得了精彩的人生。

梦想可以有很多,但当你制定目标时,目标只能有一个。

德州仪器公司的口号是:"写出两个以上的目标就等于没有目标!"

这是一个已经走上正轨的公司,前任总裁哈格蒂曾花了10年的时间制定目标、战略以及制度,他的重点即在取消僵化的沟通模式,培养所有员工的责任心。

德州仪器公司只认定一个事实:"我们曾身临其境,并已克服种种困难。以前每个经理本来都有一组目标,然而经过我们不断地削减后,现在每个产品——顾客中心(Product—Customer Center)的经理都只有一个目标。因而你绝对可以期望他们实现那个目标。"

"两个以上的目标等于没有目标"的说法正是德州仪器公司最好的战略,他们在经营上的成功就是这个战略最好的注解。

丘吉尔曾经说过,当有人问他目标是什么时,他只能用两个字来回答,而这两个字就是胜利,就是要不计一切代价取得胜利,不论路有多长,路有多艰险,也要取得胜利。因为心中只有胜利这一个目标,所以他会千方百计去争取胜利。

　　同样的,我们的人生道路也是由一个具体的目标所指引的,如果我们有太多的目标,我们就会失去方向。

　　向奥巴马学习并不难,做一件小事就足以改变你的一生:写出你一生要做的事情,把单子放在皮夹子里,经常拿出来看看。人生要有目标,要有计划,要有提醒,要有紧迫感。一个又一个小目标串起来,就成了你一生最大的目标。

　　每个人手中都握着失败的种子,也都握着伟大的潜能。明确的目标是一件宝贵的工具,它是驱动一个人不断向上发展的原动力。一个人若想拥有成功,首先要定义"成功"的界面,这个界面就是目标——一个明确的目标。它是所有行动的出发点。记住,是"一个"明确的目标。

如何制定目标

　　我们每个人都需要不断地给自己制定近期的任务、远期的目标,并为其不断的努力奋斗,这样才能迫使自己不断地向前,不断地进步。想着自己1年之后,5年之后,或者10年之后的今天在哪里? 这些都是你的目标,但明确你的真正的目标是一件困难的事情。

　　很多人认为设定人生目标就是找一些遥遥无期的梦想,但永远不会实现。这不对,那些遥不可及的,不是目标。定义你的目标是一件需要你花费很多时间仔细考虑的事情,你需要经历下面这些步骤:

　　写出一个你的人生目标的清单。人生目标是一件重要的事,换句话说,就是你的人生抱负,不过抱负听起来总像一种超出你可控范围的事情,而人生目标是,如果你愿意投入精力去做,就可能达到的。因此,你这一生真正想要的是什么? 什么是你真正想去完成的事情? 什么事情如果你突然发现你不再有足够的时间去完成的时候,会后悔不已? 这些都是你的目标,把每个这样的目标用一句话写下来。 如果其中任何目标只是达到另外一个目标的关键步骤,把它从清单中去掉,因为它不是你的人生目标。

　　对于每一个目标,你需要设定一个你认为合适的时间框架。这就是你的1年计划,五年计划,还有你的10年计划。其中一些目标可能会有"搁置期"因为你的年龄、健康、经济状况等,这些你需要用来完成目标的因素需要花一些时间来达成。

　　下一步,描绘你达到每一个人生目标的详细旅程——这才是更让人热血沸腾的部分。对于每一个人生目标,都按照下面的步骤来处理:

　　把每个人生目标单独写在一张白纸的顶端。在每个目标下面写上你要完成这个目标所需要但是目前你又没有的资源。这些东西可能是某种教育、职业生涯的改变、财务、新的技能等。任何一个你在第1步里面去掉的关键步骤，都可以在这一步中补上。如果任何一个目标下面还有子目标，都可以补上，以保证你的每一步都有精确的行动相对应。

在刚刚所列出的每项中，写下你要完成每一步所需要的行动。这个可能是一个检查清单，这是你可以完成你的目标的所有确切的步骤。

检查你在第2步所写的时间框架，在每一张目标表上写下你所要完成目标的年份。对于那些没有确定年限的目标，考虑一下你想要在哪一年完成它并以此作为年限。

检查整个时间框架，为你所需要完成的每一小步，写下你所需要完成的现实时间。

然后，检查你的整个人生目标，定一个你这周、这个月和今年的时间进度表——以便你自己可以按照预定的路程去完成你的目标。

把所有的目标完成时间点写在你的进度表上，这样你对要完成的事情就有了确定的时间了。在一年的结尾，回顾你在这一年里面所做的，划掉你在这一年里面已经完成的，写下你在下一年里面所要去完成的。

可能你需要花很多年的时间去，比如说，完成一次职位提升，因为你先要去找一份兼职工作以保证你可以获得更多的钱供你去上完一个在职课程以拿到MBA学位，但你最终会到达你的目标，因为你不但计划好了你要得到什么，并且也计划好了要如何去得到，在得到之前你要做哪些步骤。

为什么那么多人没能实现自己的目标呢？是因为许多人对于自己未来的目标，只存有模糊不清的印象，根本没有可行的步骤和计划，因而他们通常到达不了目的地。一个明晰的目标才能保证我们的每一步都稳重而有力，每一步都是朝着目标在前进。

梦想需要行动

梦想必须化身为热情的运动，才能显现瑰丽的色彩。奥巴马如果只是一个有梦想的人还不值得人尊敬，他还是一个聪明的实践者。

"一个足够成熟的政治，这个政治能够在理想和现实之间取得平衡，能分清什么能够妥协什么不能够妥协，承认自己的政治对手也可能有对的时候。他们不是总能够搞明白左派和右派，保守派和自由派之间的论点，但他们能够区分教条和

常识,负责与不负责,什么能够持久,什么只是昙花一现。"

这段话,我们可以看作是其政治理念的注解,他让我们相信他是一个能够超越派系之争的务实开拓者,他是一个以全体国民的利益为基点权衡利益的人,所以他一定是一位人类梦想的实践家。我们当然不一定投身政界,但只要有梦想,就应该有无畏的希望,有付诸行动的勇气。

是什么让我们不能成功?是什么阻止人们去实现自己的梦想呢?我们听到的理由多如牛毛:比如说想去某地旅游,但没有足够的钱;想学习英语,但没有足够的时间;想要追求某人,但觉得条件还不够成熟……人们对于做不成的,或者还没有做的事情,很少把原因归结到自己身上,往往都是习惯性地寻找某个外在的理由,为自己开脱一下,舒口气,然后继续过自己平庸的日子,让梦想躺在身体里的某个角落呼呼大睡。

我们心里都清楚,能否实现自己的梦想,外在因素只占一小部分,主观因素才是关键。一个人要实现自己的梦想,最重要的是要具备以下两个条件:勇气和行动。勇气是指放弃和投入的勇气。一个人要为某个梦想而奋斗,就一定要放弃目前自己坚守的某些东西。既想经历大海的风浪,又想保持小河的平静;既想攀登无限风光的险峰,又想散步平坦舒适的平原,是不太可能的事情。投入是指一旦确定了值得自己去追求的梦想,就一定要全身心投入。心想不一定事成。事成的前提是全力以赴去做,比如一个人想学游泳,唯一的办法就是一头扎到游泳池里去,也许开始会呛几口水,但最后一定能够学会游泳。

曾经有一位65岁的老人从纽约步行到了佛罗里达州的迈阿密市。经过长途跋涉,克服了重重困难,他到达了迈阿密市。在那里,有几位记者采访了他。他们想知道,这路途中的艰难是否曾经吓倒过他?他是如何鼓起勇气,徒步旅行的?

"走一步路是不需要勇气的,"老人答道,"我所做的就是这样。我先走了一步,接着再走一步,然后再走一步,我就到了这里。"

也许你早已经为自己的未来勾画了一个美好的蓝图,但是它同时也给你带来烦恼,你感到自己迟迟不能将计划付诸实施,你总是在寻找更好的机会,或者常常对自己说:留着明天再做。这些做法将极大地影响你的做事效率。

任何一个伟大的计划,如果不去行动,就像只有设计图纸而没有盖起来的房子一样,只能是一个空中楼阁。一旦你坚定了信念,接下来就应该行动。这会使你前行的车轮运转起来,并创造你所需要的必要动力。

果断采取行动

实现梦想的关键在于能否果断地采取行动,行动才是最强大的力量。美国著名成功学大师杰弗逊说:"一次行动足以显示一个人的弱点和优点是什么,能够及时提醒此人找到人生的突破口。"毫无疑问,那些成大事者都是勤于行动和巧妙行动的大师。在人生的道路上,我们需要的是:用行动来证明和兑现曾经心动过的行动。之所以100次心动不如1次行动,因为行动是一个敢于改变自我、拯救自我的标志,是一个人能力有多大的证明。仅仅心想、仅仅会说,都是虚的,没有用。

有人对朋友说,他以后想要走遍全世界,变成像徐霞客、马可·波罗那样的旅行家和冒险家,去感受大海一望无际的壮阔,体会沙漠高低起伏的雄浑,探索落日下尼罗河畔金字塔的奥秘,追寻云雾中喜马拉雅之巅的神圣。但是他说现在还没有钱,要等到成了百万富翁以后再去做这些事情。

朋友问了他两个问题:一是如果这辈子没有成为百万富翁还去不去旅行?二是如果成为百万富翁的时候已经老得走不动路了还去不去旅行?

梦想是不能等待的,尤其不能以实现另外一个条件为前提。很多人正是因为陷入了要做这个就必须先做那个的定势思维,最后一辈子在原地转圈,生活再也没有走出过精彩来。

一位侨居海外的华裔小朋友,小时候家里很穷,在一次放学回家的路上,他忍不住问妈妈:"别的小朋友都有汽车接送,为什么我们总是走回家?"妈妈无可奈何地说:"我们家穷。""为什么我们家穷呢?"妈妈告诉他:"孩子,你爷爷的父亲,本是个穷书生,十几年的寒窗苦读,终于考取了状元,官达二品,富甲一方。哪知你爷爷游手好闲,贪图享乐,不思进取,坐吃山空,一生中不曾努力干过什么,因此家道败落。你父亲生长在时局动荡战乱的年代,总是感叹生不逢时,想从军又怕打仗,想经商时又错失良机,就这样一事无成,抱憾而终。临终前他留下一句话:大鱼吃小鱼,快鱼吃慢鱼。""孩子,家族的振兴就靠你了,干事情想到了看准了就得行动起来,抢在别人前面,努力地干了才会有成功。"

这个小孩牢记了妈妈的话,以10亩祖田和3间老房子为本钱,成为今天《财富》华人富翁排名榜的前五名。他在自传的扉页上写下这样一句话:"想到了,就是发现了商机,行动起来,就要不懈努力,成功仅在于领先别人半步。"

果断地立刻行动起来,不要有任何的耽搁,要知道世界上所有的计划都不能帮助你成功。当我们拥有梦想的时候,就要拿出勇气和行动来,穿过岁月的迷雾,才能让生命展现别样的色彩。

测试一

自我掌控力调查问卷

一、概述

　　情绪是人对客观现实的一种特殊的反应形式,是对客观事物是否符合自己需要而产生的心理体验。情绪深深地影响着人们的言行,良好积极的情绪能够成为事业、学习和生活的内驱力,而不良消极的情绪则会对身心健康、人际交往等产生破坏作用。因此,每个人都希望自己能保持良好的情绪,拥有一个愉快的心情。同时,不断地把自身情绪提升到有益于个人进步和社会发展的高度。由工作、学习和生活上的巨大压力造成个人情绪失控对人的发展影响极大,情绪的调控不仅与身心健康密切相关,而且与人能否适应社会、获得事业成功和更好地享受生活有紧密联系。那么,情绪能调节?如何培养和保持良好的情绪?人的情绪同其他一切心理活动一样与神经系统有关,大脑皮层下的神经过程在情绪的生理基础上起重要作用,这就决定了人能够主动地控制和调节自己的情绪,在陷入不良情绪时,注意调控情绪,用理智来驾驭情绪,使自己的情绪逐渐成熟愉悦起来,表现出个人能力的极限并激发出个人的生命活力,对工作、学习和生活更加充满信心。

二、目的与功能

　　本工具帮助被调查者了解自己对情绪的自我调控能力,帮助管理者了解其下属对情绪的自我调控能力。同时还可以学习到人在陷入不良情绪时,应该采用哪些方法去调控,如何关注生活中积极的、美好的一面,从而以健康的心态去面对工

作和生活,从中体会生活的美好,感受生活的乐趣。

三、适用对象

本工具适用于想了解自我调控能力的所有人员。既可用于自测,又可用于组织集体施测。

四、使用说明

本问卷共有20道测验题目。每道题目陈述工作或生活中的一种情形,个体根据自己的实际做出选择。测验时间约为5分钟,要求个体凭直觉做答,不必过多考虑。

指导语:请考虑你的日常的行为和经历,判断下列每一句陈述是否与你的行为或想法一致,请对每个题目后面的"1"、"2"、"3"、"4"、"5"五个等级做出选择。这五个数字表示你的认同程度,"1"表示最不认同,"5"表示最认同。答案没有对错,也没有好坏之分。请尽快回答,不要遗漏。

五、测验题目

题 号	题 目	1	2	3	4	5
1	在社会交往中,如果需要,你会调整自己的行为。	1	2	3	4	5
2	在交谈中,即使他人面部表情变化甚微,你也能够感知。	1	2	3	4	5
3	当面对挑战性的个人和环境的时候,你能够选择较好的应对措施。	1	2	3	4	5
4	当觉得自己的形象无法吸引他人时,你会设法改变。	1	2	3	4	5
5	你能够控制别人对自己的愤怒。	1	2	3	4	5
6	你能够通过他人的眼睛准确了解他们的情感。	1	2	3	4	5
7	如果有人对你说谎,你能够通过他的表达方式马上察觉出来。	1	2	3	4	5
8	当你必须面对压力时,你变得更加冷静和平和。	1	2	3	4	5
9	你能够控制消极的情绪。	1	2	3	4	5
10	你有能力按照自己的愿望控制他人对自己的印象。	1	2	3	4	5
11	你能够根据所在环境的需要调整自己的行为。	1	2	3	4	5

题　号	题　目	1	2	3	4	5
12	你能够帮助别人缓解愤怒的情绪。	1	2	3	4	5
13	你能够将自己的优点显示出来。	1	2	3	4	5
14	自己讲的话合不合时宜，你能够通过听者的眼神看出来。	1	2	3	4	5
15	当你感到非常恼火的时候，你能够避免粗暴的言行。	1	2	3	4	5
16	你能够控制来自上面和基层的双重压力。	1	2	3	4	5
17	一旦知道形势的需要，你能够轻而易举地规范自己的行为。	1	2	3	4	5
18	若有人认为一个笑话很粗俗，即使他假装很好笑，你也能看出来。	1	2	3	4	5
19	你能够调整自己的行为去迎合不同的人以及不同的情境。	1	2	3	4	5
20	在理解他人的情绪和动机时，你能很准确的感觉到。	1	2	3	4	5

六、结果分析

（一）记分规则

将"认同程度"栏中的所得分数相加即可计算出自己的总分。

（二）测验分数的解释

1.如果得分在85~100分，则说明被调查者具有很强的自我调控能力。

2.如果得分在76~84分之间，则说明被调查者具有一定的自我调控能力。

3.如果得分在75分以下，说明要进一步提高自己的自我调控能力。

七、使用指南

（一）控制情感的方法

1.保持自己大脑的平静

导致情绪失控的原因有许多：或者是自己感到没有选择和机会，或者是自己处于身体和感情的困境，或者是自己受到了不公平的对待，或者是因为犯错误而对自己感到很失望，或者是某事或某人阻碍自己的意愿，或者是感到某人与自己的价值观相悖等。控制情绪有三个步骤：

（1）了解自己的情感。要知道，是某些特定的环境导致自己情感失去控制：自己感到难堪、被冒犯、受惊吓或者感到迷惑等。

（2）放慢自己的呼吸频率，温和地说话，心情放松。

(3)了解导致自己生气的真正原因。

这些关键步骤能够在短时间内在控制情感和爆发怒火之间造成不同的结果，能够帮助自己冷静下来。

2.准备一套应对情绪波动的人的方案

如果有这个应对行动计划，自己就会较容易地控制情感。一旦自己感到心情平静，就可以使用对付有缺点的发怒者的方法：

(1)理解。认真而冷静地倾听，让发怒的人谈出他的感受；然后用自己的话复述一遍自己认为生气的人想说的内容。

(2)道歉。大多数发怒的人认为他们受到了不公正对待。他们在接到诚挚的道歉后，怒气会小一些。

(3)解决问题。竭尽所能解决问题；如果不能马上解决，请解释自己能够做什么以及将在什么时候彻底解决这个问题。

(4)休息一下。如果感觉到有情况要发生，觉得自己的情绪正在失控，此时需要休息一下。这些情况其中包括：情感变得危险；将要说出一些令自己后悔的话；对方脸胀得通红，开始喊叫；无论说什么或做什么都没有用；大家的情感正失去控制等。休息的时间可长可短，地点可双方设定。

3.积极面对否定者

当遇到不可避免的情况发生时，情商高的人会积极地面对否定他的人。如果自己在生活中以积极和客观的方式对待一个否定自己的人，自己将帮助他明白，其行为是如何影响别人以及他自己的事业成功的。事先准备一套办法会使这种会面更有效。这套办法应该包括对此人行为的客观描述，并真诚地解释他的行为是怎样影响自己的感情的。

设想一个否定者是自己项目团队中的一员，对工作非常不满意，对任何改进措施都经常抱怨……他的态度影响了团队的其他成员。

以下是一套可行的应对方案：

(1)给自己一个积极的信条。例如，"我能与其谈论他的消极态度及其对我的影响。"

(2)客观地描述的行为。例如，"当我们提出一个解决方案时，你说它为什么不会有用。"

(3)描述他的消极态度怎样影响自己。例如，"我感到苦恼，因为我们没有把足够的时间花在怎样让项目正常运转上；相反，我们把时间用在了分析解决方案的错误上。"

(4)如果这个人的消极行为没有改变，告诉他自己准备做什么。例如，"如果你继续这样做，我就让你知道我的感受。而且，我会在没有你参与的情况下完成

任务。"

(5)遵守自己的承诺。

4.积聚自己的能量

如果压力持续较长时间,人将在体力、精神和情感方面变得精疲力尽。长期的压力会干扰大脑的注意力和逻辑性,使得自己更加难以应对生气的人。而当身心健康的时候,自己可以有效地处理威胁和危机。

(1)压力的来源:

①日常如丢东西、堵车、担心失业等产生的烦恼;

②结婚、生子、买房、失业或离婚等重要的生活事件;

③工作中人际关系如与同事、管理者或者顾客的关系紧张;

④与领导的关系不好、难以完成的工作任务、不顺心的工作环境等持续而不可预见的变化。

(2)驾驭压力。压力不能取消,但能够缓解或驾驭:

①花短时间想象一下海滩或小溪流水等让人赏心悦目的地方;

②保证足够的睡眠;

③与家人和同事建立积极的人际关系;

④有规律地休息和娱乐,通过参加集体活动满足自己的精神需求;

⑤依靠发现新的方法洞察变化,为自己和别人提供积极的信息;

⑥午餐时间彻底放松,在这段时间里避免想或做任何工作。午餐前后可以散步、与朋友交谈或者看书等;

⑦通过锻炼、休息和加强营养满足自己的身体需求;

⑧每天都做一些自己喜欢做的事情;

⑨在工作、家庭和休闲时间增强自己的满意度。

(3)知道什么时候请求帮助

下述问题如果比较多,就请考虑从家庭医生、心理医生、资深专家那里寻求帮助:①在工作中遇到了很多麻烦;②在大多数时间里感到疲倦;③平时不是吃得太多就是吃得太少或是食不甘味;④总感到孤独;⑤大多数人都不想与自己交谈;⑥自己长时间对工作和个人生活中的大多数事情变得漠不关心;⑦晚上睡觉失眠;⑧在大多数时间里感到情绪低落;⑨总为某些事情担心;⑩每天有多次跟别人生气。

(4)控制工作责任感

如果经常感到自己不能再承担更多的工作,或者承担了更多的工作责任而没有管理好自己的工作量,就可能发现自己的工作变得缺乏价值和没有乐趣。长此以往,保持积极和乐观的情绪就会变得很困难。学会恰当地利用自信,并把整件事变成可以管理的多个部分。

5.创立自己的方案

根据下面的例子写下自己与他人谈论如何管理自己繁重工作的问题。其中包括:①描述你不堪重负的工作职责;②解释你和你的工作是如何受到影响的;③提供选择;④寻求帮助;⑤做出承诺。

例如,"我知道我们的时间很紧张。现在压在我身上的工作量太大,工作的质量已难以保证。你能否告诉我所有项目的优先顺序?如果允许的话,我将尝试发现捷径。我的目标是恰当和按时地完成每件事情。"

6.三个大的能量来源

能量源在人的大脑中创造出产生良好感觉的化学物质(内分泌)。这些化学物质使人情绪高涨,感觉良好。

(1)关心。关心是与别人积极的情感接触。别人给予的爱和关怀会在大脑中形成产生良好感觉的化学物质。积极的情感接触包括给予或接受支持、鼓励以及帮助别人。给予者和接受者都从中获益。

(2)锻炼:锻炼可以增加人的心跳和呼吸频率,可以使人出汗。许多健康专家建议每周活动3~5次,每次活动20~40分钟。即使活动量很小也是有帮助的。请与医生一起研究哪种活动对自己最合适。活动随着年龄的增长日趋重要。一个有效的活动计划可能是每周有5次、每次半个小时轻松的散步。

(3)大笑:幽默感对自己和别人都是重要的。不要拿别人取乐,但是要和他们一起从每天的事件里找乐。捧腹大笑可以增加心跳、加速呼吸、增加大脑中的内分泌激素。

(二)强化自我调控

首先,要激发个体自我调控的动机,在思想上充分认识到自我调控对个体心理和行为发展的必要性和重要性,同时坚信自我调控是可以学会并养成习惯的,从而产生进行自我调控的迫切意愿。

其次,要保证自我调控的经常性。提倡频繁地自省,无论从修身养性还是从心理发展的角度来说都是有着积极意义的。经常反省可使人随时了解自己,发现问题,认清差距,分析原因,寻找解决的办法。经常有效的反省,将促进个体心理水平的进一步发展,使个体获益匪浅。

最后,自我调控的目标要不断提高。调控的方向要指向所要达到的目标。每次自我调控的目标固然不宜订得过高,但随着每次调控目标的实现,必须不断提出更高的调控目标;否则就不足以使自己持续不断地进步并达到日臻完善的地步。要达到更高的目标,就必须高度发挥自觉意识的调控作用。这种高标准、严要求,正是促使自己达到学识丰富、事业辉煌、品德高尚的境界的不可缺少的条件。

一个人的心情不好,主要是不良情绪在起作用。自控力强的人,掌握着情绪;自控力弱的人,情绪掌握人。当不良情绪产生时,应有意识地做到以下几方面:

(1)注意力转移法。在感觉悲伤、忧愁、愤怒时,如果能有意识地调控大脑的兴奋与抑制过程,就可保持心理上的平衡,使自己从消极情绪中解脱出来。另外,环境对人的情绪也有着重要的影响力和制约作用。因此,当自己情绪激动的时候,可迅速离开现场,去干别的事情,不要再去想引起苦闷的事,尽量避免烦恼的刺激,强迫自己转移注意力,这样就可把消极情绪转移到积极情绪上,淡化乃至忘却烦闷,起到调控情绪的作用。随着事过境迁,可心平气和地解决难题,化解矛盾,这样的效果往往比较好。

(2)自我安慰法。这是掌握情绪的人的显著标志。在自己情绪不好的时候,不用别人的解释,不用去看心理医生。大多数人都有这样的体会:遇到什么烦心事儿,别人不劝的时候,并不会再引起情绪的波动;而当别人劝说的时候,反倒情绪更加激动,倒新生出许多新的情绪来。其实,自己安慰自己有时倒是情绪调控的明智之举。

(3)宽宏大度。有气度的人,胸襟开阔,奋发进取,具有团队协作精神;而气度小的人,则满腹牢骚,斤斤计较。生活是各种各样的,喜乐悲忧都会有。所以,人人都要注重涵养,消除抑郁寡欢的心境和私心杂念,对易激怒自己的事情,要用旷达乐观的态度去应付,经得起挫折。这往往可以使原本紧张的事情变得比较轻松,使一个窘迫的场面在幽默笑语中得到化解。

(4)运动驱赶法。情绪在人的运动中能自然消失或衰退。当自己情绪不好的时候,可去户外慢跑或散步等,使人的心情慢慢舒展,继而变得心情舒畅,不好的情绪会被驱赶掉或者被驱赶掉大部分。

(5)理智降温法。要用意志和素养来控制或缓解不良情绪的爆发,努力使激怒的情绪降至平和的抑制状态。凡是有理智的人都能及时意识到自己情绪的变化,当怒火即将爆发的瞬间,马上意识到不对,立刻停止讲话,脑子里默念"忍"字以警醒自己,迅速冷静下来。此时,人可在心里给自己暗示:情绪过激会影响工作和为人;发火会使自己失态,伤害别人也伤害自己;暴怒会产生严重后果;得意忘形会有失身份……这样,用理智主动控制自己的情绪,以减轻自己的怒气,使情绪保持稳定。

(6)自我宣泄法。实在压不住心中怒火,可对准一堵墙或者一棵树,挥舞自己的拳头。这样,既可宣泄怒火,又可避免造成人员、财产的伤害。

驾驭情绪,需要自身的努力,也需要他人的理解和配合。提高自控能力,做情绪的主人,就显得特别重要。一个人能否在复杂的人际关系中游刃有余,能否成功,情绪是一个不可忽视的问题。要消除消极情绪的困扰,要有正常健康的反应情绪,这样才能有益于人的身心健康。

(三)对工作压力进行自我调控的方法

(1)培养健康、科学的生活方式。①安排好工作节奏,充分利用短暂的间隙放松,切忌长时间埋头工作。②健康的行为习惯不仅是缓解压力的有效途径,而且也是决定人生幸福和成功的重要因素。

(2)改变不良的认知方式。认知是指一个人对一件事或某个对象的认识和看法。压力源本身并不能决定是否产生压力及其大小程度,压力的产生是以个体对压力源的认知为中介的。

研究者总结出了非理性信念的三个突出特征:①绝对化要求,是指人们以自己的意愿为出发点,对某一事物抱有其必须发生或绝对不能出现等信念;②过度概括化,即以偏概全的不合理思维方式,常导致自责、焦虑、抑郁等消极情绪;③灾难性想象,即独自想象某事的发生必定非常可怕、令人无法忍受,进而导致陷入焦虑、自责、抑郁等情绪中不能自拔。矫正非理性信念最好在心理咨询专业人员的帮助下实施。如果自我矫正,可遵循以下程序:①找出非理性信念;②与非理性信念展开自我辩论;③得出理性信念,学会理性思维。

(3)掌握科学的时间管理方法。①分析目前时间利用的现状,找出时间浪费的原因;②每天制订任务清单,并根据重要程度将各项事情排序,以便最科学地利用时间;③勇于舍弃不太重要的事情。

(4)调整与改善A型性格。A型性格具有以下特征:常有时间紧迫感,容易急躁发怒,争强好胜,说话坦率,言辞容易得罪人,习惯于指手画脚,有咄咄逼人之势。他们总愿意从事高强度的竞争活动,不断要求自己在最短的时间里做最多的事情。他们常处于焦虑中,常为自己制定最后期限,不断给自己施加时间压力。

(5)掌握科学的放松方法。①寻找最近自己在生活中处理成功的一件小事,买一件礼物奖励自己;②全身放松做深呼吸,呼吸频率逐渐减慢,呼吸逐渐加深;③分析压力产生的原因,找出排除它的方法;④在专家的指导下进行肌肉放松训练,逐步做到每天自我练习;⑤找一个自己所信任的人倾诉;⑥想象如大海、山水等愉快的情景;⑦邀请亲朋好友聚餐,或去观赏电影;⑧保证有充分的睡眠时间;⑨要防止过于孤独,设法结识一些新朋友,认识一些新事物,以保持精神的平衡;⑩运用幽默、微笑来调节情绪,用自我催眠等方法来放松身心;⑪在心里预想一下情绪压力演变的全过程,做好充分的心理准备。

(四)增强灵活性的方法

在商业活动的每一天,所有变化随时都有可能发生。一个突然的电话、计算机出毛病或家庭成员生病等都可能使自己烦恼。

(1)具有灵活性的好处是:①在未预料的变化面前保持平静和放松;②构建自

己的优势和已经取得的成功;③在生活中发现最好的机会;④使用自己的情商和理性去解决问题;⑤有成效地使用自己的能量;⑥帮助别人摆脱压力。

(2)变得更有灵活性的挑战是:①墨守成规;②浪费精力;③阻碍变革。

(3)增强灵活性的方法:

第一,把精力集中在积极的事情上。

回想自己曾在何时何地巧妙地应对过变革,有哪些处理变革和具有灵活性的成功事例,自己从这些经验中学习到了什么,等等。如果自己对做某件事情充满自信,就会努力工作。

第二,明智地使用自己的精力。

当人们感到能够控制自己的生活并有机会进行选择时,其灵活性就会增加。灵活的人愿意尝试新的主意。人应当区别自己能够改变和不能够改变的事情:①个人通常不能改变的事情:别人的行为方式;影响商业活动的法律、法规、条例等;经济;天气等。②在别人的帮助下解决问题之后可以改变的事情:自己的工作计划;自己的团队成员如何互相帮助;自己的部门的优先需求和目标;别人怎样与自己谈话。③个人可以改变的事情:自己的态度和所受的教育;自己计划每天工作的方式;自己怎样关心自己(锻炼、营养和休息);自己怎样与别人沟通;什么事情使自己心烦意乱等。如果自己平时更多的是担忧和抱怨自己不能改变的事情,那将缩短去创造性地解决那些原本能够使事情发生变化的问题的时间和精力。应当把自己的精力放在有价值的地方。

第三,改变自己。

顽固的人会变得焦虑、恼怒并抵制变革。由于只注意变革的消极影响,他们明智思考和发现机会的能力减弱了。他们可能以对自己和别人都无助的方式行动。他们看不到自己的行为与发生在他们生活中的事件的关系。

第四,寻找机会解决问题。

有的人可能把变革看做是消极的,对一些事情会产生抵制。抵制的想法阻碍了人们在变革的环境中寻找和发现积极的机会;具有灵活性的人运用创造力去发现解决问题的不同方法:①改变自己的思维方式,将变革看做是一个机会而不是一个问题。②将正在做的事情做一些小的改进。如果已经有每天做工作计划的习惯,可以考虑怎样把做计划的策略用于自己的个人生活。③合作性地工作。当人们在一起合作解决问题的时候,每个人都可能是满意的,并支持团队的解决方案。当团队有共同的目标时,其中的每个人都会更加努力。④保持开放的观点。当自己在寻找可能的选择时,不要封闭感情、主意和思想,应当尝试保持一种开放的思想和心态。⑤以快乐面对变化;发现新的和积极的办法迎接变化;与最大胆的预言进行比赛。⑥更多地了解发生在自己的业务或者公司的变革,帮助自己和别人扩展个

人的技能。⑦适当地休息。人在疲倦和失去信心的时候很难发现新的解决问题的方法，不妨把问题放在办公桌上，过一会再处理它。⑧观察别人是怎样处理相同问题的。⑨设计开发灵活性的计划。例如：

"如果环境变了，我们将会用什么不同的方式做事？"

"我们期待将来会有什么变化，我们怎样做好自己的准备？"

"我个人有什么选择？"

"可能发生的最坏和最好的事情是什么？"

"我个人能做什么以保持灵活性？"

不 抱 怨

　　抱怨是消耗能量的最无益举动,我们的抱怨不仅会针对人、也会针对不同的生活情境。而且如果找不到人倾听我们的抱怨,我们会在脑海里抱怨给自己听。因此我们应该试着学习接纳自己:抱怨他人的人,应该试着把抱怨转成请求;抱怨老天的人,应试着用祈祷的方式来诉求我们的愿望。这样一来,我们的生活会有想象不到的大转变,我们的人生也会更加美好、圆满。

第九章

冷静思考，你到底在抱怨什么

有位心理学家做过一次心理试验，他让自己的学生列出所有恋爱关系中令人抱怨的事情。结果列出的抱怨数目惊人，涉及的范围从严肃认真的(拒绝沟通、缺乏信任感、接受不合理的内疚)到稀松平常的(借太多东西、不更换卷筒卫生纸、看电影时肆意聊天)，再到有点惹人厌恶的(以难闻的体臭和挖鼻孔为甚)。

抱怨人人有，你也不例外，在生活和工作中，你的抱怨是什么？

工作琐碎无聊

如果你去问今天的学生(从高中生直到博士)，工作好不好找，相当一部分人会说不好找；如果你去问今天的企业经理们，人才是不是很难得，同样也会有相当的一部分人会说找个合适人才真的很难。其中的原因，绝不是"信息不对称"所能解释的。

一些刚走出校门的大学生，心高气傲，心浮气躁，大事做不了，小事不愿做。许多人常常抱怨自己的工作过于琐碎无聊："我的工作真是无聊透顶。""每天面对重复的工作，我简直要疯了！""工作做完就行了，哪还管得了那么多。"等等。

也许你每天所做的可能就是接听电话、处理文件、参加会议之类的小事。你是否对此心生抱怨，是否因此敷衍应付？

　　有一位女孩大学毕业后，去应聘秘书的工作，被录取了，由于公司里暂时没有秘书的缺，经理就暂时安排她做泡茶的工作，领秘书的薪水。

　　刚开始，她很乐意，认为泡茶的工作简单，又可以领秘书的薪水，于是很安心地为公司同事泡了一段时间的茶。3个月过去了，女孩依然做着泡茶的工作，她开始沉不住气了："我好歹也是个大学生，却天天来做泡茶这样乏味的小事。"心里怀有怨气的她这样一想，泡茶就不像从前那样愉快，泡出来的茶也一天不如一天了。

　　又过了一段时间，有一天，她将泡好的茶端给经理喝，经理喝了一口茶就吐了出来，大吼道："这茶怎么泡的，难喝得要命。亏你还是大学生呢！连茶都泡不好。"女孩听了，肺都要气炸了，几乎要哭着喊出来："谁要在这个鬼地方继续泡茶呢！"她当即决定，下午就不干了，炒老板的鱿鱼。

　　正在这个时候，公司有位重要客户来访，经理叫她泡茶招待客人。女孩只好收敛起不满与委屈，心里想："这可能是我在公司泡的最后一壶茶了，不如好好地泡，不要让客人觉得大学生连茶也泡不好。"

　　她专心地将茶泡好，用灿烂的微笑将杯子递给客户，客户喝下一口就说："呀，好久没喝过这么好的茶了。能把茶泡得这么好的人，做任何工作都是可以胜任的。"经理也喝了一口，称赞道："这壶茶真的特别好喝！"

　　不久，公司做成一笔大买卖，女孩调任秘书的工作。

　　我们身边有太多的人，总是不屑于小事，总是太自信于"天生我才必有用，千金散尽还复来"，总是盲目地认为"天将降大任于斯人也"。可是你知道吗？能把自己所在岗位的每一件事做成功就很不简单了。不要以为美国总统比村民组长好当，有其职就有其责，有其责就有其忧。如果力有所不及，才有所不逮，必然导致混乱，所以，重要的是做好眼前的每一件事，哪怕这件事是让你泡茶。

　　北京中关村一家公司的人事部经理曾感叹道："每次招聘员工，总碰到这样的情形——大学生与大专生、中专生相比，我们也认为大学生的素质一般比后者高。可是，有的大学生自诩为天之骄子，到了公司就想唱主角，强调待遇。别说挑大梁，真正找件具体工作让他独立完成，却拖泥带水，漏洞百出。本事不大，心却不小，还瞧不起别人。大事做不来，安排他做小事，他又觉得委屈，埋怨你埋没了他这个人才，不肯放下架子干。我们招人是来工作、做事的，不成事，光要那大学生的牌子干吗？所以有时候，大学生、大专生、中专生相比之下，大专生、中专生反而更实际，更有用。"

　　现在，社会上有的企业急需人才，而有的大学生却被拒之于门外，不受欢迎，不被接纳，对此现象，人事部经理的一番感叹还是有所启迪的。

　　当你对工作感到厌倦而抱怨时，当你对公司的制度产生质疑时，与其抱怨，不如直面现实，正视自己的工作。你在工作时，眼睛不妨向高处望，但手却要从低处做起。不要把时间浪费在发牢骚、抱怨等没有意义的事情上，要做，就全心全意地去做；要是不想做，就早日另谋高就。如果你只是个小技术员，你可以花上几年的时间，把你手中的工作做到尽善尽美，这样胜任愉快的工作，不比一天到晚混时间、发牢骚好得多吗？

在有些时候，抱怨的确能赢得一些善良人的宽慰之词，使你的内心压力暂时得到缓解。同时，口头的抱怨就其本身而言，不会给公司和个人带来直接经济损失。但是，持续的抱怨会使人的思想摇摆不定，进而在工作上敷衍了事。抱怨使人思想肤浅，心胸狭窄。一个将自己的头脑装满了抱怨的人是无法想象未来的。抱怨只会使你与公司的理念格格不入，更使自己的发展道路越走越窄，最后一事无成，只好被迫离开。

如果你正在因为工作琐碎无聊而抱怨不休，建议你：

重视工作中的小事。世事皆无小事，事事都是工作，只要是对工作有利的事，无论多小，或者多么微不足道，都值得重视。

工作之中无小事。密切关注自己的工作流程，不要放过任何一个可以改良和补救工作结果的小细节。

小事不是小人物的事。差距往往从细节开始，造成不同结果的，通常是那些很容易被忽略的小事。

碰到郁闷的主管

乔安在目前的公司工作了3年，但他越来越觉得他的主管领导无论在工作能力方面，还是在为人处世方面都特窝囊，很多同事也说主管不如乔安，这样乔安就更感到压抑。记得刚工作那会儿，他对主管怎么看都不顺眼，公司的进账出账、财务报表等等，每一样都离不开他。

每次听到主管提出的有关财务方面的愚蠢问题，乔安总在心里哀怨：如果我是主管，我们这个部门对公司的贡献会更大。他把自己的心事跟朋友谈起的时候，朋友们也说曾碰到过类似的情况，有的主管领导能指方向但不会干实事，乱讲一通，出了问题，反过来责怪下属糟蹋了他的创意；有的自己没主意，让员工来出谋划策，再一把抢过来占为己有；还有些主管固守老一套，员工都想创新，就他百般阻挠，等等。面对这样的难题，真不知如何解决。

对主管，切不可感情用事，一定要理智地分析和看待他。当心里产生抱怨的情绪时，先问问自己：对主管的反感，是不是带有浓重的个人感情色彩？主管身上真

的是找不到一丝优点吗？

学会客观看待所遇到的问题，是职场生存的基本功之一。

公司就是公司，既然老板把公司创立起来，当然是把盈利放在首位的。所以，老板不会安排一个无用的人在任何一个部门。看清了这一点，我们就会理解，这个主管还是有存在的必要的。退一万步说，即使主管不称职，作为一个人，也依然会有我们值得学习的地方。

一个失败的主管也并非一无是处，他可以为我们提供一个反面的案例。我们可以知道，我们真正需要的是一个什么样的主管。当我们升为主管后，我们可以以他为鉴，我们就会知道该怎样做才可以让人心服口服。一个称职的主管，要靠心、靠头脑去领导，而不是在表面上的指手画脚。

当主管下达命令时，我们的心里一定要清楚，我们真正服从的不是主管，而是我们的职业和我们所热爱的行业。主管不过是我们工作的指南针而已。在心里不要产生和主管对立的情绪，毕竟很多时候我们无法选择。人，总要学会适应，总要学会和各种各样的人打交道。有时，尽管我们讨厌某些人，但我们依然要同他们交往。这倒不是因为他们有什么神秘力量吸引我们，而是出于一种生存的需要。我们必须知道，哪些事情是重要的，哪些事情是必须忽略的。

再者，我们的抱怨并不能使主管对我们的态度发生根本的改变，我们的抱怨除了让自己的内心不舒服外，并没有任何好处。

对主管产生抱怨和抵触情绪，会让我们在工作时不支持和配合他，一心想让主管的工作出错，让主管出丑。当我们不断给他的工作制造麻烦的同时，我们的工作还能顺利吗？我们的工作还能有所起色吗？报复的同时是否也给自己带来伤害？

如果在工作中我们时刻满腹怨气，不时地郁闷，又有多少心思可以用到工作上？工作了也多半是应付差事，不要说全身心投入，恐怕连认真都难以做到。如果我们不能在工作中创造价值，那么我们的自身价值又从何而来呢？没有了工作价值，想在职场立足真的就很难了。

不管这件事情的对错与否，都不能把产生矛盾的原因直接归于主管。如果把所有的错都放在别人身上，总认为自己是对的，我们就永远无法看清事情的真相。更多的时候，我们要学会宽容和理解，这不是为了别人，而是为了我们自己。

当别人用过分的方式对待我们，我们再以这种方式对待别人，如果我们认为别人做错了，那么自己是不是也做错了呢？我们要做的是学会化解矛盾，而不是激化矛盾。

不管在什么地方，总会有这样或那样的人，他们虽然让我们不喜欢，但他们却是客观存在着。我们无法改变这一事实。如果我们无法改变事实，就要改变我们的心态。在公司里，最重要的工作态度不是抱怨，而是敬业。不管我们对主管的看法

如何，首先都要有敬业的态度。这不仅是对公司负责，更是对自己负责。如果你是一个非常敬业的人，主管没有理由不尊重你。

主管虽然是给我们下达命令的人，但我们绝不是为了主管工作，而是为了公司而工作，为行业工作，为我们的未来工作。明白了我们的工作目的与性质，我们对于自己的所作所为就不会按情绪的安排进行，而是按照我们的需要和目的进行。

我们勤奋地工作，努力付出，就是为了在公司提升自己的身价。我们的身价，会在我们离开的时候体现。将来当我们跨出公司的时候，我们已经成为行业的顶尖高手，成为别人争抢的对象，而不是在行业里成为无足轻重、可有可无的人。

我们可以年轻，但我们不能幼稚。从别人的身上汲取教训，少走弯路和错路，永远是最聪明的选择。对主管喜欢也好，不喜欢也罢，抱着学习的态度永远要比抱怨重要得多。

自己怀才不遇

每个地方都有"怀才不遇"的人，普遍的行为是牢骚满腹，喜欢批评别人，有时也会露出一副抑郁不得志的样子。和这种人交谈，运气不好的时候，还会被他刻薄地批评一顿。

这种人有的真的是怀才不遇，因为客观环境无法配合，"虎落平阳被犬欺，龙困浅滩遭虾戏"，但为了生活，又不得不屈就，所以痛苦不堪。

难道有才的人都会这样吗？并不是的，虽然有时是千里马无缘见伯乐，但大部分都是自己造成的，因为真正有才的人常常是自视过高，看不起能力、学历比他低的人。可是社会很复杂，并不是你有才就可得其所的，别人看不惯你的傲气，自然而然就会想办法给你点颜色看。至于上司，因为你的才干威胁到他的生存，如果你不适度收敛，又怕别人不知你才干似的乱批评，那么你的上司肯定会压制你，不让你出头，于是你就变成"怀才不遇"了。

另外一种"怀才不遇"的人根本就是自我膨胀的庸才，他之所以没有受到重用，是因为他的平庸、无能，而不是别人的嫉妒。但他并没有认识到这个事实，反而认为自己怀才不遇，到处发牢骚，吐苦水。这样的人让人感觉到厌烦。

不管有才或无才，凡是有"怀才不遇"感觉的人都是人见人怕，因为你只要一听他谈话，他就会骂人，批评同事、主管、老板，然后吹嘘他有多本事，多能耐，遇到这种情况，你也只好点头称是，绝不要跟这种人唱反调。

"怀才不遇"感觉越强烈的人，越把自己孤立在小圈圈里，无法参与到其他人

群里面。每个人都怕惹麻烦而不敢跟这种人打交道,人人视之为"怪物",敬而远之。不好的评价一旦传播开来,除非遇到爱惜人才、明白事理的上司大力提拔,否则将无出头之日。

不管你才能如何,都有可能会碰上无法施展的时候。但就算有"怀才不遇"的感觉,也不能表现出来,你越沉不住气,别人越把你看得很轻。因此,你首先要做的是:

先评估自己的能力,看是不是自己把自己估计得太高了。如果觉得自己评估自己不是很客观,可以找朋友和较熟的同事替你分析,如果别人的评估比你自我评估还低,那么你要虚心接受。

分析一下为什么自己的能力无法施展,是一时间没有恰当的机会还是大环境的限制?有没有人为的阻碍?如果是机会问题,那只好继续等待;如果是大环境的缘故,那就考虑改变一下现有的环境,寻求更好的发展空间;如果是人为因素,那么可诚恳沟通,并想想是否有得罪人之处,如果是,就要想办法疏通、化解。如果你骨头硬,不肯服软,那当然要另当别论了。

考虑拿出其他专长。有时"怀才不遇"是因为用错了专长,如果你有第二专长,那么可以要求上司给你机会去试试看,说不定就此能走上一条光明之路。

营造更和谐的人际关系,不要成为别人躲避的对象,而要以你的才干积极地去协助其他同事出色地做好工作。但你帮助别人切不可居功,否则会吓跑了你的同事。此外,谦虚、客气、广结善缘,这将为你带来意想不到的收益。

继续强化你的才干,当时机成熟时,你的才干就会为你带来耀眼的光芒。

总之,不要有"怀才不遇"的感觉,因为这会成为你心理上的负担。只要你卧薪尝胆,迟早会见到曙光的。

没有机会青睐

经常听到一些员工埋怨自己的时运不济,命运不公。评价别人的成功,也总是一味强调人家"运气好"。实际上,机会对每一个人都是平等的。在职场打拼,不错过每一个展现自己的机会,才能使自己得到别人的认可和赏识。

然而,相当一部分员工只能靠不断成功的刺激来维持自信心,受不得一点挫折,受了一点挫折就轻言放弃,怨天尤人。爱默生说:"每一种挫折或不利的突变,是带着同样或较大的有利的种子。"老子也曾经说过:"祸兮福所倚,福兮祸所伏"。所以,困难也是一种难得的机会,所谓时势造英雄,敢于负责的人会在困难中找机会,推卸责任的人是在机会来临时还害怕困难,给自己搜寻种种他们无法利用这机会的理由。

现实中，每一个职场中人都有自己为之奋斗的目标，但人生的第一步是必须学会向别人展现自己的真实实力，为自己争取更多的机会。

林经理是从事营销工作的，有一次他去听某著名管理家的讲演。在讲演过程中，专家忽然提问："在座的有多少人喜欢经济学？"在场听众没有一个人回应。去听讲座的大都是从事经济工作的，到这儿来的目的就是"充电"。可由于种种原因，大家都选择了沉默。

专家摇头苦笑一下，说："暂停一下，我给大家讲个故事。"

"我刚到美国读书的时候，大学里经常举办讲座，每次都是请华尔街或跨国公司的高级管理人员来给同学们讲演。每次开讲前，我都发现一个有趣的现象——我周围的同学总是拿一张硬纸，中间对折下，让它可以直立，然后用颜色很鲜艳的笔大大地用粗体写上自己的名字，再放在桌前。于是，每当讲演者需要听讲者回答问题时，他就可以直接看着硬纸上的名字叫人。我开始对此不解，便问旁边的同学。他笑着解释说，讲演的人都是一流的人物，和他们交流就意味着机会。当你的回答令他满意或吃惊时，他就很有可能给你提供比别人多的机会。这是一个非常简单的道理。事实也正如此，我确实看到我周围的几个同学，因为高超的见解，最终得以到一流的公司供职……"

专家讲完故事之后，林经理以及其他人开始主动举手回答演讲专家的提问。

在人才辈出、竞争日趋激烈的情况下，一般来说机会不会自动找到你。只有你自己动敢于展示自己，让别人认识你，吸引对方的眼球，才能可能寻找到机会。

一个善于表现自己的人，他的成功机会就会比别人多得多。不懂得恰当展示自我的人最可悲的，因为这会使你与许多成功的机会失之交臂。

那些埋怨机会为何不降临在自己的头上的人，总觉得自己怀才不遇，因而牢骚满腹。其实，成功不是没有机会，而是你没有很好地识别机会、抓住机会、利用机会而已。

小王在合资公司做白领，觉得自己才华横溢却没有得到上司的赏识，于是总是这样想：如果有一天，能见到老板，有机会展示一下自己就好了。

小王的同事小张，也有类似的想法，他比小王更加积极一些，去打听老板上下班的时间，算好他大约会在何时坐电梯，他便也在这个时候去坐电梯，希望能遇到老板，有机会可能和他打个招呼。

他们同事小刘则更善于制造机会和把握机会，他详细地了解了老板的奋斗经历，弄清老板毕业的学校，人际风格，关心的问题，精心设计几句简洁明快却有分量的开场白，找好时间去乘电梯，跟老板打过几次招呼后，终于有机会跟老板进行了一次深入的谈话，不久就争取到了理想的职位。

所以，愚者错失机会，智者善抓住机会，成功者创造机会这种说法不无道理。

机会对每个人而言都是平等的。但机会只肯垂青那些有备的人。要想在职场取得成功，就要抓住每一个展现自己的机会，塑造卓越的自我。

领导大材小用

李晶从一所名牌大学研究生毕业后进了一家公司，与她同时进来的同事要么学历没她高，要么学校没她好，为此她很有优越感。

当领导分配她做最基础的工作时，她立即觉得自己被大材小用了。一次，在结算时，她把一笔投资存款的利息重复计算了两次，虽然最终没有给公司造成实际损失，但整个公司的财务计划却被打乱了。

事后，她却觉得就像做错了一道数学题，改正过来，下次注意就是了。

她的这种态度让主管很不放心，以后再有什么重要的活，总找借口把她"晾"在一边，不再让她参与了。没过多久，这位名牌大学毕业的高材生就与自己的第一份工作说再见了。应当说，她不是败给了别人，而是败给了自己。

究竟是因为你牢骚满腹而不得升迁，还是因不得升迁而牢骚满腹，就像是鸡生蛋还是蛋生鸡这个问题一样，谁也说不清。但有一点是肯定的，那就是两者绝对是相互影响的，形成恶性循环。不要总是认为自己怀才不遇或者是大材小用。首先你要认清自己的才能到底怎样，然后再给自己合适的定位。

有一位留学美国的计算机博士，毕业后在美国找工作，结果接连碰壁，许多家公司都将这位博士拒之门外。这样高的学历，这样吃香的专业，为什么找不到一份工作呢？

万般无奈之下，这位博士决定换一种方法试试。他收起了所有的学位证明，以一种最低身份再去求职。不久他就被一家电脑公司录用，做了一名基层的程序录入员。这是一份稍有学历的人就都不愿去干的工作，而这位博士却干得兢兢业业，一丝不苟。

没过多久，上司就发现了他的出众才华：他居然能看出程序中的错误，这绝非一般录入人员所能比的。这时他亮出了自己的学士证书，老板于是给他调换了一个与本科毕业生对口的工作。过了一段时间，老板发现他在新的岗位上游刃有余，还能提出不少有价值的建议，这比一般大学生高明，这时他才亮出自己的硕士身份，老板又提升了他。

有了前两次的经验，老板也比较注意观察他，发现他还是比硕士有水平，其专业知识的广度与深度都非常人可比，就再次找他谈话。这时他才拿出博士学位证

明，并叙述了自己这样做的原因。此时老板才恍然大悟，于是就毫不犹豫地重用了他，因为对他的学识、能力及敬业精神早已全面了解了。

这个博士是聪明的，碰了几次钉子后，他放下身份与架子，甚至让别人看低自己，然后在实际工作中一次次地展现自己的才华，让别人一次一次地对自己刮目相看，他的形象就逐渐高大起来。

如果这位博士有"大材小用"的想法，那么他的才华很可能就真的没有地方可以施展。

在不顺心的境地里，如果总是感叹自己"大材小用"、"明珠暗投"，那么抱怨会让你的生活更加糟糕，你会看不到生活中美好的东西。这样只会消磨你的志气，是你成功进取的致命伤。

即使你真的遭遇了不公平的事情，自怨自艾也绝对不是解决问题的办法。靠你的实力证明自己吧，没有人可以阻止你努力。当你的成就有目共睹的时候，就没有什么能够阻挡你前脚的脚步了。

老板苛刻盘剥

有些打工者常常这样算账：老板进了多少货，进价多少，卖价多少，赚了多少，才分给我多少；或者这样想：我工资多少，创造的价值多少，剩下被老板剥削了多少。照这样算下去，世界上有多少个老板，就有多少个黑心肝。

很多账只有老板自己心里清楚，也许一笔生意是赚了很多，但一年中还有很多没有生意的时候，没有生意仍然有支出，所以公司不能不有所储备。另外还有一些生意是亏本的，公司要办下去，总得扯平了算账，削高补低，才能维持。既然亏本的时候工资要照发，赚了钱也不可能全部分光，老板和打工者的着眼点不同，算法也不一样。

打工者往往过高估计自己，只算自己创造的价值，不算自己产生的消耗，更看不到自己所取得的一切，必须依靠企业这个平台，而搭建这个平台所消耗的庞大费用，是需要每一个人每一个环节来分担的。

在一个企业里，利益分配是这样的：一部分以税收形式上缴国家，一部分以公益支出形式给了社会，一部分以分红的形式给了股东，一部分以薪金福利等形式给了员工，一部分留存在企业里作为企业下一步发展所需的公积金。

我们不得不承认，个人利益与组织利益之间存在着你多我少，或者你少我多的选择，从某一个时点上看，个人利益和组织利益是冲突的。但事实上，从一个较

长时期来看,个人利益与组织利益绝对是统一的。这非常好理解。你看看那些效益好的企业,员工的收入不是很高吗?反之,那些效益差的企业,员工的收入不是很微薄吗?不要太计较一时的你多我少。如果每一个员工都把目光放长远一点,今天少索取一点,让企业发展更快,明天获取的就不会是这一点了,而是许多倍。

很多人就某一时点上个人利益与企业利益的冲突引申出老板剥削员工的理论。更有人说:"我不可能长久地待在这个企业里,我不可能看那么长远,我就看现在,我不能容忍属于我的不给我。"

你真的在被剥削吗?真的有属于你的工资而没给你吗?如果你没有创造价值,就是你在"剥削"老板了。公司房租是谁在支付?固定资产的折旧谁在承担?办公耗材是谁掏的钱?水电费是谁在买单?老板雇用一个人,即使不支付一分钱薪水,他也得为这个人付出高昂的办公成本。假如你是一个老板,一个不能为你创造价值的人对你说:"让我为你工作,我一分钱工资也不要。"你会接受吗?你肯定不会。把这样一个人招进你的公司,你起码得给他椅子和办公桌吧,这不得花钱吗?

打工者的局限在于只见树木,不见森林,只看得见具体的业务,看不见整个企业的运作。要营造好企业这个平台,老板所付出的不仅是资金,更重要的还有精力、学识、智慧,这些也许就是他人生的全部贮备,是一个人的生命精华,这笔账又该如何去算呢?

俗语说:当家才知柴米贵,养儿才知父母恩。小孩子往往只看见父母的威风,不知道父母的辛劳。统领全局的是老板,而不是我们,我们只是在这个公司的一个位置做了我们具体的一份工作而已,我们所做的,还远比不上老板所做的。尽管我们有能力把手头的工作做好,能够为老板创效益,如果老板不给我们这个工作机会,我们也不可能赚到这份薪水。

我们在一家公司工作,得知通过自己的工作,老板赚了多少钱,主管拿到多少钱,这些钱与自己的收入差距很大,心理难免失衡,感到非常不公平。于是心灰意冷,工作时不像以前那么投入,说话时牢骚满腹。

我们这样做,其实就是没有找到自己的位置,没有弄清楚自己和老板的关系。尽管我们工作在一线,做具体的事情,仿佛一切价值都是我们创造的,跟老板和主管没有太大的关系,事实上则不然。没有老板和主管,就没有我们的工作平台,甚至连我们付出的机会都没有。

用一个形象的比喻:我们的工作结果是一幢大楼,老板就是这幢大楼的设计师和工程师,而我们只是泥瓦匠。

大楼盖成了,我们总认为这幢楼是自己动手盖的,而自己只拿到很少的工钱,感觉很委屈。但是我们要明白,没有设计师,是不可能有大楼的;没有图纸,水平再高技术再好的泥瓦匠也建不出楼来。一幢大楼外观的美与丑,质量的好与坏,和设计师、泥瓦匠都有关系,但是设计师决定着泥瓦匠的命运。

我们还要知道,任何一个行业首先需要的是设计师而不是泥瓦匠。老板给了我们工作的机会,也就是给了我们从泥瓦匠成为设计师的机会。

有了老板,才会有我们的工作,才有我们和老板进行交换的机会。老板利用我们赚钱,我们利用老板提供的平台锻炼能力,使自己这支刚上市的股票不断增值。

明白了这一点,我们就能踏实地坐在自己的位子上,学习再学习,努力再努力,在实践中不断地领会就感悟,培养自己的工作能力,积累自己的工作经验,建立自己在行业里人脉。不要看老板赚了多少钱,我们赚了多少,而是要把注意力放在自己的发展前途上,关注自己与老板的距离,自己现在的位置与这个行业理想位置的距离。

找到了距离,就找到了努力的方向。找到了距离,就知道自己缺什么,要学习什么,从而更加珍惜现在拥有的机会,也就获得了比工资更有价值的东西,这些东西都将决定我们的身价。

老板是我们最好的榜样——好的榜样和坏的榜样。就凭这一点,也值得我们对老板的感恩。他不仅仅是雇佣我们赚钱,也给我们一个很好的学习与实践的机会。我们要实现自己的理想,只能珍惜这个机会,把握这个机会,利用这个机会。

在老板那里,在很多事情上,我们的努力和付出,不会很快就能有回报。但事实上,如果从更长远的眼光来看,只要我们投入了,付出了,努力了,总是会有回报的。而且有时回报来得越晚,回报的结果就越大,或许我们追求的只是一个元宝,回报我们的却是一块金子。

无法适应新环境

汤姆刚刚到一家名气较大的公司工作,论学历他有硕士文凭,论才干他的模具设计能力突出,可是最不顺心的却是同事和主管对他的态度,每个人的态度都很冷漠。虽然汤姆对同事们很热情,可以他们却当他像一个透明人一般不理不睬,主管也经常给汤姆横挑鼻子竖挑眼,让汤姆憋气又窝火。最让汤姆难以适应的是这家公司怪异的工作方式和充满斗争的企业文化。公司内部帮派林立,为了有形和无形的利益,帮派之间充满斗争。因为汤姆是新人,所以每个圈子都融入不进去。

最后,汤姆决定辞职。递交辞职信时,在楼梯间遇见一位相邻部门的经理,因为与他仅有数面之缘,两人互相微微一笑,点头招呼。

经理看见汤姆手上的辞职信，一脸的惊讶，对他说："如果你另有高就，那恭喜你，如果是为了公司内部的人际关系，那你可能要考虑一下：你一定要学会如何与不同的人相处，不然你到那里可能都难以立足，只会手足无措。"

这位经理的一席话，一下子说到了针尖上。一个很多职场人愤愤然跌跌撞撞没有搞懂的问题，原来只在这简短的几句话里。

汤姆被震动了。之后，他撕掉了那封辞职信。重新回到岗位上，练习着如何与看不惯的主管和同事相处，虽然他仍然不认同一些违反他的做人原则的事情，但他开始不去较真，尽量去看事情好的一面。

1年后，汤姆因为业务突出，被总公司调去组建分公司，并担任负责人。

他还是经常遇见那位点拨了他几句话的经理。经理依然有着一副酷酷的表情，虽然汤姆从没有开口向他说声"谢谢"，但是他永远记得那一天，曾在楼梯间遇见这位智者，几句淡淡的话，开解了一颗原本冷冻而充满棱角的石头般的心。

在适应的环境下，我们可以生活得很好，在不适应的环境下，我们依然可以生活得很好。因为我们要改变的不是环境，而是要改变我们自己。

在选择离开之前，我们一定要寻找一下离开的原因。我们是因为做不了这份工作离开，还是因为适应不了新公司的环境而离开？如果是前一个原因，我们可以选择离开，如果是后一个原因，我们一定需要改变一下自己的心态。

初到一个公司，在新环境下，我们处于弱势地位。我们希望跟其他人一样，享受尊重和理解。不过我们要清楚，当我们还不具备被别人仰视的资本时，我们想要的尊重和理解都是奢侈的。

如果我们是行业里的高手或权威人士，别人对我们的态度就会产生一百八十度的大转弯，马上就会变成另一副模样。冷眼变笑脸，傲慢变谦虚。我们不再担心别人对我们有看法，也没工夫计较别人说三道四。也不必为复杂的人际关系伤脑筋，不必花费更多的心思了解别人的心理，也不必再看人家的脸色行事。

我们现在还是普通小职员，身上没有任何耀眼的光环，还不具备吸引人的力量。所以，我们不能对别人有过高的希望和要求，如果有，也得不到。多一点自知之明还是明智的，别人怎样对我们是他们的权利，我们也没有理由指责甚至不满。

老员工轻视我们，因为他们比我们强，我们要被人瞧得起，就得超过他们，做他们做不到的事情，比他们的业绩更突出，他们才会对我们另眼相看。

能力与业绩永远是最好的证明，在公司里，实力意味着地位，决定着我们的位置。当我们成为公司里的骨干，行业里的高手时，我们就能得到大家的关注，再没有人轻视我们，忽略我们的存在了。

因挫折和自卑而选择离开，是弱者的表现。离开意味着逃避和放弃，这是一种失败的表现。不论你为自己找到一个多合情合理的、有说服力的理由，都不能掩盖为放弃的找来的借口。

世界任何一个角落,都不会有让你百分之百满意的地方。一走了之绝不是解决之道,哪个单位都不可能样样都好,如果因无法适应而换来换去,最终后悔的是自己。

社会绝不可能给每个人都搭建一个现成的、完全适合自己的环境,环境得靠自己去适应,不能适应环境,不用说事业,连生存都谈不上。不管进入的公司如何,只有两个选择:要么逐步融入,要么就是走人。

在竞争如此激烈的今天,轻易地离开,意味着丧失了一个来之不易的机会。所以,离职前一定要认真思考,因为每一次选择不仅会影响你一生的轨迹,也会对你的人生态度产生深远的影响。

坐不住冷板凳

在足球比赛中,除了上场踢球的11名队员外,还有几个队员是不能上场的,俗称"板凳"队员。在一场比赛中,这些板凳队员有的只能上场几分钟,有的连上场的机会都没有。我们认为,坐"冷板凳"并不是一种没本事、丢人的事,即使是国脚也有"失脚"的时候,也要有坐"冷板凳"的勇气。只要还能坐"冷板凳",就还算队中的一员,就总有上场的机会。如果你连"冷板凳"都坐不住,不要说赢不赢球,首先心态就不正,自己就已经输球了。

有一位外贸学院毕业的大学生,应聘到某外贸公司当职员。小伙子非常能干,颇具实力,在刚进公司时很受老板赏识,但不知怎的,在并没犯什么错误的情况下,他却被"冷冻"了起来,整整1年时间,老板从未过问他的情况,也不交给他重要的工作。小伙子渐渐觉得受不了了,找到老板,希望老板能给一个说法。老板告诉他,他还是个新员工,需要磨炼。小伙子认为自己不应该被"冷冻",应该得到重用,于是提出辞职,离开了公司。

任何时候,我们都不要把自己看得太高,坐不住"冷板凳"。大凡坐冷板凳,不外乎几种情况:一是本身能力欠佳,只能做一些无关紧要的事,却还没有到被炒鱿鱼的地步,因为在工作中犯了错误,使你的老板和上司对你的工作能力失去了信心,只好暂时把你"冷冻起来"。二是老板或上司有意考验你。人要做大事必须有面对挑战的勇气,面对困难的耐心,同时还要有身处孤寂的韧性。有时要培养一个人,除了让他做事之外,也要让他无事可做,一方面观察,一方面训练。这种考验事先是不会让他知道的,知道就不会是考验了。三是大环境有了变化。人说"时势造

英雄"，很多人的崛起是由环境造成的，因为他的个人条件适合当时的环境，可当时过境迁时，英雄便无用武之地了，这时候你只好坐"冷板凳"。四是你冒犯了上司或老板。宽宏大量的人对你的冒犯无所谓，但人是感情动物，你在言语或行为上的冒犯如果惹恼了他，你便有坐"冷板凳"的可能。五是威胁到老板或上司。你能力如果太强，又不懂得收敛，让你的上司或老板失去了安全感，那么你便会受到冷冻。老板怕你夺走商机自己去创业，上司怕你夺了他的位置，那么让你坐"冷板凳"就是必然的了。

坐"冷板凳"的原因还很多，无法一一列举。大凡人遭到冷遇，难免都会自怨自艾，疑神疑鬼，而不去冷静思考、寻找原因。仔细想想，坐"冷板凳"也未必不是什么不光彩的事情，大可借此机会调整自己的心态，蓄势待发，把"冷板凳"坐热，待时机到来时再大显身手。

面对冷遇，我们可以采取几种方法，化消极因素为积极因素。

一是强化自己的能力。在不受重用的时候，正是你广泛收集、吸收各种情报的最好时机。能力强化了，当时运一来，便可跳得更高，表现得更耀眼。而在坐"冷板凳"期间，别人也在观察你，如果你自暴自弃，那么恐怕要坐到屁股结冰了，而且恶评一起，再翻身恐怕就很困难了。二是以谦卑姿态来建立良好的人际关系。有些人不乏打落水狗的劣根性，你坐"冷板凳"，他们巴不得你永远不要站起来。所以要谦卑，广结善缘，但不要光提当年勇。光提当年勇不但于事无补，还会使你坠入怀才不遇的情境中，徒增自己的苦闷。三是要采取宽恕的态度。言谈举止中，且轻且淡，既可见自己的风度，也可留有余地，这种方式比破口指责、扬长而去更能让人接受。

总之，一旦自己坐了"冷板凳"，不要抱怨，不要灰心丧气，要冷静地对待冷遇，理智地对待困境。用平和的情绪、低调的姿态表现自己的真实，也许更能赢得他人的钦佩和认同。

受到同事的孤立

上班之后，每天和我们相处时间最长的人是谁？不是爱人，不是父母，而是同事。早上一睁开眼，便急急忙忙赶去与他们见面；直到夜幕低垂，才满脸倦意地互道再见。上班前父母都要千叮咛万嘱咐：在外面，讲究的是一团和气，和同事抬头不见低头见的，千万别生嫌隙。

然而，人算不如天算，尽管你小心翼翼地维护着和同事的关系，但有一天却仍可能惊奇地发现，自己居然被同事孤立了，成了孤单的丑小鸭。

被同事孤立的滋味不好受，被孤立的原因也是五花八门。但每个感到孤立的人都可以想一想，为什么被孤立的是自己，而不是别人呢？除了遇上一些天生善妒的小人，大部分时候，自身的一些缺点也是导致被孤立的重要因素。在单位里，飞扬跋扈的人、搬弄是非的人、打小报告的人、爱出风头的人，往往都是被孤立的对象。假如你被孤立了，赶快检查一下，自己是不是这类人？

归纳而言，被同事孤立的原因主要有如下三种。

1.薪水太高

陈晓雨自从进了现在这家公司后，就一直被同部门的两位女同事孤立。每天上下班，陈晓雨都会向她们微笑、打招呼，但她们总是面无表情，装作没看见。每当这时，陈晓雨的微笑就一下子僵在了脸上，别提多尴尬了。平时，她们也不和陈晓雨讲话，有时陈晓雨凑过去想和她们一起聊天，结果她们像商量好的一样，马上不说话，各做各的事情去了，丢下陈晓雨讪讪地站在一边。

在这种环境下工作，陈晓雨的郁闷可想而知。

后来，她才迂回曲折地从其他同事那里听到一点风声：陈晓雨虽然来公司没两年，但工资却比这两位来了4年的女同事高出一大截，于是引来了她们的嫉恨。

陈晓雨对现在的工作非常满意，因为不仅轻松，工资待遇也很称心。她不想因为同事关系不和就牺牲了工作，可心头的烦恼却一天甚似一天。

解决之道：堡垒都是从内部攻破的，想不被人孤立，关键在于打破敌方的统一战线。陈晓雨可以找机会多接近两人中比较好说话的那位，经常赞美她的服饰、气色，聊聊家常；另一位就只打招呼，少说话。时间长了，她们的阵营自然就被分化了。不过，使用这一计，必须有十足的耐心。

2.弄错角色

赵蕾在一家国有企业从事财务工作，财务部只有主任、出纳和她3个人。主任不管业务，出纳去年才凭关系进来，于是全部门所有的工作几乎都压在了赵蕾身上。出纳只做现金一块的活计，连最基本的报销都不做，但主任从来不说半个"不"字，因为她有靠山。在领导的纵容下，出纳工作极其马虎。相反，赵蕾做事努力尽心，可到最后总是吃力不讨好。主任有时还会暗示赵蕾，她对工作太认真，把事情都默默地做完了，不等于把他架空了吗？

赵蕾心底里直呼冤枉。主任连电脑都不懂，动不动就甩手把所有的工作都推到她一个人身上，把她累得几乎趴下。到头来，却埋怨她太过能干，赵蕾感到自己简直里外不是人。

现在，主任和出纳都明显地表现出不喜欢赵蕾，平时两人总是有说有笑、有商有量，单单把赵蕾排除在外，赵蕾为此郁闷不已。

解决之道：被同事孤立时，我们也应从自身找找原因。如果一个人不喜欢你，

可能是他不对；如果所有人都不喜欢你，也许问题就出在你身上。赵蕾对工作兢兢业业，为什么不被主任肯定？很可能是她平时有些越级的举动，令主任不满。她说，自己很想把财务部工作做好，可是，3个人中，就只有她有这个意识。由此可以看出，她把自己的角色弄错了。把部门发展好是主任的事情，作为下属，应当配合上级完成这一目标，而不是干脆代替上级去思考。她在言谈中，对主任颇为鄙视，主任对此怎么会没有察觉呢？看来，赵蕾还是应该先摆正自己的位置。

3.太出风头

董虹羽是个精明能干的女子，年纪轻轻便受到老板的重用，每次开会，老板都会问问她，对这个问题怎么看。她的风头如此之足，公司里资格比她老、职级比她高的员工多少有些看法。

董虹羽观念前卫，虽然结婚几年了，但打定主意不要孩子。这本来只是件私事，但却有好事者到老板那里吹风，说她官欲太强，为了往上爬，连孩子都不生了。这个说法一时间传遍了整个公司，董虹羽在一夜之间变成了"当官狂"。此后，董虹羽发觉，同事看她的眼神都怪怪的，和她说话也尽量"短、平、快"，一道无形的屏障隔在了她和同事之间。董虹羽很委屈，她并不是大家所想的那么功利，为什么大家看她都那么不屑？

解决之道：在职场中锋芒太露，又不注意平衡周围人的心态，有这样的结果并不奇怪。董虹羽并非是目中无人，只是做人做事一味高调，不善于适时隐藏自己的锋芒。只要她能真诚地对待同事，日子久了，他们自然会明白，这就是她的真性情。

第十章

不要抱怨，抱怨就是伤害自己

我们在抱怨时，可能会被关注或同情，也可以回避让自己紧张的事。然而抱怨的行为也是双刃剑，会带来负面的影响。抱怨会让我们自己变得很累，更会让别人厌烦。

抱怨起不到任何作用

生活中许多失业者，都有一个共同的特点，那就是充满了抱怨。失业的痛苦困扰他们的身心，使他们觉得自己仿佛被命运挤到墙角（其实是他们自己走到了命运的墙角），因此只有通过抱怨来平衡自己。然而，这种抱怨的行为恰好说明他们所遭遇的处境是咎由自取。

季某是北京一名牌大学的毕业生，能说会道，各方面表现都不同凡响。他在一家私营企业工作2年了，虽然业绩很好，为公司立下了汗马功劳，可就是得不到老板的提升。

季某心里有些不舒畅，常常感叹老板没有眼力。一日，和同事喝酒时季某发起了感慨："想我自到公司以来，努力认真，试图在事业上有所成就，我为公司建立了那么多的客户，业绩也很不错。虽然兢兢业业，成就人所共知，但是却没人重视、无人欣赏。"

世上没有不透风的墙，本来老板准备提升季某为业务部经理。得知季某之言，

心里不是滋味,后来放弃了提升他。李某之所以得不到老板的提升,就在于他不了解老板的心理,而只是一味地从自己的利益出发抱怨老板没有识人之"能"。

抱怨是无济于事的,只有通过努力才能改善处境。人往往就是在克服困难的过程中,形成了高尚的品格。相反,那些常常抱怨的人,终其一生,也无法产生真正的勇气、坚毅的性格,自然也就无法取得任何成就。不妨假想一下,你喜欢与那些抱怨不已的人为伍,还是与那些乐于助人、充满善意、值得信赖的人一起共事呢?哪一种同事更受欢迎呢?

有时候,在工作和生活之中,碰到一些并非我们职责范围内的工作,只要我们站在公司的立场上,为公司着想,而不是置身事外,采取观望态度。那么,我们所做出的努力将会得到回报。在现实中,我们难免要遭遇挫折与不公正待遇,每当这时,有些人往往会产生不满,不满通常会引起牢骚,希望以此引起更多人的同情,吸引别人的注意力。从心理角度上讲,这是一种正常的心理自卫行为。但这种自卫行为同时也是许多老板心中的痛,牢骚、抱怨会削弱员工的责任心,降低员工的工作积极性,这几乎是所有老板一致的看法。

许多公司管理者对这种抱怨都十分困扰。一位老板说:"许多职员总是在想着自己'要什么';抱怨公司没有给自己什么,却没有认真反思自己所做的努力和付出够不够。"

对于管理者来说,牢骚和抱怨最致命的危害是滋生是非,影响公司的凝聚力,造成机构内部彼此猜疑,涣散团队士气,因此他们时刻都对公司中的"抱怨者"有着十二分的警惕。

抱怨的人很少积极想办法去解决问题,不认为主动独立完成工作是自己的责任,却将诉苦和抱怨视为理所当然。其实这样的抱怨毫无意义,至多不过是暂时的发泄,结果什么也得不到,甚至会失去更多的东西。一个将自己的头脑装满了过去时态的人是无法容纳未来的。聪明的做法是停止计较过去,不要对自己所遭遇的不公正待遇耿耿于怀。

现在一些刚刚从学校毕业的年轻人,由于缺乏工作经验,无法被委以重任,工作自然也不是他们所想象的那样体面。然而,当老板要求他去做应该负责的工作时,他就开始抱怨起来:"我被雇来不是要做这种活的。""为什么让我做而不是别人?"对工作就丧失了起码的责任心,不愿意投入全部力量,敷衍塞责,得过且过,将工作做得粗陋不堪。长此以往,嘲弄、吹毛求疵、抱怨和批评的恶习,将他们卓越的才华和创造性的智慧悉数吞噬,使之根本无法独立工作,成为没有任何价值的员工。

一个人一旦被抱怨束缚,不尽心尽力,应付工作,在任何单位里都是自毁前程。中软国际副总裁林惠春先生说:"抱怨是失败的一个借口,是逃避责任的理由。

这样的人没有胸怀,很难担当大任。"

抱怨和嘲弄是慵懒、懦弱无能的最好诠释,它像幽灵一样到处游荡扰人不安。如果你想有所作为,如果你想让自己变得优秀,不妨在遇到不公或是心情郁闷想要发泄时多问一下自己"我抱怨什么? 有什么可值得我去抱怨的",然后平静地将答案告诉自己。

抱怨让你一无所有

在我们的社会生活中,每份工作都有它的价值。你在这个世界上找到什么样的工作,你便会过着什么样的生活。工作是我们赖以生存的基础,是陪伴我们安然行走在人生大道上的重要保障。因此,对我们来说,一切合法的工作都值得我们去尊重,一切值得我们尊重的工作都有它不容轻视的价值。

现为通泰电子集团首席执行官的约翰·克林斯顿在向外界介绍他的成功秘诀时说:"我并不认为自己有多么优秀,我只是经常对自己的员工强调:在公司中无论你是什么身份,干着什么样的工作,是CEO,还是普通员工,都必须记住一点,否定自己的劳动是个巨大的错误,只有看重自己所从事的工作才会有发展。"

现在,有很多人认为自己所从事的工作只能勉强领薪,在人生事业上无足轻重。正是这样的态度严重地限制了他们的人生价值,阻碍了他们事业的发展。他们置身于自己所从事的工作之中,虽也将工作当成一种必须,但却认识不到工作的真正价值,日复一日、年复一年的辛苦劳作不过是为了生计。他们轻视自己的工作,对工作敷衍了事,总把心思放在怎样才能干一件大事来摆脱自己的现状上。这样的人怎么可能有大的发展。

一个人认为自己是怎样的他便会朝着他认为的那个方向发展。你认为自己的工作很卑微,没有前景,之所以每天要去工作只是为了糊口。你对工作缺乏热情,甚至消极怠工,工作自然不会使你成功。同样,你认为自己能力有限,不能承担重任,因此在工作上只是不马虎行事,而从不去积极进取。这些想法就注定你只能成为公司的二流员工,平平庸庸地过一辈子。

反过来,如果你认为自己很重要,自己的工作亦非常重要,便能在工作中不断总结经验,接收到一种积极的心理信息,会帮助和促使你把工作中的每一件事都做得更好。一件做得更好的工作意味着更多的升迁机会、更多的薪金、更多的权益,以及更多的发展空间。因此,一个人尊重自己的工作其实就是尊重自己。

著名的管理咨询专家蒙迪·斯泰尔在为《洛杉矶时报》所撰写的专栏中曾经说

道："每个人都被赋予了工作权利,一个人对待工作的态度决定了这个人对待生命的态度,工作是人的天职,是人类共同拥有和崇尚的一种精神。当我们把工作当成一项使命时,就能从中学到更多的知识,积累更多的经验,就能从全身心投入工作的过程中找到快乐、发现机会,取得成功。当然,拥有这种工作态度或许不会有立竿见影的效果,但可以肯定的是,当'轻视工作'成为一种习惯时,其结果可想而知。工作上的日渐平庸虽然表面上看起来只是损失了一些金钱和时间,但是对你的人生将留下无法挽回的遗憾。"

奎尔是一家汽车修理厂的修理工,从进厂第一天起,他就开始喋喋不休地抱怨:修理这活太脏了,没本事的人才干这样的活,一天到晚累个半死,浑身上下没一处干净地方,真是丢死人了。

如此,奎尔每天都在这种抱怨和不满的心情中度过。他认为自己的工作是一份很低等的工作,只是日复一日的在为一点可怜的工资出卖苦力。因此,他便慢慢的开始消极怠工,当同他一起进厂的同事将眼光盯着师傅手上的"活"时,他却窥视着师傅的眼神和举动,稍有空隙便偷懒耍滑,应付手中的工作。

几年过去了,当时同他一起进厂的三个工友,各自凭着自己的艺和工作的劲头,或升职做了他的上司,或另谋高就有了自己的事业,或被公司送进大学进修,只有他,仍旧在抱怨声中,做着他自己蔑视的修理工。

奎尔的行为所造成的结果难道是一种偶然吗?相反,这是一种必然。作为员工,你幼稚地认为你对工作的轻视目光,会瞒得过老板的视线。老板们或许并不了解每个员工的具体表现,熟知每一项工作的细节,但他能作为你的老板,或者因为经验,或者因为曾经在某方面卓有成效的努力,一定有他超出一般的能力和见识,你轻视他给你的工作,他自然也会根据你对工作态度,来设定你在公司的未来。这一点,天经地义。

在我们身边,奎尔这样的人并不少见,他们不尊重自己的工作,不将工作看成是创造人生事业的必由之路和发展人格的助力,而把它视作衣食住行的供给工具,认为工作是生活的代价,是无可奈何、不可避免的劳碌。这样的错误观念将他们人生和事业都定格在一种永远被动的生活方式里,使他们不愿意奋力崛起,努力改善自己的生存环境。对他们来说只有体面的工作才是真正的工作,只有从事有高薪的工作才能使自己致富。当不知任何伟大的工程都始于一砖一瓦的堆积,任何耀眼的成功也都是从一点一滴中开始的。这一砖一瓦、一点一滴的累积,都需要他们在工作中以尽职尽责的精神去完成。

好岗位、好工作人人趋之若鹜,普通琐碎的工作人人唯恐避之不及。但好工作和好岗位是从哪里来的呢?什么样的工作才算是普通琐碎的工作呢?

亨利和阿尔伯特是同班同学,两个人大学毕业后,恰逢英国经济动荡,都找不到适合自己的工作,便降低了要求,到一家工厂去应聘。恰好,这家工厂缺少两个打扫卫生的职员,问他们愿不愿意干。亨利略一思索,便下定决心干这份工作,因为他不愿意依靠领取社会救济金生活。

尽管阿尔伯特根本看不起这份工作,但他愿意留下来陪亨利一块儿干一阵子。因此,他上班懒懒散散,每天打扫卫生时敷衍了事。一次,两次,三次,老板认为他刚从学校毕业,缺乏锻炼,再加上恰逢经济动荡,也同情这两个大学生的遭遇,便原谅了他。然而,阿尔伯特内心深处对这份工作抱着很强的抵触情绪,每天都在应付自己的工作。结果,刚干满了3个月,他便彻底断绝了继续干这份工作的念头,辞了职,又回到社会上,重新开始找工作。当时,社会上到处都在裁员,哪儿又有适合他的工作呢?他不得不依靠社会救济金生活。

相反,亨利在工作中,抛弃了自己作为大学生———高等学历拥有者的身份,完全把自己当做一名打扫卫生的清洁工,每天把办公走廊、车间、场地,都打扫得干干净净。半年后,老板便安排他给一些高级技工当学徒。因为工作积极,认真勤快,1年后,他成为了一名技工。尽管如此,他依然抱着一种积极的态度,在工作中不断进取,认真负责的精神。2年后,经济动荡的局面稍稍稳定后,他便成为了老板的助理。而阿尔伯特,此时,才刚刚找到一份工作,是一家工厂的学徒。但是,他认为自己是高等学历拥有者,应该属于白领阶层。结果,在自己的工作岗位上,仍然把活干得一塌糊涂,终于在某一天又回到街头,去寻找工作。

今天工作不努力,明天努力找工作。一个不轻视自己工作的人,工作中任何一件琐碎和不起眼小事都会成为他成长和锻炼自己的机会,一个尊重自己所从事工作的人,根本无需为他的未来担心。

平凡的是工作岗位,平庸的是工作态度。无论你从事的工作多么琐碎,都不要看不起它。要知道,所有正当合法的工作都是值得尊敬的。只要你诚实地劳动,没有人能够贬低你的价值,你在工作中所能收获到的一切,完全取决于你对工作的态度。

抱怨让你失去机会

生活中,我们经常可以看见这样一些人,他们整日在不同公司之间穿梭,看起来很忙,但却不是在为工作而忙,而是在忙着到处寻找工作。他们曾经在许多公司任职,从事过不同的职业,能力不能说没有,但却被自己满腹的抱怨掩盖。其实,他们所抱怨的东西并不是导致失业的最主要原因。恰恰相反,这种抱怨的行为正好说明,他们现在的处境———四处寻找工作的苦楚,完全由自己一手造成。

他们说："每天累死累活，只能拿到这点钱，这算是什么工作。"

他们说："老板太抠门，干得再好有什么用？"

他们说："公司领导一个比一个差劲，这根本就是一个烂摊子，在这干得再久也翻不了身。"

……

他们就这样抱怨公司的老板抠门；抱怨工作时间过长；抱怨公司管理制度严苛；甚至抱怨自己当初怎么会进这家公司……他们的这种抱怨，有时在管理者和被管理者固有的矛盾之间会得到一些实据，因而也许会受到一些善良之人的宽慰，使自己的内心压力暂时得到一定的缓解，并不会给公司造成损失而影响自己的发展。但是，持续的抱怨势必会使人的思想摇摆不定，进而不能专注地工作，甚至敷衍了事。久而久之，问题自然就出现了，到那时即使你不辞职，老板也已将你排在了最应辞去的人之列。何况，如果你因此养成抱怨的习惯，想找到下一份工作，或者想在下一份工作中有所作为，实是一件很难的事。这一点，凡是频繁换过工作的人都应该有自己的体会。

《致加西亚的信》的作者阿尔伯特·哈伯德曾向一位聘用过数以百计员工的管理者请教，他是如何考察不同的应聘者的。这位管理者说："我招聘员工时，十分看重应征者如何评价自己刚刚离开的那家公司和以前从事的主要工作。如果前来应征的人只是说过去雇主的坏话，甚至恶意中伤，这种人我是无论如何也不会加以考虑的。"

抱怨使人思想肤浅，心胸狭窄，一个将自己头脑装满了抱怨的人无法容纳未来，也不会被未来容纳。

看看我们周围那些只知抱怨不努力工作却在努力找工作的人吧，他们从不懂得珍惜自己目前的工作机会，总是抱着近乎愚蠢的奢望，以为下一个工作会更好。他们不懂得，丰厚的物质报酬是建立在努力工作的基础上的，更不懂得，即使薪水微薄，也可以充分利用工作的机会提高自己的技能。他们在日复一日的抱怨中，失去一次又一次工作机会，任自己的大好年华白白流逝，使自己未得到良好增长的技能。他们始终没有清醒地认识到一个严酷的现实：在竞争日趋激烈的今天，工作机会来之不易。不珍惜工作机会，不在自己现有的工作中努力，不管学历有多高，能力有多强，最终都会被庞大的失业队伍淹没。

小王大学毕业后便找到了一份不错的工作，同学、朋友都祝贺他，他开玩笑道："瞧瞧你们那点追求，这工作就算好了，这只是开头，好的还在后面呢。"小王工作后，在公司附近租了一套房子，这时他的女友也找到了一份不错的工作，于是俩人决定合租。两个人两份工资，交完房租外，剩下的足够贴补生活之需，日子过得相当惬意。

可是好景不长，没过几个月小王就突然烦躁起来，从公司一回家就对女友诉说对公司的不满，抱怨公司领导层的无能，没几天就辞职另找了一份自己认为不错的工作，并将家也搬了过去。

如此几年后，他因不停更换工作，将家从南城搬东城，再从东城搬到北城，有时一年中光搬家就有好几次。她的女友开始还以为他真的没碰上好工作，还经常安慰他，让他不要着急。后来越发觉得不对，也慢慢对他各种各样的抱怨产生了反感，终于在他又一次准备辞掉工作时，向他发出了最后通牒。

她说："咱们俩在一起这么多年，光工作你就换了七八个，每个你都说不行，难道这些公司真都像你说的那样不行吗？我看你干事就是虎头蛇尾，而且不愿意吃苦，别人住在东城都可以去北城上班，你为什么不行？"接着说："如果你这次再不坚持下去，我看我们也只能做个普通朋友了。"

听了女友的话，小王不知如何是好，没几天就一个人搬了出去。原来，这次不是他不想坚持干下去，而是他没好好干公司要辞他，他不好意思给女友说实话，才说是自己想要辞职的。这样的事在他身上并不是第一次发生，却是第一次的无可挽回。

几个月后，小王在一家超级市场门口偶然碰到他的女友，女友问他最近怎样，他很尴尬地笑了笑说："现在要找一份好工作真是不容易，到处都是找工作的人，竞争很激烈。不过我刚找到一家还算合适的，虽工作性质和以前不同，工资也没有以前的高，但和我找的别的几家比起来已经很不错了。"

女友看到他这种情况显然不知道说什么。他急忙说："我得走了，这家公司约我两点半面试，我不能迟到。"

故事中小王的情况具有一定的普遍性。生活中像他这样因不努力工作而去努力找工作的人比比皆是，他们在一次一次的失业中降低了自己，使自己得到了应得的藐视。

人们说，赌博就像用两只碗来回倒一碗水，倒来倒去，只有一个结果：碗里的水越来越少。其实，因为自己不努力而频繁更换工作也一样，是用无数个碗来倒一碗水，最后能剩下什么可想而知。

现在社会上找工作的越来越多，光北京一年大的招聘会就有几十场，每一场都是人满为患。据此，很多人认为，大多数人的失业是因为用人单位减少了对劳动力的需求，才使得很多很有能力的人无工可做。事实真的是这样吗？当然不是，现在许多公司、机构里，有很多空缺职位没有合适的人填补。在报纸上，到处都有"诚聘职员"的广告，许多老板也正急切地想找到能为自己所用的人才。再者，一年几十场的大型招聘会本身也说明这种说法根本就不成立。

如果非要对此作出解释，那答案或许只有一个，所有的公司需要的都是那些受过良好的职业训练、具有非几才干的人才和那些能够努力工作、积极进取的员工，而不是投机取巧，马虎轻率、嘲弄抱怨、朝秦暮楚的平庸劳动力。

迈斯曾经做过许多种工作，却一次次地沦落为一位可怜的失业者。他总是唉声叹气地对身边的人说："工作压力太大，生活负担太重。"他渴望能够获得一个有充分闲暇时间的工作，有时候他甚至将无所事事看成一种人生乐趣。

如此他换了很多种工作，但没一个能达到他要求的标准，于是他到中年时，仍觉得自己的生活苦不堪言，想改变却又无从着手，只好逢人便说："我怎么这么倒霉，这么多年连个像样的工作都找不到。"

人都有好逸恶劳的习性，按部就班的人不会没事找事，如果不是被环境所迫，多半都只会安于现状，不求上进。而当不幸真的降临时，他们却只会问："为什么倒霉的事总发生在我身上？"从不在自己身上找原因。

好工作不是找出来的，是干出来的。其实，我们每一个人一直都拥有成为优秀员工的潜能，一直都拥有被委以重任的时机，一直都面对升迁和加薪的大门。但是，为什么一定要等到无路可走的时候，在遭遇人生的"晴天霹雳"之后，才试着改变自己的心态和做事方式呢？不要在平安舒服的日子里让光阴一点点溜走，不要在那里坐等"晴天霹雳"突然将你击倒。努力工作的人懂得，要把命运牢牢地掌握在自己手中，不给"晴天霹雳"击倒自己的机会。

有位哲人说过，只有拒绝成长的人，才会觉得成长痛苦不堪。上天通常都是先用温和的报警来提醒我们，但当我们对他的报警置之不理时，他老人家就会重重地敲下一锤来。

从平凡的工作中脱颖而出，一方面由个人的才能决定，另一方面则取决于个人的进取心态。这个世界为那些努力工作的人大开绿灯，直到他生命的终结。

抱怨破坏你的人际关系

"烦死了，烦死了！"一大早就听王宁不停地抱怨，一位同事皱皱眉头，不高兴地嘀咕着："本来心情好好的，被你一吵也烦了。"

王宁现在是公司的行政助理，事务繁杂，是有些烦，可谁叫她是公司的管家呢，事无巨细，不找她找谁？

其实，王宁性格开朗，工作认真负责，虽说牢骚满腹，但该做的事情，一点也不曾拖延。设备维护、购买办公用品、交电话费、买机票、订客房……王宁整天忙得晕头转向，恨不得长出8只手来。再加上她为人热情，中午懒得下楼吃饭的人还请她帮忙叫外卖。

刚交完电话费，财务部的小李来领胶水，王宁不高兴地说："昨天不是来过了吗？怎么就你事情多，今儿这个，明儿那个的。"抽屉开得噼里啪啦，翻出一个胶棒，往桌子上一扔，说："以后东西一起领！"小李有些尴尬，又不好说什么，忙赔着笑脸说："你看你，每次找人家报销部叫亲爱的，一有点事求你，脸马上就长了。"

大家正笑着呢，销售部的王娜风风火火地冲进来，原来复印机卡纸了。王宁脸上立刻晴转多云，不耐烦地挥挥手："知道了。烦死了！和你说一百遍了，先填保修单。"单子一甩，"填一下，我去看看。"王宁边往外走边嘟囔："综合部的人都死光了，什么事情都找我！"旁边的小张气坏了："这叫什么话啊，我招你惹你了？"

态度虽然不好，可整个公司的正常运转还真离不开王宁。虽然有时候被她抢白得下不来台，但也没有人说什么。怎么说呢？她不是应该做的都尽心尽力做好了吗？可是，那些"讨厌"，"烦死了"，"不是说过了吗"……实在让人听了不舒服。特别是同办公室的人，王宁一叫，他们头都大了。"拜托，你不知道什么叫情绪污染吗？"这是大家的一致反应。

年末的时候公司民主选举先进工作者，大家虽然觉得这种活动老套可笑，暗地里却都希望自己能榜上有名。奖金倒是小事，谁不希望自己的工作得到肯定呢？领导们认为先进非王宁莫属，可一看投票结果，50多份选项票，王宁只得了12张。

有人私下说："王宁是不错，就是嘴巴太厉害了。"

王宁很委屈："我累死累活的，却没有人体谅……"

有时，抱怨的确可以让人的情绪得到舒解，有益健康，但如果抱怨太多，就会使人厌烦。抱怨绝对不是好事，它不会为你带来多少正面的效益。

企业绝不重用抱怨的人

露西和安娜同在一个公司做临时工。两个女孩都很努力、勤奋。可是，不久公司传闻要裁员。于是公司里人人自危，露西和安娜更是如此。一星期后公司正式宣布裁员名单，露西和安娜也在名单之内，因为她们是临时工。被裁人员1个月之后离职。

听到这个消息，露西很伤心也很气愤，在办公室大哭了一场。第二天，碰到人就抱怨："我这么勤奋还要被裁，真是没天理。公司太不人道了！老板太狠心了！不要用功呀，你看看我，平时这么认真，最后却落个炒鱿鱼的结局。天下没一个好老板！"

在这最后1个月里,露西不再是同事们喜欢的那个女孩了,她也不再认认真真真了。在办公室的时候,不是摔文件就是拍机器,弄得整个办公室的人战战兢兢的,好像是他们赶走她的。不在办公室里就到处吐苦水,所以整个公司都知道有个"不幸"的露西。

1个月后,露西按时被裁了,但是她的"难友"安娜却从裁员名单中被删除了。

露西感到被要了,于是怒不可遏地跑到经理的办公室讨说法。经理很平静地说:"这是董事长亲自定的。"露西大吃一惊。经理又问:"在这1个月里,你知道安娜做了些什么吗?"露西摇了摇头。经理说:"在你到处'申冤'的时候,安娜不仅什么话也没说,而且仍然很好地完成自己的工作。同事们不好意思再派遣工作给她,她却主动要求,还像平常一样跑到同事面前要事做,而且比以前还卖力。她说以前和同事们相处得很愉快,现在要分开了,她想在最后1个月里给大家留一个好的回忆,所以要珍惜这最后的1个月;而且事已无法改变,就顺其自然。但是工作不能因为裁员而不做了,既然公司给我们1个月,说明还是信任我们的,所以还是要做好。"

最后,经理意味深长地说:"不是公司不要你,而是你首先不要你自己。"露西听了,悔恨不已。

当我们得知自己可能成为下一个裁员对象时,要做的不是抱怨,而是做好眼前的事,站好最后一班岗。你要用能力告诉老板,失去你,对他平说是一种损失,因为你是不可替代的。你要有意识地培养独立工作的能力,工作上不要依赖别人,要能够独当一面,这样,你才会有存在的价值。

你要让老板看中你如下的闪光点。

1.敬业:认真地对待每份工作

珍惜你的生存权。一个人的工作是他生存的基本权利,有没有权利在这个世界上生存,就看他能不能认真地对待工作。能力不是主要的。能力差一点,只要有敬业精神,能力会提高的。

2.学习:学习也是工作能力

文凭只代表你过去的文化程度,它的价值只会体现在你的底薪上,它的有效期只有3个月。要想在这儿继续干下去,那就必须从小学生做起,积极主动地寻求新的知识。

3.专业:人才的价值是专业

你要让老板真正地感悟到你是人才,还应在你的专业技能上下工夫。切记,你的智慧,体现在专业技术的水准高低上。

4.创意:创意比知识更重要

信息时代是物质性极弱的时代,非物质需求成为人类的重要需求,信息网络的全球架构使人类生活的秩序和结构发生根本变化。人才,尤其是信息时代所需的人才,最重要的是智慧,不是知识。

5.个性:不循规蹈矩地做事情

人才更多的是指一种心态,是指与传统思维完全不一样的那种人。真正的人才不是看他学了多少知识,而是看他能不能承担风险,不循规蹈矩地做事情。

6.协作:聪明人的交叉激励

一种协作的文化,在信息流的增强之下,就会使公司的聪明人彼此发生可能的联系。当公司拥有一定数量的高智商人才并能良好协作时,其能量水平将会冲出一条路。交叉的激励产生新的思想——那些不太有经验的雇员也会因此被带动到一个更高的水平上。

坦然接受工作中的一切

生活中我们经常看到一些人抱怨自己的工作枯燥、卑微,因而轻视自己所从事的工作,无法全身心投入工作。他们在工作中敷衍了事做一天和尚撞一天钟,从来不愿多做一点儿,但在玩乐的时候却是兴致高昂,得意的时候春风满面,领工资的时候争先恐后。他们将大部分心思都用在如何摆脱目前工作环境上,似乎不懂得工作应是付出努力,总想避开工作中棘手麻烦的事,希望轻轻松松地拿到自己的工资,享受工作的益处和快乐。

美国独立联盟主席杰克·弗雷斯从13岁起就开始在他父母的加油站工作。弗雷斯起初想学修车,但他父亲却让他在前台接待顾客。当有汽车开进来时,弗雷斯必须在车子停稳前站到司机门前,然后去检查油量、蓄电池、传动带、胶皮管和水箱。

弗雷斯在工作中注意到,如果他活干得好,顾客大多还会再来。于是弗雷斯每次总是多干一些,帮助顾客擦去车身、挡风玻璃和车灯上的污渍。

有一段时间,每周都会有一位老太太开着她的车来清洗和打蜡。这个车的车内踏板很难打扫,而且这位老太太每次都将它弄得很脏,人还极难打交道。每次当弗雷斯将车清洗好后,她都要仔细检查好几次,让弗雷斯重新打扫,直到自己满意为止。

终于有一次,弗雷斯忍无可忍,不愿意再侍候她了。

这时,他的父亲告诫他说:"孩子,记住,这就是你的工作。不管顾客说什么或做什么,你都要记住做好你的工作。"

父亲的话让弗雷斯深受震动,许多年以后他仍不能忘记。

弗雷斯说:"正是在加油站的工作使我学到了严格的职业道德和应该如何对待顾客,这些东西在我以后的职业生涯中起到了非常重要的作用。"

看完这个故事,那些在求职时念念不忘高位、高薪,工作中却不能接受工作所带来的辛劳、枯燥的人;那些在工作中推三阻四,寻找借口为自己开脱的人;那些不能不辞辛劳满足顾客要求,不想尽力超出客户预期提供服务的人;那些失去激情,任务完成得十分糟糕,总有一堆理由抛给上司的人;那些总是挑三拣四,对自己的工作环境、工作任务这不满意那不满意的人,是不是都应该对自己说一声:"记住,这是你的工作!"记住,丰厚的物质报酬和巨大的成就感永远是与付出辛劳的多少、战胜困难的大小成正比的。

我们知道,人都有趋利避害、拈轻怕重的本能。若接到搬钢琴的任务,多数人会自告奋勇地去拿轻巧的琴凳。但我们是在工作,不是在玩乐。既然你选择了这个职业,选择了这个岗位,就必须接受它的全部,而不是只享受它带给你的益处和快乐。就算是屈辱和责骂,那也是这个工作的一部分。如果说一个清洁工人不能忍受垃圾的气味,他能成为一名合格的清洁工吗?如果说一个推销员不能忍受客户的冷言冷语和脸色,他怎能创下优秀的销售业绩呢?

每一种工作都有它的辛劳之处。体力劳动者,会因为工作环境不佳而感到劳累;在窗明几净的办公室里工作的人,会因为忙于协调各种矛盾而身心疲惫;居于高位的领导者,背负着公司内部管理和企业整体运营的压力。但他们或许正因为如此,在工作出现佳绩的同时也享受到相应的报酬和快乐。

而那些只想享受工作的益处和快乐的人,是无法体会工作带给他的快感的。他们在喋喋不休的抱怨中,在不情愿的应付中完成工作,必然享受不到工作的快乐,更无法得到升职加薪的快乐。

记住,这是你的工作!我们应该把这句话告诉给每一位员工。不要忘记工作赋予你的荣誉,不要忘记你的责任,更不要忘记你的使命。坦然地接受工作的一切,除了益处和快乐,还有艰辛和忍耐。因为这是你的工作,与你的老板、同事、工作对象没有任何关系,他们不能真正帮助你;同样,在你工作得很起劲时,他们也不能真正阻止你。你的事业和前程在自己手中,在你所干的每一份工作中。

打铁还须自身硬

职场中到处充斥着竞争。有人能在工作上发挥得淋漓尽致,晋升为中高阶主管,成为大家称羡的职场达人,但是也有人终其一生都与升迁无缘,到底这些人的差别何在？俗话说，"打铁还需自身硬"，一个人要想跻身于成功的职场达人之列，就得在日常工作中多讲究一些策略和技巧，铸造自己的硬度。

1.做出优秀业绩，学会推销自己

许晓羽是从事企业标志设计的，她工作十分努力，为了一个标志的设计经常几天几夜待在工作台上，直至最后定稿。

许晓羽不是一个善于表现自己的人，从自己的设计中她能够获得足够的满足与自我的肯定，也许正是因为这个原因，对于每次的成功，在老板眼中是整个企业设计部努力的结果，而丝毫没有注意到作为总体设计的许晓羽所起到的作用。就这样，许晓羽拿着与其他人相同的薪金，却干着超出旁人几倍压力与辛劳的工作。

她感到了一种失落与不公，毕竟她也要生活，也要休闲。于是，她提出了辞职，好在她的老板此时也意识到了什么，以高薪挽留住了许晓羽。

在工作上，你除了应努力做出优秀的业绩之外，更应注意让上司知道它们。当然这并不是让你不论大事、小事都要汇报，而是要学会适时地表现自己，因为你的付出应获得应有的回报，而且应该成为让上司记住你甚至提升你的筹码。

我们要多给自己创造机会，如果不知道去创造机会，则有了机会也不知道如何把握，在职场竞争中失败当然在所难免，恰如一只不懂得在人前开屏的孔雀，又怎会让众人因它的美丽而发出赞叹的欣赏呢？如果没有坚强的后台做硬件，要想在竞争中取胜只有依靠自身的软件了。比如，你是否有良好的沟通能力？有没有团队精神？外交能力是否出色？是否知道编织自己的人际关系网？等等。当然，你所拥有的这些软件一定是对手所没有的，这样才能体现你的优势。然后再通过适当的途径把它们展示出来。

安阳平时所做的策划文案十分精彩，并常有文章在报纸杂志上发表，当安阳得知办公室主任一职空缺，公司内定的人选是打字员小李时，自信的他便来了个毛遂自荐。总经理边翻看着安阳的文案，边对他一手漂亮的字发出赞叹，考虑之后终于决定放弃了那个文笔平平的小李。

"酒好不怕巷子深"、"土不埋金"的古训有时在职场竞争中并不适用，与其消极地等着被别人发现，使自己与机遇失之交臂，不如积极推销自己，让别人发现你。

2.重视沟通与协调

张丰是一个公司的部门经理，后来，领导任命王遵为这个部门的副经理。张丰感到王遵的到任对自己是个威胁，于是张丰为了保住现在的职位，自恃在公司的老资格，便经常在老板面前说王遵的坏话，有一次竟当着全体员工的面因为一点小事对王遵大发肝火。王遵尽管心中十分生气，但很有涵养的他并没有与张丰发生正面冲突。半年后王遵正式被公司委派做部门经理，而张丰则一气之下辞了职。

没有老板会把一个心胸狭隘、与同事矛盾重重的人放到最重要的职位上。如

果张丰能采取另一种更积极的方法：比如与上遵进行良好的沟通与协调，多向他学习一些管理之道，注意与其他同事的交往方式，在上司面前谈及同事时，着眼于他们的长处而不是短处，那么凭着他在公司的资历，老板又有什么理由不让他坐稳这个部门经理的职位呢？可见，与同事发生正面冲突是一种不好的做法。

3.多理解别人

理解别人会使他更乐于接近你并与你共事，在竞争中会得到更多的支持。在公司这个讲究团队合作精神的地方，其实并不需要有太强的个性。有时个性太强会使上司觉得你缺少服从和整体意识。如果你能理解对手，那么你的同事和上司会相信你能理解在以后工作和人际关系中所发生的种种矛盾和不愉快，从而使大家的合作变得顺畅自然。"成者王侯败者寇"并不适用于竞争激烈的办公室，因为不论胜败如何，大家以后还是要在一起工作。试着让自己拥有一颗宽容的心，让心绪变得平和，使自己能理解别人，这样无论成败你都是英雄。

广告部经理在离职之前，曾向公司推荐林文代替自己，但最终坐在这个位子上的人却是王波。有人为林文感到不平，毕竟王波无论从资历还是从学历或水平上都比不上林文，但林文笑着说其实王波有许多优点。王波深知自己为了得到这个职位使用了不高明的手段，所以心里也觉得愧对林文。但大度的林文却不去追究这件事，在同王波的交往中仍保持着友善的态度，令他既意外又感动。第二年的薪资评比，林文得到了最高的加薪幅度，身为广告部经理的王波在其中当然起了举足轻重的作用。不久林文也被委派做了公关部的经理。

不理解的后果是带来仇恨和对别人的指责，这时的你已经被自以为是蒙上了双眼，紧盯着对手的短处，看不清楚自己的劣势，又何谈进步与提高。而且，成败得失也会左右自己的情绪，从而影响工作和人际关系。一旦你在竞争中失败，将很难与对手保持友善的合作关系。竞争并不意味着与自己的竞争对手发生正面冲突，这往往会招致别人的看低和上司对你的负面评价。因此，选准时机运用以退为进的战术，才是一种更高明的竞争手段。

第十一章

认清事实，优秀的人不抱怨

　　狮子如果能追上羚羊，它就生存，如果它跑不过羚羊，只能饿死。羚羊要想活下去，只有平时加强训练，提高奔跑的速度，让自己跑得更快，即使跑不过狮子，也要比其他羚羊跑得快，只有这样才能得以生存。因此，我们要想优秀就应该马上停止抱怨。

在失败面前屡败屡战

　　爱默生说："伟大高贵人物最明显的特征，就是他坚定的意志，不管环境变化到何种地步，他的初衷与希望，仍然不会有丝毫的改变，而终至克服障碍，以达到企望的目的。""跌倒了再站起来，在失败中求胜利。"这是历代伟人的成功秘诀。有人问一个孩子，他是怎样学会溜冰的。那孩子回答道："哦，跌倒了爬起来，爬起来再跌倒，再爬起来就学会了。"使得个人成功，使得军队胜利的，实际上就是这样的一种精神。跌倒不算失败，跌倒了站不起来，才是失败。

　　因此，要看出一个人的品格，最好是看他遇到逆境以后怎样行动。失败之后，能否激发他的能力，想出更多的计谋？是使他更勇往直前，还是心灰意冷？

　　"我在这儿已经做了30年，"一位员工抱怨他没有升级，"我比你提拔的许多人多了20年的经验。"

　　"不对，"老板说，"你只有1年的经验，你从自己的错误中，没学到任何教训，你

仍在犯你第一年刚做时的错误。"

不能从失败中学到教训是悲哀的。即使是一些小小的错误,你都应从其中学到些什么。

错误对我们的损失是否非常严重,这往往不在错误本身,而在于犯错人的态度。能从失败中获得教训的人,就能把错误的损失降至最低。

也许过去的一切,对一些人来说是一部极痛苦、极失望的伤心史。所以,有的人在回想过去时,会觉得自己处处失败、碌碌无为,他们在衷心希望成功的事情上失败了,或许他们所至亲至爱的亲属朋友,离他而去,也许他们曾经失掉了职位,或是事业失败,或是因为种种原因而不能使自己的家庭得以维系。在这种人看来,自己的前途似乎是十分的惨淡。然而即便有上述的种种不幸,只要你不甘屈服,则胜利就在前方,在向你招手。

美国著名的电台播音员莎莉·拉斐尔在她的30年职业生涯中,曾遭18次辞退,可是每次她都放眼最高处,确定更远大的目标。

最初由于美国的无线电台认为女性不能吸引听众,没有一家电台肯雇用莎莉。她好不容易在纽约一家电台谋到一份差事,不久又遭辞退了,辞退她的理由是说她跟不上时代。

莎莉并没有因此抱怨,她总结了失败的教训,又向国家广播公司电台推销她的节目构想。电台勉强答应了,但提出要她在政治台主持节目。"我对政治所知不多,恐怕很难成功。"她曾一度犹豫,但坚定的信心促使她大胆地去尝试了。她对广播早已轻车熟路,于是她利用自己的长处和平易近人的作风,大谈7月4日美国国庆节对她自己有何意义。另外,她还邀请听众打电话来畅谈他们的感受。听众立刻对这个节目产生兴趣,她也就因此而一夜成名了。

如今,莎莉·拉斐尔已成为自办电视节目的主持人,曾两度获奖。在美国、加拿大每天有800万观众收看这个节目。她说:"我遭人辞退18次,本来大有可能被这些遭遇所吓退,甘愿放弃,做不成我想做的事情。结果相反,我让它们鞭策我勇往直前。"

失败是一种挑战,也是一种测试。没有勇气奋斗、自我放弃的人,其目标就会离他越来越远。而那些毫不畏惧、勇往直前、永不放弃目标的人,才会达到自己的目标。

有人抱怨说,已经失败多次了,再试也是徒劳无益的。这种想法真是太自暴自弃了。对意志永不屈服的人,就没有所谓失败。无论成功是多么遥远,失败的次数是多么多,最后的胜利仍然在他的期待之中。狄更斯在他小说里讲到一个守财奴斯克鲁奇,最初是个爱财如命、一毛不拔、残酷无情的家伙,他把全部的精神都钻在钱眼里。可是到了晚年,他竟然变成一个慷慨的慈善家、一个宽宏大量的人、一

个真诚爱人的人。狄更斯的这部小说并非完全虚构，世界上也真有这样的事实。人的禀性都可以由恶劣变为善良，人的事业又何尝不能由失败变为成功呢？现实生活中这样的例子也不少，许多人失败了再站起来，沮丧而又不怕挫折，抱着不屈不挠的无畏精神，向前奋进，最终获得了成功。

世间真正伟大的人，对于世间所谓的种种成败，并不介意，所谓"不以物喜，不以己悲"。这种人无论面对多么大的失望，绝不失去镇静，这样的人终能获得最后的胜利。在狂风暴雨的袭击中，那些心灵脆弱的人唯有束手待毙，但有些人的自信精神，却依然存在，而这种精神使得他们能够克服一切困难，去获得成功。

美国著名成功学家温特·菲力说："失败，是走上更高地位的开始。"许多人所以获得最后的胜利，就在于他们屡败屡战。对于没有遇见过大失败的人，有时反而让他不知道什么是大胜利。通常来说，失败会给勇敢者以果断和决心。的确，逆境可以激励人心，帮助你战胜生活大道上的"恐怖地带"。因此，一个不了解自己强项的人，只能吞下失败的苦果。

逆境让人变得更坚强

许多成功人士已用他们成功的轨迹表明，逆境是成功的起点。自古以来，富家的子弟大多是财富的奴隶。那些富家子弟一般不能拒绝种种诱惑，即使有所追求，也常半途而废，无功而返。

有人问一位著名的艺术家，跟他学画的那个青年将来会不会成为大画家时，艺术家回答说："不，永远不！他每年有6 000元的收入。"这位艺术家知道，安身立命的为人技巧是从艰难奋斗中锻炼出来，而在财富的阳光下，这种精神很难生长。

"不幸而生为富家子弟的人，他们的不幸，是因为他们从开始就背负着包袱而赛跑的。"卡耐基说，"大多数的富家子弟，总是不能抵抗财富所加于他们的试探，因而陷入不屑的生命中。这些人不是那些穷苦孩子的对手；对于这些小老板，你们'穷苦的孩子'无须害怕。但你们应当小心着，不要被那些比你们还苦，还苦得多，甚至他们的父母不能给予他们以任何学校教育的孩子，在事业上挑战你们，而终于超越了你们。应该注意那些走出小学，就得投身工作，而所做的又只是拖洗地板之类的工作的孩子一鸣惊人，而最后胜利的恐怕都是这类人。"

为了脱离贫困的境地而奋斗，这种努力，最能造就人才。如果世人都是一年之中不为需要被迫去做工，人类文明到现在恐怕还在很幼稚的阶段吧。

回顾历史就可以知道，凡成功的人，大多是在逆境中长大的孩子。成功的人，

大都是从困乏与需要的"学校"中训练出来的。大商人、发明家、科学家、大学校长、教授、演讲家、实业家,大都是需要的鞭棍驱策向前,为改善自己的地位的愿望而导引向上。

卓别林出身贫寒,小时候尝尽穷困的滋味。为了得到一些可以充饥的东西,他天天在路边的垃圾桶里寻找。在那种饥寒交迫的极端艰难的环境中,他仍坚信自己一定会成功。他在回忆录中这样写道:"我在孤儿院那段时期,由于饿着肚子,在街上到处游荡的时候,我还是一直告诉自己,有什么好抱怨的?有一天我一定会成为世界上最有名的喜剧演员,现在这种逆境,只不过让我变得更坚强些而已。"

一个人最重要的是在不幸中保持自信。尝尽了穷困的滋味,卓别林的表演潜质也逐渐在艰难中成熟。我们看到的那个让我们含着泪微笑的"流浪汉"形象,正是卓别林自身的写照,正如卓别林自己所说:"我没有特别的天赋,我只是尽力去表达我自己。"

童年时那段悲惨遭遇成为卓别林情感体验的现实源泉。我们欣赏的"卓别林式幽默"因这种丰富的体验而得以升华:它不是轻浮肤浅的,而是凝重深刻的,不是虚伪造作的,而是真切动人的。卓别林因此而赢得巨大的成功,成为世界公认的表演大师、幽默大师。

可以这样说:"不幸造就了卓别林。"我们害怕不幸,然而人生无常,命运多变,谁又能料到什么时候不幸会不期而至呢?

人必须承受生活的压力,这种压力会使人的潜能不致沉睡不醒,可以使人为了生存的需要而去努力奋斗。如果一个人养尊处优,那么他就很有可能望着他那一生也享不尽的财富而不去努力工作。只有那些近乎一无所有的人,才深知除了奋斗就没有第二条道路可走。幸运之神偏爱这些奋斗者,必定赐予和他们努力对等的成功。

优秀的人都不抱怨

优秀的人之所以优秀,就在于他们能承受磨难,而不是抱怨磨难。最好的才干诞生于烈焰,诞生于砺石之上的磨炼。奥里森·马登说:"磨难并不是我们的仇人,而是我们的恩人。正是磨难使我们奋力前行的力量得以增强。这就好像那些橡树,经过千百次暴风雨的洗礼,非但不会折断,反而愈见挺拔。在克里米亚的一场战争中,有一枚炮弹毁灭了一座美丽的花园,弹坑却流出泉水,成了一眼著名的喷泉。这对经历磨难的人而言不啻是一个谶语。"

许多人不到穷途末路的境地，就不会发现自己的力量，而灾祸的折磨反而使他们发现真我。磨难也是一样，它犹如凿子和锤子，能够把生命雕琢出力与美来。磨难会激发人的潜力，唤醒沉睡着的雄狮，引人走上成功的道路，如同河蚌能将体内的泥沙化成珍珠一样。

牢狱生活能唤起真正的勇士心中沉睡的火焰。在马德里的监狱里，塞万提斯写出了著名的《堂吉诃德》；《鲁滨孙漂流记》一书诞生在牢狱中；一部《圣游记》也诞生在贝德福德的监狱中；瓦尔德·罗利爵士那著名的《世界历史》，也是在他被困监狱的13年当中写成的。马丁·路德被监禁的时候，把《圣经》译成德文。另外，但丁在他被放逐的20年中，仍然孜孜不倦地创作；约瑟尝尽了地坑和暗牢的痛苦，终于做到了埃及的宰相。

塞万提斯在监狱里穷困潦倒，甚至连稿纸也无力购买，只好在小块的皮革上写作。有人劝一位富裕的西班牙人来资助他，可是那位富翁答道："上帝禁止我去接济他的生活，他唯因贫穷才使世界富有。"

音乐家贝多芬在两耳失聪、穷困潦倒之时，创作了最伟大的乐章。席勒病魔缠身15年，却在这一时期写就了最辉煌的著作。弥尔顿就是在他双目失明、贫困交加之时，写下他最著名的作品。也许正是因为如此，有人甚至说："如果可能，我宁愿祈祷更多的磨难降临到我的身上。"

一个年轻人，原来家境非常贫寒，常被那些家境富裕的同学取笑。在同学们的讥笑中，他立志要做出一番轰轰烈烈的事业来。后来，这个青年果然取得了成功。他说，自己在上学时所受到的各种讥笑是对他最好的磨砺。

近于绝望的境地最能激发人潜伏着的力量；没有这种经历，人们便难以显露真正的力量。很多成功人士都把自己所取得的成就归功于生理的障碍和奋斗的苦难。有人说，如果没有那障碍与苦难的刺激，他们也许只会发掘出他们1%的才能。足够的刺激可以使这一比例扩大5倍以上。

恩格斯说，不幸是一所伟大的学校。此话极深刻。世界上只有一种不幸比任何不幸都不幸，那就是一辈子从未遇到过不幸。尽管谁都不愿意遇到逆境，但能让人变得聪明、成熟一点的办法只能是挫折、逆境，而不是其他。因此，你确实应该把逆境当作上天的恩赐，愉快地接受下来。到你老了的时候，莫说平庸的日子难于回忆得起，就是那些鲜花似海和掌声如雷的岁月也远没有遭受的挫折更值得回味。不信你看，说书唱戏哪个讲的不是困难、问题、挫折、斗争呢？四平八稳，一壶白开水肯定会乏味的。

不放弃就不算输

海明威的名著《老人与海》里面有这样一句话："英雄可以被毁灭，但是不能被击败。"

尼采说过这样一句名言："受苦的人，没有悲观的权利。"

英雄的肉体可以被毁灭，但是精神和斗志不能被击败。受苦的人，因为要克服困境，所以不但不能悲观，而且要比别人更积极。在冰天雪地中历险的人，也都知道，凡是在中途说"我撑不下去了，让我躺下来喘口气"的同伴，必然很快就会死亡，因为当他不再走、不再动，他就会很快被冻死。

在事业的战场上，我们不但要有跌倒之后再爬起来的毅力，拾起武器再战的勇气，而且从被击败的一刻，就要开始新的奋斗，甚至不允许自己倒下，不准许自己悲观。那么，我们就不是彻底输，只是暂时地"没有赢"罢了。

有位外资企业老总的办公室里，各种豪华的摆设、考究的地毯、忙进忙出的员工似乎在告诉参观的人，他的公司成就非凡。殊不知这位老总成功的背后，却藏着鲜为人知的辛酸史。他创业之初的头半年，就把所有存款都用光了。他因为付不起房租，一连几个月都以办公室为家。他因为坚持实现自己的理想，而拒绝了几家跨国企业的高薪诚聘。他曾被顾客拒绝过、冷落过，但欢迎他、尊敬他的客户和拒绝过、冷落他的客户几乎同样多。

8年艰苦卓绝的努力，他没有一句抱怨，他反而对手下员工们说："我还在学习啊。这是一种无形的、捉摸不定的生意，竞争很激烈，实在不好做，但不管怎样，我还是要继续学下去。"有一位员工看到他的老总清瘦但刚毅的面容，忍不住问："这几年来您感到过疲倦吗？"他大笑，说："没有，我不觉得辛苦，反而认为是受用无穷的经验。"

这是一个成功者平常心深刻的再现，他认真、踏实、肯干。我们完全有理由相信，彪炳的功业，无一不受过无情地打击，只是这些成功者能坚持到底，终于获得辉煌成果。

天底下没有不劳而获的果实，如果能利用种种困难与失败，绝不轻言放弃，使你更上一层楼，那么一定可以达到成功。

不管做什么事，只要放弃了，就没有成功的机会；不放弃，就会一直拥有成功的希望。

如果你有99%想要成功的欲望，却有1%想要放弃的念头，这样只能与成功无缘。

遇到困难，有的人在1个月之后放弃，在2个月之后放弃，在3个月之后放弃……这些人抱着这样的习惯和态度，是不可能成功的。因为，放弃本身也是一种习惯；放弃，代表你对困难的恐惧，对成功的恐惧。

不要因困难而变成一位抱怨的懦夫。当你尽了最大的努力还没有成功时，不要放弃，只要开始另一个计划就行了。

希腊一位名叫戴莫森的演说家，在他小时候，由于口吃、说话吐字不清晰而感到羞于见人。戴莫森的父亲留下一块土地，希望儿子富裕起来。然而，希腊当时有一条法律规定，某人在向社会公众声明土地所有权之前，首先要在公开的辩论中战胜所有人，否则，他的土地就会被没收，由政府公开拍卖。口吃，加上性格内向，戴莫森在辩论赛中败下阵来，失去了那块土地的所有权。在这次事件的严重刺激下，戴莫森认识到，失败很难使人坚持下去，而只要不放弃，成功就容易继续下去。从此他发奋努力，创造了希腊有史以来的演讲高潮。戴莫森成功了，他从此受到许多有同样口吃的老人、青年和孩子的崇拜。

拿破仑·希尔说，在放弃所控制的地方，是不可能取得任何有价值的成就的。轻言放弃是意志的地牢，它跑进里面躲藏起来，企图在里面隐居。放弃带来迷信，而迷信是一把短剑，伪善者用它来刺杀灵魂。

不管你做什么事情，如果你选对了行业，如果你切实渴望成功，只要你不放弃，就会到达成功的彼岸，幸福女神就会垂青于你。

有的人为了自己的梦想，可以坚持1年、2年，甚至10年、20年，有的人则能够坚持一辈子，至死不渝，在他们眼里，想要成功就不能放弃，放弃就一定不会成功。

你若不是逼迫自己走向失败、悲哀，就是正引导着自己攀向成功的最高峰，这完全取决于你如何去做，如何去想。如果你要求自己获得成功，并采取明智的行动，那么，你定会获得成功。

比别人更努力

如果问沃尔玛百货公司的董事长山姆·沃尔顿成功是什么，他会说："比别人更努力。"

如果问世界豪富保罗·盖蒂成功是什么，他会说："比别人更努力。"

如果问微软公司总裁比尔·盖茨成功是什么，他会说："比别人更努力，然后找一群努力的人一起来工作。"

如果问每个成功的人士成功是什么，他们都会说："比别人更努力。"

努力是成功的捷径，而且是成功必须付出的代价。要想比别人优秀，就要比别人更努力。

每一个成功者都是非常努力的，成功者有成功的方法，可是成功者一定是努力的。

一个伟大的艺术家要成就一件传世之作，不知道要吃多少苦头，不知道要经历过多少年的磨炼；一个作家要成就一部优秀的作品，不经过几番痛苦的思考是写不出来的；一支部队要赢得一场战役的胜利，就必须做出巨大的牺牲。这些画家、作家和战士，都是用艰苦的努力和辛勤的汗水铸就荣誉的桂冠。

奈迪·考麦奈西是第一个在奥林匹克体操比赛中获得满分的运动员。他说："我常对自己说，我一定能做得更好。要成为奥林匹克的冠军，你就得有不凡的地方，要比别人更吃得了苦。我不要过普通而平庸的生活，所以给自己确立的生活准则是：'不要想过简单容易的生活，而要追求做一个坚强有实力的人。'"

真正的冠军都明白，不论有多么充分的借口，任何失败都是自己懒惰的后果。

"当一个人觉得不满意、不舒服和受折磨的时候，他才会得到最好的磨炼，"另一位金牌选手彼特·维德玛这样说，"每天，我都会把准备在体育馆里完成的项目列出清单，不管要花多少时间，没有把这些项目完成，我绝对不会离开。我每天的生活目标就是这样，只要走出体育馆，我都可以说今天已经尽力了。"

人才是磨炼出来的，人的生命具有无限的韧性和耐力，只要你始终如一、脚踏实地做下去，无论在怎样的处境，都不放松自我，不自暴自弃，你便可以创造出令自己和他人都震惊的成就。

"跬步不休，跛鳖千里"，跛脚的鳖也能走到千里之外，因它总是不懈地向前走；"佛许众生愿，心坚石也穿"，态度坚决可以穿透顽石，足见心力的神奇。

成功的人永远比一般人做得更多，当一般人放弃的时候，他们总是在寻找如何自我改进的方法，他们总是希望更有活力，产生更大的行动力。有的人每天吃过量的饭，睡过头的觉，不做运动，不学习，不成长，每天都在抱怨，这又哪儿来的行动力？记住成功永远不在于一个人知道了多少，而在于采取了什么行动去做。

所有的知识必须化为行动，因为只有行动才有力量。

我们是凡人，生命不是无限的，不可能放弃自己的一切去听从别人的想法，由他操纵我们的一生。否则，到一定的时候，我们就会悔恨自己，也埋怨他人。与其如此，不如从现在开始就学会去计划自己的生活。

还等待什么呢？

第十二章

与其抱怨，不如主动改变

没有一种生活是完美的，也没有一种生活会让一个人完全满意。如果抱怨成了习惯，就像搬起石头砸自己的脚，于人无益，于己不利，生活就成了牢笼一般，处处不顺，处处不满；但是当我们做出改变的时候，就会发现，自由地生活着，本身就是最大的幸福，哪会有那么多的抱怨呢？

抱怨不如改变

如果你想抱怨，生活中一切都会成为你抱怨的对象；如果你不抱怨，生活中的一切都不会让你抱怨。一味地抱怨不但于事无补，有时还会使事情变得更遭。

有这样一个故事：画家列宾和他的朋友在雪后去散步，他的朋友瞥见路边有一片污渍，显然是狗留下的尿迹，就顺便用靴尖挑起雪和泥土把它覆盖了，没想到列宾对他说："几天来我总是到这来欣赏这一片美丽的琥珀色。"在生活中，当我们一直埋怨别人给我们带来不快，或抱怨生活不如意时，想想那片狗留下的尿迹，其实，它是"污渍"，还是"一片美丽的琥珀色"，都取决于你自己的心态。

不要抱怨你的专业不好，不要抱怨你的学校不好，不要抱怨你住在破宿舍里，不要抱怨你的男人穷或你的女人丑，不要抱怨你没有一个好爸爸，不要抱怨你的工作差、工资少，不要抱怨你空怀一身绝技没人赏识你。现实有太多的不如意，就

158

算生活给你的是垃圾，你同样能把垃圾踩在脚底下，登上世界之巅。

抱怨，是一件随时都会发生的事情。早上起床晚了，抱怨的人会想"唉！又要扣工资了"，不抱怨的人会想"是不是我太累了，是该找个时间好好休息一下了"；路上走路，与别人撞了一下，抱怨的人会想"没长眼睛啊"，不抱怨的人可能根本就没意识到，最多会想"他也不是故意的"；到了公司，有个同事对面走过连个招呼也没打，抱怨的人会想"对我有意见？我还懒得理你呢"，不抱怨的人可能想都没想，最多会想"他也是想着做事，没留神"；工作上辛辛苦苦完成了一个任务，自认为无可挑剔，哪知交上去了才发现还有个小错误，抱怨的人会想"为什么事先没想到啊，真是白辛苦了"，不抱怨的人会想"我这么小心还是有疏漏，下次要吸取教训，要更加小心了"；喝口水呛着了，抱怨的人会想"怎么这么倒霉，喝水都要找我麻烦"，不抱怨的人会想"现在有点急躁了，沉稳一点"；吃饭咬到沙子，抱怨的人会想"谁洗的米，沙子都不去掉"，不抱怨的人会想"有沙子是正常的，怪我不小心没看到"；下班了，领导说大家留一下，晚上要开会，抱怨的人会想"又开会，怎么不在工作时间开啊？我女朋友的约会怎么办"，不抱怨的人会想"原来这就是鱼与熊掌不可兼得也"；晚上回到家，累得不行，抱怨的人会想"为什么生活会这么累啊"，不抱怨的会想"又过一天了，今天还真有不少收获，现在马上好好休息，明天还要好好工作"……

为什么抱怨的人会说活得这么累，因为他只看到了自己的付出，而没有看到自己的所得；而不抱怨的人即使真的很累，也不会埋怨生活，因为他知道，失与得总是同在的，一想到自己获得了那么多，他就会感到高兴。

没有一种生活是完美的，也没有一种生活会让一个人完全满意。如果抱怨成了习惯，就像搬起石头砸自己的脚，于人无益，于己不利，生活就成了牢笼一般，处处不顺，处处不满；反之，则会明白，自由地生活着，本身就是最大的幸福，哪会有那么多的抱怨呢？

不要害怕改变

每个人都希望自己能够得到上司的欣赏，得到同事的尊重；都希望自己的想法能够得到别人的肯定与重视。是的，人都是希望自己在他人的心目中是有分量的，在自己所从事的领域有分量。但是很多时候，这个分量并不是别人给你的，而是你自己为自己争取的。一个人如果总是很自卑，觉得自己的想法肯定不会得到别人的认可，那么他就没有勇气向别人去表达自己的看法。久而久之，别人就会把他当成是一个没有主见的人，也不会有人再去询问他的看法与观点。如果一个人很自信，或者说很看重自己，在一些事情上能够说出自己的独到见解，这会让周围的人形成一个良好的印象，时间久了，大家也就会越来越重视他的看法。

所以，自己的分量是由自己来决定的。任何时候，都不要看轻自己，一个不懂爱自己的人怎么能得到别人的爱呢？往往只有自信的人才更容易得到别人的尊重和重视。

有一个寓言故事能让我们有所收获。

有一天，龙王与青蛙在海滨相遇，打过招呼后，青蛙问龙王："大王，你的住处是什么样的？"龙王说："珍珠砌筑的宫殿，贝壳筑成的阙楼；屋檐华丽而有气派，厅柱坚实而又漂亮。"龙王说完，问青蛙："你呢？你的住处如何？"青蛙说："我的住处绿藓似毡，娇草如茵，清泉汩汩，白石映天。"说完，青蛙又向龙王提出一个问题："你高兴时如何？发怒时又怎样？"龙王说："我若高兴，就普降甘露，让大地滋润，使五谷丰登；若发怒，则先吹风暴，继而打闪放电，让千里以内寸草不留。那么，你呢？"青蛙说："我高兴时，就面对清风朗月，呱呱地叫上一通；发怒时，先瞪眼睛，再鼓肚皮，最后气消肚瘪，万事了结。"

龙王的龙宫自然是令人羡慕的，豪华气派，青蛙自然不会有这样的环境，但是青蛙并没有因此觉得自己的环境就是不好的，就一味地去羡慕龙王，相反，它表现了自己的自信，让龙王看来它生活地同样快乐，居住的同样舒服。这就是劝解人们，人都是生而平等的，无论你贫穷或是富有，都不应该看不起自己或者看不起别人。但是在现实生活中有很多人总是顾影自怜，觉得自己什么都比不上别人，总是一副自卑的样子，这样的人怎么能得到别人的尊重。记住鲁迅的那句话吧——"不要把自己看成别人的阿斗，也不要把别人看成自己的阿斗！"

自卑的人往往很爱慕虚荣，害怕被别人瞧不起，所以总是会想尽办法让自己看起来高贵，看起来上档次，这样的人往往更容易让自己陷入困难的境地。

还记得《项链》中的马格丽特吗？那是怎样虚荣的一个女人啊！为了去参加一个舞会，向朋友借来了一条所谓的钻石项链，就是希望自己能够不被人看不起，的确，那天晚上她成了众人瞩目的焦点，但是一夜的狂欢之后发现自己把那条"昂贵"的项链丢了，这对本来就不富裕的家庭来说无异于雪上加霜，所以她付出了自己最宝贵的青春年华来偿债，当终于还清了债务的时候，她却得知自己最初借到的项链是假的，根本不值多少钱。这样的结局多么具有讽刺意味啊！

她根本不懂得人的高贵和分量岂是一条项链带来的？能不能让自己有分量更关键的是自己的态度，自己把自己定位在一个什么样的位置上。富裕的生活的确让人羡慕，因为可以做到很多穷人无法做到的事情，但是不富裕的生活就没有乐趣可言了吗？就不能得到别人的尊重吗？没有必要为了满足自己的虚荣心去刻意做自己根本没有能力做到的事情，只要自己自立、自强，生活得坦荡，即使是贫穷

一些也不会有人看不起你。只要你自己能够看得起自己，只要你愿意为了自己的生活去努力，去拼搏，这就足够了。

一个人只有看重自己的分量，别人才会同样看得起你，所以一个人无论能力大小、地位高低、条件好坏、都应该有充分的自信，而不应该自感低人一等，这种平等观念是每个人都应具备的。

态度决定命运

有人问3个砌砖的工人："你们在做什么呢？"

第一个工人没好气地嘀咕："你没看见吗，我正在砌墙啊。"

第二个工人有气无力地说："嗨，我正在做一项每小时9美元的工作呢。"

第三个工人哼着小调，欢快地说："我正在建造这世界上最伟大的教堂！"

我们不妨设想一下他们三位的命运，前两位继续在砌着他们砖，因为他们没有远见，不重视自己的工作，不会去追求更大的成就。但那位认为自己在建造世界上最伟大的教堂的工人，一定不会永远是个砌砖的工人，也许他已经变成了承包商，甚至变成了很有名气的建筑设计师，说不定他还会继续向上发展。因为他善于思考，他当时对于工作的热情已经明显地表现出他想更上一层楼。

你可能很不喜欢你眼下的工作，你从工作中得不到丝毫的乐趣，但这并不是老板或单位领导的错。老板没有逼着你来他的公司上班，领导也没有强迫你在他的手下吃饭。当初，是你主动应聘到了这家公司；或者，是你托了关系好不容易才挤进了这家单位。你的历史，是你自己写成的。

老板待你很刻薄，领导压根儿就没把你当人才看，那么，你就炒他们的鱿鱼好啦。如果你不想炒他们的鱿鱼，就说明他们可能还没你说得那么可怕，那么需要改变的是你自己。

一个人的做事态度决定他一生的成就。你的工作，就是你生命的投影。它的美与丑、可爱与可憎，全操纵于你的手中。一个天性乐观、对人生充满热忱的人，无论他眼下是在洗马桶、挖土方、或者是在经营着一家大公司，都会认为自己的工作是一项神圣的天职，并怀着深厚的兴趣。对所干的事充满热忱的人，不论遇到多少艰难险阻，哪怕是洗一辈子马桶，也要做个最优秀的洗马桶人。

有时候我们应该站在老板或领导的角度换位思考一下，你挣人家的钱，拿人家的薪水就得给人家一个交代。这是作为一个人最起码的职业素养，也是良心与道德的问题。如果你的员工偷懒懈怠，你有何感想？再从自己的角度想一想，如果你想做一番事业，那就应该把眼下的工作当作自己的事业，应该有非做不可的使命感。你也许认为自己志向远大，要做轰轰烈烈的大事，而不适合做这些具体、琐碎的小事，可是你有没有想过，如果你连这些琐碎、具体的事情都做不好，你又怎么可能去做轰轰烈烈的大事呢？

假如你对你所做的事是出于被动而非主动的，像奴隶在主人的皮鞭督促之下一样；假使你对你所做的事感觉到厌恶，没有热忱和爱好之心，不能成为一种喜爱，而只觉得其为一种苦役，那你在这个世界上一定不会有很大作为。

一位中年人走进一家袜子店，一个年纪不到17岁的少年店员迎面询问到："先生，您要什么？"

"我想买双短袜。"中年人看到这位少年眼睛闪着光芒，话语里含着激情。"您是否知道您来到的是世界上最好的袜店？"中年人一愣，发觉自己从来就没有思考过这个问题，因为他的需求仅仅是一双短袜，走进这家商店纯粹就是一种偶然。

少年从货架上抱下一只只盒子，把里面的袜子展现在中年人的面前，让他鉴赏。"等等，小伙子，我只买一双。"中年人有意提醒他。"这我知道，"少年说，"不过，我想让您看看这些袜子有多美，多漂亮，真是好看极了！"

少年的脸上洋溢着庄严而神圣的狂喜，像是在向中年人宣讲他所信奉的宗教的玄理。中年人立刻对这个少年产生了兴趣，把买袜子的事情抛于脑后。他略犹豫了一下，然后对少年说："我的朋友，如果你能一直保持这样的热情，如果这份热情不只是因为你感到惊奇，或因为得到了一个新工作——如果你能天天如此，把这种热心和激情保持下去，不到10年，你会成为著名的短袜大王。"

不管你的工作是怎样的卑微，你都应当以一种艺术家的精神投入其中。世界上没有卑微的工作，只有卑微的工作态度。只要全力以赴地去做，再卑微的工作也会变成最出色的工作，就像希尔顿说的那样："世界上没有卑微的职业，只有卑微的人。"

这就是问题的症结。如果你只把目光停留在工作本身，那么即使从事你最喜欢的工作，你依然无法持久地保持对工作的热情，而如果在拟定合同时你想的是一个几百万的订单，搜集资料、撰写标书时你想到的是招标会上的夺冠，你还会认为自己的工作百无聊赖、枯燥无味吗？

工作满意的秘密之一就是能"看到超越日常工作的东西"。一旦心情愉快起来，就会全身心投入，本来你觉得乏味无比的事情就会变得妙趣横生。这正是工作的本质所在。

假使你决意做每一件事，都能竭尽全力，你对工作就不会产生厌恶或痛苦的感觉。一切全视你的精神和你的态度，充沛的精神可以使最卑微的工作变得趣味横生，颓废的精神可以使人对于最高尚的事务产生厌恶的感觉。

通用公司的人力资源负责人曾经这样说："我们在分析应征者能不能适合某项工作时，经常要考虑他对目前工作的态度。如果他认为自己目前的工作很重要，我们就会觉得他很重要，即使他对目前的工作不满也没有关系。这个道理很简单，如果他认为他目前的工作很重要，他对下一项工作也可能抱着'我以工作成就为荣'的态度。我们发现，一个人的工作态度跟他的工作效率确实有很密切的关系。"

就像你的仪表一样，你的工作态度，也会对你的领导、同事、部属以及你所接触的每一个人表现出你的内心世界，你的价值取向。

这也就是说，你认为你是怎样的人，你就会变成怎样的人。因为你的思想不知不觉会使你变成你所想的那样，你对工作没有热情，表现得很消极，那你就不可能在工作上取得任何成就。如果你认为你很虚弱，你的条件不足，会失败等，这些想法会注定让你平平庸庸地过一辈子。

反过来，你如果认为自己很重要，有足够的条件，是第一流的人才，自己的工作也确实很重要，那么你很快就会迈上成功之路。

保持积极的心态

在今天这个瞬息万变的时代里，人们对人才的定义已经发生了很大的变化，因为在现代化的企业中，有更多的人享有决策的权力，有更多的人必须在思考中不断创新，也有更多的人有足够的空间来决定要做什么和怎么做。大多数人的工作不再是机械式的重复劳动，而是独立思考、自主决策的复杂过程。著名的管理学家彼得·德鲁克曾指出："未来的历史学家会说，这个世纪最重要的事情不是技术或网络的革新，而是人类生存状况的重大改变。在这个世纪里，人将拥有更多的选择，他们必须积极地管理自己。"所以，今天大多数优秀的企业对人才的期望是：积极主动、充满热情、灵活自信。

保持一颗积极乐观、充满热情的心有时候能扭转乾坤，让生命出现转折的奇迹。一个人如果有高度的热情，积极的心态，必胜的信念，那么还有什么他办不到的呢？世界只会为那些积极的、乐观的人敞开绿灯，使他们的事业有更快的加速度。所以说成功者的必备便是一种积极的心态，他乐观的面对人生，所以成功与他的距离便比别人稍短一点。对于大部分人而言，他们在平时确实是乐观的，上进的，但是唯一不足的是：关键时刻掉链子。每当关键的环节时，他们便失去了往日的自信、热情和积极，于是大部分人总是与成功擦肩而过，他们真的是与成功很近了，但是总是距离那么一点点。

积极的心态要保持在每一个时刻,坚持住你就有成功。你或许不信,难道心态这个东西真的如所说的这般神奇吗?从下面这个小故事,你便可以形象地看到积极的人生态度和消极的人生态度到底有什么区别。

农业自动化机械厂生产出了一种新的农场机器,为了扩大市场,他们先后分别派出了两名员工去一个农场推销新设备。最先去的这名员工工作态度认真,也很勤劳,唯独心态不好,总是悲观地看待自己的工作和人生。当他来到这家农场后,看到这里的农民都是靠人工在田里种植和收割,于是非常失望。他想,这里的农民是不会买我的设备的,他们都靠自己的人力来完成,看来我又是白来一趟了,真倒霉。于是他一句话都没有说出来,就扫兴而归,写了一份推销失败的报告交上去了。上级一看,非常奇怪,心想,如此先进而又省时的机器,竟然没有推销出一台,不可能吧?于是他重新派遣了一名员工再次去那个农场去推销,这位员工是公司的金牌推销员,积极而又上进,一流的口才,几乎没有什么能够难得住他。当他来到农场一看,立刻展颜而笑:太好了,简直是太顺利的推销过程了。这家农场居然都是人力做工,这下不但可以推销出这种新设备,就连其他一些设备也可以展现给他们使用阿。于是他把农场所有的农民都聚集起来,满面红光的说:"大家好,带给大家一个好消息,你们终于可以不这么辛苦劳作了,安装上这种设备,在同样的时间内,你们仅仅花费以前1/10的力气,但是绝对能够收获10倍的成果!"很快大家被他的情绪调动起来,纷纷尝试这种新设备的神奇效力,结果这批新设备在这个农场打开了非常好的销路。

两种不同的心态,却导致了截然不同的结果。在同样一个农场中,同样的一批客户,同样的一种产品,仅仅由于一个心态的差异,却导致了一个不战而败,一个大获全胜。生活中的很多事情就是这个例子的翻版。很多失败的原因或许与客观条件无关,而仅仅是主观心态有问题。消极的心态多半导致不战而败,没有开始就已经宣告了失败的结局。"我能行"已经成为越来越多成功人士的口头禅,这不仅仅是一种自信,更是一种积极心态的表现。一个积极的人,总能看到充满希望的未来,总能看到美好的事情,总有更大的动力驱使自己前进。请保持一颗积极的心吧,这或许正是你寻找许久的根源。

不要被昨天的事情牵绊

时间是往前走的,我们也不能因为有了辉煌的昨天就忘记了明天的跋涉,已经取得的成就或者已经遭受的损失都是过去的事情了,要学会忘记过去,让自己

重新开始,整装出发,抓住今天才是最关键的。

被世人尊称为"现代管理之父"的彼德·杜拉克曾说过一句很重要的话:管理者要集中精力做好一件事,一条原则是不让"昨天"影响"今天",将不再具有生产性的"昨天"甩掉。

过去的始终是过去的,没有必要沉溺其中,无论过去你怎么优秀,如果不能继续努力,最终还是只能平庸过完一生;无论过去你怎么不顺利,只要你愿意努力,坚持自己的梦想,今天总会比昨天进一步,相信明天的你将比今天更加优秀。

综观芸芸众生,有谁能一生都活得春风得意,一帆风顺,无波无澜?没有。成人世界的背后总有残缺,命运就如一叶颠簸于海上的小舟,时刻会遭受波涛无情的袭击。"万事如意"只不过是美好的祝福而已,在活生生的现实面前它显得总是如此苍白无力。因此,我们应学会忘记,忘记过去生活中不如意的事带给我们的阴影。只要退一步想一想,给人类带来光明的太阳也有黑子,给我们以阴柔之美的月亮也有阴晴圆缺,我们就能渐渐忘记昨天生活给我们带来的阴影,坦然地面对今天的太阳,微笑地迎接明天的生活。

疯狂英语的创始人李阳先生,现在可以说成为了英语学习的代言人,他练就的一口纯正英语是天生的吗?答案当然是否定的。他在高中时候的学习成绩并不理想,甚至有过退学的念头,上了大学之后,他在大一大二也多次补考英语。面对这种情况,很多人都会选择放弃,因为他会觉得自己就是不行,以前一直都不好,以后怎么会学好呢?所以总是会怀疑自己,其实就是走不出自己过去的阴影。如果他不能从以前的阴影中走出来,他能成为今天的李阳吗?李阳曾说他的家庭教育是打击式的,家长会说他这不行那不行,这肯定会给自己的自信心造成很大的影响,然而,李阳没有被过去的不理想牵绊,反而更成了他前进的动力。他不会把自己当成一个英语很弱的人来看自己,他只会往前看,把自己的努力放在每天的疯狂练习中,所以,在大一大二英语还是弱科的他,大四的时候已经开始出入各种场合做起翻译了。这是怎么做到的?他的努力自然是最关键的因素,但是如果他没有彻底抛开过去的失意,他的成功也许会来的很晚。

李阳小时候是一个性格非常内向的人,不敢和别人交流,能去买一瓶酱油就是很成功的事了,当多年以后,他成为了一位善于与别人交流的大家,他的父母看到他的表现都会很惊讶地问:"那是李阳吗?"

李阳从一个性格内向的人,变成了今天可以在上万人面前流利地说英语,传授自己的疯狂英语,这样的转变不是很大吗?如果从他小时候的性格来看,谁能相信他会成为今天的李阳呢?这就说明了今天的你完全可以彻底颠覆昨天的形象,只要你愿意去改变,只要你不被昨天牵绊。

不要被昨天的事情牵绊。或许,昨天的事情可能在我们心里留下了深深的烙

印，或者使我们对一切有了固执地认识，昨天那些不能忘却的点滴，让我们对生活的态度偏离了方向，迷惑了原本最真实的感觉，我们的思想不再清澈了，不再有勇气站在那里纯粹地微笑，情真意切地去做感动别人的事情了。不要跟昨天过不去了，不要再揪住昨天的自己不放了。当亮丽的思想在今天被打开时，我们会说，原来昨天也会是一段历史，发生过的一切事情其实已经变得不再重要了。我们在和自己的较量中成长起来了，在心灵那个最大的战场上，我们闯了过来。如果一味沉醉于昨天的成功或昨天的失败，我们便很可能会输掉今天的努力。

心态归零，坚持改善

有一个篮球明星，曾经红极一时，后来沦落到一家洗车店里打工。老板要求他在擦车时摘下冠军戒指，以免将车划伤，但遭到了他的拒绝。他说，那枚戒指是他剩下的唯一荣耀，如果把它拿走，他就会崩溃。结果他被洗车店解雇了。

有一个股民，一开始的时候几乎没有什么钱，后来炒股发了家，就对此神魂颠倒，但是一次选择失误，所有的钱被套住，他又回到了起步时候的情况，情绪失控就跳楼自杀了。

有一个老板，自己创业，白手起家，企业做得很大，但是一次决策失误，企业一下轰然倒下，老板们无法面对这种情况，觉得自己无法再过普通人的生活，便意志消沉地混起日子，最后郁郁而终。

上面这三个人经历不同，但有一个共性，就是成功了一次之后，再成功第二次却很难。让他们回到起跑线上，心态上便承受不了了，总是还停留在过去的成功之中。

这些人的缺少一种叫做"归零"的心态。什么是归零心态呢？就是无论你现在是底层员工，还是公司老板，永远把自己放在一个很低的位置上，一切从零开始，永不满足自己的现状。

为什么惠普女总裁卡莉·菲奥莉娜说过"惠普离破产还有12个月"？为什么三星总裁李健熙说过"除了妻儿，什么都要变"？这些企业家给我们的启示是，如果你的心态不归零，始终觉得自己足够好了，那你就很容易被竞争所击败。

瓦雷让是法国西部的一个著名商学院的学生，在校期间，非常活跃，表现也十分优秀。不过，最近他的工作让他十分郁闷。他觉得，他所从事的工作和当初的想象差别太大了，这不是他希望的工作，他要寻求改变。

"经理，我感到这份工作和我当初的想法有些差距，这不是我希望的工作，我要辞职。"周一的早晨，瓦雷让把自己的辞职信放在了总经理的办公桌上，一脸的

沉重。

"哦？你当初怎么想的，现在又是在做些什么呢？"总经理说。

"我觉得，我的能力可以承担更大的责任，而不仅仅是这些琐碎的日常工作。"瓦雷让说。

"嗯。不错，小伙子。你很有潜力，但你应该正视你的缺点。我来告诉你，昨天你给我的市场研究报告，总共有12处错误，很多错误都是致命的。你知道这些错误是什么么？"总经理问瓦雷让。

"怎么可能？那可是我费了很大的力气完成的。"瓦雷让说。

"瓦雷让，你现在的错误，可以由我来给你修改，如果我有错误的话，就会直接给公司带来损失。你知道咱俩换换职位会有什么结果么？手中的事情都做不好，怎能去承担更大的责任？瓦雷让，我明白你的想法。你在大学校园里，呼风唤雨，风光无限；到了公司，你就是一个新兵，是一个普普通通的员工，你的能力可以在平时工作中体现。到了一个新的环境，你就需要有新的心态。初入职场，你必须忘掉校园里的表现，无论是优秀的，还是糟糕的。把你的心态归零，是你顺利工作的第一步。你的辞职信暂时放在我这里，如果你在明天上午之前，还是坚持你的想法的话，我可以答应你的要求。"总经理说。

"经理，对不起。我想我应该收回我的辞职信。"瓦雷让说。

很多的研究生、博士生，像瓦雷让一样"出身名门"，在大学里也是有口皆碑的好学生，但是到企业里面却吃不开，甚至找不到工作。因为这些人从一毕业就没有把自己的姿态放低，不能接受从底层认认真真地做事情，总是以为自己就应该获得重用，事实上他们还差得很远。

如果你也遇到了这样的问题，不要抱怨你的老板对你的才能视而不见，把心态归零，从小事做起，总会有一天，你的老板会说你既有才华又值得信赖，交给你更多的责任。

另外有很多老员工，他们在公司拼搏了很多年，帮助企业取得了发展，有的人还是企业的"开国元勋"。但是企业发展好了，这些人反倒满足于现状，抱着"吃老本"的心态混在公司，稍有不如意，就摆出老资格的姿态发脾气，增加了企业管理上的难度，变相增加了管理成本。结果企业不是越做越好，反而越做越差。

还有一些精英，有着多年的行业经验、出众的个人能力、卓越的业绩以及良好的业界口碑，被企业挖去做经理人。但是，过去只能意味着结束，如果过于看中过去，过去也就成了包袱。也许正是这样，太多不适应新环境，临场发挥失常的职业经理人，最后抱憾离去。

这些人都没有很好的做到心态归零，所以他们只能取得暂时的成功，却无法将小的成功变成大的成就，不能让自己从优秀走向卓越。

心态归零，是为了更好地前进，为了取得更大的成功。心态的每次归零都将是一个自我完善的过程，一个自我提高的机会。让我们时刻保持清醒的头脑，为下次进攻做更好的准备。我们时刻会面临着新的工作环境，会遇到新的问题，这意味着我们过去的辉煌已经结束，必须时刻为新的开始做好准备。

如何做到归零心态呢？就是把每一天都当作崭新的开始，把自己的姿态放到最低，坚持不懈地改善。永远不要去想你已经有多好，而是眼光紧盯你下一阶段的更大的目标。永远不要去想别人有哪些缺点，而是想自己还有哪些不足。

商业环境日新月异，当别人都在拼命进步的时候，你还在"原地踏步"的话，等于把机遇拱手让给了别人。如何让成功从一句空话变成现实？答案就是：心态归零，坚持不懈地改善。

面对挫折不气馁

一场大火，把实验室烧成一片瓦砾。爱迪生研究有声电影的所有资料和样板被烧成灰烬。他的老伴难过得哭了出来："多少年的心血，叫一场火烧了个精光。而今你已年迈力衰，这可怎么办啊！"爱迪生也很伤心，但他决不会由此趴下。发明电灯时，他就先后试验了7 600多种材料，失败了8 000多次，仍不气馁，终于获得成功。眼下这场火灾也同样不能使他后退。爱迪生对老伴说："不要紧，别看我67岁了，可是我并不老。从明天早晨起，一切都将重新开始。"

你才多少岁？17岁，27岁，37岁？遇到挫折的时候有这种豪情和勇气吗？"一切都将重新开始"，多么简单的一句话，却有千钧重。什么时候你能够举重若轻地说出这句话，就是你可以坦然面对失败之时。

19世纪法国著名的科幻小说家儒勒·凡尔纳第一部作品《气球上的五星期》一连投了15家出版社，均不被赏识，第16次投稿才被接受；美国作家杰克·伦敦最初投稿，也没有一家出版社愿意发表，以致他不得不去干苦力。后来他的《北方故事》被一家有眼力的《西洋月刊》看中，一举成名；丹麦著名童话家安徒生处女作问世，有人知道他是一个鞋匠的儿子，即攻击他的作品"别字连篇"、"不懂文法"、"不懂修辞"。但他毫不气馁，笔耕不辍，终于成名……

你能够把挫折当动力吗？他们之所以能够不为拒绝和嘲笑所动，是因为他们心中的自信。因为相信自己，所以他们可以把挫折当动力，对未来充满期待。

人生活在这个世界上，本来就不是件容易的事情，尤其是在这样一个竞争如此激烈的现代社会中，所以我们必须要学会承受一些痛苦，一些磨难……在前进的路上,或许暂时会有些疲倦,或许需要稍作调整,但当然要继续走下去,始终相信成功会来临。

追求幸福是每个人的权力,也是与生俱来的责任,生活中所有的不如意或许就是在考验着我们。也许成功和幸福就在身边,但它却像个少女一样,充满羞涩,得到它需要力量,需要永不放弃地去追求,因为一切美好的事物总要努力去追求才能得到。

选择正确就坚持下去

1832年,林肯失业了,这显然使他很伤心,但他下决心要当政治家,当州议员。糟糕的是,他竞选失败了。在一年里遭受两次打击,这对他来说无疑是痛苦的。

接着,林肯着手自己开办企业,可一年不到,这家企业又倒闭了。在以后的17年间,他不得不为偿还企业倒闭时所欠的债务而到处奔波,历尽磨难。

随后,林肯再一次决定参加竞选州议员,这次他成功了。他内心萌发了一丝希望,认为自己的生活有了转机:"可能我可以成功了。"

1835年,他订婚了。但离结婚还差几个月的时候,未婚妻不幸去世。这对他精神上的打击实在太大了,他心力交瘁,数月卧床不起。

1836年,他得了神经衰弱症。

1838年,林肯觉得身体状况良好,于是决定竞选州议会议长,可他失败了。1843年,他又参加竞选美国国会议员,但这次仍然没有成功。

1846年,他又一次参加竞选国会议员,最后终于当选了。2年任期很快过去了,他决定要争取连任。他认为自己作为国会议员表现是出色的,相信选民会继续选举他。但结果很遗憾,他落选了。

因为这次竞选他赔了一大笔钱,林肯申请当本州的土地官员。但州政府把他的申请退了回来,上面指出:"作本州的土地官员要求有卓越的才能和超常的智力,你的申请未能满足这些要求。"接连又是2次失败。

然而林肯没有服输。1854年,他竞选参议员,但失败了;2年后他竞选美国副总统提名,结果被对手击败;又过了2年,他再一次竞选参议员,还是失败了。

林肯尝试了11次,只成功了2次,可他一直没有放弃自己的追求,他一直在做自己生活的主宰。1860年,他当选为美国总统。

和林肯比起来,奥巴马简直太幸运了,他只经历过一次重大挫折。然而,他们的共同点是,如果在挫折之后放弃了,就不能成为总统。姑且不谈林肯的政绩,就冲他这种历尽磨难，仍要坚持挑战挫折的精神，我们就不得不肃然起敬。毕竟，不是谁都可以做到的。

人这一生，谁也逃避不了失败和挫折。摔倒了并不可怕，可怕的是摔倒了之后不肯爬起来，不敢走下去。有太多人做了懦夫，面对困境长吁短叹、愁眉苦脸、茶饭无味、怨天尤人，把失败归咎于命运和社会，最终一事无成。

没有岩石的阻挡，哪能激起美丽的浪花？不要因为曾经有过失败，就以为成功与你无缘，就给自己孜孜以求的梦想画上句号。是对的，就坚持走下去。

你有多么渴望成功

有两个一心渴望成功的年青人，一直在想办法让自己成功。所以他们也经常请教很多身边的成功者，有人让他们请教一位住在海边的哲学家。

第二天，他们两人就开始出发去找寻那位哲人。他们决定两个人各自去请教哲人。

第一天，一位年轻人来到了哲人住处，年轻人表明了来意——请教怎样才能使自己成功的秘诀。哲人什么话也没有说，只是把他带到了海边，一直把他拉进海水中，突然哲人用力把年轻人一头按进水中，年轻人越挣扎哲人越是往水里按，年青人用尽全力终于挣脱了哲人，一边吐着大气，一边盯着哲人。哲人却平静地问年青人："这回你明白了吗？"年轻人一脸迷惑的样子。"如果你渴望成功的心情有现在急切想呼吸这般迫切的话，那么你离成功就不远了"哲人对年轻人说。

第二天，另一位年轻也去找了那位哲人，年轻人表明来意之后，哲人还是没说什么，同样把他带到海边，年轻人以为也要把他拉到水里去了，可这次没有。哲人慢慢地从口袋中掏出一粒珍珠，然后把它丢在沙滩中再让他从中把它拾回来。年轻人很快找到了那颗珍珠放到了哲人手中。接着哲人从沙滩中拾起一粒沙子，又丢进沙滩中再让年轻人去拾回那粒沙子。这回年轻人为难地说："这么多一模一样的沙子，而且那粒又这么小，我怎能找得到呀。""这回你明白吧。想要成功就要努力地成为沙滩中的那颗珍珠，因为你现在还没有成功，是因为你还是千百万中的一粒普通的沙粒，别人看不到你有什么特点和你的亮点，如果你想成功就必须努力地成为像沙滩中的珍珠般夺目，让人一眼能看出你的与众不同。"这就是哲人告诉年轻人的又一种成功的哲学。后来，这两位年轻人，在他们的事业上都有了很大的成就，两人都拥有了自己的公司。

这两个年轻人得到的忠告，正是成功的秘诀。成功是蕴藏于心底的一份强烈

渴望,甚至是一个梦想。你必须对成功有强烈的渴望,才有可能在以后漫长的奋斗过程中保持热情,让自己成长得与众不同。

现实中,很多人都拥有渴望成功的热情,但这热情太短暂,不足以支持你走到最后。想要达到某个目标之前,问问自己,我到底有多渴望成功?

飞人乔丹谁都知道,但是你们可能不知道,乔丹在高中的时候,连高中篮球校队都没有办法录取,他的教练看见他打球后,跟他说:"你这个人有两个问题,第一个呢,篮球技术不太好,第二个呢,你的身高只有一米七零。实在太矮了,以后不可能打大学篮球。更不可能进入NBA。"乔丹听了这两句话,说:"教练,假如你觉得我身高不够高,我会想办法长高。"

我们知道,迈克尔·乔丹的身高是1.98米。他的父亲曾经接受记者的访问,记者说:请问你,乔丹家族全部没有人身高超过1.8米,为什么乔丹可以长到1.98米?他的父亲告诉记者,是乔丹渴望成功的企图心,让他身高长高了28公分。

连身高都可以靠强烈的动机长高,不可思议吧?然而,乔丹虽然开始慢慢地长高,但技术不够,教练还是不让他加入球队。他就跟教练谈判,说自己只要求跟那些优秀的球员一起练球,自己不出场比赛,愿意帮所有的球员拎行李,他们流汗的时候帮他们递毛巾,他只求跟这些球员练球。他的态度感动了教练,于是教练给了乔丹机会。这之后,在乔丹身上产生了什么奇迹,我们都知道。

奇迹是怎么产生的,从乔丹身上你能看到吗?你对梦想的热情、对成功的渴望的力量势不可挡。世界上没有一样东西可取代毅力。除非你放弃,否则你就不会被打垮。人们往往高估自己所欠缺的,却又低估了自己所拥有的。如果你对成功的渴望激情四射,那么你就迈出了成功的第一步。

这是你最艰难的时候吗

通常,在心理学家考克斯讲演完后,总有人来找他说:"嗨,我现在的处境糟糕透了,我必须好好和你谈谈。"

考克斯此时就会反问他们:"这难道是你一生中最艰难的时刻吗?"

这往往让他们无语而陷入沉思。

"不是,"他们往往答道,"现在这个远不及最困难的时候。"

"那好。"考克斯接着说,"如果我们用你度过最艰苦时刻的状态去应付现在的话,你将会很快度过面前的这个难关。"

如果这不是你最艰难的时刻,你当然不必害怕,全力应对它就是了。即便你觉得遭遇了人生中最艰难的处境,也不必灰心,永不绝望的人将会永远有希望。

"奋力向前,即使时运不济,也永不绝望,哪怕天崩地裂。"这是李·艾柯卡的座右铭,他曾是美国福特汽车公司的总经理,后来又成为了克莱斯勒汽车公司的总经理。

数年前,年纪轻轻的艾柯卡靠自己的奋斗,由一名普通的推销员,终于当上了福特公司的总经理。但是,1978年7月13日,他被妒火中烧的大老板亨利·福特开除了。当了8年的总经理、在福特工作了32年、一帆风顺、从来没有在别的地方工作过的艾柯卡,突然间失业了。昨天他还是英雄,今天却好像成了麻风病患者,人人都远远避开他,过去公司里的朋友都抛弃了他,这是他生命中最大的打击。"艰苦的日子一旦来临,除了做个深呼吸,咬紧牙关尽其所能外,实在也别无选择。"艾柯卡是这么说的,最后也是这么做的。他没有倒下去。他接受了一个新的挑战:应聘到濒临破产的克莱斯勒汽车公司出任总经理。

艾柯卡,这位在世界第二大汽车公司当了8年总经理的事业上的强者,凭他的智慧、胆识和魄力,大刀阔斧地对企业进行了整顿、改革,并向政府求援,舌战国会议员,取得了巨额贷款,重振企业雄风。1983年8月15日,艾柯卡把面额高达8亿1 348万多美元的支票,交给银行代表手里。至此,克莱斯勒还清了所有债务。而恰恰是5年前的这一天,亨利·福特开除了他。

成功人士之所以能成功,是因为他们当初选择了正确的举动。如果被福特开除后,艾柯卡没有接受新的挑战,那么今天我们肯定不知道他是谁。

面对困境的时候,也可以垂头丧气地哭泣或哀号;也可以把恐惧和烦恼暂时放在一边,唱首动听的歌,放松自己,也鼓舞别人。顺便想想看这是不是自己所遇到的最棘手的问题。如果不是,就乐观看待;如果是,就奋力一搏。毕竟,拿到什么牌不重要,如何打好才是关键。

懂得反省欠缺之处

《周易》说:"谦谦君子,卑以自妆",就是说人要反省自我。人如同一块天然矿石,需要不断地用刀去雕琢,把身上的污垢去掉。虽有些沉痛,但雕琢后的矿石才能更光彩照人、身价百倍。反省自我是为了提高自我。

孔子的弟子曾子曾说:"我每天多次自我反省:为别人办事是不是尽心竭力了?和朋友交往是不是做到诚实了?老师传授的学业是不是复习了?"正是因为曾子能做到这样,所以孔子认为曾子能够继承自己的事业,特别注重传授学业于他。

　　一个人之所以能够不断地进步,在于他能够不断地自我反省,找到自己的缺点或者做得不好的地方,然后不断改正,以追求完美的态度去做事,从而取得一个又一个的成功。

　　英国著名小说家狄更斯的作品是非常出色的。但是,他对自己却有一个规定,那就是没有认真检查过的内容,绝不轻易地读给公众听。每天,狄更斯会把写好的内容读一遍,每天去发现问题,然后不断改正,直到6个月后读给公众听。

　　与此相同的是,法国小说家巴尔扎克也会在写完小说后,花上一段时间不断修改,直到最后定稿。这一过程往往需要花费几个月甚至几年的时间。正是这种不断自我反省、自我修正的态度,让这两位作家取得了非凡的成就。

　　法国文艺复兴时期的作家拉伯雷说过:"人生在世,各自的脖上扛着一个褡子:前面装的是别人的过错和丑事,因为经常摆在自己眼前,所以看得清清楚楚;背后装的是自己的过错和丑事;所以自己从来看不见,也不理会。"他想表达的是,对人来说,反省自己是比较困难的一件事。一方面是因为缺乏自我省察的能力;另一方面是因为不肯坦然面对过失。于是,也就有了伟人与庸人的区别,智者与愚者的差别。

　　"仁者如射,射者正己而后发。发而不中,不怨胜己者,反求诸己而已矣。"这是孟老夫子的话,意识是仁者立身,也像射箭一样,射不中,不怪比自己技术好的,只会从自身找原因。你未必要做仁者,但一定要做智者。在做事的时候,要持有自我反省、自我修正的态度,不断发现自己的优点和缺点,并做到扬长避短,发挥自己的最大潜能。

　　遇到挫折的时候,不用灰心,反省自己哪里出问题了;别人成功的时候,不用羡慕,反省自己哪里做得不如别人;生活平静的时候,不要麻木,反省自己哪些方面需要改进。一个懂得时刻自我反省的人,才不会一次又一次地犯同一类错误,才能更好地提升自己能力。

第十三章

拒绝抱怨，远离各种借口

制造和接受借口都会产生一系列问题，从愤恨、抱怨、推诿、卸责、拖延发展成为部分或全部失败的恶性循环。经常意识不到自己正在找借口，因为这已经成为一种无知的、下意识的习惯，而这一习惯更因为和其他借口制造者的联合而变得更加顽固。"没有任何借口"是唯一的、完整的、没有国界的获得个人、企业和组织成功的方法；它是建立在自我责任、目标、服从、正直、宽容、自尊和稳固基础上的简单的、可操作的核心价值观和行动计划，帮助你重塑团队，并将你和你的组织带往更高水平。

没有任何借口

著名的美国西点军校有一个历史悠久的传统，那就是遇到学长或军官问话，新生只能有四种回答：

"报告长官，是。"

"报告长官，不是。"

"报告长官，没有任何借口。"

"报告长官，我不知道。"

除此之外，不能多说一个字。

新生可能会觉得这个制度不近情理,例如军官问你:"你的腰带这样算擦亮了吗?"你的第一反应必然是为自己辩解。但遗憾的是,你只能有以上四种回答,别无其他选择。

所以对待刚才上面的那个问题,你也许只能说:"报告长官,不是。"

如果军官再问为什么,惟一的恰当回答只有:"报告长官,没有任何借口。"

这四种回答方式一方面是要新生学习如何忍受不公平——人生不可能永远公平;另一方面也是让新生们学习必须勇于承担责任:现在他们只是军校学生,恪尽职责可能只要做到服装仪容的要求即可,但是日后他们的责任却关乎其他人的生死存亡。因此,必须"没有任何借口"。

从西点军校毕业的学生许多后来都成为了杰出的将领或商界奇才,不能不说与在西点军校培养成的"没有任何借口"的观念存在着密切的关系。

真诚地对待自己和他人是明智和理智的行为,在很多情况下,与其为了寻找借口而绞尽脑汁,不如坦率地对自己或他人说"我不知道"。

这是诚实的表现,也是对自己和他人负责的表现。

齐格勒曾经这样说过:"如果你能够尽到自己的本分,尽力完成自己应该做的事情,那么总有一天,你能够随心所欲从事自己要做的事情。"

所谓尽自己的本分就要求我们勇于承担责任,承担与面对紧密相关,面对是勇于正视问题,而承担意味着让自己担当起解决问题的责任。因此可以这样理解,没有面对问题的勇气,承担就没有基础;没有承担责任的能力,而对就没有价值。

假如一个人除了为自己承担之外,还能为他人承担,他就会无往而不胜。这就是"没有任何借口"这种信念的真谛。

在日本的零售业巨头大荣公司曾有这样一个故事广为流传:两个年轻人刚进入公司不久,被同时派遣到一家大型连锁店做一线销售员。一天,这家店在清查账目的时候发现需要交纳的营业税比以前多了很多,经过仔细检查后发现,原来是两个年轻人负责的店面将营业额后面多打了一个零。面对这样的事件,两人来到经理的办公室,当经理问及此事时,两人开始都对此面面相觑,但账单就在面前,不容抵赖。在一阵沉默之后,两个年轻人分别开口了,其中一个解释说自己刚开始上岗,难免有些紧张,而且对公司的财务方案还不是很熟,所以出了差错。而另一个年轻人却没有作太多的解释,他只是对经理说,这的确是他们的过失,他愿意用两个月的奖金来作为对公司的补偿,同时他保证以后再也不会犯同样的错误。走出经理室,最先说话的年轻人对勇于承担的年轻人说:"你也太傻了吧,两个月的奖金,那岂不是白干了?这种事情咱们新手说说就行了。"后者轻轻地笑了笑,没有说什么。在这以后,公司里好几次培训的机会,每次都是勇于承担的年轻人能够获得这样的机会。另一个年轻人开始坐不住了,他跑去质问经理为什么对待他们两人如此不公平。经理没有多说什么，只是对他说："一个事后不愿承担责任的人，不值得团队的信任与培养。"

人们大都习惯于替自己寻找、搜罗各种借口，而很少有人敢于完全承担责任，所以，那些敢于说"没有任何借口"的员工，才是员工中的伟丈夫。

一个被下属的"借口"搞得焦头烂额的经理无奈之下在办公室里挂上了这样的标语："这里是'无借口区'。"

后来他又宣布，9月是"无借口月"，并告诉所有员工："在本月，我们只解决问题，任何人都不要找借口。"

一位顾客打来电话抱怨该送的货迟到了，物流经理马上说："的确如此，货迟了，下次再也不会发生了。"随后他安抚顾客，并承诺补偿。挂断电话后，他说自己本来准备向顾客解释迟到的原因，但想到9月是"无借口月"，也就没有找理由而是立刻把顾客的问题解决了。

没想到，后来这位顾客专门向公司总裁写了一封信，评价了在解决问题时他享受到的出色服务。他说：这次没有听到千篇一律的托辞令他颇感意外和惊喜，他赞赏公司的"无借口运动"是一项伟大的运动。

借口与责任相关，高度的责任心才有可能产生出色的工作成果。要做一名优秀员工，就要做到没有借口，勇于负责。

借口是对懒惰的纵容

工作中只有两种行为：要么努力挑战困难完美执行，要么避重就轻寻找借口。前者可以带来成功，而后者只能走向失败。

无论什么工作，都需要这种不找任何借口去执行的人。对我们而言，无论做什么事情，都要记住自己的责任，无论在什么样的工作岗位上，都要对自己的工作负责。不要用任何借口来为自己开脱或搪塞，完美的执行是不需要任何借口的。

一位长期在公司底层挣扎，时刻面临着失业危险的中年人来看心理医生。医生问他发生了什么事。他神情激昂地说："我怎么也睡不着，想不通。"然后开始抱怨公司老板如何不愿意给自己机会。

"那么你为什么不自己去争取呢？"医生说。

"我曾经也争取过，但是我不认为那是一种机会。"他依然义愤填膺。

"你能说得具体点吗？"

"前些日子，公司派我去海外营业部，但是我觉得像我这样的年纪，怎么能经

受如此折腾呢。"

"为什么你会认为这是一种折腾,而不是一种机会呢?"

"难道你看不出来吗?公司本部有那么多职位,却让我去如此遥远的地方。我有心脏病,这一点公司所有的人都知道。"

医生无法确认这位先生是否真的得了心脏病,但他已经知道了这位先生的"病根",那就喜欢在困难面前为自己找借口。

于是,医生给他讲了一个与他的情形截然相反的故事,故事的主人公就是体育界的成功者罗杰·布莱克。

罗杰·布莱克的杰出并不在于他非凡的令人瞩目的竞技成绩———他曾经获得奥林匹克运动会400米银牌和世界锦标赛400米接力赛金牌。而更让人心生触动的是,所有的成绩都是在他患有心脏病的情况下取得的。

除了家人、亲密的朋友和医生等仅有的几个人知道其病情外,罗杰·布莱克没有向外界公布任何消息。带着心脏病从事这种大运动量的竞技项目,不仅很难有出色的发挥,而且有可能危及生命安全。第一次获得银牌后,他对自己依然不满意。如果他告诉人们自己真实的身体状况,即使在运动生涯中半途而废,也会获得人们的理解。但是罗杰却说:"我不想小题大做。即使我失败了,也不想将疾病当成自己的借口。"作为世界级的运动员,这种精神一直存在于他的整个职业生涯中。

医生刚讲完罗杰·布莱克的事,这位中年先生就走出了医生的治疗室。

那些认为自己缺乏机会的人,往往是在为自己所面临的困难寻找借口。成功者不善于也不需要编制任何借口,因为他们能为自己的行为和目标负责,也能享受自己努力的成果。

在工作中,我们每个人都应该发挥自己最大的潜能,努力地工作而不是浪费时间寻找借口。要知道,公司安排你在这个职位,是为了解决问题,而不是听你对困难的长篇累牍的分析。

习惯性的拖延者通常是制造借口与托辞的专家。他们经常为没做某些事而制造借口,或想出各式各样的理由为事情未能按计划实施而辩解。"这个工作做起来难度太大"、"客户不回信我有什么办法"、"这段时间实在太忙,把这件事给忘了"、"这么大的工程只给这么点时间,怎么可能完成"、"什么样的工作条件出什么样的活"等,听上去好像是"理智的声音"、"合情合理的解释"。但不论借口是多么的冠冕堂皇,借口就是借口,它所能带给你的后果,一点也不会因你的借口如何完美而有丝毫改变。

在工作中找借口是最愚蠢的人都能想到的办法,更是世界上最容易办到的事情,如果你存心拖延逃避,你总能找出借口。找借口是一种很不好的习惯。出现问题不是积极、主动地加以解决,而是千方百计地寻找借口,你的工作就会拖沓,以至没有效率。借口变成了一面挡箭牌，事情一旦办砸了，就能找出一些看似合理的借口，以换得他人的理解和原谅。一般情况下，我们找借口无疑是为了把自己的过失掩盖掉，心理上得到暂时的平衡。但长此下去，借口成习惯，人就会疏于努力，不再想方设法积极进取了。

有多少人因为把宝贵的时间和精力放在了如何寻找一个合适的借口上，而耽误了自己的前程。有多少人因为工作不努力、不认真，一见困难就找机会推脱，一出问题就找借口掩盖，而错过了一次又一次挑战自我争取成功的机会。

罗斯是公司里的一名老员工，专门负责跑业务，业绩一直不错。有一次，他负责的一笔业务突然被别的公司抢先拿走了，给公司造成了一定的损失。事后，他向公司领导解释说，因为自己的腿伤发作，比竞争对手晚去了半个小时。公司领导知道他工作一直很卖力，而且腿伤也是因前几年出差受伤的，所以并未对他有任何责备之意。

其实罗斯的腿伤并不严重，只有仔细去看才会觉得他有点跛，但根本不影响他的形象，也不影响他的工作。可不幸的是，罗斯自从用这个借口将责任推脱过去后，心理得意极了。以后每当公司要他出去联络一些困难较大的业务时，他都以他腿不行，不能胜任这项工作为借口而推诿。

公司领导开始还挺注重他的能力，但因为他经常推脱，时间一长，就渐渐将他忘了，一有重大任务便委派别的业务员去做。罗斯见领导不再将一些困难的任务交给自己，心里还暗自庆幸自己的明智。心想，这种费力不讨好的任务，谁爱做谁去做，完不成任务那才丢人呢。

从此以后，罗斯将大部分时间和精力都花在如何寻找更合理的借口上，一碰到难办的业务能推就推，好办的差事能抢就抢。而无论什么样的业务一旦没有完成，他就找出种种借口为自己开脱。

1年后公司按绩效施行裁员，罗斯列在被裁名单的第一位。公司领导将他叫进办公室，对他说："你为公司负过伤，以前干得也不错，公司最不该裁的就是你，但是你这一年都干了些什么？绩效几乎是零，而更重要的是作为一名老员工，你已在公司内部造成了负面影响……因此，公司只能让你走。"

罗斯刚要张嘴说什么，公司领导立即说道："你不要再对我讲什么理由，这一年我听够了，你去财务办手续吧。"

在任何一家公司或者企业中，那些企图靠种种借口来蒙混公司、欺骗管理者的人，最后只能落得像罗斯一样的下场。他们不尊重自己，却企求别人对他们的尊重；他们不尊重工作，却梦想从工作中得到一切。这种毫无责任心的人在社会上也不会被大家信赖和尊重。

借口是对惰性的纵容。每当我们要付出劳动，或要作出抉择时，总想让自己轻

松些、舒服些。这时借口总是在我们的耳旁窃窃私语,告诉我们因为某原因而不能做某事,久而久之我们甚至会潜意识地认为这是"理智的声音"。假如你有此类情况,那么请你做一个实验,每当你使用"理由"一词时,请用"借口"来替代它,也许你会发现自己再也无法心安理得了。

一个人在面临挑战时,总会为自己未能实现某种目标找出无数理由。正确的做法是,抛弃所有的借口,找出解决问题的方法。因为那些实现自己的目标,取得成功的人,虽然成功的因素各不相同,也并非都有超凡的能力和超凡的心态,但他们却有一个共同的特点:他们从不为自己的工作找借口。

借口造就平庸

在西方的宗教观念中,人性中有7种不可饶恕的罪恶,它们是懒惰、贪婪、愤怒、淫欲、贪吃、傲慢、妒忌。在这7种罪中,懒惰位居第一。因为懒惰看似无关大碍,事实上却会引起很多严重的后果。懒惰会让人怠于行动,懒惰会让人怠于思考,懒惰会让人只想坐享其成。

解释,一个看似合理的行为,其实在它的背后隐藏的是人天性中的懒惰和不负责任。在事实面前,没有任何理由可以被允许用于掩饰自己的失误,解释只是自己为了推卸责任而强加于事实的借口。而借口除了造成效率低下、公司业绩受损以外毫无意义。

山西兴安化学工业(集团)有限公司始建于1953年,2001年年初整体改制为山西兴安化学工业(集团)有限责任公司。截至2003年末,该公司资产总额达到了22 976万元。然而就是这样一个大型的企业,却在2004年申请破产,很重要的原因之一便是:很多公司员工面对工作的不利事实、结果时,首先想到的是解释,这样的解释推垮了一个原本很有前途的大型企业。这样来看,借口便成为一种罪过!

每个人在其天性中都存在一个"黑暗的种子",那就是推卸责任。如果不对自己这颗"黑暗的种子"时时提防的话,就很容易陷入以借口掩饰责任的怪圈。面对没有完成的营销任务,面对没有做完的公司报表,很多人便企图用时间紧张、不熟悉程序、他人不肯合作等借口来作出一个看似合理的解释。粗看起来,好像很有道理,可以原谅,其实不然,这种解释不过是从潜意识里给自己的工作失误寻找借口,为了将自己的过失推给他人,这恰恰是高效合作的工作团队所不能够容忍的。允许这种情况的存在便是对团队的不负责任,允许这样的情况存在便是对整个公司的摧残。一群总是寻找借口的员工只能带来低下的效率与失败的命运。

一个真正的成功者，一位真正优秀的员工总是拒绝寻找任何解释与借口。美国历史上划时代的杰出总统富兰克林·罗斯福打破美国传统，连任了4届总统职务，然而，他壮年时身患小儿麻痹症，下身瘫痪。其实，他最有理由寻找借口去放弃、去依赖。然而他没有，他以自己的信心、勇气和全部的努力向一切困难挑战，最终成为一个真正的强者，成为自己的主人，主宰了自己的灵魂和命运。

寻找借口进行解释实际上是通向失败的前奏。寻找借口只能造就千千万万平庸的企业和千千万万平庸的员工。而你所要做的，你所想要的，绝对不是平庸无能。

这个时代要的是真正强大的公司，真正优秀的员工。拒绝寻找解释、借口的软弱行为，要从心态上首先让自己强大起来。

成为公司一流的员工

清华大学高级总裁班曾经接受这样的一份调查问卷："什么样的员工是你们最喜欢的员工？什么样的员工是你们最不愿意接受的员工？"

对于第一个问题，总裁班给出的答案是：没安排工作却能主动找事做的员工，通过方法提升业绩的员工，从不抱怨的员工，执行力强的员工，能为公司提建设性意见的员工。对于第二个问题，总裁班给出的答案是：做事不努力而找借口的员工，损公肥私的员工，过于斤斤计较的员工，华而不实的员工，受不得委屈的员工。

这两个问题的答案证实了这样一个结论：凡事找借口的员工，是公司里最不受欢迎的员工；凡事主动找方法的员工，是公司里最受欢迎的员工。

在职场中，那些找借口的人，最不会主动想办法解决问题，哪怕有现成的办法摆在面前，他也难以接受。这就是一流员工与末流员工的根本区别。

阿当应聘到一家皮鞋店当营业员的第一天，便碰到了一位挑剔的顾客。

这是一位穿着时尚的女孩，挑了半天皮鞋却连一双都看不上，阿当耐心地又拿出一双新潮时装鞋，说："小姐，这鞋款式不错，穿在你脚上定会足下生辉。"

"真的？"女孩浅浅一笑，拿鞋试了一下，"哟，是不错，好，我就买这双。多少钱？""360元。"阿当回答。

女孩打开钱包取钱，突然眉一皱，"糟了，我钱未带够，身边只有250元，这样吧，我先付250元，余下的110元明天拿来给你，好吗？"说完，两只眼睛热辣辣地盯着阿当。

阿当给她看得不好意思，忙说，"可以！可以！"说完，随即在一张纸上写着"购鞋一双360元,先付250元,暂欠110元。"写好后递给女孩:"对不起,麻烦你签个名。"女孩先是一愣,随即爽快地签下了"刘沙沙"三个字。

阿当收了钱利索地将鞋包扎起来,那女孩拎过鞋子,抛了个媚眼,走了。

这一切都被老板看在眼里,"这人你认识?"

阿当摇摇头:"不认识。"

老板一听火了:"不认识你怎么能赊给她呢?你被她骗了。"

阿当胸有成竹地说:"我已将两只鞋子全部调成左脚的,她过几天肯定要来换。"

老板恍然大悟,不由开心地竖起了大拇指:"真是高招啊!"

过了一段时间,阿当被提升为销售部的经理。

主动找方法的人永远是职场的明星,他们在公司里创造着主要的效益,是今日公司最器重的员工,是明日公司的领导以至领袖。

杨先生是浙江温州人,10多年前,他的一位远房亲戚在欧洲开饭店,邀请他过去帮忙。没料到,他到欧洲不久,亲戚就突然患病去世了,饭店很快也垮了。

杨先生不想回国,就在当地找了份工作。几年后,他到了一家中等规模的保健品厂工作。公司的产品不错,但知名度却很有限。

杨先生从推销员干起,一直做到主管。一次他坐飞机出差,不料却遇到了意想不到的劫机。度过了惊心动魄的10个小时之后,在各界的努力下,问题终于解决了,他可以回家了。就在要走出机舱的一瞬间,他突然想到电影中经常看到的情景:当被劫机的人从机舱走出来时,总会有不少记者前来采访。

为什么自己不利用这个机会、宣传一下自己的公司形象呢?

于是,杨先生立即做了一个在那种情况下谁都没想到的举动:从箱子里找出一张大纸,在上面写了一行大字:"我是××公司的,我和我们公司的保健品安然无恙,非常感谢营救我们的人!"

他打着这样的牌子一出机舱,立即被电视台的镜头捕捉住了。他立刻成了这次劫机事件的明星,很多家新闻媒体都对他进行了采访报道。

等他回到公司的时候,公司的董事长和总经理带着所有的中层主管,都站在门口夹道欢迎他。原来,他在机场别出心裁的举动,使得公司和产品的名字几乎在一瞬间家喻户晓了。公司的电话都快打爆了,客户的订单更是一个接一个。董事长动情地说:"没想到你在那样的情况下,首先想到的竟然是公司和产品。毫无疑问,你是最优秀的推销主管!"董事长当场宣读了对他的任命书:主管营销和公司的副总经理。之后,公司还奖励了他一笔丰厚的奖金。

一位老总说,他曾经正式招聘过一位员工,但没想到,还不到半个月时间,他就不得不把她辞退了。

那员工是一位刚毕业的女大学生,学识不错,形象也很好,但有一个毛病:做事不认真,遇到问题总是找借口搪塞。

刚开始上班时大家对她印象还不错。但没过几天,她就开始迟到,办公室领导几次向她提出,她总是找这样或那样的借口来解释。

一天,领导安排她到北京大学送材料,要跑三个地方,结果她仅仅跑了一个就回来了。领导问她怎么回事,她解释说:"北大好大啊。我在传达室问了几次,才问到一个地方。"

老总生气了:"这三个单位都是北大著名的单位,你跑了一下午,怎么会只找到这一个单位呢?"

她急着辩解:"我真的去找了,不信你去问传达室的人。"

老总心里更有气了:我去问传达室干什么?你自己没有找到单位,还叫老总去核实,这是什么话?

其他员工也好心地帮她出主意:你可以找北大的总机问问这三个单位的电话,然后分别联系,问好具体怎么走再去;你不是找到了其中一个单位吗?你可以向他们询问其他两家怎么走;你还可以在进去后,问老师和学生……谁知她一点也不理会同事的好心,反而气鼓鼓地说:"反正我已经尽力了……"

就在这一瞬间,老总下了辞退她的决心:既然这已经是你尽力之后达到的水平,想必你也不会有更高的水平了。那么只好请你离开公司了。

尽管女孩的举动让很多人难以理解,但是像这种遇到问题不是想办法解决而是找借口推责任的人,在职场上并不少见。而他们的命运也显而易见——凡事找借口的人,只有被辞退。

一流员工找方法,末流员工找借口。如果你想获得发展,你就应该寻找方法,不找借口。

想办法才会有办法

"实在是没办法!""一点办法也没有!"这样的话,你是否熟悉?是否你的身边,经常有这样的声音?当你向别人提出某种要求时,得到这样的回答,你是不是会觉得很失望?当你的上级给你下达某个任务,或者你的同事、顾客向你提出某个要求时,你是否也会这样回答?当你这样回答时,你是否能够同样体验别人对你的失望?

一句"没办法",我们似乎为自己找到了不做事的理由。但也正是一句"没办法",浇灭了很多创造之花,阻碍了我们前进的步伐。是真的没办法吗?还是我们根

本没有好好动脑筋想办法？

辛巴是一个16岁的男孩，他想在暑假来临之前找到一份工作。

辛巴在广告栏上仔细寻找，终于选定了一个很适合他专长的工作，广告上说找工作的人要在第二天早上8点钟到达76号街的一个地方。辛巴在7点45分钟就到了那儿。可他看到已有20个男孩排在那里，他只是队伍中的第21名。

形势对他而言并不乐观。怎样才能引起特别的注意而竞争成功呢？他应该怎样处理这个问题呢？根据辛巴所说，只有一件事可做——想办法。因此他进入了那最令人痛苦也是令人快乐的程序——想办法。只要你认真思考，办法总是会有的。终于，辛巴想出了一个办法。他拿出一张纸，在上面写了一些东西，然后折得整整齐齐，走向秘书小姐，恭敬地说："小姐，请你马上把这张纸条转交给你的老板，这非常重要。"

"好啊。"她说，"让我来看看这张纸条。"她看了不禁微笑起来。她立刻站起来，走进老板的办公室。老板看了也大声笑了起来，因为纸条上写着：

"先生，我排在队伍中第21位，在你没看到我之前，请不要作决定。"

结果可想而知，他得到了这份工作，因为他很善于想办法。

一个会动脑筋想办法的人总能掌握住问题，也能够解决它。

辛巴懂得了遇事必须想办法的道理，眉头一皱创意来，有了创意便有了优势，有了优势，机会自然属于他了。

上面讲的只是一个求职故事，但它充分说明了只要想办法就一定有办法。著名的思维学家吴甘霖先生说："我相信，更好的方法出现，很大程度上来自于是否有一个好的心态。想办法是想到办法的前提。如果让脑袋放假，就算是天才，面对问题时也会一筹莫展，所以办法是在想的过程中产生的，它不会凭空而出。"

法国数学家、哲学家彭加勒曾经说过："出人不意的灵感，只是经过了一些日子，通过有意识的努力后才产生。没有它们，机器不会开动，也不会产生出任何东西来。"

德国哲学家黑格尔曾嘲讽那些以为可以不经艰苦思索就能获得灵感的人："诗人马特尔坐在地窖里面对着六千瓶香槟酒，可就是产生不出诗的灵感来。最大的天才尽管朝朝暮暮躺在青草地上让微风吹来，眼望着天空……温柔的灵感也始终不会光顾他。"

我们平时喜欢讲一句话："眉头一皱，计上心来。"其实，这是在特定时期，特定人物的状况。要有好的点子和想法，应当付出更多的努力。

一位著名企业家说到这样一件事：

"小时候，妈妈拿来一个苹果在手中，对我们说：'这个苹果最大最好吃，谁都想得到它。很好，现在让我们来做个比赛，我把门前的草坪分成三块，你们三人一

人一块,负责修剪好,谁干得最好,谁就有权得到它。'

我非常感谢母亲,她让我明白一个最简单也最重要的道理:要想得到最好的,就必须努力争第一。她一直都是这样教育我们,也是这样做的。在我们家里,你想要什么好东西要通过比赛来赢得,这很公平,你想要什么、想要多少,就必须为此付出努力和代价。"

你看,妈妈用一个巧妙的方法,让一个苹果的香味永留儿子的心间。这便是方法的力量。

从前有一个在轮船上工作的美国青年,一心一意想做百万富翁。为了这个梦想,他去请教许多人。他们告诉他:你赤手空拳要做百万富翁,必须有方法才行。

于是,这个青年开始动脑子,想主意。美国许多制糖公司把方糖运往南美洲,但在海运途中总会使方糖点受潮造成巨大损失。这些公司花了很多钱请专家研究,却一直未能尽如人愿。而这个青年却用最简单的方法解决了问题:在方糖包装盒的一角留个通气孔,这样,方糖就不会在海上运输时受潮了。

这种方法使各制糖公司减少了几千万美元的损失,而且几乎不花成本。这个青年的专利意识十分强,他马上为该方法申请了专利保护。后来,他把这个专利卖给各制糖公司,成了百万富翁。

上面这个点子又启发了一个日本人,这个日本人想:钻孔的方法可用于其他许多方面,不光是方糖包装盒。他研究了许多东西,最终发现:在打火机的火芯盖上钻个小孔,能够大量延长油的使用时间。他凭着这个专利也发了财。

你看,这就是用方法成功的奥秘。

许多人抱怨自己做不好事情,原因可能就在缺少一个好的方法上。人的智力提高是一个逐步的过程。只要你能够战胜对艰难的畏惧,并下决心去努力,你就能找到越来越多地解决问题的方法,并越来越智力超群。

工作意味着担当责任

在任何一家公司,只要你勤奋工作,认真、负责地坚守自己的工作岗位,你就会受到尊重,从而获得更多的自尊心和自信心。不论一开始情况有多么糟糕,只要你能恪尽职守,毫不吝惜地投入自己的精力和热情,渐渐地你会为自己的工作感到骄傲和自豪,也必然会赢得他人的好感和认可。以主人翁和责任者的心态去对待工作,工作自然就能够得精益求精。

那些勤奋、负责的员工往往会在工作中受益匪浅:在精神上,他们获得了愉悦

和享受;在物质上,他们也获得了丰厚的报酬。相反,一个对工作敷衍塞责的人,将工作推给他人时,实际上也将自己获得快乐和信心的大好机会拱手送给了他人。

工作的底线是尽职尽责。改变态度,努力培养自己勇于负责的精神,这样的员工才有可能成为工作与生活中的赢家。

格林大学毕业后在一家保险公司做业务代表。这是一个很不易打开局面的工作,因为很多人都对保险业务员敬而远之,所以,格林的工作一开始并不顺手。

办公室的其他业务员整天对这份工作牢骚满腹:"如果我能找到更好的工作,我绝对不会在这里待下去。""那些投保的人,实在太可恶了,整天觉得自己上当了。"当然,这些人只能拿到最基本的薪水来维持生计。他们只有在业务部经理的不断催促下,或者是"胡萝卜+大棒"的政策下,才有一点点进步,否则就只能原地踏步甚至退步。

格林却和他们有不同的想法。尽管格林对现状也不是特别满意,他的薪水不高,地位也很低,但是格林没有就此放弃,因为他知道,与其说是放弃工作,不如说是自己放弃了自己的人生理想和信念。格林相信,负责努力工作是没有错误的,担负责任还会让平凡单调的生活充满乐趣。

于是,格林千方百计去寻找客户源。他熟记公司的各项业务情况,以及同类公司的相关业务,对比自己公司和其他同类公司的不同,让客户自己去比较和选择。虽然一些人很希望多了解一些保险方面的常识,但是他们对保险业务员的反感使他们在这方面的知识很欠缺。格林知道这些情况之后,主动到社区里办起"保险小常识"讲座,向人们免费宣传保险知识。

人们对保险有了更多的了解,对格林也开始另眼相看。这时,格林再向这些人推销保险业务,阻力就要小得多,格林的工作业绩一再提升,当然薪水也有了很大的提高。

工作的底线就在于担当责任,当开始对自己的工作负责的时候,生活也会发生翻天覆地的变化。

每一名员工都应该尝试热爱自己的工作,即使这份工作不太尽如人意,也要竭尽所能去转变、去热爱它,并凭借这种热爱在工作中担负起责任、激发潜力、塑造自我。事实上,一名员工对自己的工作越热爱,工作越负责,工作效率就越高。这时你会发现工作不再是一件苦差事,而是变成了一种乐趣。

三分能力，七分责任

现代企业用人，不仅重视员工的知识与技能，也同样重视员工的责任感与使命感。责任与能力并存的员工才是企业真正需要的人才。只有那些勇于承担责任的人，才会得到公司与老板的认可，才会受到上司的赏识与重用，才会为同事所接纳与尊敬。责任与能力，共同打造一名员工在职场上的核心竞争力。

对于企业而言，员工的责任感比能力更加重要。一个员工能力再强，如果他不愿付出，或者疏忽大意，敷衍塞责，不但不能为企业创造价值，相反还会产生负面影响。而一个有责任意识的员工，即使在能力上稍逊一点，但他忠于职守，尽心尽力，每天比别人多做一点，久而久之也能够为企业创造价值。因此，评价一位员工，能力占三分，而责任要占到七分。

美国著名的将领巴顿将军在他的著名的战争回忆录《我所知道的战争》中曾提到这样一件事：

"我要提拔人时常把所有的候选人排在一起，给他们提一个我想要他们解决的问题。我说'伙计们，我要在仓库后面挖一条战壕，8英尺长，3英尺宽，6英寸深。'我就告诉他们那么多。我有一个有窗户或有大节孔的仓库。候选人正在检查工具时，我走进仓库，能过窗户或节孔观察他们。我看到他们把锹和镐都放到仓库后面的地面上，休息几分钟后开始议论我为什么要他们挖这么浅的战壕。他们有的说6英寸深怎么能当火炮掩体，其他人争论说这样的战壕太热或太冷。如果伙计们是军官，他们会抱怨他们不该干挖战壕这么普通的体力劳动。最后，有个伙计对别人下命令：'让我们把战壕挖好后离开这里吧。那个老家伙想用战壕干什么都没关系。'"最后，巴顿告诉大家，正是这个伙计后来得到提拔。

挖这样一条战壕有什么用不是士兵考虑的事，把战壕尽快挖好才是自己的责任，那个士兵才是真正负责的人。

商场如战场，责任的观念在企业界同样适用。每一位员工都必须服从上级的安排，服从的人必须暂时放弃个人的一些考虑，全心全意去遵循所属机构的价值观念，这就是员工的责任。大到一个国家、军队，小到一个企业、部门，成员是否能够坚决地履行他们的责任将决定最终的成败。即使是细微的地方，一点责任感的缺失，都会给员工自己和公司造成意想不到的后果，因此三分能力、七分责任这样的说法不无道理。

卡尔先生是美国一家航运公司的总裁，他委任了一位非常有潜质的人到一个生产落后的船厂担任厂长试图扭转该厂的生产状况。可是半年过去了，这个船厂

的生产状况依然不见起色。"怎么回事？"卡尔先生在听了厂长的汇报之后问道，"像你这样有能力的人才，为什么不能够拿出一个可行的办法，促使他们完成规定的生产指标呢？"

"我也没办法。"厂长无奈地回答说，"我也曾用加大奖金力度的方法引诱，也曾经尝试过用强迫压制的手段威逼，甚至以开除或责骂的方式来威胁他们。无论我采取什么方式，都改变不了工人们自由散漫的现状。他们就是不愿意干活，我看实在不行就招聘新人吧，让他们走人。"

这时恰逢太阳西沉，夜班工人已经陆陆续续向厂里走来。"给我一支粉笔，"卡尔先生说，然后他随口问离自己最近的一个白班工人，"你们今天完成了几个生产单位？"工人回答说是6个。卡尔先生在地板上写了一个大大的、醒目的"6"字以后，什么也没说就走开了。当夜班工人进到车间时，他们一看到这个"6"就问是什么意思。"卡尔先生今天来这里视察，"白班工人回答，"他问我们完成了几个单位的工作量，我们告诉他6个，他就在地板上写了这个6字。"

次日早晨卡尔先生又来到这个车间，夜班工作已经将原来的"6"字擦掉，换上了一个大大的"7"字。下一个早晨白班工人来上班的时候，他们看到一个大大的"7"字写在地板上。夜班工人以为他们比白班工人要强，是不是？好，要给夜班工人点颜色瞧瞧。他们竭尽全力地加紧工作，下班前，留下了一个十分扎眼的"10"字。生产状况就这样慢慢好起来了。不久，这个一度生产落后的厂子比公司别的工厂产出还要多。

卡尔先生就这样巧妙地达到了提升生产效率的目的，原因在于他用一个数字激起了员工的责任意识。而这种责任感使得员工充分发挥出他们的能力，使得业绩一再提升。

在现实社会中，责任常为人们所忽视，却片面地强调能力。诚然，工作中能力很重要，可关键在于，一个员工即使能力再强，如果他无心付出，甚至根本就不愿意付出，那么他是不可能为公司创造太大的价值的。而一个愿意为公司全身心付出，高度负责的员工，即使能力稍逊一等，也能创造出价值来。更何况对企业而言，员工的责任和使命是无法用价值来衡量的宝贵的财富。

三分能力、七分责任，这种理念不是对能力的否定。一个富有责任然而毫无能力的人，同样是无用之人。能力、责任兼备的员工才是现代职场的完美员工。

明白自己的责任是什么

在一个企业里工作，首先你要清楚你在做什么。只有做好自己分内工作的人，才有可能再做一些别的事情，相反，一个连自己工作都做不好的人，怎么能让他担当更重的责任呢？总有一些人认为，别人能做的事自己也能做，实际情况是，越这样想的人越什么事也做不好。

如果我们明白自己的责任是什么，就会向目标更进一步，如果你每承担一项新的工作，或者担任一个新的职位，你能问自己，"我的责任是什么"，相信你会一步步走向成功。

"明白自己的责任是什么"包括几层意思：

一是要弄清楚自己该承担的责任，而不是没有责任；

二是要明白自己该负有哪些责任。只有明白了，你才可能承担起属于自己的责任；

三是要明白自己的责任是什么，不要推卸责任；

四是弄清了自己的责任后，你才知道自己能承担起这份责任。

三国时，诸葛亮挥泪斩马谡后自降三级官职，是"明白自己的责任是什么"的著名案例。

公元228年春，诸葛亮正式出兵北伐。为了获取全胜，诸葛亮特别选中马谡来担任先锋。当诸葛亮的主力部队到达祁山时，打了曹魏军队一个措手不及，汉阳，南阳等地的吏民纷纷起兵反魏归蜀，战局对蜀军十分有利，但是，马谡这时在街亭(今甘肃秦安县东北)却出了问题。他率军进至街亭时，遇到了魏将张郃所率主力部队的抵抗。马谡违背了诸葛亮原先的部署，又不听从部将王平的建议，在寡不敌众的形势下，居然不下据城，而舍水上山，结果被张郃军队切断水道，杀得大败。街亭失守，使诸葛亮十分被动，一场十分有利的战局顿时变成败局。尽管诸葛亮十分爱惜马谡的才华，但是，为了严明军纪，他毅然按照军法处斩了马谡，还上疏朝廷，自请贬官三级，追究个人"不能训章明法"、用人不当的责任。

事后，部下蒋琬认为诸葛亮在天下尚未平定时杀智谋之士，太可惜了。诸葛亮却认为：孙武、吴起所以能够天下无敌，是由于执法严明；现在天下分裂，北伐战争刚刚开始，如果松弛法纪，还靠什么去讨伐敌人。所以，后人对此评价甚高，以"法加于人也，虽从死而无怨"来称赞诸葛亮赏罚分明、勇于负责的精神。

在第二次世界大战时期，同样也有一个著名的"首先明白自己的责任"的案例：

据英国《泰晤士报》报道，盟军最高司令艾森豪威尔将军的参谋长费雷德里

克·摩根中将早在1942年年底和1943年年初就对诺曼底登陆行动进行了长时间的周密策划,但是,英国首相丘吉尔和艾森豪威尔将军都对这一计划能否取得成功表示怀疑。

当时,艾森豪威尔甚至用铅笔在草稿纸上写下了他将在登陆行动失败后宣读的文字。那段文字是:"我们在瑟堡-阿费尔地区登陆时,未能找到令人满意的据点,我已下令撤回部队。我是依据我得到的最佳情报作出发动进攻的决定的。空军和海军部队表现出了英勇无畏和忠于职守的精神。如果这次登陆行动失败,责任由我一个人承担。"

在这一事件中,艾森豪威尔将军展现出了崇高的职业精神。他清楚自己的责任是什么,虽然,他完全可以将责任推给执行命令的将领,或者推给作战的士兵,但是他没有那么做。虽然他可以找出各种借口为自己开脱,诸如天气问题、装备问题、敌人太狡猾、消息泄露等,但他没有寻找任何借口。

遗憾的是,在职场上,很多人不清楚自己的责任,却非常"清楚"他人的责任,当工作出了问题,他们不会在自己身上找问题,而总是说"这是某某的责任"。尤其是责任模棱两可或者在责任共担的情况下,他们总会想方设法地把自己的责任推得一干二净。

钟先生两年前担任某公司的财务总监。有一次,他下属的财务部在计算客户返利时,多计了5万元,而这5万元已经肯定是收不回来了。

老板知道这事后很生气,他把钟总监叫到办公室。"你手下的人出了这个问题,这么长时间,你竟然没有发现?"老板说。

"这些返利,通常是由营销部报到财务部,财务部签了字之后我再签,我事情太多,当时没有看明白。"钟经理说。

"没有看明白?难道你的事情比我还多吗?"老板没好气地说。他把钟经理叫来问话,实际上也并不是要钟经理承担损失,只是给他敲敲警钟,不要让类似的事情再发生,钟经理却以事情多为由推卸责任,首先从态度上就不过关,令他很失望。

钟经理自知话没说对,赶紧表示立即处理,但他出口的话更糟糕:"我立即去处罚财务部经理。"

"处罚财务部经理?"老板终于愤怒了,"难道你认为自己就没有责任?难道你认为处罚就能够解决问题?我本来不想处罚任何人,但我现在觉得你才最该受到处罚,你的责任意识差到让人非常失望的地步了,这事应该由你负全部责任!"

作为财务部总监,财务部出了问题,财务总监总是有责任的。钟经理在于没有明白自己的责任,而是一开始就为自己开脱,进而拿下属来垫背,这是让老板愤怒的根本原因。

工作中,谁都不希望出现失误,但一旦做错了事,就不要推卸责任了,否则你就会被炒鱿鱼。然而,生活中,为自己的错误竭力开脱的人却比比皆是,他们以为这样会把责任推得一干二净,可以保全自己"从不犯错"的良好形象,殊不知,上司能够容忍员工犯错,却无法宽恕一个人推脱责任。

在老板看来,一个员工对待错误的态度可以直接反映出他的敬业精神和道德品行。一个称职的员工,对于自己应该承担的责任就该负责,而不是随便找个理由推脱。

埃克森石油集团的副总裁爱德·休斯说:"工作出现问题是自己的责任的话,应该勇于承认,并设法改善。慌忙推卸责任并置之度外,以为老板不会察觉,未免太低估老板了。我不愿意让那些热衷于推卸责任的员工来做我的部下,这会使我不踏实。"

对于任何人来说,推脱责任都是有害无益的,它会断送一个人的前途,并注定一个人平庸的结局。所以,要想成为一个优秀的员工,就要竭力避免推卸责任的言行,树立起主动承担责任的良好形象。

责任所在,不要推辞

"这是你的工作,责任所在,义不容辞!"每一位员工都应牢牢记住这句话。

对那些在工作中推三阻四,总是寻找借口为自己开脱的人;对那些缺乏工作激情,总是推卸责任,不知道自我批评的人;对那些不能按期完成工作任务的人;对那些总是挑肥拣瘦,对公司、对工作不满意的人,最好的救治良药就是大声而坚定地告诉他:这是你的工作,责任所在,义不容辞!

选择了这份工作,你就必须接受它的全部,担负起天经地义的责任,而不是仅仅享受它给你带来的益处和快乐。

有这样一个故事:在一列火车上,有一位妇女将要临产。列车员广播通知,紧急寻找一位妇产科医生。这个时候,有一位妇女站了出来,她说自己是妇产科的,列车长赶忙把她带入一间用床单隔开的病房。

毛巾、热水、剪刀、钳子什么都到位了,只等最关键的时刻到来。那位自称是妇产科的女子此刻非常着急,将列车长拉到产房外,说产妇的情况非常紧急,并告诉列车长自己其实是妇产科的一名护士,并且由于一次医疗事故被医院开除了。今天这个产妇情况不好,人命关天,她自知能力不够,建议立即送往医院抢救。此时,产妇由于难产而非常痛苦地尖叫着,而列车行驶在京广线上,距最近的一站还要

行驶一个多小时。列车长郑重地对她说："你虽然只是一名护士，但在这趟列车上，你就是医生，我们相信你！"

列车长的话感染了这名护士，她开始变得镇定，但走进产房时又问："如果在不得已时，是保小孩还是保大人？"

"我们相信你！"列车长又郑重地重复了一遍。护士点点头她坚定地走进产房。列车长轻轻地安慰产妇，说现在正由一名专家给她助产，请产妇安静下来好好配合。

经过漫长的等待，婴儿洪亮的啼哭声宣告了母子平安，人们悬着的心终于落下。那位妇女几乎单独完成了这个手术。这是她从业以来碰上的难度最大的手术，但同时也是她第一次独立完成并且成功了的手术，创造了这一奇迹的正是责任。

这个世界就像一个大机器，每一个人都是机器上的一个齿轮，一个齿轮的松动会引起其他齿轮的非正常运转，进而影响到整个机器。对于这个社会如此，对于社会的一个单元——企业，亦是如此。

你是否趁经理不注意时偷偷地开小差，或者煲与工作无关的电话粥，就像当年上课趁老师不注意时偷偷地摆弄新买的卷笔刀？又是否将本来属于自己的工作推托给其他同事？抑或当老板布置一项任务时，你不停地提出这项任务有多艰巨，暗示老板是否在你做成之后给你加薪或者你做不成也情有可原，因为这的确不是一项容易的工作？

这样的人不多但也不是少数，要不然有问题的企业为什么还那么多，顾客的满意率为什么还那么低？每一个老板都清楚他自己最需要什么样的员工，不要以为自己只是一名普通的员工，其实你能否担当起你的责任，对整个企业而言，同样有很大的意义。

对一名公司的职员来说，责任所在，义不容辞！意识到这一点，努力在工作中做到这一点，以它为动力去战胜困难、去完成任务，那么你就是公司真正放心的员工。

有一个城乡结合部正在大搞建设，工地一角突然坍塌，脚手架、钢筋、水泥、红砖无情地倒向正在吃午饭的民工，烟尘四起的工地顿时传来伤者痛苦的呻吟。

这一切都被路过的两辆旅游大客车上的人看在眼里。旅游车停在路口，从车里迅速下来几十名年过半百的老人，他们好像没听见领队"时间来不及了"的抱怨，马上开始有条不紊地抢救伤者。

现场没有夸张的呼喊，没有感人的誓言，只有训练有素的双手和默契的配合。没有手术刀就用瓷碗碎片打开腹腔，没有纱布就用换洗衬衣压住伤口。当急救车赶来的时候，已经是50分钟以后的事情，从一个外科医生的眼睛来看，这些老人至少保住了10个民工的生命。

在机场，这名医生又遇了这些老人们的领队，两个穿着时尚的年轻姑娘一边

激烈地讨论这么多机票改签和当地陪的费用结算问题，一边抱怨这些老人管了闲事却让她们俩为难。

老人们此时已换上了干净的衣服。他们身上穿的大多都是去掉了肩章的制服衬衣，陆海空都有，每个人都以平静祥和的神态四下张望候机厅的设施。其中一个老人面有歉疚地对两个年轻的姑娘说道："年轻人，我们几个老人给你们添麻烦了，请不要再争执了。刚才的情形，我们不伸手帮一把，情理上说不过去啊。"

这个老人说得对，如果说责任可以逃避，但你的心能吗？一个人可以完全忘掉歉疚，或者带着歉疚生活一辈子，只要他觉得这份歉疚对自己不会有任何影响。可是，你要知道，任何经历过的歉疚都会像醋酸腐蚀铁制的容器一样慢慢侵蚀你的心灵，久而久之，让你再也无法用明亮清澈的眼睛和一颗坦然的心对待工作和生活。

一个人承担的责任越多越大，证明他的价值就越大。在公司里，只有勇于担责任的员工才会得到老板的信任，才会得到重用。

所以，你应该为所承担的一切感到自豪。想证明自己最好的方式就是去承担责任，如果你能担当起来，那么祝贺你，因为你不仅向自己证明了自己存在的价值，你还向老板证明你能行，你很出色。

第十四章

该做就做，行动比抱怨更有效

如果想登上成功之梯的最高阶，你就不应该抱怨，而要永远保持主动率先的精神，纵使面对缺乏挑战或毫无乐趣的工作，终能最后获得回报。当你养成这种自动自发的习惯时，你就有可能成为老板和领导者。那些位高权重的人是因为他们以行动证明了自己勇于承担责任而值得信赖。

企业需要不折不扣的执行者

员工的执行力是无数老板心头挥之不去的痛。对于老板而言，无论在什么时候，身边最需要的始终是办事主动、执行力强的员工，而这样的员工在老板心中，也是最有价值的。

很多企业家都有这样的共识，凡是发展快且发展好的大型公司，都是执行力强的公司。比尔·盖茨曾坦言："微软在未来10年内，所面临的挑战就是执行力。"IBM总裁郭士纳也有类似的观点，一个成功的公司管理者应该具备三个基本特征，即明确的业务核心、卓越的执行力及优秀的领导能力。

执行力到底有多么重要？我们看到满街的咖啡店，惟有星巴克独领风骚，同是做PC(个人计算机)，惟有戴尔独占鳌头；都是做超市，惟有沃尔玛雄踞零售业榜首。很多企业的经营理念和战略十分相似，但绩效却大不相同，原因究竟是什么？

关键是在于执行力。全世界做网络设备最大的思科公司,拥有垄断技术,总裁竟然也认为公司的成功不在于技术,而在于执行力。不难看出,执行力在世界级大公司的分量有多重。

从一定意义上讲,公司是一个执行的团队。团队水平主要体现于团队的执行力,团队的执行力分解到个人就是执行。什么才是好的执行呢?一言以蔽之,即"全心全意、立即行动"。每一个员工的执行力,都决定着公司的团队是否是一个优秀的团队,是否是一个实践目标的有效的团队。

做一件事有好的决策不一定有好的结果,如果执行得不好,这个结果可能就会很糟糕。一位老板曾这样无可奈何地说:"我的思路已经到位,关键是下面的员工跟不上步伐。

总部制定了策略、计划,总是不能在分公司有效执行,分公司总认为总部的方案够完善,叫他们自己出方案,他们又做不出来,即使做出来,也不具有任何专业性,让你无法批准。开始我以为是我们做计划的方式有问题,后来采取了参考下面计划的民主做法,还是不行,整个公司的效率非常低,而且让人头痛的是,基本上所有分公司都是这样。"

优秀的员工应当具备超强的执行能力,无论遇到多大的困难,都能够不折不扣地执行命令,完成自己的任务。执行是一种主动服从上司,坚持将任务进行到底,直至圆满结束的精神。执行需要高度的自主意识,要善于变通,而不是墨守成规,顽固不化。

在职场中,一名忠诚而优秀的员工在接到老板的指令后,会竭尽全力将任务完成,而不会有丝毫怀疑。

在一次众多企业老总参与的管理沙龙上,主持人做了这么一个测验,要求参与人员在20分钟内,将一份重要材料送给《羊城晚报》的社长,并请他在回条上签字。主持人特别告诫:不得拆看信中材料。

在这次测验中,有一名会员私自打开了资料袋,发现竟然是个空信封,然后提出了若干批评意见。主诗人问各位受邀嘉宾:"作为一名执行者,你对他这样的做法有何评价?"

在场的老总回答的内容虽然各有千秋,但在一个问题上几乎所有的人的回答都是一致的:"打开信封是不对的,绝对不能看。"

在企业里,一名执行人员可以在执行任务之前尽量了解事实的背景,但一旦接受任务后就必须不折不扣地执行。领导层的命令,有的可以与执行者沟通,交代得明白具体;有的不行,有一定的机密性,有时要求执行者只需要做而不需要知道。

在实现目标的过程中,不管领导决策正确与否,其可行性如何,首先执行是第一位。其次你要问清楚要你做事,可以提供哪些支持。最后是你不管做成怎么样,

必须把结果反馈回来。因为一个领导层,他的决策是需要经过实践来检验的。所以不管完不完得成,你也得行动,不论结果如何,你也必须汇报。

为了适应市场的发展,1999年宝洁公司把中国的销售渠道做了巨大的调整和重新定位:取消销售部,代之以客户生意发展部(CBD),打破四个大区的运作组织结构,改为按照渠道建立的销售组织。宝洁公司提出了全新的分销覆盖服务的概念,全国的分销商数目由原来的300多个全兑减至100多个。

但是,并不是所有的分销商都对这种调整理解和执行,分销商拒绝去异地开办分公司,在当地的销售也不像以前那样积极了,宝洁产品在很多市场局部地区出现空白,分销商的铺货、陈列等工作也变得不细致起来,宝洁建立的新渠道正在执行环节已经严重变形,无法实现产品在规定区域内有效地分销,有效地渗透到应该到达的受众和终端。

分销商对渠道政策理解和执行的不到位、不配合,使渠道运作严重偏离了预计的轨迹,宝洁公司当年应收账款迅速上升,呆死账近亿元,生意也急剧下降。

其实,这种渠道政策变形的现象十分常见,如总部制定的政策区域不执行、中间商不积极配合厂家的政策、零售商不配合厂家的政策等,所引起的渠道管理问题也司空见惯:总部与区域之间的矛盾,决策层与执行层之间的矛盾,渠道管理人员与一线业务人员之间的矛盾等。

例如中国最优秀的企业之一联想集团,也经常面临执行力的难题。联想在1999年实施ERP改造时,由于业务部门不积极执行,流程设计的优化根本没办法深入。最后柳传志不得不采取强硬措施,才让ERP计划得以执行到位。

戴尔曾把他的快速定制的直销模式编撰成书、传播,不少企业争相模仿,但是没有一家企业能够超过戴尔集团,秘密就在于,他们缺乏对这一模式不折不扣的执行力。

这个社会上的大多数成功者,他们之所以成功,不是因为他们有多少别出心裁的想法,而是因为他们始终不折不扣地进行着一项最有效的活动——执行,他们都是最优秀的执行者。

用手用腿,不要用嘴

要成为一个为大家所推崇的员工,一个能够提供最大价值的优秀公司成员,你要做的便是少说话,少解释,多动脑,多动手,一句话:辛勤工作的价值无与伦比。

一万句的解释抵不了一次真正的行动。我们可以说,动机是好的,目标是宝贵的，但是除非我们辛勤工作，少去解释，少去寻找借口，否则任何目标都不会实现。

"PC之父"爱德华·罗伯茨在1968年与人共同成立了MITS公司，当时他们的工作是生产可编程计算器。当他用卓越、超前的眼光看到未来人们使用电脑的前景时，他希望能够推出一种真正的个人电脑。然而当他提出这一计划的时候，人们给出的答案是：这不可能。反对理由有很多：资金缺乏，技术不够成熟，没有市场。而爱德华·罗伯茨在推出第一个实用品时，也遭受了巨大的失败，面对其他人的嘲笑，他没有给自己寻找任何借口来进行解释，而是马上埋头研究重新开始。他最终于1974年成功推出了最早基于英特尔微处理器的个人电脑Altair 8800，这一款电脑最终奠定了以后风行于世的个人电脑的基础，并于1977年成功地将MITS公司这家原本很小的公司的资产提升到了800万美元。他还作为第一个雇用比尔·盖茨和保罗·艾伦的雇主，对于微软的起步起到了至关重要的作用。

美国第38任总统杰拉尔德·R·福特曾说："没有任何东西可以代替努力工作。或许会有数度失望，但是你工作越努力，你就越幸运。"新思（Conseco）公司是当今世界上最强有力的保险公司之一，首席执行官和董事长斯蒂芬·赫尔博特在回忆自己当初的职业生涯时说："当我一次次面对虽然长达30页却仍然被拒签的协议时，面对同伴们，我没有任何的解释可言，我唯一可以做的就是赶紧分析自己的报告，调查自己的客户，一句话，赶紧行动起来动手去做。"而在他的引领下，他的公司最终站在了世界保险业的顶端。

在公司里，在一个团队里合作做事，与其用时间去做没有任何意义的解释，无谓地寻找借口，不如赶紧行动起来，努力思考，积极工作。当你拿到最后结果的时候，也就是你的价值得到最美好体现的时候。

履行职责的人不抱怨

你知道著名品牌肯德基是如何打入中国市场的吗？

最初公司派了一位代表来中国考察市场，他来到首都北京，亲眼目睹街道上人流不息、熙熙攘攘的场面，内心激动不已，畅想着肯德基在中国站稳脚跟后的美好未来。那位代表在中国考察完，但回到公司后总裁还没等听完他的"美好遐想"就决定停止他的工作，另派了一位代表来北京。

这次的代表与上一位不同的是，他先是在北京的几条街道测出人流量，进行了大量的实地走访，然后又分别对不同年龄、不同职业的人进行品尝调查，并耐心征求了他们对炸鸡的味道、价格等方面的意见，另外还对北京油、面、菜甚至鸡饲料等行业进行广泛而细致的摸底研究,并将样品数据带回总部。

时隔不久,那位代表率领一帮人又回到北京,"肯德基"从此打入了北京市场。

第一位商业代表之所以被停掉了工作,并不是因为他没有好的想法和创意,而是他的创意还只是停留在空谈上。后来的这位代表是一位想到就做,立即行动的人,他不但怀揣着让"肯德基"驻足中国市场的美好梦想,还坚定地通过自己的行动来立即着手实现这一梦想。

如果我们认准了某项工作,那么就必须立即行动,因为世界上有93%的人都因拖延、懒惰而一无所获,空留遗憾。每一日都有每一日的理想和决断,昨日有昨日的事,今日有今日的事,明日有明日的事。一百次的想入非非抵不上一次的忠诚地履行自己的职责。

当一名忠诚而又优秀的员工养成"现在就动手做"的工作习惯时,他就掌握了个人进取的精髓。

职场上,一名员工的工作的能力加上其工作的态度,决定了他的报酬和职务。那些工作效率高、做事积极并且乐此不疲的人,往往担任公司的关键职务。当你下定决心永远以积极的心态做事时,你就朝自己的远大前程迈出了重要的一步。

一开始,你会觉得坚持这种态度实非易事,但最终你会发现这种态度会成为你个人价值的重要组成部分。而你体验到公司和老板的肯定给你的工作和生活所带来的帮助时,你就会一如既往地用这种态度做事。

忙碌的人遇事不肯拖延,他们觉得生活正如莱特所形容的一般:"骑着一辆脚踏车,不是保持平衡向前进,就是翻覆在地。"效率高的人头脑之中往往有限时完成工作的观念,他们事先预计完成每件事所需的时间,并且强迫自己在预期内完成。当一个人发现自己参在短时间内做更多的事时,一定会惊讶不已。

有一位心理学家多年来一直在研究成功人士的精神世界,他发现了两种本质的力量:一种是在严格而缜密的逻辑思维引导下努力工作;另一种是在突发、热烈的灵感激励下立即展开行动。

当可能改变命运的灵感在世俗生活中喷发时,绝大多数人习惯于对其漠然视之,而后又回到原来的生活常轨。生活没有发生任何的变化,因为他们根本没有意识到,内在的冲动是人类潜意识通向客观世界的直达快车。

威廉·詹姆斯是这样描述和评价人的灵感的:灵感的每一次闪烁和启示,都让它像气体一样溜掉而毫无踪迹,这比丧失机遇还要糟糕,因为它在无形中阻断了激情喷发的正常渠道。如此一来,人类将无法聚起一股坚定而快速应变的力量以对付生活的突变。

沃尔特·皮特金有一次在好莱坞时,一位年轻人的支持者向他提出了一项大胆而且富于创意的建设性方案。在场的人几乎全被吸引住了,它显然值得考虑,不过他们完全可以从容考虑，然后讨论，最后再决定如何将其付诸实践。但是，当其他人正在对这个方案评头论足时，皮特金突然把手伸向电话并立即开始向华尔街拍电报，以电文详细而热烈地陈述了这个方案。当然，拍如此长的电报花费不菲，但它传达了皮特金的坚定信念。

富于戏剧性的是，1 000万美元的电影投资立项就因为皮特金的这个电文而拍板签约。假如他们拖延行动，这项方案极可能就在他们海阔天空的漫谈中自动流产——至少会失去它最初的光泽。

很多人称赞皮特金办事如此干净利落，毫不拖泥带水，然而皮特金之所以办事干脆，就是因为他在长期训练中养成了"马上行动"的习惯。

世间永远没有绝对完美的事，"万事俱备"只不过是"永远不可能做到"的代名词而已。一旦延迟，愚蠢地去满足"万事俱备"这一先行条件，不但辛苦加倍，还会使灵感失去应有的生命力。以周密的思考来掩饰自己的不行动，甚至比一时冲动还要酿成严重后果或者浪费生命。

很多情况下，你若立即进入工作的主题，将会惊讶地发现，如果拿浪费在"万事俱备"上的时间和潜力处理手中的工作，往往游刃有余。而且，许多事情你若立即动手去做，就会感到精神振奋，饶有趣味，加大成功几率。

马上去做(just do)，亲自去做(do yourself)是现代成功人士的做事理念，任何规划和蓝图都不能确保你成功。很多企业之所以能取得现在的成就，不是事先规划出来的，而是在行动中脚踏实地经过不断调整实践出来的。因为任何规划都不可能尽善尽美，规划的东西毕竟只存在于观念中和纸面上，与实际总是有距离的，规划可以在执行中修改，但关键还是要马上去做，根据你的目标马上行动。没有行动，再好的计划也是一场空想。

现在就动手做吧！

执行需要主动

所谓的主动，指的就是能够时刻把握机会，展现卓越而优异的工作表现，以及怀揣着"为了完成任务，必要时甚至不惜打破常规"的魄力、才能和判断力。在公司里，那些不论老板是否安排工作，能够自己主动去找事干的员工，那些被委以重任、遇到困难后不会向老板询问"怎么办"的员工，那些主动请缨、排除万难、为公司千方百计盈利的员工，都是优秀的也是忠诚的。现代公司里，老板迫切需要的是这些主动执行者。

　　马格丽特和惠特曼同时进入马里兰州汤生市的一家公司,按照公司的相关规定,任何一个具有专业技能、有竞争力的新雇员都必须在最初的6~12个月证明自己的主动性,否则就意味着你与别人相比没有任何竞争优势。在6个月后,马格丽特和惠特曼都完成了工作安排。她们的两个项目从技术上讲完成得都很优秀,而且马格丽特所完成的部分还稍显优势。但是人事经理给了两个人不同的评价:惠特曼是一个具有主动性的工程师,能够为别人提供帮助,可以承担紧急的任务;马格丽特是一个独立的任务执行者,操作能力比罗强,结果是,公司最后决定惠特曼留下来,而任务执行者的马格丽特却被淘汰出局。

　　关于这一点,马格丽特到人事经理那里去申辩,她认为自己也是一个主动性很强的员工,没人要求她收集最新的技术资料或学习最新的软件工具,但她做到了。对此,人事经理给了她这样的答复:主动性并不仅仅是如何出色地完成手头的工作,而是在完成时能够积极思考,使业务更加具有发展前景。

　　几乎所有的领导,都迫切需要那些能够主动寻找任务、主动完成任务、主动创造利润的员工。而那些做事墨守成规、中规中矩;凡事小心翼翼,只求不违反公司规章制度,对于自己分外的事,便事不关己,高高挂起的员工已不能满足现代公司发展的需要。

　　唐骏为什么能从微软8000名工程师中脱颖而出?因为他是第一个以自己的实际行动提前了Windows系统中文版问市时间的人,当别的工程师还在牢骚满腹地抱怨为何中文版要晚整整一年才能进入中国市场时,唐骏跑进比尔·盖茨的办公室,要求公司提供人员和支持,他可以尽快实现同步汉化,最终促使中国成了微软公司的很大一块市场。

　　不必老板督促做事,时时刻刻为自己的事业务实工作的人,会成为老板最值得信赖的人,这样的人会成为老板的得力助手。如果你也有类似的经历,那么反省一下自己,老板总是不信任你,督促你,是因为你的能力不足,还是因为你不能主动执行。

　　在任务的执行过程中,如果只有在老板监督时才有好的表现,那么你永远无法达到事业的顶峰。最严格的表现标准应该是主动地、自觉地执行,而不是由别人要求。如果一名员工对自己的期望比老板对他的期望还要高,那么就无需担心会失去工作。同样,如果能达到自己设定的标准,那么加薪晋职也将指日可待。如果想加入优秀员工的行列,就必须永远保持主动积极的精神,即使面对索然寡味毫无乐趣的工作,你也要满怀热情地去完成它。

　　百年公司之所以经典,500强公司之所以是经典之中的佼佼者,除了它的理念、管理模式,还包括公司当中员工主动执行的做事精神。每位员工都认同本公司的公司文化,在自己的工作岗位上认真负责,恪尽职守,精益求精,勤奋高效地做好本职工作,努力提升自己的工作技能,并积极思考提高公司的效益。

当你养成主动执行的习惯时,你就有可能从普通员工中脱颖而出,从而被老板另眼相看。凯瑟琳在纽约一家大型建筑公司做预算员,常常要跑工地,看现场,还要为不同的老板修改工程预算方案,工作非常辛苦,报酬也不高,但她仍主动地去做,无怨无悔。虽然她是预算部惟一一名女性,但她从不因此怨天尤人,逃避强体力的工作。该爬楼梯时就毫不犹豫地爬,该到工地上去查看就毫不退缩地前往,该去地下车库也是二话不说。她从不感到委屈,反而愈发热爱自己的工作。有一次,老板安排她为一名客户做一个预算方案,时间只有2天。这是一件原本难以妥善解决的事情。接到任务后,凯瑟琳就立即开始工作。2天时间里,她忙着跑建材市场,调查各种原材料的价格,又多方查询资料,虚心向前辈或同事请教。2天后,凯瑟琳就把一份资料翔实,近乎完美的预算方案交给了老板,她也因此得到了老板的充分肯定。因做事积极主动、工作认真,现在凯瑟琳已经成为公司预算部门的主管。老板不但重用了她,还将她的薪水翻了2倍。后来,老板告诉她:"我知道给你的时间很有限,但我们必须尽快把预算方案完成。如果当初你不主动去完成这项工作,我也许会把你辞掉。但是你表现得非常出色,我最欣赏你这种工作认真、积极主动的人!"然而,在公司里,竟然有许多人根本不懂得被老板重用是建立在主动执行、自动自发完成工作的基础上。要知道,如果你不积极主动、恪尽职守地完成你的工作,那么,你在老板心里很难占有一席之地。成功的机会往往隐藏在你主动执行的每一项工作中,谁要是忽视了这一点,谁就注定与"优秀"无缘。

"主动执行"看似简单,而实际上做时却并非易事,我们习惯了在工作中听领导安排,从不敢越雷池半步。其实,在社会上工作,最重要也最可贵的就是主动两个字。

优秀的员工在工作中不但要主动执行,还要求必须能够自动自发。具有积极思考能力的人,不论在什么地方都能获得成功;那些消极、被动地对待工作,不能完全发挥主动性的员工,是不可能受到公司欢迎的。当一名员工能够积极主动地对待工作的时候,他就会发现工作给予他的还有很多的附加价值,那完全不能用荣誉、名利来概括,那将是其一生的财富。

执行力的关键

什么叫执行力,一言以蔽之,就是保质保量地完成公司分派给自己的工作和任务的能力。在上司下达工作的任务和要求后,如果能保质保量地完成它,就可以

说这名员工有执行力。

个人执行力的强弱，关键取决于这名员工是否有正确的工作思路和方法，是否有简约而有效的工作方式和习惯，是否能够熟练掌握工作和做事的相关执行工具，是否有执行的办事能力与性格特质。

辛辛那提大学乔治·古纳教授在教授秘书学时，曾经给学生们出了这样一个案例：

一天，某公司经理突然收到一封非常没有礼貌的信，是一位与公司生意交往很密切的代理商写来的。经理怒不可遏地把秘书叫到自己的办公室，向她口头交待了这样一封回信："我没有想到会收到你这样的来信，尽管我们之间存在一些交易，但是按照惯例，我仍要将此事公布于众。"之后，经理命令秘书立即将信打印寄出。对于经理的这项命令秘书现在有四种可供选择的执行方式：

照办法："是，遵命。"说完，转身回到自己的办公室，按照经理的要求将信打印寄出。

建议法：如果将信寄走，对公司和经理本人都没有什么益处。秘书身为经理的助手，有责任提醒经理，为了公司的利益，哪怕是得罪了经理也在所不惜。于是对经理直言相劝："经理，这封信不能发，消一消气，把它撕了算了。"

批评法：秘书不仅不执行经理的命令，反而向经理提出忠告："经理，请您冷静一点，回一封这样的信，您想想会有什么后果呢？在这件事情上，难道我们自己就没有值得反思的地方吗？"

缓冲法：当天快下班时，秘书将早就已经打印好的信递给已经心平气和的经理："经理，可以把信寄走了吗？"

乔治?古纳教授最后选择了缓冲法。按照乔治·古纳教授的观点，照办法是对于经理的命令忠实坚决地执行，作为秘书的确需要这种品质，但是如果仅仅"忠实坚决"照办，仍然难免失职。建议法是从整个公司利益出发，对于秘书这个职位上的员工而言，这种心系团队的精神也是值得称赞的，但是，这种行为又超越了秘书应有的权限。批评法是秘书干预经理的最后决定，是一种不折不扣的越权行为。乔治认为，照办法和建议法这两种执行方式虽不足道，但毕竟还有商量的余地，批评法是最不明智、最不可取的，而采用缓冲法，在秘书的职责范围内巧妙地对领导决策施加影响，即无越权之嫌，又能够收到良好的效果，因而可以说是最好的办法。

通过乔治·古纳教授的分析，关于执行力我们至少可以明确以下几点：

——上司就这么做，只能听命令行事的不是一个好部下。

——虽是帮助上司，但超越职权范围，也是值得称道的。

——对上司发挥影响而不越位，才可以收到比较理想的效果。

在以上的案例中，建议法被乔治·古纳教授排除了，因为有越权之嫌，不过在某些情况下,下级给上级提建议或忠告,是执行上司指令的重要途径,也是正确之举。只不过效果如何,取决于你的行事方式,取决于你是否在正确的时间、地点,以恰如其分的方式做正确的事情。为此,应该注意以下几点:

——要在上司心平气和、心情舒畅的时候提出,在刚才的案例中,即使建议不越权,盛怒的经理恐怕也难以接受。

——要多利用非正式场合,少利用正式场合;多利用非工作角色身份,少利用工作角色;尽量两人背地里进行沟通,一般不要公开向上司提意见。

——要以上司易于接受的方式提出,尽量从正面去阐述自己的观点,而不要从反面去否定、批驳上司的观点,甚至可以有意回避或做迂回变通。

具有较强执行力的人,懂得更理智、更变通、更有效地工作,他知道目标明确、讲究方法的工作是把能力转化为结果进而取得成就的关键。

具有较强执行力的人总是会围绕自己的具体任务编排自己的工作进程(每月的工作计划、每周的工作计划、每日的工作计划);他总是能准确把握事情的轻重缓急,能根据自己的工作时间非常合理地安排工作进程。具有较强执行力的员工对事情的轻重缓急的处理一般是这样:先做重要且紧急的事,然后做重要但不急的事,接下来去做不重要但比较急的事,最后做不重要也不急的事。懂得明智、变通、有效、合理地工作,从而提高工作效率,才把工作完成得更好。

具有较强执行力的人总是能很妥善地处理电话、手机、短信、电子邮件,能恰当高效地运用它们,同时又不会被其打扰工作,特别是自己在开会、写方案的时候,不会被它们干扰秩序、打断思路。

具有较强执行力的人会把所有的报告和报表文件都处理得有条不紊。他善于利用会议和工作报告来了解工作进程并进一步布置工作。

具有较强执行力的人总是能把自己的工作场所、文件资料、电子文件处理得井然有序,随时都可以轻松地找出想要的东西;还能把自己的工作经验、灵感、心得随时记录下来。

具有较强执行力的人懂得随着情况的改变调整自己的工作状态,时刻保持昂扬的斗志和旺盛的工作精力。

具有较强执行力的人在执行工作的时候,能够尽可能多地掌握相关的信息;在工作中发现问题或者预见到可能出现的问题后会深入到工作中去,深入了解工作的进度;对外界环境的变化信息也掌握得很到位,并做出适当的安排;他能很好地掌握其他人的动态和心理状况;他能监督工作开展状况;最后还能处理突发事件以使意外场面得到迅速控制。

突破困境，快乐执行

LG人力资源总监张晖在谈到公司的用人标准时说，LG需要的是一些怀着对工作的热情和坚忍不拔的意志，大胆创新，敢于执行的专业人才。他将员工对工作的热情和执行力看成员工对工作胜任与否的重点。事实上，执行力和工作态度对员工的工作业绩影响巨大，而且这两方面是互相影响，互相促进的。员工的满腔热情只有在转化为执行力后，才能为公司带来实际的效益，同样的道理，执行为只有在热情的推动下才能发挥潜能产生更大的能量。

某知名的企业家曾意味深长地说："空谈家和没有执行能力的人一样糟糕，这种人如果进入公司的高级领导层的话，就可能会毁掉整个组织。"公司中这类人大有人在，他们想做事，可就是常常力不从心，做不彻底，脑子里缺少"立即干并干到底"这种强烈的意识，要么长时间地在那里修改计划、推敲文字；要么拖沓等待、找借口搪塞；要么浅尝辄止；要么虎头蛇尾，到末了，一事无成，只得草草收场；要么方法本身就有问题，把本来有意义的事情弄得一团糟糕，反而影响效率和进度。

所以，开始做，并做好、做彻底，是一切企业活动的起点和归宿。热情是执行力的关键，这是一个经常容易被人们所忽视的问题。问题的关键在于，心中有了计划，你是否能马上就做、现在就做？如果你只是一味地筹划、酝酿、考虑、研究，就是不动手，不采取行动，那就不是执行。

执行是一种专门的学问，拉里·博西迪和拉姆·查兰认为执行是关于"如何完成任务的学问"。一个员工如果觉得只需凭经验和热情就能把工作完成得很好，也同样无法执行。关键在于，你是否愿意真正地付出心血，把事情做到底，不成功绝不罢休？当有人称爱迪生是天才时，他解释说："天才就是1%的灵感加上99%的汗水。"任何工作开始做的时候都会困难重重，只有具备坚忍不拔和不屈不挠的品格，才有可能获得成功。

事实上，很多人并不是败给了自己的能力，而是败给了自己所不能掌控的事情。在现代职场上，在激烈的竞争形势与强烈的成功欲望的双重压力下，从业者经常会出现焦虑、急躁、慌乱、失落、颓废等困扰工作的情绪，各种情绪一旦发作，常常会让人丧失对自身正确的定位，变得无所适从，从而大大地限制了个人能力的发挥，使自己的工作绩效大打折扣。

因此，我们要使自己在工作中有上佳的表现，首先应使自己能够始终保持一种良好的职业心境，对于一名初涉职场的新员工而言，这样做更具有重要意义。

邦迪是麻省理工学院的一名研究生，毕业后直接进入了埃克森美孚公司，不久便成为分公司销售经理的候选人。不过，邦迪进入这家公司的第一份工作只是坐在办公室里接听电话、处理文件等繁琐小事。虽然毕业于名校，但是由于邦迪从小在农场长大，知道工作机会来之不易，所以他一直保持着良好的职业心态——干好身边每一件小事，为明天积累经验。

邦迪从到公司应聘的第一天起，就平心静气地做着分内的工作，没有丝毫怨言，面试他的人事部官员觉得自己没有选错人，对他的评价极高。1年后，邦迪被派往总部接受培训。如今，他已经是这个跨国公司的一名区域经理了，主管产品的销售和开发。

工作是在一次次的挑战和困境突破中逐渐完成的，如果能始终以不灭的激情来对待它，每一次超越都将丰富员工们的内在，成为员工职业历程中宝贵的成长机会。那么，我们如何才能在工作中始终保持昂扬的斗志和饱满的激情，将工作任务快乐、高效地执行下去呢？以下是关于这个问题的几点建议。

1.全面了解自己的工作及其意义

了解一件工作或是产品，可以增加我们工作的目的性。许多公司训练推销员的时候，要把产品的制造细节都告诉他们，虽然，这些知识在推销的时候几乎派不上用场。但是，对自己产品的深入了解，使得推销员对顾客推销的时候能够更有自信和热情，也更容易造成更好的销路。

如果一名员工对自己的工作不够热情，便该找出原因所在，很可能是因为他对自己的工作知道得不够详尽或是不了解自己对整个程序所做的贡献。

2.把工作当作一项事业

如果只把工作当作一件差事，或者只把注意力停留在工作本身，那么即使是从事最喜欢的工作，也仍然无法持久地保持对工作的激情。但如果是把工作当作一项事业来看待，情况就会迥然不同了。

有一句话是这么说的："今天的成就是昨天的积累，明天的成功则有赖于今天的努力。"把工作和自己的职业生涯紧密联系起来，对自己未来的事业高度负责，你就不会因为工作中的压力和单调而饱受其困扰，觉得自己所从事的是一份有价值、有意义的工作，并且从中可以体会到使命感和成就感。

3.树立新的目标

任何工作在本质上都是大同小异的，都存在着周而复始的重复。如果因为这永无休止的重复，而对眼前的工作失去兴趣的话，实在是颇为棘手的难题，如果自己的态度不转变，不想方设法给自己树立新目标，即使那是一份让自己称心的工作，即使那是一个令所有人称赞的工作环境，它一样会因为一成不变而变得枯燥乏味，你也不会从中获得快乐。

4.不断扩展自己的"内在空间"

关于员工的执行力问题,约翰·丹尼斯的观点是:"一般而言,员工在执行中出现的失意和挫折感,并不是因为公司或者上司没有给员工提供足够的空间,而是员工本人没有好好地利用自己的空间。"

丹尼斯所提到的执行空间应该包括两种:一种是外在的空间,是别人给予的,能够满足自己种种意愿的空间;另一种是完全属于自己的内在空间,那才是所谓的"上帝慷慨给予"的无限的空间。无论遭遇什么样的不幸,一个员工拥有的内在空间都应该始终对自己开放着,从而为自己的执行提供足够展现自我的天地,让自己在空间里调整、歇息,然后自信而乐观地去面对工作中的"困境"和"难题"。

5.学会释放压力

工作绝非享受,一个人再喜欢自己的工作,工作都不可避免地会给他带来压力。面对压力,有些人逆来顺受,有些人只顾宣泄。忍受会导致毫无生机,宣泄则会带来无尽的牢骚。应该学会管理压力并科学地释放压力,减轻对工作的不适,心情轻松才容易重燃激情。

6.切勿骄傲

在工作中,最需要引起重视的是骄傲自满的情绪。自满的人不会想方设法前进,反而会对工作丧失激情。如果满足于当前已经取得的工作成绩,忽略了开创未来的重要性,那么现在这个阶段的工作自然也会丧失其吸引力。如果把过去的成绩当作激励自己更上一层楼的动力,并且试图超越以往的表现,激情必定会重新燃烧。

把公司的事当成自己的事

美国钢铁大王卡内基曾说:"无论在什么地方工作,都不应把自己只当作公司的一名员工———而应该把自己当成公司的老板。"

就一般情况而言,老板与员工最大的区别就是:老板把公司的事情当作自己的事情,员工则喜欢把公司的事情当作老板的事情。

在这两种不同心态的驱使下,他们工作的方式不可同日而语。老板不用说,任何关于公司利益的事情他都会去做。但是员工在公司里却往往只做那些分配给他们的事情,对于其他职责外的工作,他们会很自然地用"那不是我的工作"、"我不负责这方面的事情"来推脱。如此,在公司上班的8小时之内他们为公司工作,下班之后就完全与公司没有任何关系了。

在任何一家公司中,这样的人都不在少数,他们在脑海里把公司和自己分得

很开,除非被领导重用,否则他们很难把自己看成公司里一个重要的组成部分。因此,这些人也一定融入不了公司,更成不了公司优秀的员工。

利尔在一家快速消费品公司已经工作了2年,一直是不温不火的状态,待遇不高,但也还过得去,用他的话讲就是:"这工作不用人操多少心,薪水也马马虎虎过得去。"但在最近和一些老朋友交流过程中,他发现大家都发展得不错,好像都比自己好,这使得他开始对自己目前的状态不满意了,考虑怎么和老板提加薪或者找准机会跳槽。

终于,他找了一次单独和老板喝茶的机会,开门见山地向老板提出了加薪的要求。老板笑了笑,并没有理会。于是,他对工作再也打不起精神来,开始敷衍应付起来。1个月后,老板把他的工作移交给其他员工,大概是准备"清理门户"了。他赶紧知趣地递交了辞呈。

可令他始料未及的是,接下来的几个月里,他并没有找到更好的工作,招聘单位开出的待遇甚至比原来的还差了。

今天工作不努力,明天努力找工作。利尔的经历是对这句话最好的印证。

戴尔·卡耐基说:"仅仅'喜爱'自己的公司和行业是远远不够的,必须每天的每一分钟都沉迷于此。"一个以老板心态对待自己工作的人,无论自己的职位如何卑微,所从事的工作如何微不足道,都会以超强的热情和敬业的态度捍卫公司的荣誉。

日本的著名企业家井植薰说:"对于一般的职工,我仅要求他们工作8小时。也就是说,只要在上班时间内考虑工作就可以了。对于他们来说,下班之后跨出公司大门,爱干什么就可以干什么。但是,我又说,如果你只满足于这样的生活,思想上没有想干16个小时或者更多的念头,那么你这一辈子可能永远只能是一个一般的职工。否则,你就应当自觉地在上班以外的时间多想想工作,多想想公司。"

微软总裁比尔·盖茨在被问及他心目中的最佳员工是什么样时,他也强调了这样一条:一个优秀的员工应该对自己的工作满怀热情,当他对客户介绍本公司的产品时,应该有一种"传教士传道般的狂热"。一个只有把自己的本职工作当成一门事业来做的人才可能有这种热情,而这种热情正是驱使一个人去获得成就的最重要的因素。

所有的老板都一样,他们都不会青睐那些只是每天8小时在公司得过且过的员工,他们渴望的是那些能够真正把公司的事情当作自己的事情来做的员工,因为这样的职工任何时候都敢作敢当,而且能够为公司积极地出谋划策。一个员工,如果你真正热爱公司的话,你就应该把公司的事情当成自己的事情。

什么样的心态将决定我们过什么样的生活。当你具备了老板的心态,你就会去考虑企业的成长,就会去考虑企业的明天,就会感觉到企业的事情就是自己的

事情,就知道什么是自己应该去做的、什么是自己不应该去做的,就会像老板一样去思考,就会像老板一样去行动。

假设一下,如果你是老板,你对自己今天所做的工作完全满意吗?别人对你的看法也许并不重要,真正重要的是你对自己的看法。回顾一天的工作,扪心自问一下:"我是否付出了全部的精力和智慧?"

把公司的事当成自己的事来做,你就会成为一个值得信赖的人,一个老板乐于雇用的人,一个可能成为老板得力助手的人,一个和老板一样的人。

第十五章

常怀感恩，赶走抱怨的恶魔

感恩心不是天生就有的，它是培养出来的，许多人从未真正感觉到它，因为我们只注意我们需要什么，很少注意这些东西是从哪来的。如果你想拥有美好的生活，就不要抱怨，而要培养感恩的心。

感恩沉淀在人的生命里

一次，古罗马众神决定举行一次欢迎会，邀请全体美德神参加。真、善、美、诚以及各位小美德神都应邀出席。他们和睦相处，友好地谈论着，玩得很痛快。

但是主神朱庇特注意到有两位客人互相回避，不肯接近。主神向信使神墨丘利述说了这一情况，要他去看看这是什么问题。信使神将这两位客人带到一起，并给他们介绍起来。

"你们两位以前从未见过面吗？"信使神说。

"没有，从来没有。"一位客人说，"我叫慷慨。"

"久仰，久仰。"另一位客人说，"我叫感恩。"

正如这个故事揭示的：生活中慷慨的行为总是可以得到真诚的感恩。事实上，我们每个人每天的生活都在仰赖着他人的奉献，只是很少有人会想到这一点。

成功人士提醒我们，不知感恩可能会导致以下两点：

第一，不能享受既有的事物。我们并不是时时刻刻感觉到我们的财富，对自己

所拥有的都没有感觉，我们怎么会为它而感激？

第二，不知感恩，使我们无法得到更多我们想要的东西。你比较喜欢把东西给哪种人——不肯承认你给了他东西的人，还是表达了由衷感谢的人？老天爷的反应也无二致。"吱吱"叫的轮子可能最先得到润滑，却也会最先被换掉。

不知感恩妨碍我们成功——越不知感恩，妨碍越大。所以，我们做人要感恩。

有些人对恩义感觉迟钝，对怨恨却十分敏感。这类不知感恩喜欢怨天尤人的人，必定会走厄运，而且感觉人生充满不幸。这类人对别人的要求特别高，喜欢用自己的思考模式来规范他人，整天抱怨他人，却不知好好检讨自己，结果往往成为不受欢迎的人物。这种人有时会因有人撑腰、有人保护而威风一时，不过由于此类人多半专横、自私，只知从别人身上得到好处，却不知回馈，而不受欢迎。短视近利的后果，往往令帮助他的人感到失望，不再给予支持。这类人多半自以为是，从不考虑自己的责任，老是认为别人在算计他，对他不怀好意，想要陷害他。

消极的心态会使这类人离开对他有利的人，而和同类型的人在一起，然后逐渐深陷其中而无法自拔。

作家三毛曾说过这样一段话："一个小女孩因为没有鞋子穿而哭泣，直到她看见一个没有腿的人。这个小故事虽然十分平凡，可是它常常在我的心中激励我。当我偶尔对人生失望，对自己过分关心的时候，我也会沮丧，也会悄悄地怨几句老天爷，可是一想起自己已有的一切，便马上纠正自己的心情，不再怨叹，高高兴兴活下去。"

有的女孩总是不满意自己的容貌，也许是因为太希望自己十全十美了，以致把自己外形上不太理想的地方格外的注意与强调。在我们的生命之中，可以得到快乐的源泉很多。如果一位女子有得天独厚的美丽姿容，固然值得快乐，可是除此之外，我们可以从诗文、绘画等精神活动中找到快乐，我们可以从帮助别人、服务社会上找到快乐。一个平凡诚朴的朋友，一个温暖朴素的家，也是一种快乐。只要我们对人对己，都不苛求，在内心修养上多去磨炼，就可以摆脱一些围绕自己的平庸肤浅的看法，对人生的乐趣去寻求更深一层的了解，那时，外观的漂亮或不漂亮的影响都不太重要了。

我们生活在科学技术日新月异的今天，毫无疑问，只要我们有钱，任何有关我们衣食住行等的物质我们都可以随心所欲地买到，并把它们搬运回家，尽情地享受。也许正是因为如此，人们对这些东西的感恩之情才变得日益淡薄，认为获得它们是理所当然的，因而也就不爱惜它们。正如德国大诗人海涅所说，太容易得到的东西便不是珍贵的东西。试想：如果我们生活中的各种东西全部消失，我们还能生存吗？

一个人的本事极有限。那种对一切东西都怀有感恩之心的人是有人性的人。

请不要对自己目前的境遇抱怨，不要对自己所拥有的感到不满意。人呀，总是这样，得不到的就是最好的，得到的往往又不肯去珍惜，任由手中握着的像沙子一样从指缝间滑过。当你懂得珍惜的时候，你已失去了它。

不重视现在的人，就不会有可以期待的未来。感谢生活的馈赠吧！当你有了感恩之情，生命会时时得到滋润。若你没得到什么，那是因为你本没有付出什么；若你觉得自己所得太少，其实你本可以付出更多。

感恩让所有人都快乐

懂得感恩的人，才是一个有完整个性的人、才会是一个快乐的人、也一定会是一个成功的人。顺境的感恩是美德，逆境的感恩更加能让你得到如溪水般长流的爱。说声谢谢是件很容易的事情，但很多时候，我们忘记了。

有这样一个故事：两人同时去见上帝，问上天堂的路怎么走？上帝见两人饥饿难忍，先给他们每人一份食物。一人接过食物，很是感激，连声说："谢谢，谢谢！"另一人接过食物，无动于衷，仿佛就该给他似的。之后上帝只让那个说"谢谢"的人上了天堂，另一个则被拒之门外。

被拒之门外的人不服，说："我不就是忘了说句'谢谢'吗？"上帝说："不是忘了。没有感恩的心，就说不出谢谢的话；不知感恩的人，就不知爱别人且也得不到别人的爱。"那人还是不服："那少说一句谢谢，差别也不能这么大呀？"上帝又说："这没有办法。因为上天堂的路是用感恩的心铺成的，上天堂的门只有用感恩的心才能打开，而下地狱则不用。"

既然是故事，真假自然不必追究，它只是想要向我们传达这个道理：感恩很重要。

"感恩"是个舶来词，不过我们的祖辈从来不乏感恩精神。牛津字典给出的定义是："乐于把得到好处的感激呈现出来且回馈他人"。回想一下，我们得到过哪些好处，都需要感激谁？生活在这个世界上，一切的一切，包括一草一木都对我们有恩情。岂能不感恩？

人这一生，小而言之，从出生，就领受了父母的养育之恩，等到上学，有老师的教育之恩，工作以后，又有领导、同事的关怀、帮助之恩，年纪大了之后，又免不了要接受晚辈的赡养、照顾之恩；大而言之，作为单个的社会成员，我们都生活在一个多层次的社会大环境之中，都首先从这个大环境里获得了一定的生存条件和发展机会，也就是说，社会这个大环境是有恩于我们每个人的。

感恩，说明一个人对自己与他人和社会的关系有着正确的认识；报恩，则是在这种正确认识之下产生的一种责任感。没有社会成员的感恩和报恩,很难想象一个社会能够正常发展下去。在感恩的空气中,人们对许多事情都可以平心静气;在感恩的空气中,人们可以认真、务实地从最细小的一件事做起;在感恩的空气中,人们自发地真正做到严于律己宽以待人;在感恩的空气中,人们正视错误,互相帮助,将不会感到孤独……

人生道路,曲折坎坷,不知有多少艰难险阻,甚至遭遇挫折和失败。在危困时刻,有人向你伸出温暖的双手,解除生活的困顿;有人为你指点迷津,让你明确前进的方向;甚至有人用肩膀、身躯把你擎起来,让你攀上人生的高峰。你最终战胜了苦难,扬帆远航,驶向光明幸福的彼岸。那么,你能不心存感激吗?你能不思回报吗?

美国有一个感恩节,就是要在那一天感谢上帝赐予自己的一切,感谢你的家人、朋友、同事、老板……感谢你生命中的所有,用感恩的心感受世界,感受生活。

在水中放进一块小小的明矾,就能沉淀所有的渣滓;如果在我们的心中培植一种感恩的思想,则可以沉淀许多的浮躁、不安,消融许多的不满与不幸。

伟大的科学家霍金,只有3根能微弱活动的手指和一双不会说话的眼睛,他凭着坚强的意志做出了惊人的成就。然而,想想看,如果没有计算机,他怎么去表达他的思想,还能将他的智慧发挥出来吗?没有发达的医学,他仅仅能轻微活动的3根手指如何总能动弹?没有强大的经济支持,他微弱的3根手指又如何能产生伟大的学问?成功的喜悦,胜利的光环,常常会令人忘乎所以,但是我们永远不应该忘记那些帮助过自己的人和事。所幸,霍金不愧是一位伟人,他在回答完记者关于自己何以能够成功的提问后,又艰难地打出了一句话:"对了,我还有一颗感恩的心!"

心存感激,带着感恩的心去工作,竭力回报他人,无形中会增强你个人的魅力,可以顺利开启神奇的力量之门,发掘自身无穷的潜能。感恩的心是双向的,施与受的双方都会享受身心的巨大愉悦,让我们的生活、工作向尽善尽美的方向前进。

一颗感恩之心,可以使我们在失败时看到差距,在不幸时得到慰藉、获得温暖,激发我们挑战困难的勇气,进而获取前进的动力。换一种角度去看待人生的失意与不幸,对生活时时怀有一份感恩的心情,则能使自己永远保持健康的心态、完美的人格和进取的信念。感恩不纯粹是一种心理安慰,也不是对现实的逃避,它是一种歌唱生活的方式,来自对生活的热爱与希望。它是一种处世哲学,更是一种人生智慧,试着用感恩之心来装点你的美丽人生吧。

对工作心怀感恩

有位父亲告诫刚踏入社会的儿子："若遇到一位好老板，便要忠心地为他工作；假如第一份工作就有很好的薪水，那算你的运气好，要努力工作以感恩惜福；万一薪水不理想，老板也不太好，就要懂得在工作中磨炼自己的技艺。"

这位父亲是睿智的，所有的年轻人都应将这些话牢牢地记在心底，始终秉持这个原则做事。即使起初位居他人之下，也不要计较。在工作中不管做任何事，都应将心态回归到零，学会感激工作中的一切：感谢工作环境，感谢你的老板，感谢每一次的工作机会。并积极地将每一次工作任务都视为一个新的开始，一段新的体验，一扇通往成功的机会之门。

或许每一份工作都无法尽善尽美，但每一份工作中都有宝贵的经验和资源，如失败的沮丧、成长的经验、老板的严苛，同事间的竞争等等，这些都是任何一个工作者走向成功必须体验的感受和必须经历的锻造。

一种感恩的心态可以改变一个人的一生。如果你能每天怀着感恩的心情去工作，在工作中始终牢记"拥有一份工作，就要懂得感恩"的道理，你一定会收获很多。

当我们清楚地意识到无任何权力要求别人时，就会对周围的点滴关怀或任何工作机遇都怀有强烈的感恩之情。因为要竭力回报这个美好的世界，我们会竭力做好手中的工作，努力与周围的人快乐相处。结果，我们不仅心情会更加愉快，所获帮助也会更多，工作也会更出色。

我们生而为人，并能顺利走到今天，要感谢父母的恩惠，感谢大众的恩惠，感谢师长的恩惠，感谢国家的恩惠；没有父母养育，没有大众助益，没有师长教诲，没有国家爱护，我们何能存于天地之间？

所以，感恩不但是美德，而且是一个人之所以为人的基本条件。感恩已经成为一种普遍的社会道德。然而，人们常常为一个陌路人的点滴帮助而感激不尽，却无视朝夕相处的老板的种种恩惠和工作中的种种机遇。这种心态总是导致他们轻视工作，并把公司、同事对自己的帮助视为理所当然，还时常牢骚满腹、抱怨不止，也就更谈不上恪守职责了。

其实，对工作心怀感恩的心情基于一种深刻的认识：工作为你展示了广阔的发展空间，工作为你提供了施展才华的平台。你对工作为你所带来的一切，都要心存感激，并力图通过努力工作以回报社会来表达自己的感激之情。

感恩既是一种良好的心态，又是一种奉献精神，当你以一种感恩图报的心情工作时，你会工作得更愉快，你会工作得更出色。

　　真正的感恩应该是真诚的、发自内心的感激，而不是为了某种目的，迎合他人而表现出的虚情假意。时常怀有感恩的心情，你会变得更谦和、可敬且高尚。每天都用几分钟时间，为自己能有幸拥有眼前的这份工作而感恩，为自己能进这样一家公司而感恩。

　　对工作心怀感激并不仅仅有利于公司和老板。"感激能带来更多值得感激的事情"，请相信，努力工作一定会带来更多更好的工作机会和成功机会。

　　此外，对于个人来说，感恩赋予我们富裕的人生。感恩是一种深刻的感受，能够增强个人的魅力，开启神奇的力量之门，发掘出无穷的智能。

　　一个人若失去感激之情，会马上陷入一种糟糕的境地，对许多客观存在的现象日益挑剔甚至不满。如果你的头脑被那些令你不满的现象所占据，你就会失去平和、宁静的心态，并开始习惯于注意那些琐碎、消极、猥琐、肮脏甚至卑鄙的事情。放任自己的思想关注阴暗的事情，会让自己也慢慢变得阴暗。相反，若你把注意力全部集中在光明的事情上，你将会变成一个积极向上的人，一个大有作为的人。

　　不要浪费时间去分析和抨击高高在上的公司领导，不要无休止地指责和厌恶在某些方面不如自己的部门主管。指责别人并不能提高自己，相反，抨击和指责他人只能破坏自己的进取心，给自己徒增烦恼和不满。请相信，市场永远是公平的，它会以自己的方式去实现公平。

　　那些牢骚满腹的年轻人，请将目光从别人的身上转移到自己手中的工作上，心怀对工作的感激之情，多花一些时间，想想自己还有哪些需要改进和提高的地方，看看自己的工作是否已经做得很完美了。如果你每天能怀着一颗感恩的心而不是抱怨的心态去工作，相信工作时的心情自然是愉快而积极的，工作的结果也将大不相同。

感谢老板的"折磨"

　　不抱怨的员工，都是努力工作、恪尽职守、不找任何借口的员工。在做好本职工作之外，他们还积极地为公司出谋划策，尽心尽力地做好每一件关乎公司利益的事。而且，在重要时刻，这种忠诚会显现出它更大的价值。

　　当然，忠诚需要经受考验。如何能证明一个员工是忠诚的呢？所谓患难见真情，忠诚也是如此。企业面临危机之际，正是检验员工忠诚度之时。但是，一个企业在发展时期如何来考验员工的忠诚度呢？老板们就会想方设法来制造危机的假象，来"折腾"员工。

一个员工在公司工作时,工作进度上不去、工作效率不高、工作不能保质保量完成、工作出现失误时都不可避免地会受到老板的批评、训斥;工作任务繁忙时,老板还会要求加班加点地工作并且没有商量的余地;从早到晚,老板像个监工一样,监督着员工们工作,稍有懈怠,老板就会给脸色;迟到、早退一会儿,苛刻的老板要扣薪水;不经意的一次失误,老板扣了这个月的所有奖金……林林总总,似乎说明员工在备受老板的"折磨",其实正是老板的这种"折磨"锻造了员工。

温室里的花永远长不成参天大树,不经过折磨,员工就无法成长并成熟起来,折磨当然会给人带来痛苦,但也可以磨炼人的意志,激发人的斗志;可以使人学会思考,完善自我,以更佳的方式去实现自己的目标,成就自己的辉煌事业。科学家贝佛里奇说:"人们的成就往往是在处于逆境的情况下做出的。"因此可以说,老板"折磨"你其实是造就你成才的一种特殊手段。

对于老板的折磨,如果你能以正确的心态去看待,不但不会成为负担,相反会成为你前进的动力。

麦迪逊是一位技术员,大学毕业参加工作时间不长,就因一件小事出错被老板毫不客气地训斥了一顿。"怎么搞的,这么一点事都做不好,这样下去工作怎么可能干好呢?"话语虽然不多,但语气很重,态度强硬。年轻气盛的麦迪逊听了老板这些话,自尊心受到了极大的伤害。但是他最终还是压住火气,低下了头。这次事后,麦迪逊发现虽然老板训斥他时十分严厉,但一些比较重要的工作每次都是安排自己去做,对自己的信任丝毫没有减弱的迹象。而且,老板在训斥麦迪逊的时候,也时不时地向他灌输不少专业方面的知识和方法。久而久之,被老板训斥,麦迪逊不像开始时那样愤慨了。每次受训之后,他都认真总结,不断提高自我,没想到1年后,他成了公司最优秀的员工,年度总结大会上,还被评为了"明星员工",并被老板提升为了部门经理。

员工在"折磨"中成长。有人戏称"折磨"是必须练就的一种能力。不知道"折磨"员工的老板,对员工听之任之,也许可能会一时赢得员工的好感,但于公司和员工的发展都极为不利。一个公司的发展,人才是最终的决定性因素,而要培养人才,就必须"折磨"人才,刀不磨会生锈,人不磨就不可能成才。

而懂得折磨员工的老板,可能会被员工们误解,但到一定时候,员工们会感恩戴德。

查理到某大公司应聘部门经理,老板提出要有一个考察期,但出乎意料的是上班后被安排到基层商店去站柜台,做销售代表的工作,一开始查理难以接受,但查理还是耐着性子坚持了3个月,后来,他恍然大悟,自己对这个行业不熟悉,对这个公司也缺乏了解,的确需要从基层工作学起,才可能全面了解公司,逐渐熟悉业务,何况自己拿的还是部门经理的工资呢。

虽然实际情况与自己最初的设想有很大的差距,但是查理懂得这是老板对自己的一种考验方式,他坚持下来了,3个月以后他全面承担部门的职责,并且充分利用这3个月在基层的工作经验,带领团队取得了不俗的业绩,半年后,公司经理调走了,他得以提升;1年以后,公司总裁另有任命,他被提升为总裁,在谈往事时,他充满感慨地说:"当时忍辱负重地工作,心中有很多怨言。但是我知道老板是在考验我的忠诚度,于是坚持了下来,这才最终赢得了老板的信任。"

但是也有很多人在表面上虽然接受了老板的"折磨",可心底里却在为自己寻找理由。他们不懂得"善解人意",不知道老板那么做一定会大有深意暗藏玄机。所以,在具体的工作过程当中,他们会不情愿地依照老板的吩咐办,并可能会说:"是老板让我这么办的,出了问题与我无关。"甚至有些人还会消极抵抗,应会工作。

如果一个员工抱着这样的想法,对老板的折磨耿耿于怀,甚至为报复他而对工作敷衍塞责,那么就别指望会获得升迁与加薪的机会了。在公司里,善于理解老板的真实意图,正确对待老板"折磨"的员工,才能认真完成工作。这样的人表现出了自己的忠诚与能力,会得到老板的认同和好感,进而受到重用,获得加薪升职的机会。

要正确对待老板的"折磨",就要求员工站在老板的角度上思考问题,而且经常这样换位思考,我们就更容易使自己的能力得到提高。一般人只会在自己的立场上与老板的"折磨"纠缠,怎么也想不通老板为什么会这么做。其实,只要能够站在老板的角度看问题,就能够更容易认清自己,接受老板的"折磨",而不至于采取消极抵抗的态度。

感激同事帮助你成功

同事,顾名思义,就是一起做事的人。人之所以成为同事,就是为了完成共同的事。假如事情完成得不好,那叫事故;事情完成得好,就成为了事业。可见,同事对一个人是多么重要。对大部分职业人来说,世界上最好的东西是有一个好同事,比一个好同事更好的东西是有一群好同事。

如果大家不肯齐心协力共同做事,那结果就不太妙了。

两个囚徒一起做了坏事,被警察抓了起来,分别关在两个独立的不能互通信息的牢房里进行审讯。在这种情形下,两个囚犯都可以做出自己的选择:或者供出他的同伙(即与警察合作,从而背叛他的同伙),或者保持沉默(也就是与他的同伙合作,而不是与警察合作)。

这两个囚犯都知道,如果他俩都能保持沉默的话,就都会被释放,因为只要他们拒不承认,警方无法给他们定罪。但警方也明白这一点,所以他们就给了这两个囚犯一点儿刺激:如果他们中的一个人背叛,即告发他的同伙,那么他就可以被无罪释放,同时还可以得到一笔奖金。而他的同伙就会被按照最重的罪来判决,并且为了加重惩罚,还要对他施以罚款,作为对告发者的奖赏。当然,如果这两个囚犯互相背叛的话,两个人都会被按照最重的罪来判决,谁也不会得到奖赏。

从表面上看,他们应该互相合作,保持沉默,因为这样他们俩都能得到最好的结果:自由。但他们不得不仔细考虑对方可能采取什么选择。

甲犯不是个傻子,他马上意识到,他根本无法相信他的同伙乙犯不会向警方提供对他不利的证据,然后带着一笔丰厚的奖赏出狱而去,让他独自坐牢。这种想法的诱惑力实在太大了。但他也意识到,他的同伙也不是傻子,也会这样来设想他。所以,甲犯的结论是,唯一理性的选择就是背叛同伙,把一切都告诉警方,因为如果他的同伙笨得只会保持沉默,那么他就会是那个能够出狱的幸运者了。而如果他的同伙也根据这个逻辑向警方交代了,那么,乙犯反正也得服刑,起码他不必在这之上再被进一步的处罚。

而其结果就是,这两个囚犯按照不顾一切的逻辑得到了最糟糕的结果:都坐牢。

一个生气的男孩向他妈妈大喊他恨她,然后他又害怕受到惩罚,就跑出家,来到山腰上对着山谷大喊:"我恨你!我恨你!我恨你!"山谷传来回应:"我恨你!我恨你!我恨你!"男孩吃了一惊,跑回家去告诉他妈妈说,在山谷里有个可恶的男孩对他说恨他。于是他妈妈就把他带回山腰并让他喊:"我爱你!我爱你!"男孩按他妈妈说的做了,这回他发现有个可爱的小男孩在山谷里对他喊:"我爱你!我爱你!"

生活就是这样,你对同事感恩,与他们友好相处,他们自然也会同样喜欢你,你们会组成一个强大的团队,共同获取成功。

每个人事业的成功都需要别人的帮助。刘备若没有诸葛亮,想三分天下无异于白日做梦;约克在曼联威风得不行,因为他身后有贝克汉姆、吉格斯的强大火力支持。但还是约克一回到特立尼达和多巴哥国家队就碌碌无为,没别的,就是因为孤掌难鸣。当天才遇到天才,互相切磋砥砺,就会放射出更耀眼的光芒。即使是庸才遇到庸才,只要互相取长补短,同样能如虎添翼,所谓"三个臭皮匠,顶个诸葛亮"。优秀的同事就像撑杆,让你跃过不可能的高度,让你事业的画面更加生动流畅。

因此,你要对你的同事感恩。他们的帮助绝不是可有可无的。一个篱笆三个桩,一个好汉三个帮,良好的同事关系是事业不可缺少的根据地。很难想象一个在同事中间孤立无援的人,能够把工作做得出色,得人心者得天下,得同事者得

事业。

感谢一下身边的同事们，大家教会了你很多东西，让你不断地成长着，你们一起成长一起进步，这或许就是一个团队的力量吧。大家可以交流信息，大家可以共享经验，可以相互帮助。在这样的一个集体当中，你也有信心让自己变得更优秀，有信心做好自己的工作。

在你的错误发生之前，那些对你说很多话，给你很多分析和建议；在犯错误后，对你没有抱怨、指责的同事，你不该感谢他们吗？那些总是对任何事都怀着一颗理解的心的同事，对于他们来说，团队里快乐的气氛才是最重要的，而不是个人利益。对于这些同事，你不该感谢他们给了你一个良好的工作氛围吗？

周围的同事，他们在与你共事时，一直了解你、支持你。你需要大声说出你的感谢，让他们知道你感激他们的信任和帮助。

感激客户为你创造业绩

你对客户的贡献，决定了你的业绩，也决定了你的经济收益。所以，要时刻反省，我的工作为客户创造多少价值。

一次，一对老夫妇选购彩电，他们看了几种品牌，始终拿不准主意。营业员通过交谈得知，两位老人是为将要出嫁的女儿买嫁妆。出于对女儿的怜爱，他们希望给女儿买一台功能全、价格贵一些的彩电。

营业员又从两位老人那里了解到，女儿、女婿因为科研工作忙，连挑选彩电的时间都挤不出来。营业员十分诚恳地说："买电视机，按需求去买才划算。买功能多的，如果平时不用，等于白花钱。您要是信得过，我建议买这种品牌的，不但实用，剩下的钱还可以添置一组书柜，也许女儿、女婿更需要。"

这番话让两位老人十分感动，他们说："难得你说出了这么中肯的话，我们完全相信你，你就帮助选一台电视机吧。"

在这位营业员的热心帮助下，老人高高兴兴买了一台彩电。如果这位营业员不考虑老人的利益，而是投其所好，引导他们选购价格贵的，即使眼前的生意做成了，但他们在实际的使用中，逐渐发觉了其中的不足之处，那么，再买东西时，他很可能就不再找你了。

你要感谢你的客户让你创造出了业绩。但同时你也要明白，如果企业只拥有一次交易的客户，那么是无法发展壮大的，要想使企业有所发展，企业就应该不断开发并留住客户，并与大客户建立有效的关系。

同理,你要想成为一个业绩卓著的职业人员,就要不仅仅和客户做一次生意,而是和客户做永久的生意。不仅仅要和客户做生意,更要和客户建立感情。只有这样,才能轻松自如地取得非凡的业绩,成为一名卓越的成功人士。这就需要你首先对客户有感恩的心态,然后真诚地对待他们,留住他们的心。

我们与客户合作一定要追求双赢,特别是要让客户也能漂亮地向上司交差。我们是为公司做事,希望自己做出业绩,别人也是为单位做事,他也希望自己的事情办得漂亮。因此,我们在合作时就要注意多为客户着想,尽量减少客户不必要的开支,那么,客户也会节省你的投入。

另外你也可以做一些额外的事情来表达你的感激。比如客户需要某些资料又得不到时,你可以帮他找到。甚至,客户生活中碰到的一些困难,你也可以帮助他们。这样,你与客户就不仅仅是合作的关系,更多的就是朋友关系了。这样,一旦有什么机会时,他们一定会先想到你。何乐而不为呢。

你还可以通过超值服务来表达你的感激,同时也留住客户的心。超值服务对客户而言,意味着厂家让利,超值服务可以提高客户的满足感,许多企业的发展长盛不衰,很大程度上便是得益于此。

比如,戴尔公司不仅仅是电脑供应商,他还是客户在制定科技策略时的顾问。戴尔公司的科技人员要抽出一定的时间与客户一同讨论未来的科技走向。这种讨论可以使客户事先针对科技的变化而规划适应措施,不只是被动地接招。戴尔公司所提供的这种超值服务,会使公司与客户的关系更加巩固,建立起最稳固的信任、诚实及伙伴关系。

同时你还应该对客户的反应做出及时的回应。客户可以看到你们公司细致的、个性化的服务,对公司的满意度自然会提高,成为你们公司的忠诚客户。

比如,英国航空公司就与客户建立了良好的互动关系。该公司在大厅里安装了录像间,不满意的客户可以马上走进录像间,通过录像直接向总裁提出投诉。同时,英国航空公司耗资670万美元安装了一套电脑系统,用来分析乘客的喜好,目的是永远留住这些乘客。通过这个录像间投诉系统,英国航空公司在很短的时间内对各类投诉个案提出处理意见。通过客户喜好的分析,尽量增加客户喜欢的服务,提供个性化的服务,这使得客户的满意率极度上升,客户流失率降低。

当你的客户提出某项要求,而你没有能力去为他解决问题时,不要轻易说不,要积极地去帮他寻找解决问题的方法。比如你可以告诉他:"没问题,虽然我们没有这项业务,但我知道哪些企业有,这是他们的名称和电话,如果他们也没办法,请打电话给我,我会再帮你想办法的。"如果你不知道哪家公司能提供客户要求的服务,就对他说:"我不知道,但让我查一查,我会免费为您找些名单。"客户看到你这么为他着想,心里肯定会感到受重视,以后需要合作伙伴的时候肯定首先就会想到你。

如果客户选中你,感激他,也感激你自己,因为你的贡献他认可。如果客户批评你,感激他,因为他还没有换掉你。如果客户苛求你,感激他,因为你节省了质量检查费,市场需求调研费,和新产品试验费。你要特别感激挑剔的客户,是他们带给你新的市场,新的机会,新的水准,和你自己在团队中的重要地位。

感激对手使你进步

一位动物学家在考查生活于非洲奥兰治河两岸的动物时,注意到河东岸和河西岸的羚羊大不一样,前者繁殖能力比后者强,而且奔跑速度每分钟要快13米。他感到十分奇怪,既然环境和食物都相同,差别何以如此之大?

为了解开谜团,动物学家和当地动物保护协会进行了一项实验:在河两岸分别捉10只羚羊,送到对岸去生活。结果送到西岸的羚羊繁殖到了14只,而送到东岸的羚羊只剩下3只,另外7只被狼吃掉了。

谜底终于被揭开,原来东岸的羚羊之所以身体强健,是因为它们附近居住着一个狼群,这使羚羊天天处在一个"竞争氛围"之中。为了生存下去,它们变得越来越有战斗力。而西岸的羚羊长得弱不禁风,恰恰就是因为缺少天敌,没有战斗力。

对于羚羊来说,狼是敌人。对于我们来说,竞争对手并不是敌人,你与他之间有着更多的相似之处而不是差异。比如,麦当劳和肯德基,百事可乐与可口可乐,戴尔与惠普,蒙牛与伊利……正是由于相互竞争的格局,才使得双方都有了快速发展的动力。

1999年成立的"蒙牛乳业",是中国最近几年连续增长最快的民营企业之一,成了家喻户晓的明星品牌,可谓"牛气"十足。

可是蒙牛在创建初期,并非一帆风顺。牛根生本来是在乳业巨头伊利工作,可因为志不同,道不合而被迫从伊利出走,只能白手起家另谋出路。生性倔强的牛根生偏偏想要在乳业另起炉灶,用业绩来证明自己的实力。

面对强劲的对手,蒙牛既没有被吓倒,也没有屈服,而是选择了向伊利挑战,勇敢地与伊利展开了竞争。在一片"向伊利学习"的口号声中,蒙牛以低姿态的行为方式进入,没有被伊利当做"敌人"。经过几年的励精图治,终于,蒙牛发展成了可以与伊利抗衡的乳业大户。正是与伊利的竞争,才造就了今天蒙牛的"牛气冲天"。

要感谢你的对手,正是他让你成长得更加强大。当今世界,就业竞争激烈,如果我们能直面对手,在不断磨砺中锋利自己,你自然也会获得很强的就业力与竞争力。如果动物没有了天敌，会变得死气沉沉，萎靡不振。同样的道理，一个人没有对手，也就没有进步的方向。我们应当对对手心存感激。

在日本北海道，有一种鳗鱼，它被捕上以后很容易死掉。但有一个渔夫能够使它活得更久，就是在鳗鱼中放进他的对手——狗鱼。鳗鱼因为有了对手狗鱼，其求生意志被最大限度地激活，因而活了更长时间。

人总是有惰性的，也容易自满。所以我们更要感谢对手，正是因为他让我们有了危机感，我们才会不断地进取，以获取最大的成功。没有他，你可能不会意识到原来自己可以做到这么多，做得这么好。没有他，你就不会不断进步，你也不会有今天如此大的成就。

杰奎斯·罗格成为萨马兰奇的接班人，这位外表质朴、和善的58岁老人当选国际奥委会第8任主席。罗格在当选后表示："我首先要感谢我在国际奥委会的所有同事，我要感谢他们对我的信任。其次，我要感谢我的所有竞争对手，这次竞选我们都是通过正当途径展现个人的才华，我认为虽然竞争都有赢有输，但这次竞选IOC主席我们都是赢家，其他几位候选人也是虽败犹荣。"

要学会感激和欣赏对手。取之长处补己之短，以谋求共同进步、共同发展。欣赏、理解、包容自己的对手，看淡结果的得与失，那么你的心也会因为这份平和而充满宁静和宽容。由此，在面对竞争对手的时候，你可以微笑着、气定神闲地迎接挑战。胜利了，赢得辉煌；失败了，同样美丽。

竞争对手是位老师，他教会你成功失败的各种经验，让你知道自己的工作该如何做。他也迫使你进步。因为竞争对手每天都在思考如何战胜你，你不愿被打败，就必须不断进步。同时他也是面镜子，毫不留情地指出并利用你的缺点加以进攻，这就帮助你改正缺点，完善自我。竞争对手会时时刻刻提醒你，无论你取得多大进步，都决不能自满。

对手给予我们的，不仅仅是危机和斗争，同时还能激发我们求生机和求胜之心的动力。在职场中奋斗的人，当你学会了感激和欣赏对手的时候，也就是人格走向成熟的时候。

感激家人对工作的支持

人的成长离不开家人的支持。只有取得家人全力的支持，你的事业才会更上一层楼。

日本的推销大师原一平就把他的成功归根于他的太太久惠。他认为，推销工作是夫妻共同的事业。所以每当有了一点成绩，他总会打电话给久惠，向她道喜。

"是久惠吗？我是一平啊。向你报告一个好消息，刚才某先生投保了1 000万元，已经签约了。"

"哦，太好了。"

"是啊，这都是你的功劳，应该好好谢谢你啊。"

"你真会开玩笑，哪有人向自己的太太道谢的？"

"哎哟，得了，得了。"

"我还得去访问另外一位先生，有关今天投保的详细情形，晚上再谈，再见。"

学会分享成功的果实，是取得家人支持的一个妙方。只是花了几毛钱，就能把夫妻的两颗心紧紧地联系在一起，这是任何人都做得到的事，只是大部分人没去做罢了。

不管做什么，你都要得到家人的理解和支持，否则你做得再好没人认同，受了委屈没人理解，那种感觉是最难受的。

一位犹太教的长老，酷爱打高尔夫球。在一个安息日，他觉得手痒，很想去挥杆，但犹太教义规定，信徒在安息日必须休息，什么事都不能做。

这位长老却终于忍不住，决定偷偷去高尔夫球场，想着打9个洞就好了。由于安息日犹太教徒都不会出门，球场上一个人也没有，因此长老觉得不会有人知道他违反规定。

然而，当长老在打第2洞时，却被天使发现了，天使生气地到上帝面前告状，说某某长老不守教义，居然在安息日出门打高尔夫球。上帝听了，就跟天使说，会好好惩罚这个长老。

第3个洞开始，长老打出超完美的成绩，几乎都是一杆进洞。长老兴奋莫名，到打第7个洞时，天使又跑去找上帝：上帝呀，你不是要惩罚长老吗？为何还不见有惩罚？上帝说：我已经在惩罚他了。

直到打完第9个洞，长老都是一杆进洞。因为打得太神乎其技了，于是长老决定再打9个洞。天使又去找上帝了：到底惩罚在哪里？上帝只是笑而不答。

打完18洞，成绩比任何一位世界级的高尔夫球手都优秀，把长老乐坏了。

天使很生气地问上帝：这就是你对长老的惩罚吗？

上帝说：正是，你想想，他有这么惊人的成绩，以及兴奋的心情，却不能跟任何人说，这不是最好的惩罚吗？

故事想要说明的道理是，不能分享是痛苦的。在你的职业生涯中，总会遇到让你开心或是不开心的事情，你非常需要有人分享你的快乐和痛苦。没有人分享的人生，无论面对的是快乐还是痛苦，都是一种惩罚。

感谢你的家人，当你牺牲与他们相处的时间加班或者充电的时候，他们毫无怨言地支持你,一如既往地鼓励你。他们把你的家照顾得好好的,让你没有后顾之忧。当你成功时,他们分享你的快乐;当你失意时,他们陪你走过人生的低迷。

当大威廉姆斯获得温网女单冠军时,在感谢词中,她表示:"我要感谢我的爸爸、妈妈、姐姐和其他所有人,你们一直与我在一起,让我感受到了温暖,给了我许多支持。"了解威氏家族的人都知道这绝对不是客套之辞。

爸爸亲自当教练。20世纪80年代,非常有远见的理查德·威廉姆斯已经注意到网球将是一个有利可图的职业,于是他下定决心,倾尽全力要把自己的孩子们培养成为威廉姆斯家的赚钱机器。不过,威廉姆斯家族根本雇不起专职的网球教练。为此,已近中年的老威廉姆斯自学起了打网球,他购买了各种网球教练图书,并亲自担任了姐妹俩的教练员。

爸爸总是告诉女儿:你最棒。在女儿们比赛的时候,老威廉姆斯成为赛场上一道独特的风景——他总是在脖子上挂一个长焦的相机,拍下两个女儿在场地中的一举一动。

大威廉姆斯曾经说过:"刚开始比赛的时候我总是不很自信,爸爸会用他拍的照片告诉我'你是最棒的',他会说'你这个球打得落点相当好',或者'这样的击球姿势完全正确'……你知道吗?有家人在场,你在打比赛的时候会感到很有力量。"

妈妈为女儿设计发型。每逢姐妹俩参加重大的国际比赛,她们的母亲奥拉西恩都会不离左右,她不仅需要照顾姐妹俩的日常起居、订旅馆而且还充当姐妹俩的公关、通信和保安工作。而且在每场重要的比赛之前,奥拉西恩德几个女儿经常举行"学术"讨论会,一块商量如何打比赛和如何发挥技术水平,甚至包括为大小威设计比赛发型。

即使是在离婚之后,父母还是共同出现在赛场观看女儿的比赛,而这给了大威无比的勇气。"你绝不会知道生活会怎么对待你,那段时间我甚至一度灰心到只盼望太阳每天晚点升起来,家人的鼓励是我能够走到现在最大的动力。"

感谢家人的支持,不论今天有多少挫折,可你仍会勇敢地活下去。感谢不离不弃的家人,让你知道有人如此爱你。作为你最亲密的人,家人的理解和支持是你成功的最大保障,他们总会给你无比的信心。工作也许很辛苦,但是为了让你深爱的家人过得更好,你会拥有不断前进的动力。感谢他们为你所付出的一切吧,可口的饭菜、干净的衣服、温馨的环境、欣慰的笑容、担忧的泪水……

感谢家人的爱和支持,他们让你的成功变得有意义。

感谢曾经的失败和错误

　　爱默生说："伟大高贵的人物最明显的特征,就是他坚定的意志,不管环境变化到何种地步,他的初衷与希望,仍然不会有丝毫的改变,而终至克服障碍,以达到企望的目的。""跌倒了再站起来,在失败中求胜利"是历代伟人的成功秘诀。有人问一个孩子,他是怎样学会溜冰的。那孩子回答道："哦,跌倒了爬起来,爬起来后跌倒,再爬起来就学会了。"使得个人成功,使得军队胜利的,实际上就是这样的一种精神。跌倒不算失败,跌倒了站不起来,才是失败。

　　因此,要看出一个人的品格,最好是看他遇到逆境以后怎样行动。失败之后,能否激发他的能力,想出更多的计谋? 他是更勇往直前,还是心灰意冷?

　　也许过去的一切,对一些人来说是一部极痛苦、极失望的伤心史。所以,有的人在回想过去时,会觉得自己处处失败、碌碌无为,他们在衷心希望成功的事情上失败了,或许他们所至亲至爱的亲属朋友,离他而去,也许他们曾经失掉了职位,或是事业失败,或是因为种种原因而不能使自己的家庭得以维系。在这种人看来,自己的前途似乎是十分的惨淡。然而即便有上述的种种不幸,只要你不甘屈服,胜利就在前方,在向你招手。

　　失败是一种挑战,也是一种测试。没有勇气奋斗、自我放弃的人,其目标就会离他越来越远。而那些毫不畏惧、勇往直前、永不放弃目标的人,才会达到自己的目标。

　　某著名大公司要招聘一位职业经理人,因待遇优厚所以前来应聘的人特别多,那些手拿高学历、多证书的应聘者很多,有相关工作经验的人也不在少数,预示着公司招聘的过程,将会激烈和精彩。

　　经过初试、笔试等前四轮的淘汰后,只剩下了6名优胜者,但是公司只招收1人,所以,第五轮由老板亲自进行面试,由他来决定哪一个人有资格进入公司,接下来的角逐将会更加残酷。

　　面试的日期到了,在主考官面前却出现了7名面试者。主考官看到这种情况,就面向7名考生问道："今天来面试的人应该是6名,你们中间谁不是被通知来参加面试的?"话音刚落,坐在最后面的一个男子站了起来,他从容不迫地说："报告,那个人是我。我在第一轮就被淘汰掉了,但是,我想参加最后的面试,所以就来了。"

　　招聘者与另外来应聘的6名人员听他如此讲,都笑了起来,就连站在门口为主考官倒水的那个不起眼的老头子,也忍俊不禁面露笑容。主考官看着那个不请自来的人,不以为然地问道："你连考试的第一关就没有通过,现在过来又有什么必要呢？"这位男子自信地答道："因为我不但掌握了别人没有的财富，并且我自己本人也是一大财富。"大家又一次哈哈大笑，认为面前这个人，要么狂妄自大，要么头脑就有问题。

这个男子不理会那些人的嘲笑，接着说道："我虽然没有太高的学历，仅是一个本科毕业生，也只有一个中级的职称，但我却有着10年的工作经验，在这10年时间里，我曾在12家公司任过职……"这个男子还要继续说下去，这时主考官马上插话说："你的学历和职称都不高，这还不算是什么大问题，工作10年的经验应该收获不小，但是你在10年的时间内，先后跳槽到12家公司去工作，这可不是一种令企业欣赏的行为。"

"您误会了，我没有跳过一次槽，是那12家公司由于经营不善先后倒闭了。"男子接过主考官的话说。话音刚落，所有在场的人们又都大笑起来。旁边的一个考生对那个男子说："你曾就职12家企业，都先后倒闭了，你真算得上是一个地地道道的失败者了。"

这个男子听后也笑了，他说："不，你弄错了，是那些公司的失败，而不是我个人的失败，因为在挽救那些公司的过程中，正是公司的那些失败积累成了我自己的财富。"

这时候，一直站在门口的那个老头走了进来，他上前给主考官倒了一杯茶。这个男子继续不紧不慢地说道："我很了解这12家公司，在每一个公司面临倒闭时，我都曾与同事们想尽办法去挽救，虽然最后没能成功，但我知道了公司之所以倒闭的原因，了解到了公司存在的错误及失败的每一个细节，不仅如此，我还从这些失败中学到了许多东西，这是其他人在没有倒闭过的公司无法学到的，就是在倒闭公司呆过，如果不用心的话也得不到那些经验。大多数人只是追求成功的经验，但成功的经验大抵相似，容易模仿，所以没有什么实用价值；但是失败的原因各有不同，我又从那些不同的失败中吸取了很多知识，有能力和经验避免错误与失败，这才是最重要的财富。"

男子说到这里，停顿了一会儿，他看了看那个倒水的老头接着说："如果一个人用10年的时间去学习成功的经验，那样他几乎是一无所得，但如果用同样的时间去经历错误与失败，这样收获就很大，所学的东西不但多，而且更加深刻。因为我们大家都知道，别人的成功经历很难成为我们的财富，但别人的失败过程，却能使我们引以为戒，给我们以警示，使我们的事业少走弯路，因而能成为自己的一笔财富。"

边上的人都听着男子说话，旁边的老头也没有出去，看样子好像比别人更加用心地听着。这名男子嘴里说着，身子开始离开了座位，他做出转身要出门的样子，但又忽然把头转了回来继续说："这10年经历的12家公司，时间虽然有些长，但

很值得。因为它不仅使我得到了经验,同时也培养并锻炼了我对人事和未来的敏锐洞察力。"他看着主考官继续说道,"举个小例子吧——今天真正的考官,不是您。"他把头转向了那个倒水的老头说,"而是这位倒茶的老人……"

这一下,在场的所有人都惊愕住了,特别是那前来应聘的6名人员,不约而同地把目光转向倒茶的那位老头。那个老头听过男子的话也有稍微惊诧,但他很快又恢复了镇静,笑着对男子说道:"很好。你所说的一切话我都听到了,没有问题,经理就是你了。但我很想知道——我的演技哪儿没有过关,你是如何知道我是真正的主考官的呢?"

日本三泽屋的三泽千代治社长曾经说过:"我更信任那些有失败经验的人,一次都不失败的人,我从来不敢委以重任。"我们身上的种种毛病其实就像这些失败一样,往往是映射成功的镜子。愚蠢的人面对毛病就像面对失败一样,就只知道骂它们为毛病,怪它们是失败;只有聪明智慧的人把毛病和失败看成通往成功的必经之路,并对失败真诚感恩。

建议你这样做:

(1)在每天的生活中不断吸收新知识,每天至少阅读30分钟与工作有关的书籍。

(2)针对某个问题,集中火力专攻约2个小时的时间,然后停下来休息或做别的事,过一阵子再面对问题时,你会发觉问题变得简单多了。

(3)训练自己有建设性的思考习惯,把潜意识沉浸在富于创造性的行动中。

(4)排除会导致失败的消极观念及怨恨、嫉妒等不好的感情,输入正确有益的积极观念,你便可获得成功所需要的积极人生态度。

感谢踹你一脚的人

真正想成功的人,不会老是怨天尤人,埋怨运气不佳,他会检讨自己,心怀感恩,再接再厉。他们的成功有着深厚的基础,就算风急雨狂、地动山摇,也不会倾倒。

提起中国民办教育家,人们都会想到新东方教育科技集团CEO俞敏洪。《时代周刊》称俞敏洪是一个"偶像级的,就像小熊维尼或米奇之于迪斯尼"式的人物,其主要原因是:俞敏洪拥有"留学教父"、"中国最富有的老师"等多个头衔,他创办的"新东方"是中国目前最大的英语培训机构,中国70%的留学生都出自这里,很多国际金融机构里都有他的学生。

新东方的事业,确切地说,是被"踹"出来的。多年后,俞敏洪谈起新东方的起源,对"踹"了他一脚的北京大学充满感激。

北大是我最喜欢的地方,北大改变了我的命运。如果我没有经历在北大的挫折和自卑,我今天就不会有这么稳定的自信状态。如果不是北大的文化氛围,也没有我今天的这种理念,也不会成功创建新东方。所以,走过了风风雨雨,北大对我来说意味着我的精神生命,非常重要。

1990年秋天的一个傍晚,俞敏洪正在宿舍里和朋友一起喝酒,这时,学校的高音喇叭开始广播一条针对某位英语系老师的处分,理由是该名老师打着学样的名义私自办学,影响了学校教学秩序。这是北大建校以来第一次公开点名批评学校老师,仔细一听,这名被处分的老师竟然是俞敏洪。

20世纪90年代,正是出国留学潮最热火的时候,俞敏洪周遭的同事、昔日的好友都出国留学去了。俞敏洪也想出国,可是出国需要一大笔费用,虽然美国的一所大学已经答应给他提供3/4的奖学金,但这也意味着他必须自己筹备剩余的1/4的学费,这可是相当于4万多元人民币,按照他当时120元的月薪来计算,不吃不喝都要10年才能攒足。俞敏洪不得不另想他法。由于他本人也经历过TOFFL(托福)考试,深知社会上TOFFL英语培训这块市场需求大,于是他想出了一个办法,就是在学校外办TOFFL班,赚取出国所需的费用。

在留学潮最热的那几年,很多高校的老师纷纷出国留学,有的人学费不够,就在学校外兼课,或者办补习班,这种情形在当时相当普遍,自然引起了校方和社会上一些人士的极度反感。北大对俞敏洪的处分,由于是出于一种"杀鸡儆猴"的目的,不可谓不重,除了高音喇叭通报批评外,还在北大有线电视连播了好几天,同时处分布告也贴到了北大著名的"三角地"宣传栏里。北大对俞敏洪的这一"踹",将俞敏洪作为一个知识分子的颜面毫不留情地击碎在地。

事实上,北大曾有这样一条规定:对老师的处分不对外公开。因为考虑到老师要给学生上课,要树立起师道尊严。但是,到了俞敏洪这里却顾不上这点,可见北大对学校老师在校外兼职办班是多么敏感和反感,以至于不惜牺牲掉一个老师的面子,甚至是他的教学生命。

对于俞敏洪来说,在这次处分前,他一直都在学校普通地,而这次他终于在北大校园一举成名,靠的却是这种方式。事隔多年,俞敏洪再提到这段被"踹"的往事时,语气中仍然充满着苦涩意味,可以想象当时当地,他心中那股不能倾诉不通宣泄的怨气有多深重。

16年后又一个秋天,新东方在世界上最大的证券交易市场——美国纽约证券交易所上市,俞敏洪的身价大增,成为华尔街新宠,有评论界人士将这次出名与16年前那一场出名相比,说他是从一种黑色的出名走向了一种光明正大的出名,说他作为一个商人、一个企业家的价值其实是从他走出北大校门办英语培训班开始得以展现。

　　人们无从知道这些赞誉在俞敏洪的心里搅起了什么样的浪花。但是有一点可以肯定，已经成为"中国最富有的老师"的俞敏江其实并不关心他财富的增或减，他甚至并不关心每天的股值的长落，而10多年前的那场"处分风波"也随着时过境迁，在他的心中碾磨出了另外一份不同的感悟。

　　"北大'踹'了我一脚。当时我充满了怨恨，现在则充满了感激。因为如果一直混下去，我现在可能只是北大英语系的一个副教授。"

　　在回顾新东方创办历程时，俞敏洪也将北大对自己的影响归结为新东方之所以能获得成功的重要原因之一。

　　"我(在北大)学到的东西要比英语多得多。而这些东西，不是从某个人和某个老师身上学到的，而是在北大的氛围里面能够感染到、感知到的。在北大的6年教书训练，使我锻炼出了自己的教学模式和教学理念，养成了我跟学生良好的交流习惯，使我懂得了中国大学生到底在想什么。这也是新东方成功的保证。

　　我对北大的感情是非常深刻的，坦率地说，没有北大就没有新东方，原因是现在新东方的一些精神，或者是一些做事的方法，坦率地谱融入了北大的精神的。"

　　或许，俞敏洪之所以能够坦然地面对当年的"处分风波"，是因为他终于明白，生命中的每件事或人，都可能给我们一个清理能量、演进自己、向更高更远处提升的机会。如果不是因为北大的处分，俞敏洪也不可能愤而辞职，不可能将错就错，创办起一个对中国学生乃至中国教育影响深远的新东方学校。

　　正如罗曼·罗兰所说："只有把抱怨别人和环境的心情，化为上进的力量，才是成功的保证。"

　　的确，你只有感谢曾经折磨过自己的人或事，才能体会出那实际上短暂而有风险的生命的意义；你只有懂得宽容自己不可能宽容的人，才能看见自己心中的远阔，才能重新认识自己……

测试二

包容力测试问卷

一、概述

　　包容是一门艺术,是一种精神的凝结,是人品中善良的升华,是人性至美的沉淀,还是人修身养性的"真经";包容是一种境界,要达到这种境界,就必须拥有博大的胸襟,拥有一份坦荡和一种气概。包容是人生的一笔财富,同样是一辈子,有包容力的人生活在快乐幸福之中。包容别人是一种幸福,能让别人心存感激更是一种幸福。包容是赢得朋友的保证。学会包容他人,是发自内心,形于言表的自然流露。包容他人对自己无意的伤害,是让人钦佩的气概;包容他人曾经的过失,是对他人改过自新的最大鼓励;包容他人对自己的仇恨,是人格至高的袒露。一个人具有包容力,大度宽宏,容人之过,不计前嫌,是一个人应有的品格,是高修养和睿智的表现,是一种生活的智慧,也是构建人际关系应有的态度。人与人相处,在文化素质与性格品行上,难免会出现这样那样的矛盾。一旦发生不愉快的事情,多替他人着想,多检讨自己,当忍让则忍让,就能化解矛盾,使大家和睦相处。归根结底,"包容"根源于爱和理解。只有心中有爱,人们才能以同情的态度对待他人,才会充分尊重他人的立场和见解,才能消除彼此的敌视与误解,让不同民族、不同国家、不同文化的人们在世上和谐共存。

二、目的与功能

　　本工具帮助被调查者了解自己的包容力,了解一个人具有包容力的作用,了解如何才能提高人的包容力,以进一步改善自己的人际关系,活出真正的人生,创

造和谐美好的生活,形成团结、稳定和谐的社会局面。

三、适用对象

本工具适用于想了解自己包容力的所有人员。可用于自测,也可用于组织集体施测。

四、使用说明

该测验由25道题目组成。每道题目提出一个观点。测验时间为5分钟。

指导语:这是一份对个人观点和实际做法的测验调查。请对照题目用"1"、"2"、"3"、"4"做答,"1"表示根本不认同,"2"表示基本认同,"3"表示比较认同,"4"表示非常认同。要求凭直觉做答,不必过多进行理性分析。请尽快回答,不要遗漏。

五、测验题目

题号	题目	认同程度			
1	我认为客机机长应该仅限于男性。	1	2	3	4
2	尊重他人的观点,我感到很困难。	1	2	3	4
3	为了让不太听话的小孩儿学习服从,我认为一定要经常处罚他。	1	2	3	4
4	与同事闹了矛盾,我会耿耿于怀好长时间。	1	2	3	4
5	我认为老人不应该穿着新潮服饰。	1	2	3	4
6	我认为不能再相信撒过一次谎的人。	1	2	3	4
7	我和与自己意见不一致的人在一起心情就不好。	1	2	3	4
8	我认为公司的董事长应该对员工提升业绩和员工对公司的贡献抱有很大的希望。	1	2	3	4
9	我认为应当尽量避免与自己意见不同的人谈话。	1	2	3	4
10	我认为女性不应该和男性喝等量的酒。	1	2	3	4
11	我认为技术革新会无法无天,不值得高兴。	1	2	3	4
12	我认为单位的人事科长不应让有前科的人来担任。	1	2	3	4
13	我认为吸毒者就应该被送进戒毒所。	1	2	3	4
14	我认为顶尖运动选手应该保持最佳状态参加大赛。	1	2	3	4
15	制订休假计划时,我认为不必考虑到小孩子的希望。	1	2	3	4

（续 表）

题号	题目	认同程度			
16	半夜被汽车喇叭声惊醒，我感到非常愤怒。	1	2	3	4
17	我认为应该强制那些无所事事的人服2年兵役。	1	2	3	4
18	我认为早婚会有问题。	1	2	3	4
19	下属犯了错误，我会经常就此来批评他。	1	2	3	4
20	我认为只有勤奋劳动的工作者才有高收入。	1	2	3	4
21	我认为对最新流行服饰不得不稍加考虑。	1	2	3	4
22	我倾听和自己意见相左的见解觉得很困难。	1	2	3	4
23	与朋友约会，对方晚来了1小时，我感到很生气。	1	2	3	4
24	朋友只要有一次不遵守诺言，我就认为没必要再与他交往下去。	1	2	3	4
25	我认为住公寓的人就不应该养猫、狗等宠物。	1	2	3	4

六、结果分析

（一）计分方法

将"认同程度"栏中的数字相加即得出自己的包容力分数，它基本上反映了自己的包容能力的高低。

（二）测验分数的解释

（1）如果你的分数在88分以上，说明你非常有包容力：心中没有偏见，不在乎别人的意见和自己的不同，愿意敞开心怀接受新潮、新思想，能够容忍偏激和善变的意见。

（2）如果你的分数在75~88分之间，则说明你有一定的包容力，但是还需要进一步提高。

（3）如果你的分数在75分以下，则说明你的包容力比较弱，有时无法接纳不同意见，对新趋势和新思想持怀疑态度。

七、使用指南

为人处世的最高境界就是拥有包容一切的胸怀。那么，怎样才能培养"包容"的意识呢？

（一）适时地原谅别人的错误

一个人的心境是可以由自己来决定的，指责别人的错误也许非常重要，然而，

适时地原谅别人的错误,才是更高一层的工夫。很多事情,本来也都可大可小、可有可无,每个人的身上也总有几处污点,嫉恶如仇的人猛盯着那些地方看,心中充满了憎恶;有容乃大的人却假装看不见那些脏污的地方,设法往好处看,只要瑕不掩瑜,心中自然充满了喜悦。

(二)咽下怨气

人们往往只看得见别人的过错,看不见自己的缺失,面对别人的指责,也常不加自省,反倒以恶言来掩饰自己的心虚。言者无意,听者有心,一切在于自己如何用心来面对人生的挫折。自己可以反驳别人的批评,斥责别人的无知,但这样并不会使自己在别人心目中的地位提高,反而得不偿失。只有痛定思痛,才可以化干戈为玉帛。

(三)换个角度找出路

人生到处充满着意外和变化,只知道沿袭过去或安于现状的人,最后必然失去未来。做人就应该懂得适时地转弯,制造一个适合自己的环境,反向思考。为自己的困顿找出路,困难其实没有想象中那么复杂,只要换个角度,自己便可以看得更清楚。

(四)不怕吃亏

在中国传统思想中,有"吃亏是福"一说。这是中国哲人所总结出来的一种人生观。"吃亏"大多是指物质上的损失,如果一个人能用外在的吃亏换来心灵的平和与宁静,那无疑获得了人生的幸福。如果我们知道福祸常常是并行不悖的,而且福尽则祸亦至,而祸退则福亦来的道理,那么,我们就真的应该采取"愚"、"让"、"怯"、"谦"这样的态度来避祸趋福。

人,其实是一个平衡系统。人没有无缘无故的得到,也没有无缘无故的失去。有时,自己是用物质上的不合算换取精神上的超额快乐;有时,看似占了便宜,却同时在不知不觉中透支了精神的快乐。生命中吃点亏算不了什么,吃亏了能换来非常难得的和平与安全,能换来身心的健康与快乐。

(五)避免羞辱到其他人

如果希望人们能尊重自己,对自己的需求做出敏锐的判断,那就不要打击别人。保持自己的态度免受打击的最好方式之一,就是确定自己能给予他人自己所期望的同样待遇。要珍视和尊重他人的观点和感受。一个问题总是不止一个方面,解决一个问题的方法也不只一条。

从自身的部分来讲,也要做出更多的努力来避免践踏到他人。这样的努力从长远看来是值得的。自己会增强对似是而非的抉择的敏锐度,也会更好地了解别人。因此,自己的想法也会更有效率地被大家所理解和接受。注意和聆听他人的见解以求得更好的理解是至关重要的。

（六）坦然面对屈辱

但凡胸怀大志，打算干一番轰轰烈烈的事业的人，该进则进，该退则退，可谓能屈能伸。制定了目标后，往往在实践过程中都会遇到这样那样的困难和挫折，致使自己气愤、胆怯、自卑、情绪冲动、意志动摇等，立志越高，所遇到的困难就愈大。苦难是一种考验，它选择意志坚韧者，淘汰意志薄弱者。要达到奇伟的人生境界，要成就任重道远的伟业，必须具有远大的志向和极端坚韧的品质，有乐观坚毅的精神。

人生的道路是变化无常的，当你在遇到困难走不通时，或许退一步就会海阔天空；不要居功自傲，更不要得意忘形。现实世界纷纭复杂，一时的退让绝非是丧失原则和失去自尊，而是为了更好的前进。只有采取这种积极而且明智的方法，才能审时度势，通过迂回和缓而达到目的，实现超越。

（七）别太追求完美

人生确有许多不完美之处，每个人都会有这样那样的缺陷。其实，没有缺憾我们便无法去衡量完美。仔细想想，缺憾其实也是一种完美。人生就是充满缺陷的旅程。从哲学意义上讲，人类永远不满足自己的思维、生存环境和生活水准。这就决定了人类要不断创造、追求。没有缺陷，产品便不会一代代更新；没有缺陷就意味着圆满，绝对的圆满便意味着没有希望和追求，就意味着停滞。人生圆满，人生也便停止了追求的脚步。

生活也不可能完美无缺，正因为有了残缺，我们才有梦，有希望。当我们为梦想和希望而付出努力的时候，我们就已经拥有了一个完整的自我。

（八）别为自己找麻烦

明天太遥远，谁也不知道将会发生什么事，不如把握当下，珍惜眼前，无论遇到多大的困难，都无需惊慌。问题已经发生了，自己所能做的就只有尽力解决，世上没有解决不了的麻烦，除非是自己不断替自己制造麻烦。

（九）容尽天下难容之事

我们生活在茫茫人世间，难免与别人产生误会、摩擦。如果不注意，在我们轻易仇恨之时，仇恨袋便会悄悄成长，最终会堵塞了通往成功的路。所以我们一定要记着在自己的仇恨袋里装满宽容，那样我们就会少一份烦恼，多一分机遇。宽容别人就是宽容自己。

学会宽容，对于化解矛盾，赢得友谊，保持家庭和睦、婚姻美满，乃至事业的成功都是必要的。因此，在日常生活中，无论对子女、配偶、同事和顾客等都要有一颗宽容的爱心。宽容是一种艺术，宽容别人不是懦弱，更不是无奈的举措。在短暂的生命里学会宽容别人，能使生活中平添许多快乐，使人生更有意义。正因为有了宽容，我们的胸怀才能比天空还宽阔，才能容尽天下难容之事。

(十)多一点"糊涂"

每个人都希望自己聪明,以显示自己为人处世的高明。可是,任何事情都不是绝对的,聪明过头,事事计较,反而会让人伤神。只要是便宜就想占,为了一点小利,不顾前程;为了一点小过,争个你死我活……这种人看似聪明,其实是再糊涂不过了。

当自己事事比别人聪明时,总会引起他人的反感和嫉妒,导致自己受到无谓的伤害。只要能在大事上、原则上保持清醒头脑就行。为人处世,千万不要在小事上纠缠不休,搞得自己精疲力竭,心绪不宁;而到了大事面前,却又真的糊涂起来。这样的生活,实在是得不偿失。小事糊涂者,轻权势、少功利、无烦恼,终成正果;大事糊涂者,则朽木不可雕也。

聪明的人表面糊涂,实则内心清楚明白,这是一种更为高明的处世艺术。"糊涂"可使我们心境平静,无欲无贪。

现代社会瞬息万变,许多事情如果非要寻出个究竟不可,有时也是不现实的,倒不如多一点"糊涂",少一点执拗,这是另一种开朗、超脱的生活风光。只要我们心中"精明",即使给人的印象糊涂一点,有时可以给我们带来更广阔的生命空间。

(十一)气量是一种修养

气量是一种高尚的人格修养,是一种大将风度。要心怀坦荡,宽容他人,就必须做到互谅、互让、互敬、互爱。

互谅就是彼此谅解,不计较个人恩怨。人都有感情和尊严,既需要他人的体谅,又有义务体谅他人。有了互相之间的谅解,就能在任何情况下,保持平静的心境和宽厚的品格。

互让就是彼此谦让,不计较个人名利得失。心底无私天地宽,淡泊名利,摒弃私心杂念,自觉做到以整体利益为重,把好处让给别人,把困难留给自己,相互之间的矛盾就容易化解。一事当前先替自己打算,对个人得失斤斤计较,是难以与他人和睦相处的。

互敬就是彼此尊重,不计较我高你低。尊重别人是一种美德,尊重别人,自然会获得别人的好感和尊重。如果不尊重他人的人格,就不会有知心朋友。

互爱就是彼此关心,不计较品格气质的差异。爱能包容大千世界,使千差万别的人和谐地融为一个整体;爱能使人们变得亲密无间;爱能化解矛盾,消除猜疑、嫉妒和憎恨,使人间变得更加美好。

能否拥有雅量,关键靠三点:一是平等的待人态度。不自认为高人一等,保持一颗平常心,尊重他人;二是宽阔的胸襟。心胸坦荡,虚怀若谷,闻过则喜,有错就改;三是宽容的美德。能够仁厚待人,容人之过。由此看来,在雅量的背后,实际上反映的是一个人的素养和品行。

(十二)对别人要宽容

大多数人,要去喜爱面貌姣好或谈吐风趣的人很容易,但是要喜欢那些造成我们不便和不快的人却很难,总是宁愿和那些不如自己健康、美丽或聪明的人保持距离。

爱心与情感会影响自己的思维。如果自己缺少爱心,缺少对弱者的同情,有时候自己就会做出错误的决定。因为事实上,每个人所面对的不幸可能只是一个假象,这个假象是对自己情感的一种考验。包容心有时候能替自己做出正确的决定。自己应当允许别人的反对,不计较他人的态度,充分看到他人的长处,善于从他人身上吸取营养,肯定和承认他人对自己的帮助。正是由于善于包容和吸纳他人的意见,才会使自己走向成功。

(十三)学会让步

生活在纷繁复杂的大千世界里,和别人发生着千丝万缕的联系,出现点磨擦,在所难免。此时,如果得理不饶人,后果只能是两败俱伤;而如果采取忍让之道,则会"海阔天空"。

忍是一种宽广博大的胸怀,是一种包容一切的气概。忍讲究的是策略,体现的是智慧。能忍者追求的是大智大勇,绝不做头脑发热的莽夫。忍让是人生的一种智慧,是建立良好的人际关系的法宝。忍让之苦能换来甜蜜的结果。忍让是智者的大度,强者的涵养。忍让并不意味着怯懦,不意味着无能。忍让是医治痛苦的良方。

生活中许多事当忍则忍,能让则让。善于忍让,宽宏大量,是一种境界,一种智慧。处在这种境界的人,少了许多烦恼和急躁,能获得更加亮丽的人生。

自己的竞争对手不是自己的敌人,事实上,自己与他们有更多的相似之处。一个没有偏见的企业领导人明白,一个好的竞争对手有助于定位市场和传播行业的正面信息。把自己的竞争对手视为对手而非敌人,将会更有益。自己一旦把事情定性为"他们反对我",一旦将世界划分为朋友和敌人,一旦对敌人的行动采取抵御措施,那么,对自己的敌人而言,自己也会成为他们的敌人,同时自己也会成为自己平静心态的敌人。在充满竞争的经营环境中,如果自己总是处于进攻状态,那么就会削弱自己的战略地位。如果自己随机应变,后退一步,就能够创造性地对许多不同的竞争状况做出反应。

自然界所有的动物都知道如何以及何时做出屈服。懂得如何屈服的最大好处在于,在自己取得胜利的时候,自己的对手不会感到被击败。

(十四)错过了别后悔

人生一世,令人后悔的事情,在生活中经常出现。人的遗憾与后悔的情绪仿佛是与生俱来的,与生命同在。谁都想让此生了无遗憾,谁都想让自己所做的每一件事都永远正确,从而达到自己预期的目的,可这只能是一种美好的幻想。人不可能

不做错事,不可能不走弯路。做了错事,走了弯路之后,有后悔情绪是很正常的,这是一种自我反省,是自我解剖与抛弃的前奏曲,正因为有了这种"积极的后悔",我们才会在以后的人生路上走得更好、更稳。如果自己纠缠住后悔不放,一蹶不振,自暴自弃,那么自己的这种做法就是真正的蠢人之举。

生活不可能重复过去的岁月,日月如梭,来不及后悔。从过去的错误中吸取教训,在以后的生活中不要重蹈覆辙。错过了就别后悔,后悔也不会改变现实,只会消除未来的美好,给未来的生活增添阴影。要是我们得不到我们希望的东西,最好不要让忧虑和悔恨来困扰我们的生活。我们应当好好把握现在,珍惜此时此刻的拥有,不要把大好的时光浪费在对过去的悔恨之中,而是原谅自己,学得豁达一点。

(十五)退一步看得更清楚

容人是一种雅量。很多时候,只要稍微退一步,自己就可以看得更清楚。太仔细观察别人的错误,反而会察觉不到自己本身的缺失。

(十六)要有点雅量

雅量是衡量一个人成熟与否、修养程度高低的重要标尺之一。作为一个理智健全的人,特别是一个希望逐渐完备自己人格的人,总是要有点雅量的。

当自己手握足以致人哑口无言的权柄,身处令人赞不绝耳的高位,而面对尖锐的批评逆语,自己是否能够做到不怒目相对、暴跳如雷呢?如果遇到一点点不如意,便立刻勃然大怒;遇到一件不称心的事情,立即气愤感慨,这表示自己是福气浅薄的人,没有涵养。

应该承认,有些高贵品格是普通人毕生企望但仍根本不可能达到的,可人的雅量却是完全能够通过修炼而得到,甚至可做到"随心所欲"的。人难免与十分讨厌的人狭路相逢,尽管有人可以装作很随便的样子。但很多有雅量的人不会那样做,而是没有丝毫装模作样地笑迎着对方漠然的脸孔和布满疑惑的眼神,坦然地挨肩而过。当不期而遇的挫折、误解、嘲笑等迎面而来时,要相信并依靠个人的雅量,因为它是驱逐并能够战胜这一切烦恼和痛苦的忠实朋友。

做人处世,重要的是先要雅量。人有一分器量,便有一分气质;有一分气质,便多一分人缘;多一分人缘,必多一分事业。虽说器量是天生的,但也可以在后天学习和培养。器量对人生的功名事业至关重要。那么如何培养"雅量"呢?

(1)平时凡是小事,不要太过计较,要经常原谅别人的过失,但是大事也不要糊涂,要有是非观念。

(2)不为不如意事所累。不如意事来临时,能泰然处之,不为所累,器量自可养大。

(3)受人讥讽恶骂,要自我检讨,不要反击对方,器量自然日夜增长。

(4)学习吃亏,便宜先给别人,久而久之,从吃亏中就会增加自己的器量。

(5)见人一善,要忘其百非。只看见别人缺点而不见别人的优点,无法养成器量。要相信,有量的人,必定是不会吃亏的。

(十七)以豁达赢得下属拥戴

人生活于世上,需要面对不同的人,各人的处世方式、工作能力都不相同,这就需要自己有宽宏的心胸。成功的上司总是豁达大度,绝不会因下属的礼貌不周或偶有冒犯而滥用权威。所以作为上司,应该有宽恕下属的大度,这样才更能赢得下属的拥戴。因为下属偶尔冒犯上司,往往事出意外,并非出于故意。如果自己"尊颜大怒",不仅让当事人下不了台,自己也会给人留下没有涵养、蛮横粗野的印象;而大度地宽恕下属,则既可解除当事人的尴尬,更会增加下属对自己的敬佩,融洽双方之间的关系。

俗话说,人无完人。作为下属,难免在工作和生活中偶有过失。这时,上司有权利和义务予以指正,并要求其改正。面对这种情况,最有效的办法就是委婉地指出下属的过失,让对方在自责中加以改正。

(十八)让自己豁达起来

豁达是一种情操,一种修养。只有豁达的人,才真正懂得善待自己,善待他人,生活才充满快乐。豁达对于人生幸福如此重要,那么,我们怎样才能使自己的心胸达到这种境界呢?

第一,自己的欲望应该有限度。人拥有官能,必然存在欲望。合理地觅食求偶,无可非议,但欲望超出了一定的原则和范围,就成了罪恶。克制自己的欲望,使之合理适度,这是心灵归于祥和平静的一个重要法门。

第二,让自己学会无私。每个人都有各自的工作和生活,如果他在工作和生活中追求的是贡献于社会,而不仅仅是博取功名利禄,那么,就不会为报酬不公而抱怨;相反,却会因对同胞、社会、民族有所奉献而坦然无悔。一个为自己打算的人,凡事斤斤计较,一遇报酬不相应,便会滋生被冷落、被否定的感觉,心的平衡与安宁必荡然无存。只索取不奉献,就会背弃自己作为社会成员应尽的责任。

第三,有点自知之明。人们能否得到心灵豁达,能否正确评价自我和确立自我追求是很重要的。一个人评价自我,是通过认识自己的长处和短处来进行的。如果夸大长处,必会自命不凡;如果夸大短处,则会自暴自弃。而自我评价一旦失真,人们通常就不知道自己该做什么和能做什么,在追求目标的选择上就容易陷入盲目。一个人只有自我评价恰如其分,才会不骄不躁。因此,生活目标可订得适度。一种既能充分激发自己的潜力,经过努力又能达到的目标,将使人们内心坚定踏实,永远充满乐观、自信。追求豁达的人,必然是一个积极、认真了解自己的人。

第四,来点自省。人非先天就是圣人,心中难免会有这样那样的错误、虚伪等念头。有了这些念头并不可怕,可怕的是放纵和宽恕自己,从而造成恶性循环,最后被毁灭。人应该经常反省自己,告诫自己,使这些念头不再重现而逐渐把它克服。一个人只有不断地清洗自己的心,才能扩大豁达的心。

(十九)舍得"放下"

生活原本是有许多快乐的,只是人们常常自生烦恼。许多事业有成的人常常有这样的感慨:事业小有成就,但心里却空空的。好像拥有很多,又好像什么都没有。但真正成功了,仍然没有时间没有心情去了却心愿。因为还有许多事情让人放不下。

很多时候,我们舍不得放弃一个放弃了之后并不会失去什么的工作,舍不得放弃种种往事,舍不得放弃对权力与金钱的角逐……于是,我们只能用生命作为代价,透支着健康与年华。现代人都精于算计投资回报率,但是没有人能算得出,在得到一些自己认为珍贵的东西时,又有多少和生命休戚相关的东西也在悄悄失去,而这些东西一旦失去,便再也无法挽回。

"放下"是一种觉悟,更是一种心灵的自由。只要自己不把闲事常挂在心头,快乐自然愿意接近自己。我们应当提得起,放得下,想得开,做个快乐的自由人。

不折腾

不折腾就是不要没事找事，无事生非；不要朝令夕改，忽左忽右；不要翻来倒去，改来改去；总之就是不要重复做一些无意义、无关联、不必要的事情。折腾的本质是人为制造矛盾，无休止地运动，闹内讧，翻烧饼，把问题复杂化，加重负担。而不折腾，就是忠于事业；不折腾，就是有所作为；不折腾，就是努力工作；不折腾，就是专注目标。可以说，不折腾的人生就是幸福的人生。

第十六章

理解不折腾：
不折腾蕴含人生大智慧

只要我们认清自己的能力，顺应形势的发展，时时把握住自己不走错路，那么，我们的人生也是很精彩的。尽管生活中酸、甜、苦、辣、咸五味俱全，只要我们过得踏实，虽然不完美，但生活有它自己的意义，一种只有亲身体会才能说出的意义。

世上本无事，庸人自扰之

一个人生活得好不好，关键在于自己，庸俗的人总是没事找事，徒增烦恼。

人的一生只有百年左右，说短不短，说长不长。对于那些顺应时代发展、努力工作、过好生命中每一天的人来说，100年显得很短；而对于那些没有生活目标、没事找事、过了今天不知明天怎样的人来说，100年又显得很长。

每个人都希望自己的一生过得有价值，因此，我们就应该学习前一种人，精心过好每一天，而不要像后一种人那样碌碌无为、没事瞎折腾。

《新唐书·陆象先传》中有一句名言："天下本无事，庸人扰之而烦耳。"也就是说，一个人生活得好不好，关键在于自己，庸俗的人总是没事找事，徒增烦恼。

《列子·天瑞》讲述了这样一个故事：

杞国有一个人,整天吃不好饭,睡不着觉,满脸忧愁的神色。他的一个朋友为他担忧,关切地问:"你有什么忧愁的事吗?"这个人叹了口气说:"唉!我担心天会突然塌下来,地会突然陷下去,我的身体到哪里去躲藏呢?"

他的朋友就开导他说:"天,不过是一团气积聚起来的,没有一个地方没有气,你伸展身体、俯仰、呼吸,每时每刻都在气中活动,你为什么还担忧天会塌下来呢?"

这个人又说:"这天如果真的是一团气积聚起来的,那天上的日月星辰,不是都要掉下来了吗?"

他的朋友又劝导说:"日月星辰,只是那一团气体中有光耀的一部分,即使掉下来,也不会伤害人的。"

这个人又追问:"那么,地陷了,人又怎么办呢?"

他的朋友又说:"地,也不过是堆积起来的土块,它塞满了四面八方所有空虚的地方,没有一个地方没有土块,你跨步、跳跃,每时每刻都在地上活动,为什么还要担忧地会陷下去呢?"

这个人听后,放心下来,从此就过上了开心快乐的日子。

聪明的读者都知道这个故事叫做"杞人忧天",比喻庸人自扰,毫无根据地瞎担心,讽刺了那些毫无根据地担心、自欺欺人的人。很多人都认为这个杞人太蠢了,怎么会担心天塌下来地陷下去呢?但是,现实中,确实有一部分人会做出这样的蠢事。

李先生是一个事业单位的科员,因为性格有点内向,为人古板,所以与周围的人相处得不是很融洽。每天除了上班外,他都很少出门。

有一天,李先生的一个亲戚来看望他,发现李先生愁眉不展,于是就问他发生了什么事。李先生说单位要组织员工出去旅游,他正为这事犯愁呢。

亲戚很是纳闷,说:"出去旅游是一件多开心的事啊,你有什么可愁的?"

李先生说:"虽说旅游是开心的事,可是,单位要我们乘坐飞机去啊。你不知道,现在飞机经常出事,前几天巴西飞往法国的一架飞机遭遇空难,全机没有一个人生还。今天看新闻,又有伊朗一架客机坠毁,168人全部遇难。飞机这么容易出事,我哪还敢坐啊?说不定这样的事会落到我头上。"

亲戚说:"如果怕飞机出事,你可以坐火车去啊,现在的火车速度也很快,而且安全。"

李先生说:"火车也不安全,不是经常出现脱轨、相撞的事故吗?有的地方还有偷窃、抢劫的事情发生。"

亲戚说:"如果是这样的话,我看你以后就别出门了,天天窝在你的小屋里最安全。"

李先生说:"那不行,我现在想好了,明天我就自己开车去。"

不可否认，事故总是有的，但若因此就害怕、担心，那我们就没法生存下去。一个整天想着"如果……"的人，注定是一个不快乐的人，是一个失败的人。因此，要想自己过得舒服，就不要在思想上瞎折腾，不要想一些没用的事，更不要想一些不可能发生的事。

我们的生命就像一条静静的长河，舒缓安静是它的主调。不要总是期望有飞流直下的瀑布或美丽夺目的浪花，只要我们不瞎搅和乱折腾，生命长河就会日夜不息地奔涌向前。

平淡是生命的主体，也是生活的主体。就绝大多数人而言，终生将作为平常之人，拥有平淡无奇的生命；就绝大多数职业来说，永远都会是只做平常之事，拥有平淡无奇的记录。即使是灿烂多彩的社会生活，波澜壮阔的英雄之势，惊天动地的历史事件，也只在很少的时候出现，在绝大多数的时候，社会的脚步也只是悄无声息地移动，犹如一条平淡无奇的河流。因此，人们对于平淡生活和平凡人生的蔑视甚至否定，只会使人陷入一种无所作为的"怪圈"，从而使生命的意义和生活的情趣受到影响。

既然大多数人的人生是平凡朴实的，那么我们就应该以一种极为珍惜的态度，去平平淡淡地生活。这样一来，我们就会发现平淡无奇的深处也蛰伏着惊人的美丽：熙熙攘攘的自行车流、提篮买菜时听到的吆喝声、厨房里锅碗瓢盆的交响曲……都是值得回味的美好乐章；天上洁白的流云、路边盛开的花朵、孩子们嬉闹的场面……都是令我们顾盼不舍的风景。

不折腾是人生大智慧

在人生的道路上，如何正确地把握自己，关键在于"顺势而为"，也就是"识时务者为俊杰"。审时度势，因时制宜，要具有顺势而动的智慧。达到"明者远见于未萌，智者避免于未形"的境界。客观世界是复杂多变的，不经意之中，往往出现没有预料到的偶然的情况，让我们在一时之间，难以权衡利益的得失。功名富贵对人的诱惑确实很大，许多人为之飞蛾扑火，费尽心思，用尽机关，但也未必能得三分天地。

1915年11月，在袁世凯的授意下，国民代表大会终于通过以"君主立宪"为国体的决议。此后，袁世凯的心腹们又强迫各地代表在统一拟定的推戴书上签了名。

袁世凯见到推戴书后，心中窃喜，表面上却一再假意推让，一直到第二天，才发表公告，表示"遵从民意，勉为其难"，只好接受帝位。

1915年12月13日,袁世凯在中南海居仁堂接受百官朝贺。此后,袁世凯大封爵位,改"中华民国"为中华帝国,确定以"洪宪"为年号,以1916年为洪宪元年。

袁世凯当上皇帝后,遭到了来自社会各界的谴责;各地的反袁护国战争风起云涌,袁世凯处于众叛亲离的境地,对此他深感绝望。1916年3月22日,袁世凯被迫宣布取消帝制,仍称大总统。1916年6月6日,袁世凯在全国人民反对的怒潮中,忧惧而死。屈指算来,他总共只做了83天的洪宪皇帝。

袁世凯窃取了总统宝座之后,私欲更加膨胀,竟然逆历史潮流妄想做皇帝,最终引起全国人民的愤慨,导致最终忧惧而死。

因此,我们为人处世时要认清形势,顺应潮流,不要被他人的思想所左右,要有自己的见解和思想,在人生的风雨中做到安步徐行,从容泰然,对任何变化等闲视之,做到"谁怕,一蓑烟雨任平生"这种超然的境界。在现实生活中,我们不能指望所有的人都能深明大义,也不奢望与自己共事的同事都是善男信女,顺势而为,不必强求,不必牵强。该来的,总会来;该去的,总会去;该走时,就得走;该留时,须留下。

不折腾,关键的是指我们要有自知之明,没有金刚钻不揽瓷器活。

明察自己的性格、智慧、判断和情感。如果我们不了解自己,就不能控制自己。镜子可以用来照脸,但是,唯一可以用来观察自己的精神的是明智的自我反思。反思自己的长处在哪里,短处是什么,究竟有多大的能力。一切要量力而行,不要强迫自己做一些没有把握的事情,没有金刚钻就不要揽瓷器活。

凡事都要量力而行,如果不知道自己有几斤几两,难免就会自高自大,没事找事。做超越自己能力的傻事,其下场当然是惨败。

赵括是赵国名将赵奢的儿子。赵括小时爱学兵法,谈起用兵的道理来,头头是道,自以为天下无敌,连他父亲也不放在眼里。

公元前260年,秦国派王龁围住上党。赵孝成王连忙派廉颇率领20多万大军去救上党。王龁攻了几次城都被廉颇打退,而且廉颇还叫兵士们修筑堡垒,深挖壕沟,跟远来的秦军对峙,准备作长期抵抗的打算。

后来,秦国就散布谣言说,秦国最怕让年轻力强的赵括带兵,廉颇不中用,眼看就快投降啦。

赵王听信了谣言,也认为廉颇只守不攻迟早会投降,于是立刻把赵括找来,问他能不能打退秦军。赵括说:"要是秦国派白起来,我还得考虑对付一下,如今来的是王龁,而他只是能做廉颇的对手。要是换上我,打败他不在话下。"

赵王听了很高兴,就拜赵括为大将,去接替廉颇。赵括领兵20万到了长平,请廉颇验过兵符。廉颇办了移交,回邯郸去了。

赵括统率着40万大军,声势十分浩大。他把廉颇规定的一套制度全部废除,下了命令说："如果秦国再来挑战，必须迎头打回去。敌人打败了，就得追下去，非杀得他们片甲不留不可。"

那边秦国得到赵括替换廉颇的消息，就秘密派白起为上将军，去指挥秦军。白起一到长平，布置好埋伏，故意打了几阵败仗。赵括不知是计，拼命追赶。白起把赵军引到预先埋伏好的地区，派出精兵2.5万人，切断赵军的后路；另派5 000骑兵，直冲赵军大营，把40万赵军切成两段。赵括这才知道秦军的厉害，只好筑起营垒坚守，等待救兵。秦国又发兵把赵国救兵和运粮的道路切断了。

赵括的军队，内无粮草，外无救兵，守了40多天，兵士都叫苦连天，无心作战。赵括带兵想冲出重围，秦军万箭齐发，把赵括射死了。赵军听到主将被杀，也纷纷扔了武器投降。40万赵军，就在主帅赵括手里全军覆没。

大家都知道"纸上谈兵"这个典故，赵括能言善辩，却无实战经验，他根本不知道自己有几斤几两，居然会大言不惭地说把秦军杀个片甲不留，结果自己却成了身死误国的历史笑话。

因此，我们要有自知之明，知道自己适合做什么，不适合做什么；什么事当做，什么事不当做。这样才不会走错路，陷入进退两难的境地。

另外，不折腾还要求我们找准人生的方向，时时把握自己。

长久以来，我们的思维都进入了误区，总觉得执著是好的，坚持是好的，百折不挠是好的。要想达到目的，这是最有力的"捷径"：只要执著、坚持、百折不挠，就一定能成功。但实际上哪有这回事呢？如果方向错了，坚持只会让我们离成功越来越远。

一次作协会上，一个作家结识了一位文友，她头发花白，皱纹纵横。她告诉这个作家，自己从十几岁走上文学之路，到现在发表了十几篇文章。而且这好几十年的工夫，攒了满满两大箱子的手稿，大部分纸页都发了黄，就等着有一天能够声名远扬，以往的这些东西就可以全部拿去发表。

这个文友一边说，一边拿出厚厚一摞文章让作家看。作家看后直摇头：文笔嫩，主题老，用写报告的手法写小说，用歌颂太阳的口吻写散文，居然像这样写了一辈子。

作家语重心长地对她说："你的精神我很敬佩，可是，你的做法却是错的。"爱一个人，爱一件事，爱一项事业，爱到全情投入，那是很好的事，可是一定要有一丝丝的理智用来衡量值不值得。虽说"将相神仙，也要凡人做"，毕竟不是随便哪个凡人都能出将入相的。不要再折腾下去了，把有限的时间用到有意义的事情上吧。

很多时候，我们的人生就毁在了过分的执著上面。所谓"百折不挠"，那是有前提的。且不说方向错误一定会南辕北辙，就算方向正确，一路向着顶峰狂奔而去，那份不肯左右枉顾的劲，也会屏蔽掉沿途许多大好风光。

有时候明知差得很多,仍会受所谓"百折不挠"的蛊惑,拼命往前跑,心里想着就算到不了顶,也是挺悲壮的,为了这份悲壮,累死也值得。

真值得吗?还是在害怕?怕中途放弃会被人笑,怕半路转身自己会悔。怕来怕去,如骑疯虎,下不来了。做人总要明智些,适当地示弱、认输、放弃,并没有什么不好。即使跌倒了,也要立刻爬起来,拍拍土,步向另一个方向。这样既尊重了生命,又善待了生活。

很多人在年轻时都有这样的想法,认为自己这一生不能虚度,一定要做出像样的成绩。认为自己无论做哪一行,都必须出类拔萃,与众不同:如果当兵,就应该是将军;如果当科学家,就应该和爱因斯坦齐名;如果当作家,就应该获诺贝尔文学奖……总之,自己应该是天才,应该受到万人景仰。

的确,有一部分人成为了令人景仰的人,然而,这样的人只是少数,寥若晨星,而大部分人不过是个小人物。当我们发现了这一点后,也许我们会一时很难接受这个现实,我们的心会很痛,痛的过程会持续很长时间。但是我们必须认识到:这个世界上机会的确很多,但与人的数量相比仍然少得可怜,芸芸众生中最后胜出的肯定只是一小部分,90%的人,注定要做平凡的小人物。

接受了这个有点"残酷"的现实后,我们会发现当一个小人物也不错。只要我们认清自己的能力,顺应形势的发展,时时把握住自己,让自己尽量不走错路,那么,我们的人生也是很精彩的。

不折腾不是胆小而是低调

"不折腾"只有区区三个字,看起来非常简单,然而,能够正确地理解它所蕴含的道理却不是容易的事。

有人认为一个人的生命只有一次,不轰轰烈烈地活一回就会白来世上一遭。而"不折腾"是一种消极的处世原则,它与胆小怕事、满足现状、裹足不前等是同义语,"不折腾"的人生就是失败的人生。

事实上,抱有这种信念的人根本没有理解什么是真正意义上的"不折腾",不折腾不是胆小怕事而是为人低调;不折腾不是满足现状而是隐忍后发;不折腾不是裹足不前而是厚积薄发。

你在秦始皇陵兵马俑博物馆,看过那被尊称为"镇馆之宝"的跪射俑吗?

秦兵马俑坑至今已出土清理各种陶俑1 000多尊,除跪射俑外,皆有不同程度的损坏,需要人工修复。而这尊跪射俑是保存最完整的、唯一一尊未经人工修复的

陶俑。仔细观察,就连衣纹、发丝都还清晰可见。跪射俑何以能保存得如此完整?这得益于它的低调。首先,兵马俑坑都是地下道式土木结构建筑,当棚顶塌陷、土木俱下时,高大的立姿俑首当其冲,低姿的跪射俑受损害就小一些;其次,跪射俑作蹲跪姿,右膝、右足、左足三个支点呈等腰三角形支撑着上体,重心在下,增强了稳定性,与两足站立的立姿俑相比,不容易倾倒、破碎。因此,在经历了2000年的岁月风霜后,它依然能完整地呈现在我们面前。

由此,我们得到了一个启示:一个人的一生要面对很多困难与挫折,只有放低姿态,低调处世,我们才能获得内心的平静,才能承受人生中出现的各种苦难。

富兰克林有一次到一位前辈家拜访,当他准备从小门进入时,因为小门的门框过于低矮,他的头被狠狠地撞了一下。出来迎接的前辈微笑着对富兰克林说:"很疼是吧?可是,这应该是你今天拜访我的最大收获。你要记住:要想平安无事地活在这人世间,你就必须时时记得低头。"从此,富兰克林把"记得低头"作为毕生为人处世的座右铭。

我们都是凡人,与富兰克林不能相提并论。但也应时时刻刻学会低头,懂得低头,敢于低头。生命的重荷负载过多,就低一低头,卸去那份多余的沉重。面对自己的错误和不足,也要学会"低头"。只有学会低头,才能正视自己。

民间有句谚语:"低头的是稻穗,昂头的是稗子"。越成熟越饱满的稻穗,头垂得越低。只有那些稗子,才会显摆招摇,始终把头高高抬起。

低调做人,是一种品格,一种姿态,一种风度,一种修养,一种胸襟,一种智慧,一种谋略,是做人的最佳姿态。欲成事者必要宽容于人,进而为人们所接纳、所赞赏、所钦佩,这是人能立世的根基。

不折腾不是满足而是隐忍

"卧薪尝胆"的故事想必大家都熟悉。

公元前494年,吴王夫差率领大军攻打越国。越王勾践不听大夫文种和范蠡"宜守不战"的劝告,带兵迎战,结果大败,他只带了5 000个残兵败将逃到会稽,被吴军围困起来。没有办法,勾践只得求和。

吴国答应了越国的求和,但是要勾践亲自到吴国去。勾践把国家大事托付给文种,自己带着夫人和范蠡去了吴国。

夫差将勾践押回吴国都城后,将他们夫妇软禁于一间石室之中,让他们干最脏最累的活,勾践整天蓬头垢面地干活,没有丝毫怨言,似乎忘记了屈辱,已甘心为奴。夫差还经常派人去察访。察访的人向他报告说,勾践夫妇生活非常艰辛,但干活却很勤快,从不偷懒,并没有看到不轨的举动。

夫差出门时,还让勾践为他牵马,来到大街时,侍从还高声大喊:"快来看呀,现在站在你们面前的是越王勾践,他现在已经沦落为大王的马夫了。"于是街人纷纷上前对勾践又是推搡又是打骂。尽管勾践受尽了羞辱,但并没有异常的行为,似乎已麻木不仁。

更出格的是,一次,夫差受了风寒,在宫中养病。勾践知道后,带着焦急的神情前来探望。当他进门时,夫差正在大便。勾践走到跟前,观察了一下粪便的颜色,再探出头去闻粪便,最后竟蘸了粪便放在嘴里尝一下,然后对夫差说:"大王的粪便是黑色的,闻了以后有奇臭,尝了以后却带了一丝苦味,说明肚中的毒物已经经过粪便排出,毒物既出,大王的病已无大碍。恭喜大王!"

由此,夫差认为勾践已经胸无大志,对他的管束也逐渐松懈,后来就放勾践夫妇回国了。

回国以后,勾践卧薪尝胆,励精图治,趁吴王夫差出兵与中原大国争霸之时,攻打吴国,并一举灭了吴国。

吴越之战,勾践被夫差俘虏。如果勾践是一般人,他的想法应该是找机会逃脱,回国后再组织力量找夫差报仇。但是,这样做的结果是,夫差会提高警惕,全面防备越国,那样,越国根本没有打赢吴国的把握。

而勾践不是一般人,他低下头,不折腾,不惹事,乖乖地做他的俘虏。等夫差放他回国后,他就发愤图强,不仅打败了吴国,而且一度称霸诸侯。

不折腾不是停滞而是积累

张爱玲有一句坦率得近乎"无耻"的名言:"出名要趁早。"她说这句话时是因为她始终做着她的富贵梦,端着贵族架子,四体不勤,谋生无着,无奈发出这样的感慨。

但是,处于现代社会的人们却对这句话顶礼膜拜,为了"早出名"、"快出名"、"赚大钱",不断地折腾。今天看到网上赚钱稳当,马上到网上开店;明天看到炒股赚钱快,立刻跑去买股票。这些人在做出行动之前,并没仔细考虑一下自己是不是适合干这一行,也没有考察一下这些行业的行情,只是盲目地跟风,可想而知,这样瞎折腾的后果是即浪费了时间,也损失了金钱,真是"赔了夫人又折兵"。

有人认为,不折腾的处世原则太消极,有裹足不前的嫌疑。其实,不折腾不是裹足不前而是厚积薄发。厚积是指默默地、充分地积蓄;薄发是指静静地、慢慢地放出。形容只有通过长期的量变过程积蓄力量打好基础,建立完善的稳固的实力从而得到质的突破,稳步向前,不露破绽。厚积薄发多指谦虚做人,谨慎做事。

南怀瑾先生被誉为中国当代圣人,他对于中国传统文化的解读仿佛一颗颗光华闪耀的珍珠,滴水藏慧。如能深入领悟,自会发现中国传统文化的博大与精深。他之所以站到这样的高度,就是源于"厚积薄发"这四个字。

南先生不止一次袒露自己的心得:"我们以前读书是这样读的,会背来的……不要讲理由,老师说读啊,我们就开始吟唱……结果几十年过去了,还装在脑子里。"

古代私塾,不追求讲解得精深透彻,也不讲求教学的花样,反而要求学生有足够的诵读时间,在反复的朗读中自悟自得。那时选用的教材都是《三字经》、《百家姓》、《千字文》、《千家诗》、《声律启蒙》、《唐诗三百首》等韵文或诗词,每个汉字都是置于具体的语言环境中,学童在大量的诵读中不知不觉地熟知了文字的音、形、义,无须独立识字。经口诵心维的训练,一两年时间就可以认识大量的汉字,而且背熟之后会终生难忘。

如此可见,旧时私塾那种做法的初衷和终极目标都体现为"积累":在童蒙时期输入大量的、经典的完整的文本信息,为言辞行文确立了可效仿的典范,以期达到将来的厚积薄发之功。

也许现在的社会诱惑太多,让人难以一门心思地专心做事。但是,成功从不属于那些浮躁、不去认真学习思考以及做事的人。所以要让自己的人生过得有意义,就要抓好每一天的时间,少空想、少蛮干,多去学习、去思考。

李大钊曾说过:"凡事都要脚踏实地去做,不驰于空想,不骛于虚声,而唯以求真的态度作踏实的工夫。以此态度求学,则真理可明;以此态度做事,则功业可就。"这句话可以用八个字概括:"脚踏实地,求真务实",这也是"不折腾"的精髓,所以,当别人弯腰捡钱的时候,自己不妨继续向前走。

第十七章

不折腾自己：做一个淡定的人

只要我们认清自己，宁静心安，人生就会没有烦恼。羡慕别人，嫉妒别人，与别人攀比，都不过是自寻烦恼。即便与人相比，也是看别人有什么地方是自己可以学习、吸取和借鉴的，从而使自己能够很好地扬长避短。

莫以减压为名瞎折腾

折腾，也许是现代人的一个通病。张慧琳是一名自由职业者，常常从白天睡到中午，下午和电脑打交道，晚饭后，看气温稍稍降下来，便呼朋唤友开始娱乐，一直要闹到凌晨4点多才回家。然而，长期的夜生活让张小姐觉得浑身无力，20多岁的她皮肤很粗糙，脸上也有了只能用浓妆才能遮掩的黑眼圈和眼袋。即使有时晚上没出去，想早些睡却怎么也睡不着。

随着我国经济的高速发展，人们的生活日新月异，工作之余的娱乐活动也花样繁多，泡吧、蹦迪、K歌、飙车等，不一而足。在他们看来，多参加一些这样的活动可以缓解压力。

然而专家告诉我们，以这样的方式来缓解压力根本就是自欺欺人，只是瞎折腾罢了，折腾的结果是我们的健康没了，我们的身体垮了。

例如泡吧，它是许多年轻人，特别是都市年轻白领的最爱。他们把泡吧看成是

调节心情,放松自我,宣泄工作中的压力和不满的最好方式。但是,泡吧却是对自我健康的摧残。因为白领大多是脑力劳动,很伤神,一天下来身体都比较疲倦。如果还是经常熬夜泡吧喝酒,第二天又要早起上班,长此以往就会造成睡眠不足,使身体、精神状态和工作效率都受到影响。酒吧里不加节制地抽烟、喝酒也会对身体造成不良影响。

再说蹦迪,经常蹦迪的人容易出现耳鸣、持续低烧、咳嗽等症状,这些人无论坐着还是站着,两条腿和脑袋总是不由自主地摇动。蹦迪是神经性疾病的罪魁祸首。经常在震耳的音乐和刺眼的灯光下,人的健康会因此而产生极大危害。长期在这样的环境中,还会导致大脑神经紊乱,出现失眠多梦、记忆力下降和头痛等病症。经常K歌的人也会出现类似的病症。

飙车的危害更不用说了,简直就是在拿自己的生命开玩笑。

其实,有益健康的娱乐活动有很多,例如,旅游可以使人饱览大自然的奇异风光和各地的文化、习俗等人文景观,让人获得精神上的享受。同时,置身在异域的风景,呼吸一下清新的空气,让身心一次短暂的流浪,更能让人获得放松。

养花不仅可以供人欣赏、美化环境、令人赏心悦目,而且花的香气还能起到灭菌、净化空气的作用。同时,鲜花释放的芳香,通过人的嗅觉神经传入大脑后,令人气顺意畅、血脉调和、怡然自得,产生沁人心脾的快感。

有人把练书法、绘画比作"不练气功的气功锻炼。"首先,书法讲究意念,练习时必须平心静气、全神贯注、排除杂念,这与气功的呼吸锻炼和意守有异曲同工之妙;其次,书法、绘画都讲究姿势,要求头端正、肩平齐、胸张背直、提肘悬腕,要将全身的力量都集中在上肢,这与气功修炼的姿势极为接近。

而减压的方法更多,最常见的就是运动。运动之所以能缓解压力,让人保持平和的心态,与腓肽效应有关。腓肽是身体的一种激素,被称为"快乐因子"。当运动达到一定量时,身体产生的腓肽效应能愉悦神经,甚至可以把压力和不愉快带走。

再如听音乐,我们可以在一种被称之为"转换状态"的意识状态(一种游离于意识和潜意识之间的状态)中,自由发挥自己的想象力,体验自我生命的美感和内心世界丰富的想象力和创造力,使身体和精神深度放松,达到释放或缓解压力的目的。

老一辈人经常说"身体是革命的本钱",健康的身体是我们每一个人更好地生活、工作和学习的基础,是做任何事情的首要前提。如果我们把健康都折腾没了,还如何谈工作、谈成功、谈有意义的人生呢?

不折腾自己的身体,让健康常驻,最好的方法就是生活有规律。世界卫生组织提出健康的六大根基:规律生活、心理平衡、适量运动、合理膳食、科学饮水、戒烟限酒,且把规律生活列为六大健康根基之首。的确,人体内生来就有一个预定好的时刻表——生物钟,它严格、准确、连续地运转与控制着人体的生命活动,直到生命的结束才停止。

规律生活要求把每天日常生活的方方面面,都能在生物钟的运转规律的基础上,给自己多加几个"定时"活动,天天如此,你想不健康都难啊。

清闲自然,不为假时尚所累

庄周《庄子·秋水》说:"且子独不闻夫寿陵余子之学行于邯郸与?未得国能,又失其故行矣,直匍匐而归耳。"

这句话讲述了一个故事:相传在2000年前,燕国寿陵地方有一位少年,对赵国非常向往,他听说赵国人走路的姿势也很美,于是就跑到遥远的邯郸学走路。一到邯郸,他就感到处处新鲜,简直令人眼花缭乱。看到小孩走路,他觉得活泼、美;看见老人走路,他觉得稳重;看到妇女走路,摇摆多姿,真是太美了。于是,他就专心地学了起来。然而,学习一段时间之后,他发现不但没有学会邯郸人走路,而且也忘了以前自己是怎样走的,于是只好爬着回家去。

这个故事想必每个人都熟悉,它叫"邯郸学步",是讽刺那些追求时尚而弄巧成拙的人。

在现代社会,"时尚"已经不是什么新鲜词汇,当今社会对于时尚追求的人也越来越多,绝大多数人注重外在的时尚,也就是在形体、外表上下工夫。穿着华丽、开汽车、住洋楼,出入高级场所的人,往往会被人评价为"时尚"之人,一桌酒席也能为"时尚"开出几万甚至几十万的单子。

是呀,现在的人们生活条件好了,追赶一下生活潮流也不是什么坏事,可是,如果超出了一个度那就变成瞎折腾了。

据《香港商报》报道,在实际生活中,很多人对时尚趋之若鹜,他们追逐时尚的过程,享受时尚生活的风光,这些人也许认为自己是个时尚的人。但说句不好听的话,他们根本就不知道时尚的内涵,说白了也就是跟风而已。今天流行瘦身,他们马上去减肥;明天流行整容,他们就去整形医院;后天流行奇装异服,他们又打扮得像个外星人一样。很可笑,他们还不知道,自己一直追求的不过是假时尚而已。时尚之后的结果是把健康给弄丢了。

先说瘦身。

《英国每日电讯报》报道了一起离奇死亡事件。32岁的英国伯顿护士埃玛·费弗尔2年前的体重约146公斤。由于长期对自己体形不满,又急于结婚,想要穿下8

号婚纱,她最终决定花费7 000英镑去比利时接受胃成形术。手术后6个月,费弗尔的体重降到了约95公斤,当时,她已感到身体不适,但医生给她做的血液检查未能显示出病因。结婚前,她终于穿上了梦寐以求的8号婚纱,但身体已极其虚弱,每晚必须要人抱她上楼到卧室中休息。几天后,费弗尔到伯顿的女王医院接受检查。医护人员对她进行了身体检查和血液测试,但未采取任何治疗,她不幸当日身亡。验尸官确认,费弗尔的死因是2年前的手术失误导致多个器官衰竭、蛋白质摄入过少和营养吸收不良。

新加坡27岁的新传媒艺人爱丽长得清新秀丽,是新加坡娱乐圈一颗冉冉升起的新星。然而爱丽觉得自己的身材还不够完美,于是进行药物瘦身,结果在服药2个月后被诊断出肝脏衰竭,生命垂危。后来,多亏她的男友挺身而出自愿捐献一个健康的肝脏才保住了她的性命。

一些爱美的人士为了达到瘦身的目的,不惜节食、吃药、抽脂等,结果因为瘦身而失去健康甚至生命的现象屡见不鲜,与其说是瘦身夺去了这些人的健康与生命,还不如说是无知与盲目让这些人瞎折腾,最终走上了不归路。

再说整容。

曾写过畅销小说《原配夫人俱乐部》的作家奥利维亚·戈德史密斯来医院动一个无关紧要的下颚整形手术。打过麻药后不久,她就陷入了昏迷,再也没醒过来。

韩国一个由于过大的脸盘被邻居们称为“电风扇大嫂”的韩某,之前对于自己的四方脸极其不满,因此按照整容医师的指示在自己的脸上注射了医生给的矽素成分的注射液,甚至还直接注射了豆油和石蜡。可最后四方脸没消除,反而脸比一般人还增大了3倍之多。

侣皓喆是作家海岩之子,是一个很前途的青年演员。但是在一次接受采访时,他承认整容失败。原来,侣皓喆为了“晒成古天乐那样的黑皮肤”,在2003年的一次日光浴中被严重晒伤毁容,之后更惨遭无良医生忽悠,整容手术失败,导致左脸变形,表情僵硬。原本帅气阳光的他一度陷入绝望,险些自杀。

近几年,因为整容不当而发生的医疗事故频频出现,但是一些人只把这些事故当成意外,而从没想过自己很可能会成为下一个“奥利维亚”。人人都想拥有明星般的长相,然而不少明星整容接连失败,给一些盲目整容的人敲响了警钟。专家表示,整容并非“变脸”,一些人整容的目的不纯,要求过高,整容极易失败。即使成功,效果往往与预期相差很大。

再说穿着。

有一阵子穿着印有英文字母的服装很流行,但也因此闹出了不少笑话。李湘身着一件性感露肩服亮相北京电视台《梦想星空》节目,誓言要做回娱乐一姐的她当天表现亮眼,但令人震惊的是,她在节目中所穿衣服上的英文“vamp”竟然意为:

"荡妇"。

伏明霞在雪碧的广告签约仪式上穿了一条写满脏话的裤子引来了指责，媒体说这"有损运动员健康形象"。

在播出的一台电视晚会上，孙悦所穿的裙子上竟有英文骂人单词"bitch"意为"母狗、婊子"。

追求时尚追到这种地步真的令人无语。连公众人物都能闹出这样的笑话，作为普通人的我们又作何感想呢？

还有那些认为"名牌就是时尚"的人，自己都知道追求名牌是个无底洞，但是还是禁不住诱惑，把牺牲健康换来的钱全部投了进去。出门时昂首挺胸，迎着别人"艳羡"的目光前进；回家后节衣缩食，就着咸菜啃昨夜剩下的馒头。

追求时尚，本无可厚非，但是，有多少人真正能够理解"时尚"这两个字呢？时尚不是跟风、不是流行、不是人云亦云、不是拷贝外国人的生活习俗。真正的时尚是体现一个本真的自我，对生活的热爱、对爱情的追求、做自己喜欢做的事情。所谓外表之时尚，永远是最浮华的东西，潜心学习跟得上时代步伐的内心，才是追求时尚的必要条件，所谓时尚恒久远，风格则永流传。

佛说，人不过是一具臭皮囊，一切的繁华都会转瞬即逝。与其在臭皮囊上浪费时间、金钱和精力，不如多在自己的思想境界上下工夫，人生本来苦短，"吾生也有涯，而知也无涯。以有涯随无涯，殆已；已而为知者，殆而已矣！"处世之道重在顺应自然，忘却情感，不为外物所滞，让人生过得很自然，很洒脱，这样才能获得自由自在的快乐。

不做无事生非、自寻烦恼的人

假如你是一个女人，在政府上班，工资很高，有车有房，有疼爱自己的父母，还有一个帅气的、非常爱自己的老公和活泼可爱的女儿，你会整天不开心吗？

有人可能认为提问者脑子坏掉了，怎么会问这么白痴的问题，这样的生活简直是求之不得，哪还会有不开心的时候呢？不过，还真有这样的人。

她叫李云霞，她每天都过得很不开心。早上上班，老公开车送她，但是她不让老公把车停在单位门口，而是停到单位旁边的一个小胡同里，原因是怕同事看到自家的车是富康而同事小张老公开的是奥迪。下班回到家里，就向老公说，×戴了一条珍珠项链，×又换了部新手机，×生日时老公送了999朵玫瑰……可老公只是哼哈地应付，为此她很生气。

有一天上班时同事们聊天,都说男人很花心,还列举了种种表现。真是说者无心,听者有意,李云霞听完立刻紧张了,因为最近老公总是说很忙,每天都很晚才回家,"难道他外面有了人?不可能吧,他一向很老实的。不行,得想个办法试探他一下。"

于是李云霞跑到一个话吧,给老公打了一个电话:"喂,×,还记不记得我啊?"她故意改变了嗓音,还嗲得能让人掉一地鸡皮疙瘩。

她老公当然不知道她是谁,李云霞又说:"哎呀,你这个坏蛋,这么快就把人家给忘了。"她老公问她到底是谁,她又说:"难道你忘了吗?几天前,咱们在云峰宾馆的事?我好想你啊,今天晚上7点,我在那里等你哟。"真让人佩服,女人演起戏来咋就那么逼真呢?

她老公哪知道这是个圈套啊,还以为哪个朋友在跟他开玩笑呢,就决定去看个究竟。

李云霞断定,如果老公不去,那他就是清白的,如果老公去了,那就……哼,跟这个花心大萝卜离婚。

晚上7点的时候,李云霞怀着忐忑不安的心情在宾馆旁边候着,嘴里嘟囔着"千万别来啊,千万别来啊!"然而可怕的是,那个熟悉的身影出现了。

吵架是免不了的事,离婚也是不可能的事,要命的是从此以后他们心里都有了疙瘩。

一位哲人说过:如果你不给自己烦恼,别人也永远不可能给你烦恼。因为你自己的内心,你放不下。李云霞就是这样一个人,放着好好的日子不过,非要没事找事,自寻烦恼,这么一折腾,伤害的是谁呢?

每个人都会有烦恼。不同的人往往会有种种不同的烦恼。在我们的日常生活中,有许多烦恼是无法避免的,因为"天有不测风云,人有旦夕祸福"。有的人会在突然间遭受一种无法预料的变故,比如瞬间可能发生于车祸。于是乎,各种各样的烦恼就会接踵而至。这显然是一种不可预料的烦恼。然而,除此之外,往往还有一种莫名其妙的烦恼,且将之称为"自寻烦恼"。这一类烦恼本可以避免的,但生活中却常会平白无故的发生。

总结起来,一些人常常是从这些方面无事生非、自寻烦恼的:

(1)盯着消极面。牢牢记住你有多少次受到不公正的待遇,把注意力集中在那些不好的吃亏的事情上,你就会运用这种消极的思想方法来来给自己制造烦恼。

(2)爱幻想。最可怜的人,就是那些惯于抱有不切实际的希望的人。

(3)看不起别人。运用这条定律的关键是首先嫌弃自己,一旦贬低了自己的价值,接下来就是认为其他人也同样浅薄,于是,你会对他们不屑一顾,使自己变得众叛亲离。

(4)刻薄、挑剔。绝不去赞扬别人,不使用任何鼓励之辞,喋喋不休地批评、挑剔、埋怨、小题大做。这是制造隔阂,自寻烦恼。

(5)总认为自己是受害人。经常这样想,必定会烦恼异常,而且还会使周围的人感到讨厌,结果使自己的感觉变得更糟。

(6)总有不祥的预感。如果你会预料到有什么事情会出现,它们多半是会兑现的。

(7)滚雪球式地扩大事态。当问题第一次出现时就正视它,它会很容易化为乌有。反之会像滚雪球样不断地扩大。

(8)总把别人的过错揽到自己身上。在不关你的事情上,不要总把过错和问题都揽在自己身上,因此为这自怨自艾,那么要不了多久,你就会忧郁成疾。

有一个悟道的人,为了让自己彻底摆脱世俗的纠缠,口里衔着一根树枝,双脚悬空,双手也无所抓,挂在悬崖边上闭目思索。

这个时候来了个问道的人,请他指点迷津,明示道的真义。悟道的人为难了,如果不回答,就有违出家人随时点拨开示的本分;可是如果回答的话,就不可避免地会松开牙齿,跌落悬崖,命亡深渊。

这时一位禅师带领自己的几个徒弟正巧经过这里。禅师就顺势问自己的徒弟:那个悟道的人应该怎么解决这个问题?

徒弟们七嘴八舌地发表着自己的见解,但是没有一个人能够想出两全其美的办法,让那人既回答了问题又保全性命。

禅师微笑了,说:“这个人为什么要把自己悬在半空中呢?为什么把自己置于这样危险而尴尬的处境呢?他这是在自寻烦恼啊。不用再讨论了,答案已经有了。”他又大声对那悬在半空的悟道者喊:听明白了吗?你下来以后问题就解决了。

一些人很像这位悬在半空中悟道的人,悟道的方法有很多,可他偏偏要把自己置于尴尬的境地,结果给自己平添烦恼。

只要我们认清自己,宁静心安,就不会有烦恼。我们不是别人,我们就是我们自己,我们所能做的,就是用自己的能力尽力做好自己能做的事。羡慕别人,嫉妒别人,与别人攀比,都不过是自寻烦恼。即便与人相比,也是比别人有什么地方是自己可以学习和吸取、借鉴的,从而使自己能够很好地扬长避短。

人生应该光明磊落。可是天底下自有一种妒忌心极强的人,这种人往往会莫名其妙的妒火中烧,不仅给自己添出不少烦恼,也会给别人增添无尽的烦恼。烦恼,往往同一个人的气质、修养、经历是密不可分的。人一定要自得其乐,正确地面对烦恼,尽快地摆脱烦恼,而万万不可自寻烦恼。这样,才会使我们生活得更潇洒,更美好。

生活中,烦恼大多都是自找的。当我们用审视的眼光看待烦恼时,会不经意地

发现,其实束缚住自己心情、令自己痛苦难堪的不是别人而是自己。成功在于自己,失败也在于自己。要想摆脱烦恼,关键要依靠你自己的力量,自己才是心灵的上帝。

量力而行,不逞匹夫之勇

　　三国时期的曹操,虽拥有陆军80万,但并无水军。在攻至赤壁之时本应及时收兵,可他却不这么想。曹操觉得自己猛将如云,谋士如雨,只要把战船用铁索相连,便可使陆军在其上如履平地,区区东吴唾手可得。然而,他败了,败得很惨很惨,80万大军被一把大火烧得所剩无几。逃至华容道,恰遇关云长,若非云长念及昔日恩德,义释曹操,曹操便将丧命于此。赤壁之战中,曹操被孙刘两家联手打得大败,正是由于他的自大狂妄,不自量力。

　　逞匹夫之勇必定招致失败,远在秦末的时候,项羽已经给我们上过一课了,但是曹操依然我行我素,完全不顾客观条件的限制,强行对吴用兵,这样一折腾,损兵折将是小事,影响了扩张统一的方针才是大事。

　　然而无独有偶,三国时期的刘备本无将才,但他认为自己兵多将广,不听诸葛亮劝告,执意要攻打孙权,为其结义兄弟关羽报仇雪恨。于是便有了"陆逊火烧七百里大营"的典故。从此,蜀军一蹶不振,也为蜀国的灭亡埋下了伏笔。

　　一位哲人曾说过:"心不平,气不和,绝无理智可言。"这句话就是告诫我们,凡事要量力而行,不能瞎折腾。"量力"顾名思义,衡量力量,同时更有浸透着自知的感觉。量力而行也就是发现和了解自己能力,要凭自己的实力,脚踏实地做事。不要高估了自己的能力与力量,那样会给自己带来不必要的麻烦。

　　办事要量力而行,对自己做不到的事,要说明情况,不要勉为其难。乱逞英雄、匹夫之勇都是不可取的行为,这样做和一个没有理智的莽夫没有区别。

　　盛小龙是建工学院的学生,大一时进了校学生会网络部,从做学校部门网页开始网页制作。在有了一定的经验以后,他不再满足于这种小打小闹,而是把目光转向了社会。大二暑假,经人介绍,小盛做成了第一笔生意,为一家公司制作网页,完工时拿到了4 000元的报酬。4 000元对他来说不是一个小数目,为此他激动了好几天。此后,整个大三期间,他陆续为近30家小公司做了网站,赚了几万块钱。

　　尝到甜头的盛小龙踌躇满志,要让自己再上一个新的台阶。很快,他联系到一家知名房产公司,为其制作网站。但是公司的要求很高,而且期限也很短。当公司问他是否能够保质保量按时完成的时候,盛小龙想,自己至少也为30多个公司做

过网页了,经验也足够多了,难不成还被你们吓唬住?于是他不假思索地就签下了合同。

前期工作进展得很顺利,眼看就要完工时,一个技术难题却怎么也攻克不下来,最后,他不得不向朋友求助。朋友看到他做的项目后大吃一惊,因为项目的技术要求他们根本就做不到。朋友问他为什么明知自己没有这个能力还要逞强做下去时,盛小龙才说,当时有些飘飘然,以为凭着自己的聪明和经验是没问题的,但是做下来才知道事情没那么简单。朋友沮丧地说,以咱们的实力这个项目是根本没法完成的。无奈之下,盛小龙只好把实情向广告公司说了,赔偿了对方的损失,之前赚到的那些钱又全部亏掉了。

盛小龙敢想敢做的品质是值得称赞的,但是,得意之时不能忘形,自己究竟有几斤几两还得掂量掂量,没有大头是戴不了大帽子的。

在我们做事的时候,自己感到难以做到的事,要勇敢地鼓起勇气,承认自己的不足,如果硬撑着答应,将来误了事儿,那才不好收场。只有这样,我们才能成为真正会办事的人。否则,在能力之外的事情还勉强地答应,那么将来丢脸的肯定是自己。

每个人都有自己的能力极限,我们并不是万事皆能的全才,覆水难收,话一出口就没有挽回的余地,后果就需要自己去承担。爱逞强就是一种瞎折腾,一旦失利,失去的不仅是做成一件事的机会,还有他人对我们的信任。

逞匹夫之勇的人往往又是不会拒绝别人的人。拒绝别人的要求确实是件不容易的事,大家都有体会。央求人固然是一件难事,而当别人央求你,你又不得不拒绝的话,也是叫人头痛的。因为每个人都有自尊心,希望得到别人的重视,同时也不希望别人不愉快,因而,也就难以说出拒绝的话。不过,当我们经过深思熟虑,倘若答应对方的要求将会给我们或对方带来伤害,那么,就应该拒绝,而不要为了面子问题,做出违心的事,结果对双方都无好处。逞匹夫之勇的害处无非就是费力却不讨好,因此当我们做事的时候一定要量力而行,切不可鲁莽从事。

知退知进,进退自如

当进则进,当退则退,善于把握进退之道,是北大学者教导学生的重要人生哲学。北大学者告诉学生们,一味只知道猛进的人,未必是真的英雄。真的英雄是知道何时前进,何时后退的。抓住机会,该前进的时候就使出全力,如行云,似流水,大踏步前进,高效率前进,决不浪费稍纵即逝的机遇。而当前进的条件发生变化,再继续前进就会带来重大损失时,就当止则止,及时调整好自己的心态和体能,为再次的快速前进积蓄力量。能做到这样的人往往才是真正的英雄。因为只有一张一弛,一退一进,才是人生必然的选择。不管不顾地一味往前冲,则是没有头脑的人所采取的莽撞行动,这样莽撞行动的人没有几个人是成功的。

前进太猛的人往往一时难以立足,反而可能摔大跟头,给自己的人生带来损失,给别人速写为笑料,这又何苦呢?儒学大师孟子还把进学的次弟比作流水,他说:"不科不行。"意思是流水遇到了坎坷难行的路段时,必须停下来等待后续力量,当更多的水到来时就有了更大的力量,这样就能够"盈科而后进",直到一鼓作气浩浩荡荡地流入大海。

曾任北大校长的蔡元培老先生是一位伟大的学者,更是一位知退知进、善于进退的智者,其为人、为学的大智大德几乎无人可比。

蔡元培是浙江绍兴人,辛亥革命后,他当上了第一任教育部长,亲手奠定了我国的教育体制。他从51岁出任北大校长到61岁卸任,在任10年而实际任职时间却不足5年。何以如此?正是他及时把握了进退之道,在进与退中演绎了精彩的人生。

1917年7月3日,张勋拥宣统帝复辟,蔡元培愤然辞去北大校长一职。1918年5月21日,他劝阻北大学生到北洋政府请愿不成,请求辞职。1919年5月8日,因为五四运动,要求政府释放北大学生并公开辞职,以示抗议。1919年12月31日,北大教职员不信任教育部,全体停止职务,他率先辞职。1922年10月19日,因为北大学生不满收费,他再次辞职。1923年1月17日,他抗议北洋政府冤枉逮捕财政总长而愤然辞职。1926年7月8日,他从欧洲回国,第7次提出辞职,这次后他没有再回到北大。

蔡元培老先生一次次辞职,除了这些人人皆知的表面原因外,当然有其深层次原因。他曾引用《易经》的话说:"小人知进而不知退。"从这里我们可以看出,他是君子而不是小人。他的7次进退在北大校史上留下了灿烂的一笔,成为北大人知进知退的榜样。

人生总是要经历各种磨难的考验。在做人做事的过程中,也难免被人下绊子、设障碍。在遇到困难和阻碍之时,是一味地向前冲还是迂回前行,恐怕不同的人会有不同的选择。智者总是用最小的代价去获取最大的利益,只有莽汉才不加思考地猛冲猛打,以至头破血流。没有知进退的才智,而一味地以硬碰硬,虽然彰显了硬骨头,但付出的代价在许多时候都是得不偿失。北大学者们以身而行进退之道,北大的学生们同样学会了进退自如的做人做事应对之策。

现任湖南省冷水江市人民政府代市长的吴奇修,1987年毕业于北京大学经济系,当时,北大经济系毕业生十分走俏。中央国家机关要录用他,湖南省一些委办厅局也要进京来录用他,但吴奇修却毅然回到涟源,进了县计委。在县计委工作的

日子是清闲的,这种清闲的日子让吴奇修有些难以忍受,于是他提出申请,要求到最底层的村子里去工作。这位中国第一学府的高才生在许多人眼里,走出一条退步之路。然而,在茅塘镇石门村任支部书记期间,他却干得得心应手,展示了出色的组织领导能力。1989年,吴奇修再次"人往低处走"。经过申请他又来到省级贫困乡漆树乡。1年期满,他要求再延长2年。1995年,市委再次选派干部到后进村、失控村担任为期2年的党支部书记,当时已提拔为涟源市重点建设工作办公室负责人兼市计委基建投资组组长的吴奇修,又一次出乎人们的意料,要求到更为偏僻闭塞和贫穷的石门村去当村支书,这一去便是6年。6年里,他把一个贫穷落后的小山村建设成远近闻名的富裕村,他自己也迎来了"人往高处走"的机遇。2006年年底,中共湖南省委决定,吴奇修调任湖南省粮食局党组书记、局长。之后不久,吴奇修又走上了冷水江市人民政府代市长的领导岗位。

这名北大学生一次一次的退步,甚至已经退到了无法再退的程度。然而他在一次次的退步中,却增长了无限的工作经验和领导才干,使自己的人生呈现出更为广阔的前程。当初不理解他的人也无不佩服他的胆识与魄力。而所有的这些,都是进退自如的人生哲学的作用使然。

漫漫人生路,总会有波折和起伏。就像蔡元培先生那样,不与无法抗拒的波折抗争,而是采取迂回前进的方式,进时大刀阔斧,退时毫不犹豫,能上能下,能穷能富,能官能民,能苦能乐,练就了这样的本事,心态自然也会平和,进退才会随心如意。退是为了更好的进,光想退而不想进的人,是无所作为的愚笨之人;只知进而不知退的人,是小聪明的鲁莽之人。只有知进知退的人,才是真正的大智慧。成功者谙进退之道,才在进退中获得了人生和事业的成功。

天不言自高,海不言自深

天从来不会标榜自己高远,但人们也明了天的高远;地从来没有标榜自己的深厚,但人们也一样明了大地的深厚。北大人也很少标榜自己学识渊博,但人们也无不对他们投以羡慕的眼光。因为人们知道,北大是中国第一学府,从第一学府里走出来的人,就算是块石头,经过4年的时间也已被熏染得有了灵气。所以,人们对北大学生总会刮目相看,并报以热烈的期望。一方面表明人们信任北大人;另一方面也表明百年北大走出来的一代又一代的北大人,确实带来了新的鲜活气息,在事业上给了人们许许多多的惊喜和贡献,使北大精神更加深入人心。

越是被人期望的时候,越要保持低调的处世原则,这是北大人100多年来积累的宝贵人生经验。北大人深知自己没有人们想象的那么神通，北大人更深知自己也只是普通的人而不是无所不能的神。因而北大的学者们总是教导学生，要放低姿态，放低心态，把自己当成普通人中的一员，而不要认为自己已绝顶聪明，天下第一。

曾在北大任教的季羡林老先生如今已过90高龄，但仍然耳聪目明，头脑敏锐，其低调的人生理念曾经影响和教育了一代又一代的北大人。

季羡林老先生治学达半个多世纪，是一位学贯中西、闻名世界的学界泰斗。他在古印度学、数学、中印文化交流研究领域，做出了卓有成效的研究，其许多独到的见解几乎无可匹敌。在中国传统文化、文学理论、语言学、历史学、中国翻译史、比较文学等多个领域，都卓有建树。但他却从不以名家学者自居，而总是把自己放在一个很低的位置，认为自己在各个领域的研究也只是刚刚深入到皮毛。他多次请求人们摘掉其"国学大师"、"学界泰斗"、"国宝"三项桂冠。他在书中昭告天下："三项桂冠一摘，还我轻松在身。身上的泡沫洗掉了，露出了真面目，皆大欢喜。"他始终认为，真情待人，才能坦诚相待；真实为事，才能有为当世；真切处世，才能心阔坦荡。"三真"延伸出来的是季老那博大的胸怀和深厚的做人情怀。做人"真情、真实、真切"最为难得，这种平实低调的作风，更使他成为仰之弥高的做人榜样。

越是少有本事的人，才越是会到处炫耀自己的本事，因为他们心里空虚，惟恐别人小看了他，只好到处炫耀和显摆自己，以抬高身份，获得别的尊重。而事实却往往事与愿违，越是夸耀自己本事的人，总是无时不想出风头、抢先机。人生失败的人几乎都有这种好高不好低的习性，也许他们的吹嘘会给自己带来一时的荣耀与光环，但殊不知越是这样做也越早暴露了他们的无知和浅薄，反而总是最先遭到无情的淘汰。而那些深藏不露的人虽然不声不响，不言不语，却是胸有百万兵的奇才，他们的低姿态不足以引人注目，也很少受到干扰，才能使自己充分发挥所有的特长，最终取得成功。

许多成功者在功成名就之前大都保持低姿态做人做事的作风。在成功之后也能保持冷静，用冷静而不忘乎所以的姿势应对热闹的世界。他们很少把宝贵的时间耗费于无谓的吹吹捧捧的活动中，这种做人做事的作风使他们能够很快从成功的喜悦中沉下心来，投入到新一轮的奋斗中。成功并不永恒，低调却可以永恒，这就是北大学者们教给学生的人生哲学之一。

刘书于1991年毕业于北京大学历史学系。现任微软MSN中文网执行出版人兼总编辑。她是一个很低调的人，先后任职报业的首席记者、曾获得"北京市优秀新闻工作者"，之后转任新浪网的财经中心总监。她认为北大的学生刚刚走上社会的时候，与其他院校的学生一样，都要经历茫然而后才逐渐认识自己、认识社会的过程。走出北大，自己觉得应该干一番事业，但又不知怎样起步，这时如果还是意气风发地指点江山,一定会被人拒之千里之外。低姿态才是唯一可取的正确的选择。于是,她从求职投放简历到面试,再到上岗,以至于得到重用,一路秉承着低调务实的北大作风,才使自己越走越远。她说:"工作时一定要低姿态,特别是刚刚走出校园的大学生,你的工作经验、人生阅历决定你没有高姿态的理由"。她对自己曾经获得的各种荣誉看得非常之淡,她觉得它们仅仅是人生经历中留下的雪泥鸿爪。

刘书的经历是低姿态的经历,她从低姿态中学到了走向社会获取成功的资本。可想而知,如果她抱着好为人师的姿态走进社会,放不下北大罩在身上的光环,即使她有惊世之伟才,恐怕也难以找到施展才华的舞台。放低身份做人,是许多成功者的自觉行为。放低姿态做人,可以使他们的本领通过不说的方式用超人的业绩展现出来,获得社会的认可。

曲高必和寡,心高必气傲。气傲的人只能当个孤家寡人,因为谁都不会亲近高傲的人。只有放低姿态,才能被更多的人所接受,才更容易实现自己的人生价值,找到做人的快乐。诗人鲁藜说得好:"把自己当作泥土吧!老是把自己当作珍珠,就时有被埋没的痛苦。"

成于谦虚,败于骄狂

谦虚不是意味着自己的无知,而是让自己的知识更加丰富,谦虚不仅是尊重别人的一种方式,更是一种道德,也是正确认识自己、提高自己的一条捷径。如果一个人缺少了谦虚的做人态度,就会排斥一切有益的知识,一切有助于自己提高的师长,就会陷入自以为是、老大自居的泥潭而不能自拔。唯有谦虚的人,才不会招致这种后患。因为谦虚就意味着承认自己不如别人,就需要拜他人为师,向他人学习。北大学者们教导学生说,每个能够考进北大的学生,都有自己的过人之处,都值得每个人甚至包括授课老师的学习和思考。正是这种谦虚的育人的风尚,使北大成为始终推崇互相学习,取别人之所长,补自己之所短,获得普遍提高的治学之所。

鲁迅先生曾讲过这样一段话,大意是:他是不写自传也不主张别人为他作传的,因为自己的一生太过平凡。如果像他这样平凡的人都可以写自传,那么,4亿人(当时中国的人口总数)的传记"直将塞破图书馆矣"。鲁迅先生的这番表述很令人感动。这样谦虚做人的态度,不仅没有降低和矮化自己,反而更加使人感觉他人格的高尚和超拔。

赵鹏在1989年以优异成绩考入北大法律专业。进入北大后，他第一次感觉到自己跳进了书的海洋，这里有他读不完的书，越读他就越感觉自己知识的贫乏，越读也越感到自己需要学习和掌握的知识太多了。在这样的读书中，他深刻理解了谦虚这个词的意义，如果不是读到这么多的书，他还觉得自己已有一定的知识积累了。而读到这么多的书，他才感到，自己所读的那些书仅仅连大海里的一滴水都不如。在谦虚的求学中，1993年他毕业了，获得学士学位。毕业后开始到团中央工作，他工作得心应手，如鱼得水。1994年任职中国青年志愿者协会秘书处。2005年进入智联招聘，任副总裁，主管市场公关。智联里的智慧及谋略让赵鹏颇为感叹，赵鹏开始了新的学习实践征程。他又一次感到，山外有山，人外有人，一个人不论毕业于哪里，永远也没有学尽的时候，谦虚地学习，永远不会有止境。

当今社会，错综复杂，变幻莫测。因此，在人生的漫长跋涉中，我们必须学会谦虚。但学会谦虚并非自贬自卑。学会谦虚则意味着进步和成功。

当有人提出为北大的著名教授汪曾祺先生立传的时候，汪老立即明确表态拒绝。他说："我没写过几篇好文章，不配也不值得立传，这样就立传会让人笑掉大牙的。"有不少评论文章盛赞他的作品，他读到这些评论时，就总是坐卧不安，甚至为此失眠。后来他就自己撰文评价自己，说自己没有别人想象的那么深刻和有思想，也只是一个写字匠而已。他说："我从小就生长在水边，过惯了平常随和的生活。我已是一把年纪了，对于高山，只好仰止，更安于竹篱茅舍、柳絮飘散的日子了。以惯写小桥流水之笔而写高大雄奇之山，殆矣。"甚至对自己的书画，他也谦虚地说："我所作字画与画家相比，是不足观的。"但有意思的是，汪老虽然把自己的文章和书画作品说得一无是处，人们喜欢他的作品的程度却有增无减。对于有求于他字画的人，汪老不管怎样劳累，也不会轻易拒人于千里之外。

做人做事的智慧之一就是要始终保持谦虚的做人态度，而不是骄狂地自以为很了不起，在自己划定的小圈子里打转转。著作等身的鲁迅先生尚且觉得自己不够资格写传，何况我们一介平民布衣了。只有那些骄狂之人，总认为自己技艺高超，反而常常成为受攻击的对象，不仅不受人尊敬，反而因其骄狂傲慢，而沦落为失败者。

北大学者们的修为告诉我们，一个人不管有多么丰富的知识，取得了多大的成就，或者有了何等显赫的地位，都不能抛弃了谦虚谨慎的做人原则，不能自视过高，更不能把自己看作一朵美丽的花，而把别人看作一堆"豆腐渣"，必须保持谦虚的做人品格，博采众长，不断提高和丰富自己。谦虚使人敦实，骄狂致人遭殃。

强争不如善让

"两虎相争,必有一伤。"强手与强手相争,最终的结果大都是两败俱伤。有人的地方就有竞争,竞争伴随着人的存在而存在,伴随着人的消亡而消亡。北大不是世外桃源,北大的竞争和别处的竞争相比一点儿也不逊色,甚至更加激烈几分,因为北大的学生都是强者,强者与强者的竞争更加惨烈,虽然在学业的竞争不是惊心动魄的你死我活的争斗,但其中的气氛却足以令人窒息。

老子说:"天之道,不争而善胜,不言而善应,不召而自来,坦然而善谋。"这是老子的一贯理念。效法道、效法天道,也就是效法自然规律的法则,从而"不争而善胜"。保卫者教人像水一样,"上善若水, 水善利万物而不争……夫唯不争, 故无尤。"它让人用"以退为进、以曲对直、以不争对竞争、以静止对运动、以柔软对刚强"等智慧与方法来处置竞争,让竞争而胜变为不争而胜。

根据老子的不争思想,北大学者向学生们讲述了清朝钱泳在其《履园丛话》中写到的一个故事。

当年北京城里有一个特别出名的裁缝,别人的裁缝店冷冷清清,而他的裁缝店却总是红红火火。原来他替人家做衣服总是问东问西的,几乎所有的细节都要了解得一清二楚。

他先要仔仔细细地看清做衣服人的相貌,再丈量尺寸。当然其他裁缝也都做这样的事情。但是接下来还要问年龄。现在有句话,千问万问,不能问女人的年龄。他那时也许还没有这个概念。

但这还不够,裁缝还要追问做衣人有什么性情。这是很令人奇怪的,为什么要问人的性情、性格?这个裁缝太啰嗦了,刚去做衣服的人总是难解其意的。

可是,这也还不够。如果他在询问中得知你是举人,那他就又要缠住不放了,甚至于连什么时候中的举都要询问得清楚。

人们都特别奇怪,而且厌烦这样的询问。因为想不通,就问他:为什么要问那么多与做衣服无关的问题?

裁缝回答说:"胖的人,腰要宽;瘦的人,腰要窄。"

这样的回答跟没说一样,纯粹是所问非所答。这个道理人人明白。

而后裁缝又慢条斯理地说:"性格急的或年龄小的人,衣服要短一点;性子慢的或年龄长的人,衣服就要长一点。"

真是一个厉害的裁缝!性子急的人做事风风火火的,还有那天真活泼的孩子、青少年,喜欢蹦蹦跳跳,他们的衣服做窄了行动不方便,而且还可能会摔跤。至于不好动、年龄大些的人，衣服就可以加长一些，很得体。这样做出来的衣服穿起来才会舒服。

裁缝又接着说："如果是举人，年轻时中举人的，一般都性情骄傲，走起路来就会挺胸凸肚，所以衣服就要做得前面长、后面短。如果是年老时中举人的，一般都意气消沉，走起路来就会弯腰弓背，所以衣服就要做得前面短，后面长。"

这个裁缝真是太高明了，太有道了！他不仅是量体裁衣，而且是根据不同人的不同情况综合考虑了各种要素来裁衣，这样的裁缝还用得着去竞争找饭吃吗？

其实，这位裁缝是在竞争中应用了不争的哲理，以不争而取胜于他人。他没有靠耍手腕，拉客户，压低价钱，偷工减料等方式与别人竞争。他是"竞争"中"不争"，他是和自己"争"。他练内功，提高服务质量。这样，自然会有好口碑为他做广告，生意也就源源不断地来了。

这个精彩的故事启发和指导了许许多多的北大学生，他们在北大课堂上学会了以不争之道对待竞争的形势，因而在学业上各学各的，各显神通；在工作中，更是表现得非常谦和低调，从来没有因为自己是北大毕业生，就觉得高人一等，反倒像个小学生一样，在工作中总是从零开始，从头起步，直到一点一滴地做出出色的业绩，用业绩说话，而不是用北大的牌子压人。

林立是北京大学光华管理学院2000级本科生，2004年进入宝洁公司消费者与市场研究部工作，2006年起开始担任上海罗兰贝格咨询公司的咨询顾问。北大毕业的他刚开始工作时对于接电话必须记得微笑这样的小事不屑一顾，可后来经过一段时间的工作，他感受到，电话那端传过来的快乐情绪，确实能给人一种美好的意象。于是他在工作中充分吮吸难得的处世营养，用自己的低调赢得了大家的信任。很快他就褪去了"象牙塔"中的书斋气，收获了更多的成熟与自信。在宝洁公司他得到最多的评价是"北大出来的学生就是素质高"。然而林立的心中更向往咨询工作，他果断地辞去宝洁公司的职位，集工作经验和基础理论于一身的林立顺利进入了上海罗兰贝格咨询公司，找到了更适合自己的岗位。

富兰克林说："如果你辩论、争强、反对，你或许有时获得胜利，但这胜利是空洞的，因为你永不能得到对方的好感。"林立的经历再次证明了富兰克林的伟大。强争不如善让。明朝思想家陆绍珩说："人心都是好胜的，我也以好胜之心应对对方，事情非失败不可。人都是喜欢对方的谦和，我以谦和的态度对待别人，就能把事情处理好。"强争就会激发对手求胜的欲望，从而阻碍你继续顺利前行，使你的前进道路布满坎坷，以至于无功而返。

越是优秀的越容易受到阻碍。北大学生们深知这一道理，深知北大的招牌更易招致嫉妒，招致反感。这使他们主动谦和起来，甘愿让知识浅薄的人当老师，满足浅薄之人好为人师的欲望，使他们忘记自己的北大招牌，从而成为受欢迎的人。

第十八章

不折腾家人：做个亲和的人

无论我们的生活里有多少赏心悦目的人与事，亲情，永远是我们眼中最朴素、最真挚、最美丽的一道风景。当我们揣着泪水换上开心面具激情上路，常常得到的是伤痕累累、满心疲惫。这时也许每个人最先想到的，是我们生命中最亲最爱的人。

别让功利、虚荣毁了亲情

"亲人的爱如参天大树，你曾是一粒种子，在他们的庇护下茁壮成长。有一天你长成了参天大树，请别忘记，你曾吸取过他们的营养。"这是一位普通人说的话，然而，在我们听来，它却如震天的雷声在我们耳边轰响。在物欲横流的今天，还有多少人记得"亲情"这个如此温馨的字眼？

李辉出生在长沙市望城县的一个小村落里，因家境贫寒，高中毕业后他辍学了，来投靠在长沙做工程师的叔叔，想谋份适当的工作。有女无子的叔叔十分看重这个侄儿。他鼓励侄儿上进，努力读书，并资助他圆大学梦。

李辉很争气，真的考上了某大学理工科，他说要像叔叔一样当一名工程师的时候，老人热泪盈眶。老人说："我一直把他当成自己的儿子，从没想过要他还钱，看着自己供养这个孩子长大挺有成就感的。"

大学毕业后，李辉如愿做了一名工程师，叔侄的关系一直如父子般亲密。

然而,这种亲密的关系并没有维持多久,一个"贪"字让李辉掘下了埋葬亲情的坟墓。

2002年春季房交会,老李看上长沙县山水芙蓉的一套商品房,但由于年龄的限制他已经不能办理房屋贷款了。于是以侄儿李辉的名义到房地局和银行办理了相关手续。除了首付款、税款等费用外,2002年6月开始,老李还在按月偿还银行按揭。

看着户主是自己名字的房产证,一个罪恶的念头在李辉的脑中产生了。

房子不久后正式交付使用,李辉跟叔叔商量,为减少自己的租房支出,暂时搬进新房居住,等叔叔要用了再还给他。叔叔怎么会拒绝"儿子"的要求,甚至李辉恋爱、结婚,叔叔都帮其隐瞒房屋真正的主人,怕"黄了"侄儿的好事。

2006年,叔叔看着侄儿"大功告成",想跟他商议把房屋装修后出租。李辉以妻子怀孕为由搁置了叔叔的计划。

2007年,年迈的叔叔想一人安居此屋养老,再次与侄儿商量装修。哪知侄儿翻脸拿出房产证说房屋原本就归自己所有。但因多方证据显示,李辉2002年的经济状况没有能力购买此房,那时他不得不立下字据:"我现在居住地山水芙蓉×栋×号,是叔叔用我的名字购买的私房,所有花费(包括首付款和历年还贷等)都是叔叔支付的,待小孩出生后,如叔叔需要将无条件搬出,李辉。"

可这一纸承诺一拖再拖,李辉始终没有搬出此房,伤心的老人只好与其协商把投入的钱归还自己,房子他不要了。

然而李辉却翻脸了,说房子是自己的,与叔叔无关。

老李很是震惊,没想到侄子会说出这样的话。万般无奈,他只好到法院起诉李辉,逼他还款。最后法院作出判决:李辉应在判决书生效5日内把房款归还叔叔。房屋归李辉所有。

李辉终于得到了房子,然而,他的亲友陆续地疏远了他,有的甚至不再与他来往。

一个辍学的农村少年,因叔叔的资助圆了大学梦,成为一名工程师,却妄图逐步蚕食叔叔出钱购买的房屋。一段亲情的纠葛,一场债权与物权的博弈,他最终赢了房子,可输掉的是千金难买的亲情和做人最起码的道德。

无论我们的生活里有多少赏心悦目的人与事,亲情,永远是我们眼中最朴素、最真挚、最美丽的一道风景。它没有爱情的浓郁热烈,不像友情那样清新淡然,它是世间一首人性之美的无言颂歌,一种大爱无声的心境升华。它缠绵于心灵而不绝、余韵在生命而悠长。它执著地和我们血脉相连,忠诚地与我们生命相伴。爱情之美难于留芳,铮铮友情也许反目成仇,只有亲情——是我们心中永远温柔的角落。

忙忙碌碌中,我们往往会因为亲情的平常而忽视淡漠;人生旅途上,我们也常常会因为它朴素而会借口忘记。然而当我们揣着泪水换上开心面具激情上路,常常得到的是伤痕累累、满心疲惫。这时,也许每个人最先想到的,是我们生命中最亲最爱的人。因为只有他们才可以携着亲情拥着受伤的我们轻轻入怀,给我们安慰,帮我们疗伤,再苦再难也会对我们不离不弃、不厌不烦,不计得失地敞开胸怀接纳我们,将家的温暖透过浓浓的亲情传递给我们。

爱因斯坦的名字几乎无人不知,他是现代物理学的创始人和奠基人,世界上最伟大的科学家之一。然而,如果没有亲情的抚慰,世界上就不会有爱因斯坦这个世纪伟人。

爱因斯坦小的时候,并不是一个天资聪颖的孩子,相反,当别人家的孩子都开始学说话的时候,已经3岁的爱因斯坦才牙牙学语。当比他小两岁的妹妹玛伽都已经能和邻居交谈了,爱因斯坦说起话来却还是支支吾吾、前言不搭后语,被一些邻居认为是白痴。

但是,担任电机工程师的父亲,却没有对儿子失去信心,他想方设法地让爱因斯坦发展智力。父亲为儿子买来积木,教他搭房子。小爱因斯坦每搭了一层,父亲便表扬和鼓励一次。在这种激励下,爱因斯坦一直搭到了14层。

爱因斯坦长到6岁的时候,语言能力仍然很差,一天到晚也说不了几句话。7岁的时候,父母把他送到学校,但是他根本无法融入学校的氛围。不与其他小朋友来往,常常不能按时完成作业,老师们都认为这个学生是一个傻瓜,校长甚至断言,即使长大后,他也不会有什么出息。

但是,父亲却鼓励爱因斯坦:"我觉得你并不笨,别人会做的,你虽然做得一般,却并不比他们差多少,但是,你会做的事情,他们却一点都不会做。你表现得没有他们好,是因为你的思维和他们不一样,我相信你一定会在某一方面比任何人都做得好。"父亲的鼓励,使爱因斯坦振作起来。

爱因斯坦的母亲贤惠能干、文化修养极高,她对自己的儿子百般呵护和鼓励。爱因斯坦小时候常常爱提出一些怪问题。如指南针为什么总是指向南方?什么是时间?什么是空间?别人都以为他是个傻孩子。可是,爱因斯坦的母亲却十分自信地认为:"我的小爱因斯坦并不傻,他将来一定是位了不起的大学教授!"

就这样,在父母的鼓励和爱护下,爱因斯坦的智力迅速发展,对科学产生了强烈的爱好,并开始走向科学研究的巅峰之路。

确实,在别人看来,我们也许是个很失败的人,但是,我们的亲人却始终如一地关爱着我们,那一份浓浓的亲情会让我们忘掉所有的痛苦和烦恼。

生命从开始到终老,就好似一顿甜得适度、酸得够味、苦得不过、辣得痛快的人生绝色大宴。在这丰盛的人生大宴中,亲情不是甘美的醇酒,不是爽口的饮品,它只不过是一杯纯净平淡的白开水,虽无色无味,却是我们每个人在烹制一道道生命亲情中不能缺少的调剂。当我们静静地品尝我们自己烹制的生命佳肴时,平淡的亲情之水虽不能让我们兴奋,却可以给我们安静;它不会给我们刻骨难忘的

体验,却始终不动声色地为我们提供着不可或缺的营养。

维护一份亲情是很容易的事,例如一纸信笺、一个电话、一件小小的礼品、一句习惯的问候,都是我们骨子里对亲情最生动的演绎和诠释。

亲情,没有绚烂的光环,没有刻意的形式,更没有精美的包装,但它挟着一双隐形的翅膀,悄然藏身在生活的溪流中,化作碧水清湾,浸满心灵的每一个空隙,无色无味,无香无影,于是也常常让我们在拥有时习以为常,不懂珍爱;在享受时无动于衷,不思感恩;在失去时方觉亲情无价,悔之晚矣。

相互信任是夫妻和睦的基础

世间最亲密的关系莫过于夫妻了,通常夫妻之间应当充分信任对方,不乱猜疑。外国有句俗话,叫做"疑来爱则去",深刻地揭示了猜疑的危害。然而,正因为关系最亲密,也就成了最适合猜疑生长的温床。猜疑一旦产生,就会引发一系列的难以挽回的后果。

著名的文学家莎士比亚,在他的名著《奥赛罗》中就叙述了类似的一个悲剧。

国王的女儿苔丝德蒙娜冲破家庭和社会的阻力,同奥赛罗这样一个出生卑贱、肤色黝黑的将军结了婚。婚后的生活十分美满。然而,奥赛罗部下的一个军官尼亚古出于卑鄙自私的目的,编造谣言,制造陷阱,挑拨他们的夫妻关系,使奥赛罗对忠诚纯洁的妻子产生了猜疑之心,在一个漆黑的夜晚竟用被子将苔丝德蒙娜活活地闷死。后来,奥赛罗知道了事情的真相,追悔莫及,自刎于妻子的脚下。

也许有人认为这是戏剧,现实中不会有奥赛罗这样的蠢蛋。但是,有谁敢保证,自己从来不会做这样的蠢事?

在现实生活中,我们的身边同样也在上演着这样的家庭悲剧。

30岁出头的刘某,看起来非常柔弱。她结婚已经5年了,夫妻二人的关系由当初的浓情蜜意逐渐转为平淡如水。丈夫为了事业在外打拼,她在家里被生活琐事烦扰,因此她不时地会被一些莫名其妙的想象吓到:丈夫常年在外会不会有异心?自己人老珠黄会不会被抛弃?这种"疑虑"时时刻刻困扰着刘某。随着二女儿的出生,刘某越发感觉到丈夫的眼光已经很冷漠,看来自己时刻担心的事迟早会发生,那时候自己该怎么办呢?

3年前,刘某和丈夫在有了第一个女儿后,决定再要一个儿子。因此,面对刘某的第二次怀孕,全家人满怀欣喜,唯独刘某忧心忡忡。刘某认为,自从有了第一个女儿后,丈夫对自己就不满意,为此,刘某整日提心吊胆,害怕丈夫有外遇,甚至怕

丈夫为了生儿子和别的女人有染。有了疑心,刘某的行为变得有些诡谲,她常常跟踪丈夫、偷看丈夫的手机、查看丈夫的钱包……妻子的行为引来了丈夫的强烈反感,丈夫不但不解释,反而更加冷落妻子。

盼星星盼月亮,刘某终于再次怀孕,她满怀期待可以通过生个儿子改变自己的命运。然而,二女儿的出世,彻底粉碎了刘某的希望。

看到丈夫对亲生女儿漠不关心的样子,刘某的疑心更重了。丈夫一个不经意的眼神,她也会认为是对自己的藐视;丈夫晚回来一分钟,她会认为丈夫在和别的女人约会;丈夫多和哪个女人说一句话,她甚至会怀疑丈夫能和人家生儿子……面对妻子不断的猜疑,丈夫只是一忍再忍,甚至以晚回家来逃避。然而,丈夫的做法,更加激怒了刘某。在刘某看来,这就是丈夫有外遇的表现,想到自己将来孤儿寡母,刘某产生强烈的报复念头。今年初,刘某将手中的斧头砍向了熟睡的丈夫以及女儿……

办案人员称,刘某的丈夫根本没有抛弃她们"娘仨"的想法,是刘某严重的"疑心病"将全家推向绝路。为刘某做心理鉴定的医生指出,刘某的行为属于一种病态心理,她会因为一点不好的事情,产生很大的恶意理解,从而内心世界充满阴影。而其丈夫,恰恰因为忽视了妻子的心理变化,一味地漠视反而导致妻子走上极端。

如果说信任是夫妻之间爱情的基础,那么猜疑便是爱情的蛀虫。如果因丈夫或妻子与异性接触而无端地怀疑对方,甚至发展到监视对方的做法,对夫妻感情和家庭稳定都是有百害而无一利的。

夫妻两个人并不是时时刻刻生活在一起的,各人都有各人的心事和社会活动,如何巩固感情,除了相互进行感情交流,增加互相了解外,就是首先打下互相信任的基础。轻易怀疑对方,势必造成夫妻间的隔阂,以至感情破裂。

猜疑是人性的弱点之一,人一旦掉进猜疑的陷阱,必定处处神经过敏,事事捕风捉影,对他人失去信任,损害正常的夫妻关系,影响个人的身心健康。当发现自己生疑时,不要朝着证明猜疑的方向思考,而应该反问自己:为什么我要这样想?理由何在?如果怀疑是错误的,还有哪几种可能发生的情况?在做出决定前,多问几个为什么更有利于自己冷静思索。要学会找到产生怀疑的原因,学会自我安慰,学会及时沟通,解除疑惑。

首先,我们要学会用理智力量克制冲动情绪的发生。当发现自己开始怀疑对方时,应当立即寻找产生怀疑的原因,在没有形成思维之前,引进正反两个方面的信息。如,看到对方与异性来往,在怀疑对方有外心的同时,更要想一想他们会不会是正常的社交关系?会不会是巧合?抱着这样的心态再去做深入的了解,这样得到的答案才是正确的。

现实生活中许多猜疑,戳穿了是很可笑的,但在戳穿之前,由于猜疑者的头脑被封闭性思路所主宰,却会觉得他的猜疑顺理成章。此时,冷静思考就显得十分必要。

其次,我们要培养自信心。每个人都应当看到自己的长处,培养起自信心,相信自己会与对方处理好关系,会给对方留下良好的印象。这样,当我们充满信心地进行工作和生活时,就不用担心自己的行为,也不会随便对对方产生怀疑心理。

再次,我们要学会自我安慰。两个人生活在一起,难免会产生一些摩擦,这并没有什么值得大惊小怪的。在一些生活细节上不必斤斤计较,可以糊涂些,这样就可以避免自己烦恼。

最后,很重要的一点,双方要及时沟通,解除疑惑。世界上不被误会的人是没有的,关键是我们要有消除误会的能力与办法,如果误会得不到尽快地解除,就会发展为猜疑;猜疑不能及时解除,就可能导致不幸。所以如果可能的话,最好与对方开诚布公地谈一谈,以便弄清真相,解除误会。猜疑者生疑之后,冷静地思索是很重要的,但冷静思索后如果疑惑依然存在,那就该通过适当方式,同对方进行推心置腹的交心。若是误会,可以及时消除;若是看法不同,通过谈心,了解对方的想法,也很有好处;若真的证实了猜疑并非无端,那么,心平气和地讨论,也有可能使事情解决在冲突之前。

洁身自好,忠于爱人

洁身自好,多么纯净的一个词,洁:洁白、干净。洁身自好的意思是指保持自己的清白。形容在污浊的环境中,保持自身清白,不同流合污。也指顾惜尊重自己,不与他人纠缠。对于我们的家庭,我们的爱人,洁身自好又是多么高尚的一个词。

东汉时代,皇室中有一位湖阳公主死了丈夫,打算再嫁。光武帝跟她谈论满朝的文武大臣,暗中猜测她的心思,看她相中了哪一位。湖阳公主说:"宋弘先生的仪表相貌和品德才干,非常出众,满朝文武没有谁能赶得上。"光武帝说:"让我想想办法。"随即宋弘被带到宫中见光武帝。光武帝先让湖阳公主坐在屏风后面,然后对宋弘说:"俗话说,做了官就换朋友,发了财就换妻子,这也许是人之常情吧?"宋弘回答说:"臣下听说,'贫贱之知不可忘,糟糠之妻不下堂'。"(贫贱时结交的知心朋友不能忘记,一起共患难过的妻子不能离弃。)光武帝听了这话,就对屏风后面的公主说:"事情办不成了。"

宋弘忠实于自己的家庭,不喜新厌旧,嫌贫爱富,他对皇帝说出自己的态度:决不会忘记在贫困时交的朋友,决不会遗弃曾与自己共患难的妻子。这是多么高尚的人格。如果是唯利是图的人，看到皇帝来做媒提亲，会马上跟自己的妻子离婚了。宋弘有做丈夫的道义、恩义和情义。他的人品不仅为当时的人所称赞，也是我们今天学习的榜样。

在动物的世界里也有这样的典范。一对狼，一旦结为"夫妻"，就会彼此绝对忠于对方，不离不弃，直到生命的终结。原本在世人眼中充满恶性的狼，在对待两性关系上如此忠贞不渝，真是令人感动。

而且，大多数动物在对待两性关系上，都有自己的"游戏规则"，并且不遵守"游戏规则"的动物会受到同类的惩罚。大多数动物在两性关系上并不是我们想象中的乱七八糟，乱象纷呈。这也正好印证了古人早就说过的这样一句话，"无规矩，不成方圆。"原来大多数动物在两性关系上，也有自己的规矩，而且通常能够自觉遵守。

对照古人和狼对"夫妻"的态度，反观我们当今的社会，我们做得如何？有多少夫妻还在恪守彼此忠于对方的信念？

1999年2月，陈伟把恋爱了1年多的妻子娶回家。1年后，女儿小囡囡出世。一家三口其乐融融地过着小日子。虽然在这期间妻子一直觉得身体不适，但夫妇俩都没放在心上。直到2000年6月开始，妻子"怪病"不断，又是体虚，又是高烧不退，而且辗转几家医院，查来查去都查不出究竟患了什么病。

2003年9月，妻子的结果终于出来了：她患的是艾滋病。很快，医院查出陈伟及其年仅3岁的女儿小囡囡的HIV都呈阳性。

随后，小囡囡也发病住院治疗。3岁的孩子每天吃药打点滴，手、脚都布满了针眼。最后，护士只能把针头扎在小囡囡的头上。

看着小囡囡每天因疼痛而声声哭喊，被病痛折磨得骨瘦如柴的妻子精神崩溃了。2003年年底，妻子去世了。

一个好端端的家破碎了。对此，陈伟痛苦不堪。因为，这场悲剧是他酿成的。1995年的夏天，他认识了一个女孩，两人相谈甚欢。在一次喝醉酒后，他和对方冲破了道德的防线，有了亲密的接触。然而后来他才知道，对方是一个"小姐"，因此他认定就是那次被传染了艾滋病，然后，他又传染给妻子。

妻子走了，而受尽折磨的小囡囡还要生存下去，陈伟将会以一种什么样的心情度过漫长的人生之路呢？

看到这一切，我们似乎已经不能用"一失足成千古恨"来表达陈伟现在的心情了，一个人一时的快感换来了三个人一生的痛苦，代价何其大啊！

在如今这个物欲横流的社会，真正能够经得起诱惑的人少之又少。一些人认为自己有权了，有钱了，可以折腾一下了。于是，不顾爱人幽怨的目光，不顾孩子期盼的呼喊，毅然地投入到婚外情的"洪流"中。

据统计,在现代社会的离婚案件中,因婚外情而致家庭破裂的要占到六成多。

不可否认婚外情有爱也有情,只不过这种感情并不道德,它太过暧昧,太过沉重。它是把自己的欢乐建立在亲人痛苦的基础上,让投入者无望而又无奈,到头来伤了自己也害了他人的一种自私的情感。我们虽有七情六欲,可还应该有起码的道德和理智,应该知道起码的礼义廉耻,明知道不该爱却还去爱,明知道错却还要错下去,我们又有何面目面对关心爱护自己的亲人?

回想过去的日子,在滚滚红尘中,我们和牵手的人相识并相爱,我们不希望永远漂泊,于是我们有了婚姻,也有了一个温馨的家。从此家中有了一个知疼知热的伴侣,两人世界里,我们发下了永结同心的誓约,在誓约中,我们将白头偕老。

然而,我们终生的幸福并不由此来决定,越来越多的婚外情无情地践踏了人们的美好愿望。我们爱上了爱情,为爱情而再度涉入爱河,好像所有的一切都可以牺牲,只求最终能品尝到销魂的滋味,也因此便有了那么多婚外情的发生。那一刻我们在梦幻的天堂里尽情地纵欢狂舞,为了满足自己的私欲,不惜伤害所有的亲人和抛弃那份血浓于水的亲情。那一刻,我们的心灵变得格外的冷漠,灵魂变得肮脏不堪;那一刻,我们找到了心跳的感觉,享受到了如火的激情,却丢失了自己应有的品行。等到梦醒时分,留下的只有惭愧,内疚的泪水伴随着撕心裂肺的心痛。我们是否应该想一想,这样的折腾真的值得么?

尊重差异,不挑不弃

俗话说,"金无足赤,人无完人",每个人都有自己的优缺点,我们看重的是对方的优点还是缺点会直接影响我们与对方的关系。尤其在婚姻中,知道双方的差异,能够包容对方的缺点,这个家庭就是幸福的。如果看不到对方的优点,而对对方的缺点耿耿于怀,那么,这个家庭就迟早会出现问题。

小夫妻王某和张某结婚才1年多,就闹得不可开交。原来,小王因工作原因经常出差,小张就有些不满,时不时地两个人就为此争吵。最后,小王为了多一些时间陪伴小张,辞掉了经常出差但收入颇丰的工作,到政府部门做了公务员。

回归家庭后,小王沉溺于电子游戏机,经常不太理会小张。后来一次争吵中,小王说出实情,辞掉工作让他觉得没有了经济地位,生活过得苦都是因为小张的自私造成的。小张觉得很委屈,和小王大吵特吵。这样的争吵逐步升级,到最后两人破口大骂,最常用的两句话是:小张说:"没见过你这么穷的!"小王说:"没见过你这么丑的!",吵架的结果是两人感情逐步到了破裂的边缘。

男人怕被别人说穷，女人怕别人说自己丑，这些都是人之常情，平时开玩笑说说还凑合，真正发生战争的时候，用这样的恶言恶语泼向对方，只会把感情的裂缝撕得更大。

共同生活的夫妻如果缺乏相互理解，缺乏起码的尊重和关心，就会造成一种伤害，后果不堪设想。等到发现感情发生变化再来挽救就迟了。感情裂痕就像瓷器裂了无法修补一样，除非有感动天地的事情发生，否则难以完好如初。

夫妻从恋爱到结婚生子，经历了爱情的风风雨雨。但是，在感情的磨难中必须时时刻刻注意尊重对方，爱慕对方，珍惜对方的感情。否则，一旦损害了对方的自尊心，慢慢就会产生感情裂痕，久而久之就会萌生一种嫌弃和厌倦，甚至是憎恨。互相关心也是夫妻必不可少的感情调味品，只有互相关心才有相爱，彼此相爱才有感情，夫妻情深才有幸福。夫妻只有互相尊重、互相关心才能地久天长，恩恩爱爱。

林肯的妻子玛丽·托德·林肯做了总统夫人之后，脾气越来越暴烈。她不但随意挥霍，还一会儿责骂做衣服的裁缝收款太多，一会儿又痛斥肉铺、杂货店的东西太贵。

林肯和奥巴马一样，也是穷苦出身的孩子。有位吃够了玛丽苦头的商人找林肯诉苦。林肯双手抱肩，苦笑着认真听完商人的诉说，最后无可奈何地对商人说："先生，我已经被她折磨了15年，你忍耐15分钟不就完了吗？"

林肯这样做是要告诉我们，在家庭里，和自己的亲人或相爱的伴侣相处时，必须要学会包容。家庭里没有绝对的对与错，即使你贵为总统，可以号令天下，但在家里，你也只不过是一名家庭成员而已。家和万事兴，说的就是这个道理。

一个在外人面前要活出尊严，可以凭借自己的能力随便折腾，但是到了家里就要放下尊严，只会在家里折腾的人才是真正的懦夫。

人与人的相处，贵在包容。肯定自己的选择，接受和对方之间的差异，说起来简单，做起来却很不容易。知道自己要的是什么，也能够尊重对方不同的想法，彼此相处的空间就会扩大。

尊重的范围很广泛，它包括生活习惯、情趣、爱好和人格等。当你的伴侣习惯于朝右侧睡的时候，你不要强迫他朝左侧睡；当你的伴侣习惯于独自读书写字的时候，你不要强迫他和你说话；当你的伴侣习惯于早晨起来锻炼身体的时候，你不要强迫他睡觉；当你的伴侣习惯于记日记的时候，你不要强迫他给你看……

要让你的伴侣逐渐习惯你的存在，慢慢适应你对他的占有和爱抚，让他知道你爱他，使他感受到他是一个独立的人。

同时，尊重还包括对配偶的感情和经历持谅解、豁达的态度。每个人都有一个属于自己的小天地，那是真正的个人小世界，那里有一扇永不向别人开启的门。即使是夫妻,也不要闯进对方的这个世界。

对自己的爱人,要了解也要开解;要道歉也要道谢;要认错也要改错;要体贴也要体谅;是接受而不是忍受;是宽容而不是纵容;是支持而不是支配;是慰问而不是质问;是倾诉而不是控诉;是难忘而不是遗忘;是彼此交流而不是凡事交代;是为对方默默祈求而不是向对方诸多要求。可以浪漫,但不要浪费。不要随便牵手,更不要随便放手。

两个人的关系破裂一般都是因为彼此之间朝夕相处造成的太过于了解,使得互相没有共同语言。那样的话,注意观察生活,有什么好听、好玩、好看的东西记得和对方分享。

有时间就经常坐下来一起聊聊天,两个人在一起不要总是讲一些很严肃的事情,多开玩笑,有空全家人多出去逛逛街,彼此多一些关心的话语,多一些理解和支持,在同一问题上出现不相同的意见时,要注意说话语气,遇事多商量,尽量减少摩擦。

再忙也要多陪陪家人

生活在都市中的每个人都很忙,来去匆匆,在许多家庭里,在冰箱门上粘贴留言条已成为常见的沟通方式。据英国政府提供的数字表明,上班族父母平均花费在处理电子邮件上的时间是陪孩子玩的时间的两倍。在日本,如今父母将孩子全天候托管。在整个工业世界,孩子们从学校回到空荡荡的家中,他们的事情、他们的问题、他们的成功或他们的恐惧,都无从向家长倾诉。2000年,《新闻周刊》进行的一项调查显示,73%的美国年轻孩子说父母跟他们一起的时间太少。

在追逐利益、实现价值的过程中,很多人的生活的确是慢不下来,往往为此错过了许多更为宝贵的东西。比如对父母的尽孝,对子女、爱人的陪伴与关照……我们经常看到一些成功人士谈到这些时,黯然神伤或默然落泪,其为亲情、家庭而背负的内疚感往往成为永远的痛。是不是成功就一定要把自己弄得那么紧张呢? 其实不然,每个人的生活都可以适当地慢一点,多留一些私人时间去享受生活的乐趣,人生才会少很多遗憾。

有这样一个很经典的故事:

一位父亲下班回到家很晚了,很累并有点烦,发现他5岁的儿子靠在门旁等他。

"爸,我可以问你一个问题吗? "

"什么问题? "

"爸,你一小时可以赚多少钱?"

"我一小时赚20美元。"

"喔!"小孩低下了头,接着又问,"爸,可以借我10美元吗?"

"为什么你已经有零用钱了还要?"父亲有些生气地问。

"因为这之前我只有10美元,但我现在足够了。"小孩回答,"爸,我现在有20美元了,我可以向你买一个小时的时间吗?明天请早一点回家——我想和你一起吃晚餐。"

不知道有没有父母看到这个故事会心酸。在一味地加班的过程中,我们失去了与家人在一起的天伦之乐,我们的时间并不全部属于工作,它同样属于在乎我们、关心我们的人。长期对工作过分专注和投入,往往就会极大地压缩生活空间,这是不明智的。同样,长期的忙碌也会使人们的工作状态进入一种低潮期,也不利于保持高效的工作状态。如果我们在工作方面投入时间过多,则是在对在乎和关心我们的人"欠债"。长此以往,很可能我们不但没有成功,反而会换来家人的埋怨和朋友的疏远。

成龙每天忙着拍戏,突然有一天心血来潮,决定去接念小学的儿子回家,希望这个惊喜能让儿子体会到父亲的爱,只是在校门口左等右等就是看不到儿子的身影,纳闷地回到家后,家人才告诉这个很少回家的世界巨星,儿子已经念国中了。

这虽然是个笑话,你不觉得会发生在自己身上,但是思考看看这几个问题吧:"你有多久没有与家人共进晚餐了?"、"你有多久时间没有专心陪陪孩子玩了?"、"你知道孩子现在每天脑子里在想什么事情吗?"、"你知道孩子的班级、知道孩子最好的朋友是谁、孩子的兴趣是什么吗?"如果你的答案是清晰的,那么相信你一定与家人的关系很亲近。

2006年的一份调查报告显示,香港人整体的开心指数,比2005年轻微下跌,下降的原因主要是由于家庭中有成员因为工作没有时间陪伴家人,令家人较往年不开心。所以专家建议,职场人士除了乐于工作之外,也要注意改善与家庭关系,花点时间陪伴家人。

2007年4月,Sun公司大中华区总裁余宏德决定辞职,其理由是为了花更多时间陪伴家人。

而高举环保旗帜的美国加利福尼亚州州长阿诺·施瓦辛格,因为住家距离办公室太远,天天乘搭私人专机上下班,每小时花费达1万美元。也许你会说他根本不在意钱的问题,但是他不会不在意形象。为了能够多陪家人,他不惜削弱自己捍卫地球、对抗气候暖化的形象。施瓦辛格原本住在加州州议会大厦对面的酒店阁楼客房,可是后来他以要多陪家人为由,搬回位于洛杉矶的豪宅。他在一个访问中说:"(现在的)问题是我要如何多陪家人,因为陪在我孩子身边是很重要的。他们现

在正在成长当中，处于青少年时期，需要父亲在身边。我每天不在家，我觉得让我的家庭付出了代价，所以我只是尝试在家庭和管理州政府之间取得平衡。"

真正的成功，不仅要看你的职业成就和收入，而且还要看你的家庭是否幸福，是否拥有友谊，个人健康水平怎样等。如果没有家人和你分享，事业的成功还会让你那么惊喜吗？只有使生活和工作达到平衡的状态，你的生活才可能持久稳定。人生一共有四道试题：学业，事业，婚姻，家庭。平均得分高才算及格，切莫将太多的时间、精力用在一道试题上。

在家庭和事业间寻求平衡

导演伊万·麦格雷戈在那部经典电影《猜火车》的开头，边逃跑边念叨着："选择生命、选择工作、选择终身职业、选择家庭、选择大电视、选择洗衣机、选择汽车、选择CD机、选择低胆固醇和牙医保险、选择楼宇按揭……我为什么要这样？！"

你到底要什么？在内心深处你曾经问过自己吗？如果问过，你满意自己的回答吗？现代人面临最大的问题，是要克服心灵深处的混乱，追求内心平静的境地。每个人都想拥有平衡的生活，但是在繁忙的现代社会中，工作常常占据了生活太多的空间，有各种各样的问题困扰着我们。我们为了保持"平衡"而筋疲力尽，却仍旧不得要领。在各方面的压力之下，往往导致"两败俱伤"。

在实际生活中，家庭与事业确实是一对矛盾。处理得好，事业会取得成效，家庭会获得幸福康乐。处理得不好，就会顾此失彼，造成不和睦，家庭与事业是一个整体。家庭幸福了就有时间花在工作上，才能有效地提升工作效率，为企业创造经济效益和社会效益。可能很多出色的男人都会说事业重要，真的是这样吗？要知道，一个人可以没有事业，但不能没有家庭。

没有一个稳固幸福的家，任何所谓的成功都没有意义。如果没有一个稳定幸福的家，你只能越成功就越失落，越空虚，越迷失自己。一个人，只有你拥有一个幸福和睦的家庭，你才能充分享受到成功的喜悦和快乐，才会充分感受到生活的美好，才能充分感受到窗外的阳光是那么灿烂。当你驾驭着事业时候，也要同时经营着自己的生活，两者的圆满匹配才是人生真正的幸福。

某先生是一家网络公司的技术总监，在公司素有"拼命三郎"之称。而他这家网络公司忙到什么程度？用一个简单的比方，那就是连上厕所都是百米冲刺的速度。他作为技术总监，更是忙到一天只上一次厕所的地步，常常在计算机前，盯着白花花的荧屏一整天，一刻也不敢放松。长年累月，没有双休日，没有节假日，天天

晚上不到12点回不了家,还常常因为突发事件而半夜或者凌晨起来,生物钟完全被打乱了,睡眠严重不足。

自从他离开大学,就几乎再也没有进行过任何体育锻炼了,旅游更是想都不敢想。该君的体形已经迅速地变成臃肿而难看的"鸭梨形",情绪也变得非常烦躁,常常因为一些小事和同事大发雷霆。由于该技术总监工作出色,2年后被提拔为部门主管,但和任命书一起到达的,还有医院的入院证明书和老婆的离婚书。

案例中的这位先生,收到职位晋升任命书的同时,也收到医院的入院证明书和老婆的离婚书,这样其实是得不偿失的。有一个和谐温馨的家庭做后盾,这样才能保证自己有旺盛的精力和足够的体能,这样更有利于你从容地应对摆在自己面前的大小事务,可持续性地实现你设定的职业生涯目标。

不需要每天第一个来最后一个走来表现工作积极,实际上,经常超时工作是工作能力不强的表现。仅仅作为谋生手段的工作是不快乐的,发挥智能和实现生命价值的工作才是快乐的。当工作和生活能互相平衡时,它们往往能相互促进,提升工作和生活的整体效率和质量。工作和生活是我们每个人人生中最重要的两件事,两者相辅相成,又互相作用。良好的生活状态是工作效率的保证,是工作出成效的前提;而稳定的工作同样是良好生活的保障。

热爱工作没有错,但是在工作压力越来越大的今天,千万不要让工作完全支配了我们的时间,均衡是很重要的。有时候,来自各方面的压力让我们不得不过多地顾及了工作而忽略了家庭生活。这种暂时性的失衡是难免的,但必须提防,不要让它演变成习惯。

如果你真的下定决心要提高自己后半辈子的生活质量,首要的任务是弄清楚工作和生活的真正目的。有的人把工作和生活截然分开,必然会出现工作和生活的绝对独立。事实上,工作和生活是一个人最重要的两件事,两者相辅相成,互相作用。

人的生命价值用什么来度量?工作的业绩、丰厚的薪金、豪华的别墅、高级的轿车,这些已成为现代人不惜一切代价所追求的目标。然而,生命的意义,对于每个人都是不同的。究竟是令人羡慕的工作重要?还是拥有一个幸福美满的生活重要?孰是孰非,不是简单一句话能回答的,你要在心里放一个跷跷板,保持内心的平衡,才能保持工作与生活的平衡。

懂得把握平衡原则的人在多么紧张工作的情况下,都知道该怎样调节自己的生活节奏和工作状态,怎么体味生活中的情调和趣味,保持一种从容和风度。态度决定一切,内心因素决定外在表现,始终保持一颗平常心,平衡心,能够使事业蒸蒸日上,也能让生活快快乐乐。

再者,要为自己的工作与生活建立一个支持系统,应力求使我们周遭的家人,

亲友也能分享个中关系,不仅让我们内在与外在保持平衡,工作与生活保持平衡,还要让我们的生活环境以及工作环境充满和谐。

让家人感觉到你的爱

通常情况下,一个政治家的家庭往往被错误地看作仅仅是一个道具,在需要时才出现。在现实生活中,公众人物也需要拥有自己的私人空间、人际关系、个人责任、利益和要求。而他们的家庭往往就是这一私人生活需求的基石,并以此来支持他们在公众视线的成功。所以当奥巴马努力工作并取得成功的时候,他没有忘记在人前、在背后全力支持他的家人和朋友,因为他们让他的成功变得更有意义。

正是家人,让你的拼搏变得有意义,所以不管工作多忙多累,你都要承担起自己的责任,扮演好在家庭中的角色:子女、父母、伴侣,一定要让家人感觉到你对他们的爱。

1.和家人培养亲密感情

刚刚步入而立之年的小王,在事业上已经小有成就,又喜得贵子。高兴之余,为了给儿子更好的生活,小王工作更加努力了,兢兢业业,几乎达到了以公司为家的地步。转眼间,儿子已经2岁了。有一天,儿子出了点意外骨折了,哭得死去活来,可是却不让小王靠近他。这不但让小王吓了一跳,也让他很难过,原来儿子把他看作陌生人。小王认真反思了自己最近几年的工作和生活,原来他一直忽略了人生中最重要的事,没有和儿子培养亲密感情。

人到中年的许先生在事业上可谓是春风得意、一帆风顺。才36岁的他已经是某外企驻华办事处的负责人了。但由于工作关系,许先生常常要做"空中飞人",在国内外"飞来飞去"。多年忙碌的工作状态和习惯使许先生的性格也逐渐偏向强硬的一面,甚至很多时间在家中也开始表现出公司里习惯性对人发号施令的一面。逐渐地,他对家庭的照顾越来越少,即便在家里,也很少与妻儿沟通,更多的情况下,都是以命令的口气向家人交代各项事宜。慢慢地,工作中意气风发的他,与妻子和孩子的情感生活上却出现隔膜:妻子与他感情淡化,婚姻危机一触即发。与此同时,儿子由于长期缺少父爱的关怀和引导,在心理上也有所变化,从而成为了学校的问题人物。

家庭问题给许先生带来的压力已经远远大于事业。此种情况的出现,许先生感到非常的困惑。当初原以为事业上的成就能够为自己造就美好家庭的梦想,俨然被现实破坏了。

许先生犯了一个错误:他没有在家庭和事业间顺利完成角色转换。或许在公司他是高高在上的老板,习惯了发号施令,可是在家里不能这样。你的亲人不是你的下属,他们需要你的爱。在工作中扮演一个角色,在生活中扮演另一个角色,这种反差并不冲突,而是可以统一的。你可以,而且必须完成这种统一。

不管是王先生还是许先生,共同错误是没有和家人建立起亲密融洽的关系。感情的缺失,虽然不是不可以补救,但何苦要付出这些不必要的代价呢?

2.爱,也要说出口

在一个小镇上,有一位名叫安迪的男子。有一天,因为孩子学习成绩太差了,他和儿子马克之间发生了一次极不愉快的争吵,他甚至说到:"我像你这么大的时候,从来没得过这么差的成绩。要是考试这么差,我绝不会有脸见我的父亲。"第二天清晨,安迪发现马克的床空空如也——儿子离家出走了。

安迪的心中充满了懊悔,他终于意识到:没有什么比儿子更重要的了!他迫切地需要这一切马上结束。他来到镇中心一家有名的商店,在店门前贴了一张醒目的大幅启示:"马克,快回家吧!爸爸永远爱你!明天早上我在这里等你!"

第二天早上,安迪来到那个商店,他发现至少有7个叫马克的男孩在那里。这些叫马克的男孩也都是离家出走的,他们等在那里,都希望这是自己的父亲张开双臂向他发出回家的召唤。

这些父亲们显然都是爱孩子的。但是刻板、暴躁的教育方式显得十分武断与草率。教育孩子当然是为了他好,可是年幼的他未必明白你的爱。所以,你要让孩子明白,你爱他,你的责骂、批评,是因为爱他。

你的父母无疑是爱你的,你认为自己当然也爱他们,根本用不着说。《纽约时报》曾经在醒目的位置刊登了9·11灾难中一位美国公民的生命留言:妈妈,我爱你!也许故事离我们很远,然而亲情离我们很近。在我们离开亲人的庇护,开始在人生路上忘情攀登的时候,别忘了用一个电话,用一封信告诉父母,你一直都深爱着他们。

你和你的伴侣在恋爱的时候可能说了不少甜言蜜语。当你们步入婚姻之后,还会表达对彼此的爱意吗?对你的另一半,爱更要说出口。

对于含蓄的中国人来说,我们不习惯将感谢、关爱放在嘴上,人们表现得坚强、独立、阳刚,泪水非常珍贵。见面后,只是礼节性地打个招呼,其实,在内心深处我们都知道彼此是关心的,但我们都将这种感情藏得好好的,生怕那点温柔显现出来。

但是,人这一生永远都需要关心,关爱永远都不嫌多。在这个过程中,语言的交流是非常重要的,因为每个人"爱的需要"被满足是多方面的。不要让家人只是用"猜想"知道你的关爱,而是要让他们时时感受到你的心意,这就要靠你自己用

嘴巴告诉对方。爱，就要打开你的心门，让它自由地流淌，让对方看得到、听得到、感受得到。

不要以为向亲人示爱只是单纯地使他们获得快乐，你也会从中得到巨大的精神愉悦。鼓起勇气对家人敞开心扉说出你的爱与关怀，这不是件很难的事。

不要把工作烦恼带回家

不管在你的心中"家"是如何定义的，有一点是肯定的：家，应该是我们累了想休息的地方。既然是休息的地方，就不要再把工作中的情绪带回家了。在家里，你不再是什么设计师、总经理、程序员，你只是普通的家庭一员，一位丈夫或是父亲，妻子或是母亲。工作中的角色在办公室里才会得到更好的诠释，在家里，不需要。

1.不要"身在家中心在公司"

一个庙里的方丈养了一只狗，起了名字叫"放下"。别人很纳闷，就问他："为什么起这么个名字？"方丈说："我是提醒自己放下。"

上班的时候把工作安排好，该休息的时候一定要放下，放下所有不该想的东西。回到家了，就把工作放下吧，让你的大脑休息一下。

工作就是工作，休息就是休息，这两个概念是绝不能混在一起的。如果你总是把它们混在一起，那么结果只能是工作没有效果，同时身心皆疲惫。现代社会，适应快速发展的科技步伐的同时，建议你把工作和休息分开，把回家作为这一分界点，千万不要身躯在家里，大脑还在办公室。

不知道你认为工作狂是个褒义词还是贬义词，抑或你自己就是一名工作狂？那些一心全是工作，总在不停地工作的人——他们对自己的私生活的满意度比普通人低3倍。

除了睡觉，我们花费时间最多的事情就是工作了。从小我们接受的教育就是努力工作就会有回报。可是很少有人告诉我们对婚姻也必须付出相当多的努力。在下班之后，一定不能再让工作占据我们的时间和精力。

或许这是一个永远被追逐的时代，只有加倍努力才能在被追逐中跑得更快。身在职场的我们，有个心照不宣的规则，你的职位越高，你的应酬就越多，透支越多，想要停下来就变得更难。无论是老板还是你自己，或许都觉得已经无法把工作和生活全然分开。即使不把工作带回家，脑子里都可能琢磨着即将要进行的某个项目。这种对工作永无休止的思考，往往对导致对家人心不在焉，这对家庭关系是致命的。

或许你会抱怨,自己根本没办法把工作和生活完全分开,工作时间以外,各种各样的应酬仍然挤满了你的时间表。想想看,你每天留给工作的时间是多少,留给家人的时间又是多少？本来能够陪家人的时间就不多,何不尝试着在工作与生活间划出一道明晰界限呢？留一点空间给私人生活吧。不要把工作带回家做,也不要把大脑遗忘在办公室。

2.进门前,脱下烦恼

美国一个农场的主人,雇用了一个技工师傅来安装农舍的水管。技工的运气似乎不佳。开工的头一天,先是因为车子的轮胎爆裂,耽误了1小时。再就是电钻坏了。最后呢,连他开来的那辆载重1吨的老爷车也抛锚了。他收工后,无法回家。雇主只好开车把他送回家去。

到了家门前,技工邀请雇主进去坐坐。在门口,这位满脸晦气的技工没有马上进去。只见他闭目养神了一阵子,再伸出双手,抚摸着门旁一棵小树的枝桠。待到门打开,技工一下子好像换了个面孔,笑逐颜开,和两个孩子紧紧拥抱,再给迎上来的妻子一个深情的吻。

在家里,技工喜气洋洋地招待这位雇主新朋友。

雇主离开时,技工陪他向车子走去。雇主按捺不住好奇心,问:"刚才你在门口做的动作,有什么用意吗？"

技工爽快地回答:"有,这是我的'烦恼树'。我到外头工作,磕磕碰碰、倒霉的事,总是有的。可是烦恼不能带进门,这里头有太太和孩子嘛。我就把烦恼暂时挂在树上,托老天爷看着,明天出门时再拿走。奇怪的是,第二天我到小树前面时,'烦恼'大半都已不见了。"

家庭,是个温馨的港湾。一个充满着天伦之乐、团结和睦的气氛的家庭,会使每个家庭成员精神愉快。破坏家庭和谐气氛的往往是某个家庭成员有意无意地把家庭之外所引起的烦恼带回家所致。有些人在外面遇到不顺心的事,就回到家发泄。不是说话不中听,就是不搭理人,或是动不动就发脾气,这必然使地全家都跟他一起情绪恶劣。

我们每天在社会上打滚,为生活奔波劳碌,偶尔会遇上一些倒霉或不如意的事。或被雇主责骂两句,或与同事产生摩擦,因而心生烦恼。生活中遇上的许多烦恼,其实都是与人的心情或情绪有关的,因而是有时间性的。待心情平伏下来以后,烦恼可能就消失了。我们不妨学学这位技工的方法,把烦恼暂时放在门外,不把它带回家去。

进门前脱下烦恼,并不是要向家人隐瞒我们的困境,而是要求我们在告诉他们时,以一种积极乐观的姿态,传递给家人一种积极的信息,而不是消极的恐慌。要知道,这个世界上最关心你的就是你的家人,看着你抑郁不快,他们会非常担

心,于是情绪也变得糟糕。你尤其不能拿无辜的家人发泄,在外面受到的怨气要靠良好的心态化解。即便不能给家人笑脸,也绝对不要让关爱你的家人受委屈。

教育孩子要不遗余力

当今社会,绝大部分家长都为自己的事业和工作在外奔波与忙碌,没有时间去关注孩子,从而忽视了对孩子的指导和教育。切记,千万不要以忙为借口把孩子推给老人,不管多忙,一定要记得和孩子多聊天,多沟通。

只是,大多数的孩子成长到某一个阶段,会喜欢和同学在一起,而对父母的说教感到不耐烦。道理很简单,同龄的孩子说的话简单易懂,不会讲些大道理。而老师、父母总是喜欢高高在上地说些指责他们的话,简直无法沟通。其实,做孩子的良师益友,不是一件难事。试着以平等的态度,用他们能接受的话语教他们明辨是非就行了。

父母和孩子是可以建立起朋友式的平等关系的,不过它的形成要靠双方的努力。如果我们要做出一项与孩子有关的决定时,持公平公正态度的父母会尽量遵循或者至少要考虑到孩子的意见,他们会充分与孩子进行讨论和交流,听取孩子的想法,然后谨慎地做出决定。

如果认为孩子有哪些观点和自己不一致,要心平气和地说明理由,采用商讨方式,以理服人,使孩子知其然,还要知其所以然。不要用成人的眼光、态度来教育子女,用命令式的说教进行批评。而是要告诉他应该怎么办,不应该怎么办,以免使孩子产生逆反心理。

对子女的教育,要讲究方法。有了好的方法才会有好的效果,事半功倍,这叫做"教子有方"。否则,即使满腔热情,但方法不对头,效果甚微,事倍功半,只能干着急。

如果你能够平等与孩子沟通,自然可以与他关系更融洽,他自然要提出许多问题让你解答。这时候,凡是能解答的,你一定要认真解答,如果让孩子失望了,他将越来越少提问,这时,隔阂开始产生,危机也就开始潜伏了。

某杂志有一篇标题为"为什么评分得A的主管却是评分得F的父母"的封面故事。据观察,成功主管的子女比较可能发生情绪与健康问题。譬如密歇根大学的一项研究发现,在同一家公司,主管的子女每年有36%接受精神异常或滥用药物的治疗,非主管的子女只有15%。报告中又指出,主管长时间工作与个人特质(完美主义、没有耐心)是问题子女的元凶,并忠告精力充沛、对自我要求过于苛刻的管理

者,需要学习如何不伤害子女的自尊与自信。

心理学告诫人们,孩子的自尊可以看作是对自己身体、能力、表现等感到满意的一种心态。不同的孩子会有个别差异,有的孩子美,有的孩子丑,有的孩子高,有的孩子胖,有的孩子处事灵活,有的孩子迟钝,等等。孩子很容易感受外界给他们的评语,所以父母的育儿工作之一便是维护和培养孩子的自尊心。

孩子当然会犯各种各样的错误。作为家长,你一定要明确:孩子年龄小,还不具备辨别是非真假的能力;他们在喜欢一样东西的时候,往往想据为己有;他们在情绪得不到满足时,会生气甚至发脾气,以破坏物品或攻击他人等行为发泄心中的不满——而这些,都属于一个正常孩子的情绪反应,是他们特有的性格特点,我们不能一味地认为孩子是不讲理、自私或有暴力倾向,而要从实际出发,帮助孩子辨别对错,满足他们合理的需求。

当孩子出现行为问题时,家长要首先控制自己的情绪,不要马上指责孩子,应当心平气和地了解孩子做出此种行为的原因。待到孩子情绪稳定之后,帮助他们分析自己的行为对别人造成的不良影响,并让孩子对自己的过失承担责任。如将弄乱的玩具收拾整齐,向被自己伤害到的同伴道歉等。

在批评或是帮孩子矫正错误的过程中,一定时刻不要忘记维持孩子的自尊心,比如不嘲弄孩子,重视与孩子相处时的礼貌,向孩子承认错误,减少孩子的难堪情绪等。

很多人在事业上是不折不扣的成功者,但在家庭生活中却扮演着失败的父母角色。要知道,孩子的教育是一辈子的事情。错过了最佳教育时期,真的就后悔莫及了。所以,对孩子的教育一定要做到不遗余力。不管有多忙,也要关注孩子的行为倾向,适时纠正孩子的缺点,帮孩子建立完美的人格、心态,这是你义不容辞的责任。

第十九章

不折腾朋友：做个聪明的人

有朋友固然很好，但我们必须有足够的能力来照顾自己，对朋友可以信任，但请不要用来依赖，否则我们就会变得很差劲。一旦我们的生活中少了他，我们的世界就会坍塌。更重要的是，一有事情就去折腾朋友，不仅我们会感觉很累，我们的朋友也会很烦，因为此时我们已成为他的负担。

君子之交淡如水

培根在《论人生》中对友情曾做过精辟的论述："友谊在人生中是不可缺少的。如果没有友情，生活就不会有悦耳的和音。在没有友谊和仁爱的人群中生活，那种苦闷正犹如一句古代拉丁谚语所说：'一座城市如同一片旷野。'人们的面目淡如一张图案，人们的语言则不过是一片噪音"。"得不到友谊的人将是终身可怜的孤独者，没有友情的社会则是一片繁华的沙漠。因此那种乐于孤独的人，其性格不是属于人而是属于兽的"。

《论语》解释"君子之交"，即所谓的"君子和而不同，小人同而不和"，亦君子之间虽讲究和睦、调和，但是，允许有不同的意见，遇到问题，大家可以开诚布公，坦诚相见，目的是为了找出解决问题的办法，问题解决了，皆大欢喜，相互间不虚伪，不猜忌，这样的友情经得起时间的考验。相反，"小人同而不和"，表面上一团和气，无原则地相互迁就,实在于内心各揣心腹事、离心离德,这样的友谊不能长久。

1.君子之交不重金钱

人与人相聚、相处是缘分,可偏偏有人与人交往纯粹是为了个人的利益,有利可图的就去交,无利可图的就不交,难怪人们说"人走茶凉"。那些在职场的领导,有权的时候,与他交往的人多,到了他退居二线或者退休后,他身边的朋友就很少了,然而正是这为数不多的朋友才是真正的朋友。

关键是有的人不这么想,他有权有势的时候朋友多,却不问问自己这些人为什么如此热乎乎亲近自己?一到失势的时候,便骂人狗眼看人低,就痛苦绝望。其实,问题还在自己身上,你有权有势的时候为什么不注意对朋友的审察呢?哪些是为利而来的人,哪些是真心敬佩你的人,哪些是志同道合的人,等等,了解了这些,你就不为自己朋友满天下而自豪了,能意识到将来退休后的情景了。

如果你不为利益大小亲疏你的朋友,那么,你有权有势与无权无势都一样,只要你有人品,坚持自己的择友标准,即使只有一个朋友,也不感到寂寞。

吕布虽是天下无双的超一流武将,曾在虎牢关大战刘备、关羽、张飞,曾一人独斗曹操手下六员大将,可他还是没有得到好的社会评价,问题就出在他是个势利之人,他先认丁原为干爹,后来董卓封他为高官,他心一硬,就把丁原给杀了,又跟在董卓后面,认董卓为义父。接着王允用美女貂蝉为诱饵,设下连环计,赚取了吕布,吕布为了美女又杀了董卓,成为王允的干儿子。吕布就这样成了"三姓家奴",弄臭了自己的名声。

《文中子·礼乐篇》中说:"为权势相结交成朋友的,势力没有了,交情也就断绝了;因利益而结成朋友的,利益没有了,交情也就淡忘了。君子不与这类的人结交。"

市道之交,如同市场上,路边上做买卖生意的人,交易做完了就各行其路,哪里会有长久之理?

2.君子之交淡而不断

君子以淡泊相亲,小人以利益相亲。真正的朋友绝不是靠物质利益来维系的。交往的最高境界是"淡而不断"。不管相隔多么遥远,即使无法经常联系,但是心灵却是相通的,彼此之间仍然能够相互感应。

为了维系友谊,有时也需要用点小技巧。比如给朋友来点意外惊喜,能使双方更加珍视友情。下面是德国诗人海涅和他的朋友露易通过书信保持联系的一个小故事:

海涅有一次收到露易寄来的一个小包裹,拆开来一看,里面是一个大大的纸团,一张一张紧紧包着,他一张一张地拆开,最后总算看到最里面的一张很小的信纸,上面郑重其事地写着:

亲爱的海涅：

最近我身体很好胃口大开，请君勿念。

你的朋友露易

过了几个月，露易收到海涅寄来的一个很大很重的包裹。他不得不请人把包裹抬进屋里。打开一看，竟是一块大石头，并附着一张卡片，上面写道：

亲爱的露易：

得知你身体很好，我心上的大石头终于落了地！

今天特地寄上，望留作纪念。

你的海涅

这肯定会成为露易一生中最难忘的一封信。他给海涅的信有些"小题大做"，而海涅的回信也生动形象，他用大石头比喻对朋友的担忧，以"石头落地"表示收到信后的放心和轻松。他们这种超脱利益关系的交往，不仅体现了朋友之间的随和与坦诚，更让人感到朋友间的相互关怀。

朋友相处要平等不要控制

朋友之间也存在着某种意义的控制或依赖，这些不属于友谊的范畴，只不过是习惯罢了，但深深影响着你与朋友的关系。如果你摆出控制者或依赖者的架势，你就不可能体会友谊的真正含义，你也不是一位真正的朋友。

健全的和不健全的友谊之间有一条几乎模糊不清的界限。有些人与朋友的关系恶化、令人失望或令人非常不满，他们难以区分健全的和非健全的友谊。

过分的依赖会损害你和朋友的关系，而且是双方的。朋友并非父母，他们没有法定责任来指导和保护你，他们可以给你支持，但不可能包办代替，你必须清楚，这只不过是朋友的范畴而已。

你自己不能做决定，缺乏主见，就会使你受到朋友正确或错误的意见影响。为此，你应该立刻决定，摆脱对朋友的依赖。

有的人恰恰相反，他们盛气凌人，在与朋友的交往中，总喜欢指手画脚，不管朋友的想法如何都要求朋友按照自己的意愿去做。这种做法为友谊的发展埋下了不祥的种子。

卡罗琳，是一位有3个孩子的年轻母亲，她有一个女"主人"式的朋友。刚搬进现在的居民区时，莉拉进入了卡罗琳的生活，她像只母鸡似的把卡罗琳呵护在翅膀下。不久后，卡罗琳发现，莉拉不仅是母鸡，还是山大王。"起初我挺喜欢她，"卡

罗琳说，"我是她的特别好友，她要我干啥，我就干啥。有时我感到似乎受她的压制，但我不知该怎么办，因为我的确喜欢她，希望与她保持朋友关系。但我逐步不喜欢只是听从于她了。"

卡罗琳意识到，如果她真想与莉拉或任何人交朋友的话，她应该学会与朋友平等相处，有来有往，互相帮助。也就是说要弄清自己必须干什么，并把它付诸实施。

如果你想对朋友说，"你应该"、"你不应该"、"你最好"、"你必须"，那么你无疑是想控制朋友的生活，这种做法，会使朋友感到很不愉快，有压抑感。

如果你是被控制者，不要认为有人为你操心一切是再好不过的了。控制你的朋友不是知心的朋友。一旦你把自己从他的操纵下解放出来，就会出现奇迹，你和朋友就会变得平等起来。依赖朋友，会逐渐使你丧失积极生活的能力。你要学会逐渐建立自信心。

和朋友平等相处

在与朋友相处中，平等待人是建立良好关系的前提。没有平等待人的观念，就不能与周围的人密切相处。心理学研究表明：人都有友爱和被人尊敬的需要。特别是年轻人，交友和受尊敬的希望都非常强烈，他们渴望独立于父母，成为家庭和社会中真正的一员，他们希望社会、家庭和他人把自己看作是成人而不是小孩。人的这种需要就是平等的需要。

交往必须平等，平等才能深交。与朋友平等相处的方法主要有以下几种。

1.对等法

在信件交流中，仔细观察一下，可以看出，双方的往来是基本对等的。在节日交往中，如果作一下礼物价值的统计，相互间的送礼也基本上是对等的。在单位之间的人际交往也是科长接待科长，处长接待处长，甚至代表国家的使者之间的交往也是如此。

这些方法就是对等法，对等法就是一一对应的方法。其中有情感对等法、价值对等法、地位对等法等。在相处交往，有许多对等法可以加以运用，如反击对等法。据说德国大诗人海涅是犹太人，常常遭到无理的攻击。有一次晚会上，一个旅行家对他说："我发现了一个小岛，这个岛上竟然没有犹太人和驴子！"海涅不动声色地反击说："看来，只有你我去那个岛上才能弥补这个缺陷。"

2.谈心法

如果说没有上下级关系的人际关系容易平等相处的话，那么，有上下级关系的人际关系就不易平等相处了。有的人未提到领导岗位上时，很容易平等相处，但一被提拔到领导岗位，说话腔调大变，一反往日流畅平和的口气，变得一句三顿，拿腔拿调，大家听了十分反感。上下级之间谈话的方式，说话的腔调与平等相处是密切相关的。高明的领导说话无官腔，待人客气。周总理就是如此。他对人的谈话一般是谈心式的，而不是训话式的，以谈心方式给人以教育，同时又给人以兄长和朋友般的循循善诱，使人感到心悦诚服。谈心重在"心"字，就是实实在在说心里话，是用一种兄弟、朋友般的商量口气交换意见、传递信息和讨论问题。这种商量的口气，蕴含着亲密的情感以及对对方的尊重和相互间的平等。谈心法不仅是处理上下级关系的方法，也是处理一般人际关系的方法。

3.求同法

求同法是一种通过种类活动，特别是兴趣活动，寻求相互认识、相互理解的方法。一个人要与周围的人建立密切和谐的人际关系，途径之一就是共同参加文化娱乐及体育活动。在这些活动中你要积极主动地参加进去，或在球场上奔跑，或在湖畔垂钓，或随音乐起舞，大家平等而交，两无猜忌，在轻松活泼的气氛中，融洽的朋友关系就油然而生了。求同法对于社会地位有差距的人之间达到平等交往是特别有效的，可以增加他们之间的了解，树立相互尊重的观念。对于一般相处交往，求同法也是适用的。

4.交友法

交友法是平等相处中常用的方法。一位区委书记说："在农民受委屈的时候，我应当挺身而出，要不然就不够朋友了。"一位做学生工作的政工干部说："我把学生看成孩子，又不当孩子。我像对待大人那样平等地对待他们，这样，我和学生的心相通了。"在现实交往中，类似例子举不胜举。

好朋友也要分你我

有一句俗话："亲兄弟，明算账。"朋友交往，有的人讲义气，不分你我，我花你的钱，你随便用我的东西，好得像一个人似的，可是发展到后来都是因为扯不清的经济账而心存芥蒂，甚至分道扬镳。到了算账的那一天，就要争出个高低来，能不伤害感情吗？

所以，最好的关系也要分清你我，这是交友的经验，你是你，我是我，才是正常的与人性化的。朋友之间的利益有重合的方面，也有不能重合的方面。

即使是相爱的恋人也需要分清你我，你的时间、你的事业、你的隐私；我的想

法、我的空间……划清界限是为了让爱情保持新鲜。

1.朋友之间费用要分清

夫妻都有争吵的时候，或者说都有为花钱而吵闹的，何况朋友，再好的朋友费用也要分清。有这样一首诗：你是一团泥，我也是一团泥，两团泥搓在一起，你里面有我，我里面有你。在教堂举行的婚礼，神父说："你们以后是一体了。"男人对心爱的女人说："我的东西都是你的。"女人对男人说："我是你的。"不幸，爱情消逝了，两个人或其中一个人不想再成为对方的一部分，觉得这是一个负担，认为这是分清你我，划清界限的时候，于是说："与其要一段破碎的婚姻，不如保存两个完整的人。"男人女人所追求的，向来都是合二为一，感情如是，身体也如是，从来没有想过要做两个完整的人。实际上，如果要保持个人的完整性，便要有所保留。

朋友间同样如此，关系亲热得愿意把什么送给对方的时候，要特别冷静，想想以后如何相处，因为日子长着呢，不如从一开始就你是你、我是我，反而更好些。消费上与其每次为埋单做一番"苦斗"，不如实行AA制。

2.朋友之间各自的朋友要分清

朋友的朋友并不必然可以成为你的朋友。小章有位朋友是知名画家，另一位朋友是外企白领小江。画家与小江并不相识。一天小江得知小章有位画家朋友，便想去结交，缠着小章上门拜访。这可为难了小章，他知道画家朋友不想多交朋友。在小江一再催促下，小章只得把小江带去见画家。画家果然不高兴，寒暄了不长时间他们就离开了。画家后来对小章说，你随时都可以到寒舍来，但不要随便带别人来，哪怕是你的朋友。

3.朋友之间活动圈子要分清

你的那些朋友如果不是一个圈子或层次的人，那么在交往中，还得注意彼此的活动范围，不能把张三带到李四活动的地方去，也不能把李四带到张三活动的地方去。因为张三不一定习惯李四的活动，另外，李四也不一定欢迎张三。打个比方，你老家有位朋友进城了，他的身份、学历和生活方式的限制，就不宜跟你去上流社会活动的场所。否则你不是为老乡开眼界，而是让他陷入难堪的境地。另外，他过多地了解你在其他社交圈子的情况，有可能产生副作用，因为他的宣传或许会变味。

和这些人交往要小心

在现实生活中，由于生存竞争之需要，使人与人之间关系变得复杂起来，有人借刀杀人,有人软刀子杀人,有人给人设下圈套,害人染上恶习,导致人的毁灭,切记下述之人在交往中要小心谨慎。

1.好赌者

如果你的朋友中有一位生性好赌的,那你就有可能被他拉上赌桌,染上赌瘾,成为一个人所厌恶的赌徒。

千百年来,赌博害得多少人家破人亡、家道败落。人一旦嗜赌成性,便会从此走火入魔,陷入赌博泥潭而不能自拔。

西安市某机电公司的总经理周长清在澳门小赌一把之后,为了翻本,从此染上赌瘾,一发而不可收,最终将国家的4 000多万人民币输进了赌场,他也被从厄瓜多尔抓回,绳之以法。

赌场无输赢,如同一个无底洞,纵然你万贯家产,也难以填平;而赌场又像一个大坟墓,最终会把你活活埋葬在里边。

有人或者抱着玩一玩的态度,或者抱着侥幸的心理,但你应该清楚"玩物丧志"、"世上无侥幸之事"这类道理,别跟这种人接近。

2.瘾君子

如果你的周围有一个瘾君子,谨防你被他拉下水、染上毒瘾,成为吸毒者。

毒品这玩意,对中国人的损害我们应历历在目:中国人"东亚病夫"的屈辱恐怕跟毒品有很大的关系。可很多人并不自觉。

人一旦染上毒瘾,就像患上了癌症,多么刚强的人都会被这白色的粉面击倒击垮。毒品很像一条"美女蛇",蚕食着你的肉体和灵魂,让你人不像人、鬼不像鬼。

别觉得这个东西很好玩,而和你的朋友在一块试着吸,这种玩玩的心理让多少有为青年落入歧途,倾家荡产、走上犯罪道路。

3.好色者

如果你的朋友是一位色鬼,整天向你大谈其风流韵事,你千万要注意:赶快远离这个人。

色字头上一把刀,古今多少英雄好汉都拜倒在其脚下而不能自拔,兵法中就有所谓"美人计",看来它确实让人堕落。

如果你染上色瘾,你会从此陷入人与人鬼混的漩涡,不再追求上进;同时,鬼混的结果是你随时可能染上性病,这可是一件痛苦的事情。

4.二混子

混子包括闲人、混混、流氓、地痞、无赖、小偷,甚至黑社会分子。你如果跟他们在一起泡着,不定哪天警察就会找上门来,把你用铐子给铐走了。

社会中的混子越来越多了,这类人不务正业,东游西逛,打家劫舍,无恶不作,你要是混迹于其中,可以说你的人生如同进入了一个地洞:地洞起来越窄、越来越

暗，前方肯定是死路一条。

那些功夫片中常有前辈劝那些初出茅庐又血气方刚的年轻人："江湖险恶"。这所谓的"江湖"就是指社会。社会中的人，怀了各种各样的心思，我们不可能全像防贼一样防着所有人，但是也须有提防心，免得陷入"大染缸"让自己变了颜色。

不可成为朋友的四种人

有个著名雕刻家说过，雕刻就是把不需要的部分去掉的一种艺术。这话说得十分精辟，不只是适用于艺术，也适用于人生。交友也可以这样说，要想知道哪些人可交，关键在于要知道哪些人不可交。换一种说法，也可以表述为，交友的艺术就是一种分辨哪些人不可交的艺术。

1.太注重个人利益的人

世界上不可能有完全不为自己打算的人，这是一个人所共知的生活常识。但一个明事理、有道德的人，不可能只想到自己，不顾脸面地为自己谋私利。那些只考虑自己的人，只想到个人的利益的人，最易伤害的不是跟他生疏的人，而是和他比较熟悉、比较亲近的人。因为生疏的人，本来就和他没有交往，他想跟人家计较是没有条件、没有基础的；而熟悉的人、亲近的人和他们有较多的接触、较多的交往。在接触和交往中，他们为了个人利益，处心积虑、想方设法占熟人的便宜。为了一点蝇头小利，他们甚至不惜背叛朋友，以满足自己可笑的欲望。这样的人，如果把他当作朋友，便会吃亏上当，给自己带来麻烦。例如，有人请朋友为自己修房子，本来由于关系比较密切，在开工前不有说工钱的问题。不是主人不想说，而是朋友说他是帮忙，如果把工钱说在前面，就是看不起他。但当工程完毕后朋友开的价钱实在要比公道价钱高出几倍。主人实在不能也不好接受，便说是不是有些太多了。那位朋友却翻了脸，最后主人不得不吃了这个哑巴亏。像这样的朋友，你敢交吗？

2.鸡蛋里能挑出骨头的人

有一种人，他们无论和什么人打交道，无论做什么事，都能以鸡蛋里挑出骨头。这种人的特点是看什么都不顺眼，看什么都不如意，看别人不是这里有问题，就是那里有毛病，他们能在最完美的东西中发现不完美，他们能在没有问题的地方找出问题，他们能从受人尊敬的人身上发现不能让他满意的蛛丝马迹。他们表面看来和你关系好像不错，但是只要一转身，他们马上便会伤害你。例如有两个老同学，由于一个成绩较突出，为人也很好，在单位有口皆碑，另一个虽然和老同学关系不错，但当别人称赞老同学时，他却经常背过老同学说他在上学的时候有什么风流韵事,怎样的被大家瞧不起。虽然大家并不觉得他说的那些就是什么瑕疵,但他却一定说那是了不起的大污点。这样的能在鸡蛋里挑出骨头的人,最好不要和他交朋友。

3.张嘴乱说的人

可以说满世界都是世俗的人,都是平凡的人。但在生活中不可缺少的客套和礼节,正常的人都知道且能正确运用,但一些人由于性格的原因,便不会说一些必要的客气话,做一些比较得体的事。这种人,无论是有意还是无意,无论是个人原因还是性格原因,都不可作为深入相交的对象。如果以之为友,会给自己带来不必要的麻烦,甚至会因为交上了这样的朋友而让别人怀疑你的人格,最起码会给你带来一定负面影响。如有人把朋友甲介绍给朋友乙。朋友甲办了一个艺术学校,朋友乙也是个艺术爱好者,在家里也辅导了几个学生。朋友甲所以去见朋友乙,是想让乙给自己介绍几个学生。按说无论朋友乙愿意不愿意介绍都没关系,但几句门面话应该会说。

但朋友乙听了朋友甲的来意后,便神情倨傲地说:"我先问你,你办的学校学生有没有出路?现在社会上的骗子多的是,什么裁剪呀,烹调呀,不过都是想弄几个钱而已。"话未说毕,朋友甲脸上就实在挂不住,转身走了。出来后,对介绍来这里的朋友说:"你就交这样的朋友,让人感到不像吃五谷长大的。"

虽然朋友甲的话好像也过分了些,但朋友乙的确缺乏起码的生活常识,这样的人,不可深交。

4.忘恩负义的人

点滴之恩,当涌泉相报,这是做人的基本常识。如果与知恩不报、忘恩负义的人为友,就等于是自掘坟墓。例如有人收养了一个孤儿,花了几十年心血,孤儿上了大学,找到了很好的工作。收养者年老重病在身,看病住院耗尽家资,便让自己的孩子到孤儿处借钱,这个忘恩负义的人知道老人病无法看好,只给了恩人的孩子50元钱,且对恩人的孩子说:"今后不要再来找我!"这样的人,敢和他交往吗?

上面所说的四种人不可交,并没有多少深奥的道理,许多都是老生常谈,但是,人们往往不是不知道其中的道理,而是在生活中不能准确地判别。所以,要知道哪些人不可交,关键在于要在生活中分清一些人的行为,对其行为要有比较理性的判断,才能真正知道哪些人不可交。如果不交不可交之人,你便会交上真正的朋友。

保护朋友的隐私

正是因为道德礼俗的规范与人类天性的永恒冲突,所以人具有倾吐内心隐秘的需要,这种心理需要也就构成了对友谊的渴望。

我们需要明白这个事实,朋友之所以将他的隐私告诉我们,他的目的是为了赢得我们的同情、爱怜,要我们及时帮他出点子、想办法。但这些隐私知道者的范围不能大,只能"你知我知"。

朋友把自己的隐私告诉了你,即使没有叫你保密,也证明了他对你的极度信任。对此你只有为他分忧解愁的义务,而没有把这种隐私张扬出去的权力。如果不把"保密"作为一种义务,一种责任,热衷于流言蜚语,把朋友的"悄悄话"公诸于众,如果是无意间的"泄露",还情有可原。否则,可能会引起不少人的风言风语,甚至被歪曲事情真相,不仅不利于解决问题,相反还会把事情弄糟。同时还会使你失去朋友,甚至会失去周围同事对你的信赖,最终成为孤家寡人。

有一家茶馆老板与妻子结婚2个月,就生了一个小孩,邻居们赶来祝贺。老板的一个要好的朋友王雷也来了。他拿来了自己的礼物——纸和铅笔,老板谢过了他,并且问:"尊敬的王雷先生,给这么小的孩子赠送纸和笔,不太早了吗?"

"不",王雷说,"您的小孩儿太性急。本该9个月后才出生,可他偏偏2个月就出世了,再过5个月,他肯定会去上学,所以我才给准备了纸和笔。"

王雷的话刚说完,全场哄然大笑,令茶馆老板夫妇无地自容。

调侃朋友的隐私是不对的,上例中王雷明显道出了茶馆老板妻子未婚先孕的隐私,这样令大家都处于尴尬的局面。

马克思住在巴黎的时候,与诗人海涅之间的友谊,达到了"只要半句就能互相了解"的地步。海涅思想相当进步,写下很多战斗诗篇,夜晚,就到马克思家中朗诵自己的新作。马克思和燕妮就一起与他加工、修改、润色,但马克思从不在别人面前"泄露天机",直到海涅的诗作在报章上发表为止。海涅称马克思是"最能保密"的朋友。他们的友谊为世人所羡慕,所称颂。只有为朋友保密,守口如瓶,才能得到朋友的信赖,友谊才能不断加深。

对朋友的过错勿耿耿于怀

朋友相处在一起的时间多了,免不了磕磕碰碰。俗话说:"牙齿不好,舌头相绊。"好好的朋友,为了一件小事,弄个不欢而散,失去友谊。等到冷静下来,对朋友又有渴望恢复友谊之感。但是,人们在渴望得到失去的友谊时,心中总有一点顾虑,主要是面子拉不下来。这时总会想:"我绝不向他示弱,除非他先跟我打招呼。""我不能先去他那里,别人看了好像问题全出在我身上似的。"你也许也有同样的想法。

朋友在于经营,需要我们用心去维护,友情禁不起折腾,"人情反复,世路崎岖。行去不远,需知退一步之法;行得去远,务加让三分之功。"以宽厚之心对待朋友。此话是朋友相处的至理名言。

人非圣贤,孰能无过。每个人都有犯错误的时候,朋友也不例外。当朋友损害了我们的利益时,应该以一颗宽容之心对待他。这样,我们自己的心灵不但能得到解脱,同时我们的宽容也能拯救朋友堕落的灵魂。

如何对待朋友的过错?且看李显明是怎样做的。

李显明很伤心,由于好友张小为在自己的公司电脑上做了手脚,使他损失了几十万元,心中一直愤愤不平。尽管李显明委托律师将张小为送进了牢房,但他还觉得不够。出狱后,张小为觉得对不起李显明,几次打电话向李显明道歉。李显明一听是张小为的声音,不容分说立刻将电话挂断。

李显明的妻子是个通情达理的人,她数次劝他应该宽宏大量,何况张小为是电脑专家,对他的生意很有帮助。李显明经过深思,觉得妻子说得有道理,可是每次拿起电话来他心中就想起那几十万元,又想起张小为曾像只老鼠似的偷盗过那些钱,使他的生意差点垮掉,于是又放下电话,长叹一口气。

尽管已经过了很长时间,李显明还是处于这种矛盾中,一会儿觉得应该原谅张小为,毕竟他是个电脑专家,曾经帮助过自己;一会儿又想,难道要原谅伤害过自己的人吗?不,不行。

直到有一天,一位心理医生告诉他:"你形成了一种心理障碍,这种障碍不仅会妨碍你与张小为的关系,也会妨碍你与他人的交往,你必须积极地清除它。"

李显明终于鼓起勇气,给张小为打了一个电话,告诉张小为明天可以到办公室见他。第二天,他们谈得很顺利,李显明决定再次聘请张小为到公司工作,他对张小为说:"我相信你不会再辜负我。"

张小为没有辜负李显明的期望,对公司尽心尽责,使公司的生意越来越红火,而他和李显明的友谊也越来越牢固,随后成了真心的知己。

若朋友未能满足我们的需求,或做了对不起我们的事情,切不可怀恨在心。因为怨恨不仅会加深朋友间的误会,影响友情,还会扰乱正常的思维,引起急躁情绪。凡事要换个角度想想,这样或许能够理解朋友的所作所为,《菜根谭》中有句话:"径路窄处,留一步与人行;滋味浓时,减三分让人尝。此是涉世的极乐法。"在道路狭窄之处,应该停下来让别人先行一步。只要心中常有这种想法,那么人生就会快乐安详。因此走不过的地方不妨退一步,让对方先过,就是宽阔的道路也要给别人三分便利。有礼也要让三分。

有两个朋友结伴在沙漠中旅行,在旅途中的一个地方,他们因为一件莫名的小事吵了起来,最后其中一个还给了另外一个一记耳光。被打的心里觉得很不是滋味,但是他却一句话也没说,只是默默地伸出了自己的一个手指,在沙子上写下:"今天我的好朋友打了我一巴掌。"

之后,他们继续往前走,经过长途跋涉,他们来到了一个湖的边上,好久都没有见过这么大、这么美的湖了。于是,他们就决定下去游泳。不幸的是,挨巴掌的那位游到那湖中心的时候,由于过度疲劳导致小腿抽筋,差点溺水而亡,幸好被朋友救起来。在谢过救命之恩后,他拿起一把小刀,在石头上很小心地刻下:"今天我的好朋友救了我一命。"

朋友看到他又刻字了,十分好奇,就问:"为什么我打了你以后,你要把字写在沙子上,而现在却要把字刻在石头上呢?"

他笑了笑,回答说:"当被一个朋友伤害时,要写在容易忘却的地方,用不了多长时间就会被风雨抹掉;相反,如果得到帮助,我们要把它刻在心灵的深处,让世界上所有的人都知道友情的珍贵。"

有时候朋友的伤害往往是无心的,而帮助却是真心的。很多时候我们却对那些芝麻大的伤害斤斤计较,对那些莫大的帮助视而不见,心里留下的也只有无穷的幽怨与烦闷。其实,只要我们忘记那些无心的伤害,铭记那些对你真心的帮助,就会发现这世界上,我们有很多很多真心的朋友。

原谅一个人有时候是使之再生,对其心灵会造成多么大的震撼。宽容需要有一颗博大的心,它可以使自己最大限度地减少麻烦,不为一点小事斤斤计较。因此我们更不要把朋友之间的怨恨常记心头,这在带给对方心灵上折磨的同时也给自己带来了痛苦,使自己活在怨恨的影子里无法自拔。

有一位哲人说过:一分钟可以认识一个人,一小时可以喜欢一个人,一天可以爱上一个人,但一辈子也忘不掉一个人。当你看到这里,你感受到什么?在这漫长而又短暂的一生中,想找一个知音是多么不容易啊。而在日常生活中,就算最要好的朋友也会产生摩擦,就算最亲近的故人也会有误解,我们也许会因为这些摩擦、误解而分开,但每当夜深人静时,我们总会想起过去美好的回忆,才会觉得只有他最了解你的心,而此时已是我在天涯,他也在海角了……

因此,请珍惜你身边的朋友,告诉他们,在你心中他们有多重要,你有多在乎他们。如此我们就会有越来越多的朋友。

朋友不是我们的人生拐杖

生活中每个人都会有很多朋友,当自己一个不小心跌倒了,自然会有人来扶起我们,那个人就是朋友。朋友一句关心的话语可以温暖我们的心,朋友一个关爱的眼神可以给我们无限的力量,朋友一个细微的表情就可以让我们扭转局面。

"有难同当,有福同享"是朋友的真心,在与朋友相处中,友谊是纯洁的,可切勿滥用凡事"靠"朋友这招来逼迫朋友为我们办事。

张超是个很讲义气的小伙子,大学毕业后分在省级机关工作。自打成家有子之后,他越来越有一种负疚感:自己到底是不是那种薄情寡义之人?

他越来越怕接到朋友或家乡故人的电话或信,内容无非是说"我几时几时要到你那儿,请你帮忙买张卧铺票"、"联系个著名的医生"、"陪我逛逛百货大楼"、"托你带件什么东西"、"帮我……"诸如此类的事。

要说这些事有多难吧,也确实没多难,要说没多大事吧,可每次总把人折腾得筋疲力尽。更可怕的是朋友到家里来住,地方小倒腾不开,再加上还要吃喝用拿。自打朋友走后的那几天,妻子的脸色总是怪怪的,阴晴不定,时不时嘴里冒出一句:"狐朋狗友!"弄得张超左右为难、尴尬万分。

张超的感觉其实没有任何错,错出在他的朋友身上。他们过度地依赖张超,不光张超自己感觉很累,而且连带家人都跟着受罪。

友情确实可以成为我们在社会生活中的动力机器,但它毕竟马力有限,需要不时加油。为了让它发挥正常的功效,正常运转,请注意别让友情超载。

首先,传统的友情总是抱着一种不讲道理的假设:"是朋友就该如何如何"。事实上,任何人都没有这种必须帮助我们的义务,假若我们真心当他是朋友,就不该要求别人。在友情的逻辑中,上述假定应更改为"只有如何如何,才能够朋友。"

其次,我们要设身处地地为对方想一下,一个健康的个体必然充分注重保护自己各方面的权利,他总是希望得到有价值的东西,选择对自己有价值的交往。许多人常常为功利与情义而纠缠不清,总想把自己真实的动机掩盖起来,其结果反而是两败俱伤、一无所获。要记住,积极健康的个体并非无私无欲,但能取之有道。

最后,要注意别以为我们交代朋友的都是小事,这里面还牵涉着很多问题。现代人的生活就像军营一样,上班、下班、吃饭、熄灯都是整齐划一的。不同的是,这种秩序不是靠纪律而是靠生产和生活方式决定的。如果我们找朋友帮忙时,或许没耗费他们的金钱与精力,但却可能打乱了他正常的生活秩序。为了买车票,要耽误工作而且欠人情；为了陪我们吃饭，没能接孩子，妻子不高兴……朋友也许不好意思说他的付出与牺牲，但我们若将这一切视为当然或应该，时间久了，就不会再有朋友了。

要想友谊天长地久，就要相互理解体谅。无论在哪里，都不能一味地"靠"朋友。拿朋友当拐杖则是贬低朋友，滥用朋友的情义。

就算是再好的朋友，如果越接近，相处之道也越难以拿捏。脱离上班族的生活，和朋友合资经营生意，过程是相当坎坷的。因为这其中牵扯到利害关系，朋友间的交往也不可能将因素拿掉，只做单纯的交往。

在与朋友交往的过程中，有些误区犹如"地雷"，没有碰到它当然平安无事，一旦碰到它，炸响了就会使双方都受伤。这样的结果是任何一个人都不愿意看到的。所以说，要想把朋友交好就千万注意不要去碰这些"地雷"。

(1)出门靠朋友。人作为主体与周围客体发生联系的时候，总会发现有的客体能够满足自己的需要，而有的则满足不了，多数人总是会选择与前者进行交往。

(2)没有真正为朋友着想。真正的友谊不在于共享欢乐或无微不至的关怀照顾，而在于危机时的关心、指点、理解与支持。

(3)滥用他人的友情。关键的朋友要留在关键的时候再用，不要把他们的善意滥用在无关紧要的事情上，就像遇到危险之前要保持火药干燥一样。倘若我们迫不及待地让朋友为我们办事，日后还有什么能让他为我们做呢？能够帮我们的朋友比一切都珍贵，珍贵之物绝不应滥用。

朋友间的交往方式，没有固定的公式或是正确答案。但我们认为保持适当的距离才能细水长流，朋友间的交往应该以这个原则为基础。不能因为两个人非常合得来，就过分接近，这样反而会产生矛盾。和朋友、知己间的距离没有一定的标准。虽然我们无法目测，但是我们可以抓住感觉，了解"和这个人要保持多少距离，和那个人要保持多少距离"以便和不同的人交往。

朋友间交往的原则就是不要把朋友的助力当成目标，而是互相维持各自独立的关系。能够帮助人格提升、视野扩大的这种交往关系，应该是最好的交往方式了。

对朋友不要太计较

朋友或是我们期望的样式这样出现：肝胆相照、两肋插刀、彼此信任、有所担当。如果碰到这样的朋友，那算是自己千年修来的缘分，高山流水遇知音，此生一人足矣。

但我们的大多数朋友却是这样的：关系比较密切，肝胆相照但不一定会两肋插刀，彼此信任但不完全信任，有所担当但得付出相当。这样的朋友也算难得，会说真话，也做真事。

更有一些朋友是为了彼此需要，互相捧映，出于利益的来往，与感情无关，与道德无缘，唯有利益和需要决定彼此来往的密切程度。

所以对朋友不要过于苛求，倘若是第二类朋友，能说真话做真事在世间也是很少，这已经值得重视和珍惜。只在平时少些计量，多些宽容，少些提防，多些真诚。如此则好。

歌德与席勒的友谊为世人所称颂。

两位德国最伟大的、至今仍然备受推崇的诗人不仅生活在同一个时代，而且生活在同一个小城中，相距不过几百米远。

即使死亡也无法把他们分开：他们的棺材并排躺在同一个墓穴中，在城市的纪念碑上他们像双胞胎一样肩并肩得站在底座之上。人们经常能在书中读到关于他们"真挚的友谊"的描述。两个人都是那么著名、那么受人尊敬、那么富有才华。

但他们又有着巨大的差异，歌德于1749年生于法兰克福一个富有的城市贵族之家，随心所欲地在不同的城市学习法律，早在年轻的时候就已经是著名的诗人，并供职于魏玛的宫廷。他是上天的宠儿，一个不必为金钱发愁的人。而席勒只是一个军医的儿子，出生于拮据的市民家庭，13岁的时候被公爵强制塞进了斯图加特的军事学校，不情愿地学起了如何当医生。他是一个病恹恹的、永远要为生计奔波的人，一个上天的弃儿，一个带着债务来带着债务走的人。

他们在相识之初根本不喜欢对方。席勒评价歌德说："即使对他最亲近的朋友，他也从不吐露心曲。在任何事情上都抓不住他。我的确认为，他是一个极不寻常的利己主义者。"而歌德当时对席勒也并无好感，只不过这位年长的诗人比较收敛含蓄，谈起席勒时不是那么冲动，感情色彩不是那么强烈。

直到很多年后，他们才坐下来讨论这个问题。其中一人这样写道："我怀疑，我们是否真的走得很近……他的世界不是我的，我们的思考方式看起来是那么不一样。总是围着他转让我感到很颓丧。"另外一人则觉得他们的思考方式和生活态度根本就是分别在"地球的两个半球上"。

但是，这些并不影响两人成为朋友。1794年7月20日，歌德和席勒参加了在耶拿召开的自然研究协会的一次会议。散会后，两人同路，边走边谈，进行了一次具有历史意义的谈话。交谈中歌德生动地描绘植物的生长变化。席勒听后说道："这并非经验，而是一种观念。"这次谈话与其说使两人观点更接近，不如说使差异更明显。但席勒认为这并非坏事，他深信歌德对此也有同感。因此他在8月23日真诚

地给歌德写了一封信,对歌德进行了全面的、深入的评价。

席勒在信里谈到:歌德是个天才。天才的本质特点乃是自己的行动,自己并无意识。因此席勒大胆地说道,歌德对他自己并不了解,也无法正确分析,"天才对自己总是个谜。"他对歌德的深刻分析,表明他对歌德的了解的确胜于歌德自己。

席勒正直诚恳的性格和深邃精湛的思想,给歌德留下了深刻的印象,使得歌德捐弃对席勒的成见和隔阂,把他视为知己引为挚友。就这样两位诗人肩并肩、手携手地向着共同的目标前进。他们互相鼓励、互相启发,酝酿和创作了一系列辉煌巨著。

正是不计较对方的缺点才让两人结下了伟大的友谊,也让我们再次明白"金无足赤,人无完人"、"求同存异"所蕴含的道理。

朋友之间怎样相处是一门很深的学问,有的人甚至用毕生的精力也没能研究透彻。多少不甘寂寞的人穷究原委,试图领悟到友谊真谛,希望能拥有一段轰轰烈烈的友谊。然而友谊哲理的复杂性,使人们不可能在有限的时间内洞悉其全部的内容。

"水至清则无鱼,人至察则无徒",对朋友不要太计较。太计较了,就会对什么都看不惯,连一个朋友都容不下,把自己同社会隔绝开。镜子很平,但在高倍放大镜下,就成了凹凸不平的山峦;肉眼看很干净的东西,拿到显微镜下,满目都是细菌。试想,如果我们"戴"着放大镜、显微镜生活,恐怕连饭都不敢吃了。再用放大镜去看朋友的毛病,恐怕许多人都会被看成罪不可恕、无可救药的人。

人非圣贤,孰能无过。与朋友相处就要互相谅解,经常以"难得糊涂"自勉,求大同存小异,有胆量,能容人,你就会有许多朋友,且左右逢源,诸事遂愿。相反,过分挑剔,"明察秋毫",眼里不揉半粒沙子,什么鸡毛蒜皮的小事都要论个是非曲直,容不得人等,这样一折腾,朋友也会远远地躲着我们,最后,我们只能关起门来当"孤家寡人",成为使人唯恐避之不及的异己之徒。

有时朋友冒犯我们,其中肯定是另有原因,不知哪些烦心事使他此时情绪恶劣,行为失控,正巧让我们赶上了,只要不是恶语伤人、侮辱人格,我们就应宽大为怀,不以为然,或以柔克刚,晓之以理。总之,没有必要与朋友瞪着眼睛折腾。假如折腾过了,大动肝火,枪对枪、刀对刀地干起来,再酿出个什么严重后果,那就太划不来了。与朋友如此,实在不是聪明人做的事。

古今中外,凡是能成大事的人都具有一种优秀的品质,就是能容人所不能容,忍人所不能忍,善于求大同,存小异,团结大多数人。他们具有宽阔的胸怀,豁达而不拘小节;大处着眼而不会鼠目寸光;从不斤斤计较,纠缠于琐事,所以他们才能成大事、立大业,使自己成为不平凡的人。

但是,如果要求一个人真正做到不计较、能容人,也不是简单的事。我们需要

有良好的修养、善解人意的思维方法,并且需要经常从对方的角度设身处地的考虑和处理问题,多一些体谅和理解,就会多一些宽容,多一些和谐,多一些友谊。

照顾朋友的面子

每个人都有犯错误的时候,我们的朋友也不例外。那么,作为朋友,我们理所当然地要向他指出来。只是,每个人都好面子,尤其当对方还是我们的挚友时,说浅了不会起到作用,说深了会伤害感情,如何说话也就成一个技术含量非常高的活。

刘志辉和张会林在学校是同室好友,关系十分亲密。张会林家里有钱,又是独子,有点娇惯,但是性格很直爽,为人很热情。刘志辉家境不太好,从小自立,自尊心很强。他在学习的同时,每天早晨不到5点就要到一家餐厅做工。随着学习压力增大,在考试期间,两人之间产生了矛盾。

有一天刘志辉4点半就起床了,在洗漱的时候声音太大,把其他人都吵醒了。

张会林想,其他人跟刘志辉的关系都一般,有意见也不好说出口,自己作为他的好朋友理应批评他一下。于是就说:"你上班干吗非得把全宿舍的人都闹醒啊?你倒是赚了钱,但人家还陪着你不睡觉啊?"

刘志辉一愣,心想:别人说出这些话倒也罢了,你是我最好的朋友,怎么不考虑一下我的难处而来批评我呢。于是他没好气地说:"你以为我乐意早上5点就起床去那臭熏熏的厨房里干活吗?我父亲可不愿一年到头供养我,我得自己挣钱养活自己。我不像你,懒在屋里,靠家里供养。你自己清楚,你是我认识的人中最懒的一个。"

张会林一下子被激怒了,打人不打脸,骂人不揭短,这样说话也太损了吧。"别来这一套。昨晚看书一直看到两点的是谁?谁又说什么啦?难道你就不能轻一点吗?怎么那么自私呢,就不稍稍考虑一下别人!"

两个人你一言我一语,针尖对麦芒。最后,双方都撕破了脸,几年的友情瞬间化为乌有。

人往往就是这样,一旦被戳中了痛处,就会全力反抗。显然,张会林没有注意到自己不恰当的批评方式会让刘志辉下不来台。

假如他们都不那么感情用事,而采取负责的态度表示自己的不满,就可以避免朋友的怒气,至少可以减少朋友发怒的可能性。如果张会林当时能这样谈起,就完全可以避免一场争吵:"我想告诉你,我有些不舒服,也可能是这些天的考试使我过于紧张烦躁,昨晚我没有睡好,今天5点又被你弄醒,我心里有点恼火,你似乎没考虑过我的休息。另外,这里还有其他人,也要注意他们的感受。"

听了这些话，刘志辉或许就会明白自己的过错，而且不会发火。"金无足赤，人无完人"，朋友也是有缺点错误的。作为好朋友，应该指出朋友的不足。但我们要赢得朋友的友谊，在说话时，就不要因对方一件事没做好，就说些不顺耳的话，小则造成不愉快，大则会把真诚的友谊折腾没了。指出朋友的缺点时，不仅要使用委婉的话语，还要注意不要当众批评朋友，以免让朋友在众人面前难堪。

有人曾说过：一句不慎的话，足以让十句光彩照人的话黯然失色，一段真挚的友情也会产生裂痕。所以，同样是起到批评人的效果，为何不能换个方式，温和地表达呢？一个微笑，一个眼神，足以传递出或善意或严厉的批评，但是这些批评都可以是甜的。甜甜的批评是出于对对方充分的尊重，和自我最高尚的修养而发出的。善待别人就是善待自己，并且，善意的批评往往会收到比粗暴的批评更有效的结果。

老于是一家公司的老总，凭着自己的坚毅和果断创办了这家公司，只是这位老总平时少言寡语，给人的印象就是严肃认真，但他也有出人意料的时候。

老于邀请他的一个同窗好友做他的副总，不过，这个好友虽说是女士，却是一副男孩子的性格，有时候粗心大意，做公文时容易遗漏东西。有一次还差一点出了大问题。老于很想说她一下，但又怕伤到她。琢磨了几天，老于终于想到了一个好方法，既能提醒她又能让她乐于接受。

一天早晨，老于看见好友走进办公室，便对她说："今天你穿的这身衣服很好啊，越发显示出你的年轻漂亮。"

这几句话出自老于的口中，让好友很吃惊：想不到严肃的老朋友也有夸人的时候。这时，老于又说："但不要骄傲，我相信你的公文处理也能和你一样的漂亮。"好友一下子明白了老于的意思，果然从那起，她在公文上很少出错了。

一位朋友知道了这件事，就问老于："想不到你这么严肃的人也会使用这样奇妙的方法，你是怎么想出来的？"老于笑呵呵地说："说起来很简单，有一次我去刮胡子，我注意到他们都是先给人涂肥皂水，然后再刮。这样做是为了给别人刮胡子时不痛。所以呢，我就想到，批评人的时候，也可以这样让对方愉快地接受。"

看到了吧，批评也是要讲艺术的。

很多人都有这样一种观念，对朋友赞美就好了，批评了会伤害感情，而实际上，当我们觉得朋友做事不恰当的时候，对他的批评，好朋友是不会见怪的，至少他知道你是善意的。当然，对于朋友的批评还是要掌握一些技巧，才能让人家愿意接受。这就要求我们在和朋友的相处中做一个善于批评的角色。

朋友之间的友谊非常珍贵，尽量不要去破坏它。对于朋友的错误，批评是必须的，只是我们要使用恰当的方法。

首先，批评要与赞美相结合。适度的批评之后，对于其优点别忘了加上几句称赞的话，才不会损坏彼此的情谊。"以理服人"是对的，但讲道理有时并不容易被直接接受，甚至会让对方产生反感，尽管在反感时他内心并不一定认为他做错了。

其次，还要争取让对方心服口服，这就需要一定的技巧了。有时，批评者往往认为自己是好心，但如果话中带有了威胁，效果就难以达到，甚至会给双方关系造成不良影响。如两个朋友发生了一点摩擦，一方大叫"你这样的人谁还会愿意和你在一起"，对方马上回嘴"不做朋友就不做朋友，你有什么了不起"，好心的批评也会起到逆反作用。

善于批评者会让对方感到仿佛不是在批评自己，倒像自己劝说自己，就容易被对方接受。批评的语言中应避免"你应该"、"你必须"之类的词，多用温和的口气，避免对方的反感，在任何"强攻"都难奏效时，还不如暂停。

最后，批评的目的是让对方接受自己的意见。仅仅是理由充足还不行，还要掌握对方的心理特点，对不同性格的人应该使用不同的方法，因人而异。

要想失去朋友，就利用他

现实生活中有很多人喜欢跟朋友玩心眼，喜欢利用朋友，他们认为朋友不是用来依靠的，而是用来利用的。他们这种心态导致他们自私自利、唯利是图。在一些关于商场里面的图书中，大多都是教你做一个有心计的人，教你如何"玩"脑袋，这一切导致这个社会人与人之间的尔虞我诈，勾心斗角，在这些人内心深处都有这种心理倾向，所以他们看到这种书籍之后便很容易吸收进去，他们不懂朋友是什么。

刘东和张武是同窗好友，而且同在一家股票软件的公司，刘东做客服和一些客户咨询的事，张武负责软件研发。后来，刘东去了一家股票咨询公司，做了股票信息门户网站的编辑部主任，而张武另立门户，开了一家软件公司。

有一天，张武接到刘东的电话，说他有一个项目想和张武合作，让张武前往刘东现在去的公司面谈。大概情况是刘东现在去的公司要做门户网站，因为涉及交易，所以安全很重要，还有同步传输，访问量大，要保证网站的高速度，这对张武来说技术不存在问题，因为张武在以前公司做的股票软件交易系统，与证券交易所的同城传输，系统的同步备份都运行得很好。

按约定时间张武前往刘东所在的公司，见到了刘东，老朋友见面，先客气一番，互相问好。然后刘东介绍了他的情况，因为一去就当主任，员工不服气，所以他想与张武合作，以最快的时间开发出这套交易系统和门户网站出来。

张武看了系统,问了在会的研发人员一些问题,然后就告诉他们这个系统该如何做,里面有什么技术要点,以及该如何维护等,研发人员连连点头说是,他们很认可张武的技术。

张武也很高兴,以为签下这个项目肯定没问题了。

当时,其他人不知道张武与刘东的关系。在刘东出去的一段时间,刘东的一个下属说了真实情况,他们花了20万找了一家大公司已经开发出这套系统,只是系统不稳定,但那家公司不愿意免费给他们做后面的工作,如果要再进一步修改与完善,需要公司再付10万。可公司不愿意出钱。刘东自告奋勇把这个任务接了下来。

当张武明白这件事情的前因后果时,霎时明白,自己被刘东利用了。他很伤心:如果刘东直接告诉他,有个忙要帮一下,说明情况,自己也会抽空帮他,而刘东居然采用这种手段来利用自己,这样的人根本不配做朋友。

莫说是朋友,即使是普通关系,如果被对方利用,我们也会有一种被羞辱的感觉,刘东对张武做出这样的事,就不怪张武不认刘东这个朋友了。

有一个名人在他的客厅里挂了这样一幅字:"我能帮,我不帮,我不够朋友;我不能帮,你要我帮,你不是朋友!"朋友间遇到困难,在力所能及的范围帮上一把,是人之常情。但让朋友勉为其难,甚至于违规、违法,搭上信誉,乃至身家性命就实在不能称之为朋友了。

朋友本来就不是拿来用的,闲暇的时候一起聊聊,烦恼的时候诉诉苦闷,欢乐的时候一起分享,这才是朋友。一旦拿来用了,甚至牵扯上利益,朋友间的感情就往往容易变质。

摆正心态,不勉为其难,这才是作为朋友应做的。

有一个法官,他有一个从小就很好的朋友,是公司负责人。有一天,这个朋友因为经济案件被捕,朋友的妻子哭着来找他帮忙,满以为他会鼎力相助,没想到他却拒绝了。朋友妻子因此大为不满,认为他不够朋友。朋友也因此不愿理他,他每次到监狱探望,朋友都态度冷淡,但他仍然坚持。若干年后朋友出来了,态度依然冷淡,但他仍常常到朋友家中坐坐。几年后,朋友一家搬迁外地,本以为难再见面,没想到朋友却常带着家人回来与他小聚,这时朋友的生活也慢慢好转。他终于开口问朋友还怪他吗?朋友说:"还怪什么?事情都过去这么久了。何况当时也挺为难你的。再说,朋友本来就不是拿来用的。"

这个法官朋友才是真正的朋友。

这个社会纷繁复杂,我们要想找到一个真正的朋友,是很难的,人与人之间对人性的不信任,即使有那么几个君子,也会在这个万恶的社会熏陶下而腐蚀,一些人因此变得心胸狭隘、目光短浅、斤斤计较、见利就占,即使是朋友也不放过。

朋友的确有很大的利用价值,或许可以说是无价之宝,他们可以为我们付出很

多。但朋友是用来珍惜的,不是用来利用的。我们如果有事直接跟朋友说,他一定会帮我们,这就是朋友之间的默契。友情,往往是很多物质上的东西都换不来的。

有人交友广阔,狐朋狗友遍天下,可以倚仗朋友办这事办那事,常当做资本挂在嘴边卖弄。还有的人清心寡欲,声言得一知己足矣。关于朋友有很多老话烂熟于胸,什么多个朋友多条路,朋友多了路好走,什么有朋自远方来不亦乐乎……

有人说,林子大了,什么鸟都有。尤其是现在的现实社会,人与人之间,戒备多于信任,利益高于友情,诚信却稀缺的像天然钻石,有人把诚信比作黄金,可现在黄金也在不断贬值。

但我们始终相信,友情是藏在每个人心中的种子,是荒凉大漠里面的一湾清泉,是雪山上的莲花,在我们最干渴的时候能滋润心田,在我们最绝望的时候给予希望,让我们有勇气重新站起来继续旅行。

朋友是心相印,任何掺杂了利益的朋友都有变质的危险。有了成就,只有朋友能真心地分享我们的快乐,而不是嫉妒;有了苦闷,只有朋友会静静地倾听我们的唠叨,而不是落井下石。在我们需要帮助的时候朋友会义不容辞尽己所能,就算一无所有,还有一颗赤诚的心围绕在我们身边,让我们不会孤单。迎来送往的热闹不断上演,吃吃喝喝、勾肩搭背的朋友也在我们的路上穿梭,究竟谁是朋友?名利高寒阁,冷暖只自知。

第二十章

职场不折腾：做一个工作达人

在这个世界上，那些谦虚豁达的人总能赢得更多的知己，那些妄自尊大、小看别人、高看自己的人总是令别人反感，最终在工作中使自己到处碰壁。要想在职场上成为优秀的一员，做法很简单，就是谦虚待人，诚心做事，把自己的视点和调门降低，脚踏实地地赢得认可，从而取得做人和做事的成功。

干一行，爱一行

一个人可能由于能力、经验、经济条件等方面的原因，正从事着一件自己内心不太愿意干的工作，这是现实生活中经常能遇见的事情。

不论什么原因，既然你从事了这一职业，选择了这一岗位，就必须接受它，以高度的事业心投身其中，尽自己最大的努力，实现工作卓越和自我超越。

热爱自己的职业，热忱地投入工作，干一行，爱一行，从中你会发现工作的价值。

只要你热爱自己的工作岗位，即使是平凡的工作，你也可以把它做得很出色。

她毕业那年，被分配到一所偏僻的小学教书，从繁华的城市一下子来到偏远的乡村，她的内心充满了失落、迷茫。

一段日子里，班里一个女孩子引起了她的注意，那个女生高挑的个儿，系着一条红领巾，看上去很滑稽。她发现，全校只有那个女生一个人戴红领巾。

有一天,她对那个女孩说:"你可以不戴红领巾,像其他同学一样。"

"但……我是中队长。"她一脸认真。

她从这句话中受到很大的震动。从此告别虚浮的幻想,在大山一隅做着她的教师梦。

以后,当浮华虚荣向她侵袭时,她总是告诫自己:我是教师。

老人们常说:干一行,敬一行。连起码的敬业精神都没有,是做不好工作的。不要被世俗所左右,做好自己的事便是最大的幸福。

小虎和小彪是同班同学,毕业后一起到南方一座城市打工,流浪了很久,一直没找到合适的工作。有个老乡知道了说:"如果你俩不怕苦,不嫌累,我可以给你们介绍个差事。"两个人饭都没得吃了,哪里还顾得了那么多,虽然是大学生,也只好到一家货运公司做包装员。

俩人的工作是将客户送来发运的货物,进行二次打包,然后发运到其他地方。公司生意很好,货源不断,俩人忙得不可开交。开始两个人干得热火朝天,对新工作充满好奇和热情。时间久了,每天重复着同样的流程——装箱、封口、打井字绳、写运号,单调乏味的工作让人渐失兴趣。小彪心想自己好歹也是个大学生,居然干着这些无须动脑筋的粗活,真是对自己的小瞧,是自轻自贱的行为啊。心里有了想法,情绪受到波动,也就不再追求包装质量,只要合格就行了。有一次甚至出了差错,幸亏发现及时,才没有造成损失。不过毕竟遭受过找工作的困境,小彪还是坚持做了下来,只是谈不上有多少兴趣。

小虎的想法不一样,他想自己刚刚参加工作,没有实践经验,每一份工作都是学习的好机会,应该好好珍惜,因此他工作起来干劲十足,总是把包装做得又快又好。每一个包装做完,他会把井字绳的四条边重新梳理一遍,比机器包扎得还漂亮。因为这个多出来的动作,小虎每打好一个包,要比别人多花5秒钟。包装工作是按件计酬,所以其他的都笑小虎有些傻气,又不是给自己包嫁妆,何必那么仔细呢?小虎笑笑,依然重复着自己的动作。

有一天,一个老主顾告诉公司老板,本来另外一家公司开出了更低的运输价格,但仍然决定把业务留在这家公司。老板不解,问为什么?老主顾说:"我曾经抽查了一批货,几个运输公司办理的都有,唯有你们公司的包装让人满意,特别是那个井字绳,方方正正,松紧适度,比机器做出来的都棒。"老板听到这话,若有所悟,他仔细观察每个包装员的工作,发现了小虎的额外动作,也就是这个动作,才给客人留下了深刻印象。

老板查看了小虎的个人简历,微微笑了。他叫来小虎,问他:"你喜欢这份工作吗?"小虎坦然回答:"我珍惜每一次工作机会,努力将它做得更好。"老板又问:"难道不感觉委屈,不感到屈才吗?"小虎说:"只有将现有工作做好了,才有机会从事其他工作,实现自己的理想。"老板十分满意小虎的表现,赞扬道:"那么多包装员,只有你的活儿在追求完美。"

没多久,一道任命通知下来,小虎提升为主管,成为包装部的头儿。小彪怎么也想不明白,小虎工作闷声不响,是怎么被老板看上的呢?

态度决定一切,对工作要热爱,艺术家总是追求出色的作品,对工作也应像创作一样,永不满足,不懈追求,希望它完美些,再完美些。不要想着在给他人工作,多想想是给自己创造展示的机会。要相信,干一行就爱一干,说不定真的能改变人生命运。

发现工作中的快乐

工作的时间长了,就会感觉有些疲倦。产生疲倦的原因,一方面是身体的原因,除此之外,工作的乏味、焦虑和挫折会引起心理上的疲倦,这种心理上的疲倦感往往比身体的疲倦更让人难以支撑。

如果在工作中找到乐趣的话,情况就会大为不同,快乐可以帮助人们在工作时带来新鲜的感觉。例如,很多人在休息日都会去湖边钓鱼,他们在湖边坐上好几个小时,可是却一点都不觉得累,为什么?因为钓鱼是他们的兴趣所在,从钓鱼中他们享受到了快乐。每一件事从一定的意义上说都是珍奇独特的,只要愿意挖掘,都是无穷无尽的快乐源泉。重新审视工作,发现工作中的快乐吧。

1.把工作看成是自我满足

如果强迫自己工作,当然不会愉快。可是如果把工作看成是自我满足,就会产生乐趣。一位产科大夫心情特别愉快,因为他今天接生了5个婴儿,一个足球运动员也因为今天他踢进10个球而欣喜若狂。他们把每天的工作都看成是对昨天的挑战,所以他们喜欢工作,并在工作中找到了自我满足。

2.用工作代替休息

当你工作会感到疲惫的时候并不是真的需要休息,而只是对工作的厌倦而已,这时最好的休息是把工作的性质变动一下。有一个外国作家,在他的书房里有3张桌子,一张桌子上摆着要写的论文稿,另一张桌子上摆着要翻译的稿件,还有一张摆着正在写的小说,他的休息方法就是从一张书桌来到另一张书桌前继续工作。

3.视工作为娱乐

工作和娱乐的不同就在于思想准备不同。人们在娱乐的时候,心理会很放松,而在工作时往往会比较紧张。假如你是职业足球运动员,如果把注意力放在娱乐上,让心情放松,你就可以和业余足球运动员一样,更加投入比赛,更容易发挥出水平。

4.把工作看成是艺术创作

有人问一位建筑工人累不累时,他指着一座刚刚建成的漂亮的体育馆说,我又为这个城市增添了一道风景线,看着它,我什么样的疲惫都没有了。假如每个人都把自己的工作当成艺术创作,把单调、枯燥的打字看成是在钢琴前创作新的圆舞曲,把你在厨房炒菜,看做是油画创作,油、盐、酱、醋就是你的颜料,炒出的新花样就是你创作的新作品。这样你在工作时,心中燃烧的是激情。

5.让工作充满创造性

让工作充满创造性,就可以把枯燥变得生动有趣。一位教师上一节好的课,不逊色于编排一出精彩的戏剧,一个运动员完美无缺的动作,从创造的角度来看,可以与十四行诗那样的作品相媲美,并且可以获得同样的精神享受。也许你会说自己是一名家庭主妇,并没有从事任何创造性的事业,这你就错了。你是否想过,你的一日三餐就如设宴一样。你对桌布、餐具的鉴赏力都有独到之处,能别出心裁,怎么说没有创造性?只要是大胆创造,工作就会变得充满乐趣。

如果我们把每天的工作当做一种创造,那么,即使再平凡的职业、再平淡的生活也会不同凡响。

别在工作上被人看不起

如果你已经踏入社会,并有工作经验,你就会发现,不管是哪个行业都有一种现象:有些人总是受人敬重,有些人就是被人看不起。那些被人看不起的人也许有少数人日后会出人意料地有所发展,但绝大多数人终将默默无闻。

当你走上社会之后,工作就是你一生的重要责任,你要靠工作来养家糊口,要在工作中发挥才能实现自我。因此,当你走上工作岗位之后,一定要记住:别在工作上被人看不起。被人看不起虽然不一定会影响你的一生,但绝对不是什么好事,对你也不会有什么积极的影响。

维斯卡亚公司是美国20世纪80年代最为著名的机械制造公司,其产品销往全世界,并代表着当今重型机械制造业的最高水平。许多人毕业后到该公司求职遭拒绝,原因很简单:该公司的高技术人员爆满,不再需要各种高技术人才。但是优厚的待遇和足以自豪、炫耀的地位仍然向那些有志的求职者闪烁着诱人的光环。

詹姆斯和许多人的命运一样,在该公司每年一次的用人测试会上被拒绝申请,其实这时的用人测试会已经是徒有虚名。詹姆斯并没有死心,他发誓一定要进入维斯卡亚重型机械制造公司。于是他采取了一个特殊的策略——假装自己一无所长。

他先找到公司人事部,提出为该公司无偿提供劳动力,请求公司分派给他任何工作,他都不计任何报酬来完成。公司起初觉得这简直不可思议,但考虑到不用任何花费,也用不着操心,于是便分派他去打扫车间里的废铁屑。一年来,詹姆斯勤勤恳恳地重复着这种简单但是劳累的工作。为了糊口,下班后他还要去酒吧打工。这样虽然得到老板及工人们的好感,但是仍然没有一个人提到录用他的问题。

1990年年初,公司的许多订单纷纷被退回,理由均是产品质量有问题,为此公司将蒙受巨大的损失。公司董事会为了挽救颓势,紧急召开会议商议解决,当会议进行一大半却尚未见眉目时,詹姆斯闯入会议室,提出要直接见总经理。在会上,詹姆斯把他对这一问题出现的原因做了令人信服的解释,并且就工程技术上的问题提出了自己的看法,随后拿出了自己对产品的改造设计图。这个设计非常先进,恰到好处地保留了原来机械的优点,同时克服了已出现的弊病。总经理及董事会的董事见到这个编外清洁工如此精明在行,便询问他的背景以及现状。詹姆斯面对公司的最高决策者们,将自己的意图和盘托出,经董事会举手表决,詹姆斯当即被聘为公司负责生产技术问题的副总经理。

原来,詹姆斯在做清扫工时,利用清扫工到处走动的特点,细心观察了整个公司各部门的生产情况,并一一作了详细记录,发现了所存在的技术性问题并想出了解决的办法。为此,他花了近1年的时间搞设计,做了大量的统计数据,为最后一展雄姿奠定了基础。

吃得苦中苦,方为人上人。在刚涉入社会的时候,不妨从基础干起。有所失必有所得,只有放得下,才能拿得起。舍不得放下自己的虚架子,怎么能得到别人的赏识呢?

走在别人的前面

曾有人这样形容现代职业人的竞争环境:"每一条跑道上都挤满了参赛选手,每一个行业都挤满了竞争对手。"在人满为患的跑道上和拥挤的行业竞争通道中,怎样才能成为一匹黑马,成为令人羡慕的领跑者呢?最简捷的方法就是比别人早一点做好准备,走在别人的前面。

有哲人说:"你永远不可能比别人多长一个脑袋,但预先准备,却能使你变得不可替代。"

在一个企业中成为一个不可替代、不可缺少的人,是每个员工的梦想。有人说过:"成功等于准备加上适时的机遇。"那么,当这种机遇到来时,你能不能抓紧它,这就要看你有没有完全准备好。

杨仪大学毕业后,受聘于一家商贸公司。从上班的第一天起,杨仪便时时叮嘱自己,要做一名好员工。杨仪每天在完成自己手头的工作后,总是习惯为第二天的工作做好准备。对此,同事们都不以为然,其中一些人还笑他傻,甚至有人对他说:"喂,杨仪,你这么积极主动干什么,明天的事明天再做也不迟呀。再说,老板也不知道你一天到底干了多少,你这是何苦呢?"

面对同事们的嘲笑,杨仪并未放在心上,他仍然每天干完自己的工作后,又开始为第二天的工作做准备。

一次,老板突然来到办公室,对杨仪说:"我下午要去纽约,参加一个国际性的商务会议,我让你们准备的那份法文资料是否准备好了?"

"啊?法文资料?"办公室主任亚迪迟疑地说:"你不是说明天去吗?所以,那份法文资料我还未让他们准备呢。"

"我原计划明天去,但主办方突然改变了时间,我必须在今天下午就得动身。再说,这件事不是一个星期前就交给你去办理了吗?"老板怒气冲冲地说。

"老板,你需要的法文资料我已经准备好了。"杨仪从抽屉里拿出已准备齐全的资料,递给了老板。

"好样的,小伙子!"老板转怒为喜,拍着杨仪的肩膀说,"你能提前做好手头的工作,就证明你是优秀的。"

1个月后,老板宣布,办公室主任亚迪被解雇,新任主任就是杨仪。

毫无疑问,杨仪之所以得到老板的青睐,关键在于他能走在别人前面,并出色地完成工作。

安娜在一家服装公司做销售工作,业绩一直不错。可是公司为了开拓第三市场,决定减少服装的生产量,裁减员工,以达到压缩成本的目的,资金被转向了第三产生——房地产业。

现在,所有员工都面临着被裁减的危险,大家都人人自危。销售岗位要裁去一半人员,这不能不让所有销售人员心里打起鼓来。大家平常工作都差不了太多,谁走谁不走呢?

面对这种情况,安娜却镇定自若,似乎并没有太在意。最后的结果是销售部人员走了一半,副主管也被辞退了,而安娜升任了此职。

原来,安娜在平常的工作中,就十分注意整理所有客户的资料,又利用业余的时间学习编程工作,为公司建立了一个庞大的数据库。这个数据库的建立为销售

渠道的正规化提供了科学的依据,大大地提高了工作效率。早在1个月前,安娜就向主管拿出了这个数据库,得到了认可,正在等待讨论通过与实施。

升职后的安娜除了将销售方式正规化外,还积极联系境外的销售客户。当第一次与意大利出口贸易签单时,总经理发现安娜竟能用流利的意大利语与客户交谈,不禁更加对她另眼相看。不久安娜理所当然地升为副经理,成为公司的骨干。

工作中就是这样,有了敏锐的洞察力、快速的反应力,才会有超群的业绩;每个员工在原有速度上提高一点点,整个公司的效率就会提高一截。只有高效率才能在市场中占有一席之地,并进一步取得优势地位。这是这个快节奏社会发展的要求。

当你越过起跑线后,脚下就是自己的跑道了,你不能撞上别人,也不能被别人撞上。这里有一些方法,可以让你跑得更快。

1.以你之长换他人之长

面对越来越复杂的工作,很少有人能拥有足够的知识和技术独立完成,所以必须要互帮互助,才能事半功倍。办公室明星非常清楚自己的优势和缺点,也明白谁是可能为自己提供支援的同事,而且他了解这种关系中的经济性——一般的员工会认为要求他人提供帮助是一种权利,只要一通电话,对方就应该伸出援手。但办公室明星深知,这种合作关系是一种以物易物的结果,自己也必须贡献出别人所缺乏的专长。

2.累积自我管理经验

不要以为"只要我准时交差,就是自我管理",对办公室明星而言,那只是时间管理,真正的自我管理不只是在单项工作,还包括保持办公桌面整洁,更包括累积人际关系等。

3.接纳不同的观点

一般的员工习惯用自己的观点去看世界,办公室明星则从自己的视野中跳出来,接纳不同的观点。例如,竞争者怎么做,客户怎么想,同事、老板怎么想?他们会积累自己的工作案例,总结出不同的认知模式,然后应用于自身。

4.有意识地树立"领袖"形象

办公室明星的领导能力体现在带领一组人完成工作,而不是体现在所谓"领袖"的伟大理想和魅力上。他们充分了解并发挥三种"领袖"特质:拥有广博的知识,有适时的创造能力,并关注办公室中的每个成员。他们了解自己的责任是激发组织能力的动力,同时也不遗漏任何细节,例如准时开会等。

关注今天，活在今天

在工作的词典里，"明天"是一个令人感到愉快的词，因为有了明天，就有了希望、有了憧憬。失意落魄的人用它当作精神上的最后一根支柱，成功得意的人将它当做将到达的下一个目标的里程碑。如果哪一个人对明天失去了信心，那么就可以宣布：他已无药可救。

一位赫赫有名的商界老总，在记者提出让他描绘公司明天前景时，这位老总没有如人们所预料的那样侃侃而谈，而是满怀自信地告诉记者："我们当然要关注明天，但我们最关注的是今天，只要你看看我们今天实实在在地做些什么，在如何努力地做着，就知道我们的明天会怎样了。"

这位老总的回答透着耐人寻味的道理：只有善于关注今天的人，才能拥有骄傲的明天，任何好高骛远或盲目悲观都是空中楼阁，因为只有脚下的土地才最坚实。

1871年的春天，一位正在普通医学院读书的年轻人，面对自己一直不曾优秀的学业、面对现实生活中的繁难，面对不可预料的前途，极度地悲观起来，他忧心忡忡担心毕业考试不能通过，担心即使勉强通过了，毕业后又该如何求职，如何创业，如何与人相处，如何少走一些弯路，如何才能少遭遇一些生活的磨难等，不尽的忧虑，使他感觉不到人生、生活的美好。

无边的烦恼困扰着他，他无助地翻开了一本书。蓦然，书中的一句话像晴空一个霹雳，深深震撼了他的心灵。从那天起，他完全变成了另外一个人，他把所有烦恼统统甩得远远的，用快乐和充实来安排第一天。后来，他成了他所生活的那一时代最负盛名的医学家，创建了世界著名的约翰霍普金医学院，获得了英帝国学医的人所能得到的最高荣誉——成为牛津大学医学院指定讲座教授，他还被英国皇室册封为爵士。死后，他的一生用了厚达1 466页的长卷书写。

他就是威廉·奥斯勒。他在1871年春天读到的改变他一生命运的一句话，内容极其简单——"最重要的就是不要去看远方模糊的画，而要做手边清楚的事。"

1917年，他在耶鲁大学演讲时，许多同学追问他成功的秘诀是什么，他微然一笑说了四个字——活在今天。

威廉·奥斯勒博士说得没错。昨天的一切都已属于过去，都已成为身后的风景，而明天的一切尚未到来，还只是未知数。聪明的人会把昨天和明天的担子甩开，聚精会神地关注今天，把手头的事情全心全意做好。

所以，你要全身心拥抱每一个迎面扑来真实今天，让充实、快乐的每一个今天,成为应对明天的最好准备。抓住了今天,才谈得上积极进取,力争向上;抓住今天,才不至于被时代所淘汰;抓住了今天,才不至于处处被动,以至于在急剧变化的形势下手足无措。

贝多芬曾说过这样一段话:我们没有学习到一些有用事物的日子,都白白浪费掉了。人没有比光阴更贵重、更有价值的东西了,所以千万不要把您今天所做的事拖延到明天去做。

有一些人的时间抓不紧,便埋怨今天天气不好、身体不舒服,或者有几个材料没找到不好动手,待找全了资料一鼓作气完成;或者说现在条件不成熟,急不得,慢慢来;或者说昨天夜里没睡好,头昏昏然;或者认为中国向来是"枪打出头鸟","雨打出头椽",还是看看"左邻右舍"再说吧,等等。用不一而足的理由原谅自己。总之,是今天不宜做事,甚至搬出前人的经验,"那些犯错误的不都是急急忙忙傻干的人吗?""你看人家,临事从来不走到前头,话不多说一句,事不多干一点,明天、后天可以办的事,决不今天办,从来不犯错误。"等。好像犯错误是"说干就干"的结果,好似充分抓住今天就必定犯错误。抓紧今天,充分利用时间和犯错误没有必然联系。如果违背国家的法律,所作所为不符合社会公共道德,早干晚干、干快干慢都是错误的。那种工作拖拖拉拉,毫无生气本身就是浪费青春,是一种慢性自杀。

在时间面前,弱者是无能的,他只是看着珍贵的时间白白流去;而强者却是时间的主人,充分利用分分秒秒为实现理想而努力工作。

电视连续剧《西游记》的主题歌唱得好:"路在何方?路在脚下。"这也说明:不要等待,不要观望,从自己立足的地方,大踏步朝前迈就是了。没有条件,努力去创造条件,没有知识,努力去获得知识,在时间上千万不能等待未来。只有牢牢抓住今天,才能赢得未来。

曾有《今日诗》一首,诗云:"今日复今日,今日何其少?今日又不为,此事何时了?人生百年几今日,今日不为真可惜。若言姑待明朝至,明朝又有明朝事。为君聊赋今日诗,努力请从今日始。"如何对待"今日事"?是"今天做"还是"明天做"?这是一个人生态度问题,是能否成功的关键。

超越平庸,迈向卓越

人生面临的最大挑战不是天灾人祸也不是改变命运的选择,而是日复一日、年复一年地重复极其枯燥的工作的每一天。能在旷日持久的平凡工作中孕育伟大,在重复单调的工作中享受生活,才是工作最大的意义。所以,我们要努力在平凡的岗位上创造出不平凡的业绩,把简单的事情做得不简单。

我们都见过孩子们在游戏时的情景。他们有时小心翼翼,辛辛苦苦地用积木搭成一座房屋;有时费不少精力,画了一张很漂亮的图画。可是,当我们正在旁边为他们的成果庆贺赞赏的时候,他们却毫不留恋地把他们所搭成的房屋推倒,把那张画随手揉成了一团。

于是,成年人往往禁不住为他们惋惜:"为什么好不容易做出来的成绩,这样不知道珍惜爱护呢?为什么不把它们好好地保存起来,留着慢慢地欣赏呢?"

可是,当他们又重起炉灶,用自己的手和脑,创造出另一件更新的、更好的作品来时,我们才开始领悟到,在这方面来说,孩子们比我们成年人是强得多了。他们是永不满意自己目前的成绩的。

因为他们知道自己将更有进步,将会做出比目前更好、更可贵的作品来。所以,他们从不会像成人那样,停下来,自我陶醉地欣赏自己工作的成果;把自己工作的成果谨慎地珍藏着,唯恐一旦弄坏,自己就再没有把握做出一个比这个更好的东西来了。在这方面,成年人就往往逊色得多了。一个人,一旦对自己的成绩珍重欣赏,不敢重起炉灶,重新创造的时候,那就暗示着他的学习能量到了一定的限度,暗示着他不会再有新的进展了。

许多成功的人都知道,要想使自己平凡的工作不再平凡,做好一件事——超过别人所期望你做的,你就会如愿以偿。这种额外的工作可以使人对本行业拥有一种宽广的眼界,与此同时获得更多的机会。

以下是一些平庸者的心态。

1."成功的关键在于运气"

很多人坚信成功是由于有好的机会,因此,他们被动地等待命运的安排,而不去主动地计划、经营自己的生活。没有积极的心态就没有前行的动力,就不可能面对人生的各种富有挑战的工作。

2."由老板决定升迁的快慢"

如果过于迷信老板对你升迁的影响,你会因迎合他的好恶而妨碍了自己真正的成长。如果你失败了,你又会归咎于老板,而看不到自己的问题,这样会使你走入歧途。

3."不管事大事小都要尽力去做"

有些人总说自己忙,老有干不完的事,由于事无巨细,浪费了很多时间和精力。应该把要做的事做好计划,分清轻重缓急;要抓住主要矛盾,不要眉毛胡子一把抓。

4."只有改正了缺点才能得到升迁"

这种想法使人注意了自己的不足,而忽略了自己的强项。一个人要完成自己的职位计划,要依靠自己的优势,将自己的强项发挥出来后,再去试着纠正弱点,这是扬长避短。

5."邻家的绿地总是更绿更好"

这就是常见的"这山望着那山高"的心态。总是觉得别人的工作更理想,因此产生"跳槽"的想法,而没有想到在新的工作岗位要建立新的人际关系,面对新的矛盾和挑战。其实不管从事什么工作都是不容易的,都要有现实的态度。

在我们的生活中,工作占我们一天1/3的时间,是我们人生的重要组成部分。但每个人对工作的定义不同,有的人认为工作是为了衣食住行,是生活的代价,是不可避免的劳碌。而有的人则认为工作是理想的奋斗,是自己一生的事业。

如果在平凡岗位上的我们,以敷衍的态度对待工作,每天被动地、机械地工作,同时不停地抱怨工作的劳碌辛苦,没有任何趣味,那我们的环境会自己变好吗?收入会增加吗?会开心吗?不会,当然不会。并且只能永远做等待下班、等待工资、等待被淘汰的人。

苏格拉底说过的一句话:"每个人身上都有太阳,只是要让它发出光来。"

我们大都是平凡的人,我们都做着平凡的工作、平凡的事,都处在平凡的工作岗位上,而无论我们处于什么岗位,或者做什么工作、什么事,我们都应该具有岗位责任感,有责任把工作做好,使我们不至流于平庸。

狂妄自大是职场拦路虎

日常工作中很容易发现这样的同事,他们虽然思路敏捷,口若悬河,但刚说几句就令人感到狂妄,所以别人很难与他苟同。这种人多数都是因为太爱表现自己,总想让别人知道自己很有能力,处处想显示自己的优越感,以为这样才能获得他人的敬佩和认可,其实结果只会在同事中失掉威信。

自信而内向的小王在大学毕业之前可谓是一帆风顺,从幼儿园到大学都是班里的"尖子"。毕业后,进入到一家网络公司工作,他依然坚信自己是最能干的,于是当他看到领导将一些比较重要的设计交给他认为不如自己的同事时便感到心理很不平衡,对同事做出的设计总是不以为然,有时更会冷嘲热讽一番。时间一长,同事们对他意见都很大,老总只好请他另谋高就了。

职场中确实有这样一些人,以为自己能耐很大,言谈举止间露出年少轻狂,根本不把别人放在眼里。但是，说得时尚一些他们很"前卫"、"有个性"，其实是自以为是，不堪一击。因此，我们应牢记，虚心学习才会让人更进步。

在这个世界上，那些谦虚豁达的人总能赢得更多的知己，那些妄自尊大、小看别人、高看自己的人总是令别人反感，最终在工作中使自己到处碰壁。

不论是在职场中还是在社会上，我们不可过多地对别人炫耀，要轻描淡写，要学会谦虚，要豁达。只有这样，我们才会受到同事的欢迎。有一位学者曾有过这样的一番妙论："你有什么可以值得炫耀的吗？你知道是什么原因使你没有成为白痴的吗？其实不是什么了不起的东西，只不过是你甲状腺中的碘而已，价值并不高，才5分钱。如果别人割开你颈部的甲状腺，取出一点点的碘，你就变成一个白痴了。"

在药房中5分钱就可以买到这些碘，就是使我们没有住在疯人院的东西——价值5分钱的东西。

越是有涵养、稳重的成功人士，态度越谦虚。相反，只有那些浅薄的自以为有所成就的人才会骄傲。美国石油大王洛克菲勒曾说："当我从事的石油事业蒸蒸日上时，我晚上睡前总会拍拍自己的额角说：'如今你的成就还是微乎其微，以后路途仍多险阻，若稍一失足，就会前功尽弃，切勿让自满的意念侵吞你的脑袋，当心！当心！'"这就是告诫我们要谦虚，尤其是稍有成就时应格外小心，不要骄傲。

许多年前，一个出身名门、受过贵族教育的女孩来到东京帝国酒店当服务员。这是她涉世之初的第一份工作，也就是说她将在这里正式步入社会，迈出她人生的第一步。因此她很激动，暗下决心：一定要好好干！但没想到的是，上司安排她去洗厕所。

她从未干过粗重的活，细皮嫩肉，喜爱洁净。洗厕所是在视觉、嗅觉以内及体力上都会使她难以接受，心理暗示的作用更是使她忍受不了。她用自己白皙细嫩的手拿着麻布伸进马桶时，胃里立即造反，翻江倒海，恶心得呕吐却又呕吐不出来，太难受了。而上司对她的工作质量要求特别高：必须把马桶洗得光洁如新。

她觉得很委屈，自己难道一辈子要和厕所打交道吗？因此，她陷入了困惑、苦恼之中，甚至哭过鼻子。

有一天，她看到另一位洗厕工的工作场景，大为震撼。

他一遍遍地洗着马桶，直到洗得光洁如新。然后，他从马桶里盛了一杯水，微笑着喝了下去，竟然毫不勉强。实际行动胜过万语千言，他不用一言一语就告诉了她一个极为朴素、极为简单的真理：光洁如新，要点在于新，新则不脏。因为不会有人认为新马桶脏，是可以喝的；反过来讲，只有马桶中的水达到可以喝的程度，才算是把马桶抹得光洁如新了。

然后，她看到了他含蓄的、富有深意的微笑。

她开始时看得目瞪口呆，既而热泪盈眶。她痛下决心：就算一生洗厕所，也要做一名洗厕所最出色的人。

从此，她转变了自己的思想，变得勤奋、谦虚、豁达。而她的工作质量也达到了上级的要求。她当着很多人的面，接了一杯清洁过后的厕所水一饮而尽。

几十年的光阴一瞬而过，如今她已是日本政府的主要官员——邮政大臣。她的名字叫野田圣子。

出身名门、受过贵族教育，但做的却是洗厕所的工作，而且做得那样好。这样的事情肯定会让那些狂妄自大的人脸红。

每个人的聪明才智都差不了多少。要想在职场上成为优秀的一员，做法很简单，就是谦虚待人，诚心待事，把自己的视点和调门降低，脚踏实地地赢得认可，从而取得做人和做事的成功。

谦虚豁达的人会给人以亲切感，更容易取得别人的信赖，加上实际工作中适当表现出来的能力，就会赢得别人的尊重。因而，职场上学会对自己轻描淡写，"美不外见"有时比表现自己的强大更为重要。谦虚的人能够给别人一种心理上的平衡，不至于让别人感到卑下和失落。由于谦虚，甚至可以让你的潜在对手感到高贵与强大，由此产生他希望获得的优越感。这种优越感，往往会给谦虚的人潜心做事扫除阻力，形成良好的外部氛围，可以在别人的"忽视"中一步一个脚印地前进。

不要替上级做决定

在职场中，有些人很懒，什么棘手活儿都不愿意干，这样的人注定不会有前途。然而又有另外一些人，能力较强，对工作积极热情，凡事都喜欢出头，所以也就容易做出一些越俎代庖的事。这样的人只会招致同事的反感，严重的可能会做出错误的事情来。

张小好是个很活跃的女孩，点子多，做事有股冲劲，很得上司器重，她觉得自己前途一片光明。一次她所在的部门开会，但到了会议室才发现，别的部门还没有开完会，于是大家就在门外等候。张小好却一个人跑了进去，并且对这个部门的工作发表了一通自己的见解，告诉大家应该怎样怎样，这番指手画脚的评论自然引起了其他部门同事的反感。这样的事之后还多次发生，对于任何人的工作，她都会发表一通评论，自认为别人都没有她想得多、想得好。结果可想而知，她很快就被孤立了，不久后只好辞职了。

张小好无疑是一个思维非常活跃的员工，但是她没有摆正自己的位置，自恃过高。不仅到处评论他人的工作，最后竟然还擅作主张，越俎代庖，犯了职场的大忌。其实，如果她能够脚踏实地，利用自己活跃的思维和对工作的了解，提出有价值的建议，完全可以成为领导手下的一员得力干将。

有能力有干劲固然好，但还要注意用到恰当处。如今，职场中的分工越来越细致，每个人的工作都有自己的特点，不要认为别人的工作很简单，即使自己做得再好，也不一定就能胜任其他工作。

更有甚者，一些人不光对同事的工作说三道四，还对上司的工作指手画脚，有的还做出一些出格的事情来。

小丽是学美术设计的，毕业后到一家杂志社做美编。编辑部人不多，主编是一个和蔼的老太太，气氛很融洽。但融洽归融洽，主编却是一个工作态度很认真的人，关于业务上的事一定事必躬亲。

小丽感到自己没有了创作的空间，心有不甘，不禁对主编有了微词，而且认为主编的工作也就是那么回事，看看稿子，签个字什么的，没有什么大不了的。对于小丽的行为，主编并没有放在心上。

这样，小丽就有点飘飘然了，只要是自己认为对的就据理力争，只要是主编有做得不妥的时候就毫不客气地指出来。主编考虑到她的工作热情和专业出身，对于她的意见也尽量尊重。此后，小丽自信心爆满，也越来越强势了。

一次主编开会，印刷厂来送最后的清样，请主编阅后签字付印。小丽看也没看竟大笔一挥签上主编的名字。杂志印好后要发行了，有人看出来里面还有很多错误。原来那次的清样还有地方要改，小丽以为签个字就完事了呢。没办法，杂志只好重印。小丽不仅挨批，还扣发了当月工资。

小丽无疑做得有点过了，她可能忘记了，自己只是一个员工。幸好杂志还没有发行，否则损失会更严重。在杂志社出现这样的问题还可以改正，如果是一家企业，员工擅自做主代上级做了决定，那么后果将是不堪设想。

刘志峰在公司做助理已经6年，深得老板的赏识，因此，他也自认为高人一等。一天，老板一走进办公室，就着急地对刘志峰说："上周我让你给宏大公司发传真，传真里要和他们中止合作并将人家奚落了一顿。现在看来，我做错了。你快告诉我电话，我要亲自向人家道歉。"刘志峰得意地说："那个传真我没发。"老板一愣，刘志峰解释说："我认为那个传真欠妥当，所以我没发。"老板没说什么，只是脸上有点阴沉。

又一天，老板问刘志峰："昨天我让你发给欧洲的那几封信，你发了没有？"刘志峰说："昨天我看了下，信中有一些语法错误，因此晚上我修改了一下，正准备今天发呢。"老板一听大怒："你怎么事事都要擅自做主呢？你知不知道耽误一天，我们将会出现多大的损失？刚才欧洲打来电话，说我们办事效率低，已经取消了与我

们的合作！"

在企业中，老板才是最高决策者，无论事情的大小都有必要听从他的命令。无论我们的能力多么强大，与老板的关系多么亲密，我们也不要逾越与老板之间的界限，该老板决策的事情，就一定要老板拍板，我们所做的只是给他提建议和执行他下达的命令。即使老板不在身边，事情又微不足道，我们能够处理，而且知道老板也会这样处理，也不要轻举妄动。我们所要做的就是及时向老板请示，得到老板的授权后再处理，这样我们在老板面前的形象才会变得更加正面。

每个人都应该在踏入职场的第一天就牢牢地记住，"越俎代庖"、"替上级做决定"是职场的大忌。"越俎代庖"会让我们与同事的关系变得恶劣，"替上级做决定"会出错，而且侵犯了上司的权威，是对他尊严的挑战，违反了他的规则也无异于给自己埋下了定时炸弹。

没有哪个员工不渴望成就一番大事，拿破仑有句话说得好，"不想当将军的士兵不是好士兵。"每个人都想成为优秀员工，可是我们不能光有热情没有头脑，更不能蛮干、瞎干，最直接最有效的方法就是首先做好自己分内的事，即使分内的事再不起眼我们也要全力以赴完成好。

定位不准，只能是"瞎折腾"

"南辕北辙"这个故事想必大家都熟悉，一个人想去南方的楚国，然而他却向北行驶，即使他的马是最好的，车夫是最优秀的，而且带了很多钱，但是，他始终是到不了楚国的。因为，他的大方向已经错误了。

职场中也是如此，如果我们没有明确的职业方向，每天只知道按时上班，按时下班，或是每天都忙忙碌碌而不知道都忙些什么，那我们每天都只是在瞎折腾。

郑先生工作将近10年，学的是机械制造专业，但是他不喜欢本专业的相关工作，而具体目标又没有，只想着找到挣钱多、待遇好的工作就行。

郑先生第一份工作做了6年，从技术员开始做起，后来做到设备工程师。有一天，他偶遇了自己的老同学，才知道人家的工作要比自己好得多，于是他就求老同学帮忙，辞了现在的工作到了老同学的公司。工作了一段时间后，郑先生感觉很吃力，虽然工资高福利好，可是这里的环境太复杂，自己的交际能力又很差，因此过得很不顺心。他又想换工作了。

郑先生听人说外企好，他就萌发了进外企的念头。可外企对英语的要求非常高，而郑先生是早年的本科生，目前的英语底子也只是自己自学琢磨出来的，根本没有系统地学习过。不过,强烈的进外企的愿望让郑先生做了一个让身边的亲人朋友都瞠目结舌的举措:辞职,恶补英语!他花了近万元钱报了个外语补习班,"两耳不闻窗外事,一心只知学英语"。就这样,学了3个多月之后课程就都结束了,结果可想而知,在外企的面试中郑先生屡屡失败,因为他的口语水平根本达不到外企的基本要求。

此时,郑先生才有些后悔,无奈地对朋友说:"工作不能随便换啊,如果没有明确的目标,只能是瞎折腾,最终会害了自己的。"

没有目的地瞎闯,郑先生吞下了自己种的苦果。

"两点之间,线段距离最短",这是每个人都懂得的道理。试想,从起点开始出发,不停地变换最终目的地,当我们最后到达终点时,我们走了多少弯路。如果从起点出发,直接朝着终点进发,我们就不用多走弯路了。因此,从这个简单的道理中我们应该得到启示:"工作不折腾"的前提是方向正确。做一件事情,如果方向不明确,目标模糊,势必四处出击,想"不折腾"也难。

洪小辉本科学的是商务管理专业。由于所读的大学并不是重点高校,毕业后她在一家小型企业做了行政,负责公司一些认证证书的管理以及日常的会晤接待等等较为琐碎的工作。1年后她开始对自己的工作内容不满意起来,觉得自己该学的东西也都学到了,而且也不太看好公司的发展前景,于是通过家人的关系跳槽到了一家小有名气的台资公司做行政助理。

这一干就是2年多时间,现在洪小辉在这家公司还是担任行政助理的职位,职业发展毫无起色。以前还指望着能一步一步往上爬,可是现在爬了2年还是没有爬上去,她对自己越来越没有信心了,对工作也没有了以前的热情,于是她选择了辞职。

辞职以后洪小辉静下心来仔细想想,发现自己每次工作都是稀里糊涂地做着自己不喜欢的事情。3年来,至今她还不知道自己到底喜欢什么样的工作,究竟适合做什么样的工作,很盲目,找不到自己的发展方向。

洪小辉觉得自己在大学时所学的商务管理知识在自己从事过的行政工作中用处并不大,基于自己3年的行政工作经历,她又觉得自己可以从事人事方面的工作。她认为只要公司大,自己就有发展的空间。

于是洪小辉投了很多大公司的简历,等了1个多月结果杳无音信。几经周折后,洪小辉开始犯难了,内心充满极大的挫败感,对自己以后的职业发展也充满疑惑。

据调查,除了一些初出茅庐或者像洪小辉这样工作了二三年的职场新人之外,有了几年甚至十几年工作经验的人也会出现职业定位不准的现象。究其原因,主要是对自己没有一个正确的了解,没有挖掘出自己的职业竞争力,不知道自己

适合做什么工作。虽说职业定位不清楚的现象在职场很普遍,但是这种问题对于每个人的职业发展还是至关重要的。因为一步走错,全盘皆输。

其实,洪小辉应该认真地反思一下:自己对职业的想法有哪些是错误的?自己有什么长处、不足?自己最终的要求是什么?把这些问题都弄清楚后,她就可以根据自己的综合素质、能力以及行业现状分析,将自己定位到一个合理的发展方向上。

有一个年轻人向拿破仑·希尔讨教职业上的事情,这位年轻人举止大方,已经大学毕业4年了。他们先从年轻人目前的工作谈起,并了解了他所受的教育情况、家庭背景以及对事情的态度等。

希尔突然问他:"你找我,是不是想让我帮你换份工作呢?"年轻人回答:"是的。"

希尔又问:"你想要一份什么样的工作呢?"年轻人比较沮丧:"问题就在这里,我真不知道自己该做什么。"

希尔说:"不妨让我们换个角度想一下,10年以后你希望自己是个什么样子呢?"

年轻人想了一会儿,回答说:"我希望我的工作和别人一样,待遇很优厚,并且能买下一所又宽敞又气派的房子。"

希尔笑了笑,对年轻人说:"你现在的情形好比是跑到航空公司里说:'给我一张机票',人家问你到哪里时,你却没有说出你的目的地,只是说到一个风景优美的地方,那么人家怎么能把票卖给你呢?同样道理,除非你知道了自己的目标方向,否则你无法找到合适的工作。"

年轻人听完希尔的话,开始认真的思考。几个小时过后,年轻人满意地离开了。

年轻人很聪明,没有盲目地折腾,而是充分地听取专家的意见,然后明确了自己的发展方向,这样,他就少走了不少弯路。

如今,我们正遭遇经济危机,但未来的职业生涯路还要继续,而那方向就在我们自己的手中。只有明确自身职业发展方向,增强核心竞争优势,才可以从根本上抵御职场"暴风雨"。

方向是一个人前进道路上的"北斗星"。一个人如果没有前进的方向,就如同盲人骑着瞎马在半夜赶路一样,即使走到了深水边也丝毫觉察不到危险的临近。在工作中,如果我们没有明确的职业方向,只能在原地"折腾",永远也开创不了新天地。

其实明确自己的职业方向是职业发展的头等大事,也是每个人持续一生的过程。明确职业方向最需要我们做的就是职业生涯规划,我们可以根据自己的实际工作能力和专业知识,大致设计好一个自己将要为之奋斗的目标,即自己以后要走的路。它的核心是根据我们的性格、特长、兴趣、爱好以及受教育的程度,也包括家庭的背景和行业现状等主客观因素,最终帮自己找到一个适合长期工作的开展路线。

话又说回来,不是说有规划的生涯一定会成功,没有规划的生涯就注定失败。而是,生涯是每个人自己的,只有珍惜自己的生涯以谨慎严肃的态度来做好规划,明确自己发展的方向,小心地照着规划来执行,我们才能取得极大的成功,所谓"规划在人,成功在天。"

经营好自己的长处

2009年6月的一天,张雨对朋友说:"最近正在求职,拜金融危机所赐,相关的行业职位不多,薪水也不如以前。前天面试了一家公司,很有希望进去,但是自己不大满意也很不甘心。新工作的缺点:工作不是自己最擅长的;离家很远;只交社保、医保,住房公积金没有;工资也比以前低了3成。年纪大了,实在不想在一家不喜欢的公司将就着干,希望能一步到位,想再等等又不知道要等多久,好犹豫啊!"

成功者的原则是:去选择最能够使自己全力以赴的,最能够让自己的品格和长处得以充分发挥的职业。尺有所短,寸有所长。你也许兴趣广泛,掌握多种技能。但是,在所有的长处中,总是有你的强项。唯有充分利用了自己的长处,才能够让自己的人生增值;相反,你总是选择自己的短处,你的人生就只能贬值了。

正如美国政治家富兰克林所指出的:"宝贝放错了地方就是垃圾。"我们一定要发现自己,认清自己是什么样的人才,适合做什么工作。择业时多"讲究"点,把自己放对地方,等待我们去采摘的,就会是人生甘甜的果实。反之,把自己放错位置,就会像毛驴拉磨一样,虽然周而复始,却无法改变命运,碌碌无为一生。

马克·吐温开始经商的经历就是把宝贝放错了地方;爱因斯坦之所以成绩斐然,广为人知,就是因为他懂得把宝贝放对地方。当爱因斯坦成为著名科学家后,以色列的人民曾邀请他出任以色列的总统一职,爱因斯坦婉拒了这种至尊的名利,称自己只适合面对客观事物,在行政与人际交往方面他一无所长。他明白自己的志趣不在政治而在科学,他成功把握了人生发展的方向,最终将自己铸造成一名伟大的科学家。

由此可见,"将就"害人不浅,"讲究"却让人受益匪浅,能够客观地评价自己是多么的重要。过高估计自己,就会使自己眼高手低,好高骛远;过低估计自己,就会自卑消极,不求上进。两者都不能使自己的才能得到正常发挥,不能使自己释放出最大的能量。如果对自己的形象和身体、品德和才能、优点和缺点、特长和不足、过去和现状,以及自己的价值和责任,都有一定的认识,那么一生都将受用无穷。反

之,就会走向成功的反面。

有个青年,写七八行信都有十几个错别字,却做着"作家梦"。写了不少文理不通的稿子,四处投稿,均没被采用。他不知反省自己的不足,却一味埋怨别人没有眼光,不识人才;自己运气不好,没有遇见伯乐。妻子叫他从自己的实际出发,干些力所能及的事,而他却责怪妻子不理解他,不支持他的事业。久而久之家庭生活陷入了极度的困境,妻子无法忍受他那种长期执迷不悟,无所作为却牢骚满腹的行为,毅然离他而去,好端端的一个家庭毁灭了。这就是不了解自己的情况,从而断送了自己的前途。

古希腊人把能认识自己看做是人的最高智慧。阿波罗神殿的大门上写着一句箴言:"认识你自己。"如果你觉得无法对自己做出相对准确的认识,那么实践是个不错的选择。实践过程会让人清醒地认识自我,在实践的风风雨雨中通过成功或失败,检验自己方方面面的素质,重新认识自己该摆放在什么地方。

有些人认为自己应该当老板,就辞去公职,下海经商。在实践中,有的人成功了,新的事业蒸蒸日上;有的人却失败了,下海呛了一肚子苦水,只得踏上归途,去做原来的工作。实践过程最容易让人清醒地认识自我,对自己做出比较正确的估计。一旦人有了自知,就能明察自我,正确审视自我,充分发挥潜能。

俄国作家列夫·托尔斯泰年轻时曾经无所事事,游戏人生。后来在朋友的帮助下,他反躬自省,认识到自己身上的种种缺点:缺乏反省,缺乏毅力,自欺欺人,少年轻浮,很不谦虚,脾气太躁,生活放纵。他找到了自己的缺点,逐步克服后,潜心写作,先后创作了《战争与和平》、《复活》和《安娜·卡列尼娜》等名著,成为著名的作家。

自知是人们对自我认识的正确态度,是成功者的重要经验之一。自知能使人明辨自己在群体中的位置和与他人的关系,自知能使自己清醒处事,冷静评价个人的能力,能够促使自己更为贴切地把握个人的抉择,并有效地进行人生设计和自我训练。

在综合分析内在个性、个人能力的基础上,明确自己的职业优势和劣势在哪里,发扬优点,改正缺点,再结合职场状况、行业和岗位的情况,给自己找到一个坐标点,在那个位置上不断努力。如果你愿意这样努力着,如果你努力着并愉悦着,那么恭喜你,因为你没有把宝贝放错地方。然后,随着实际情况的发展变化,对职业发展做适当的修正和调整。这样,你的潜能将得到最大限度的释放。

不该说的千万别说

　　"折腾"的含义是没事找事或做一些无用的事,因此有人就认为"折腾"是反映行为的。其实不然,有些人虽然行为上还算检点,但是语言上却不规矩,有的也说没的也道,今天李家长明天张家短的,这也是一种"折腾"。尤其在职场上,嘴上"瞎折腾"也会给我们带来不必要的麻烦。

　　于小琳参加工作已经有4年了,对于职场中的一些事情有一定的了解,虽然不算精明,但是一般的情况下也是能躲得过去职场危险和不必要的麻烦。但是她有个毛病,平时有什么话都憋在心里,一旦喝酒时就会管不住自己的嘴,什么话都敢说。

　　公司要聘请一位部门总监,于小琳认为自己完全有能力胜任,但是公司没有让她坐这个位子。不久,部门总监的位子有人坐了,是位女士,国外留学背景。出于工作考虑,于小琳与这位女主管还能融洽的相处。但是,经过一段时间的相处,于小琳发现这为女总监的水平也高不到哪里去,甚至有些地方还不如自己。于是她向上级领导汇报了相关的情况,希望上级领导考虑让她做总监,但是上级领导并没有采纳她的意见,于小琳很郁闷。

　　周末的时候,于小琳实在难以摆脱心中郁闷的情绪,约闺中密友到家里来玩,那个密友还带来一位朋友。热情的招待后,几个人开始聊天,聊着聊着,于小琳就说到了自己的工作,并且毫无顾忌地讲起了公司的女总监。碰巧密友带来的这位朋友和女总监是国外同一个大学同一个学部的同学,她对这位女总监很了解,讲出了她不为人知的一些秘密。这让于小琳更加反感这位女总监。

　　之后的一段时间,于小琳并没有在别人面前提起这位女总监的事,依然表面一团和气的和她相处,在一次公司外出度假中,于小琳和部门的一位女同事同住一间客房。当时,于小琳多喝了几杯,和同事睡前聊天尽兴之时,说出了这位总监的那些秘密,然后倒头就睡。早上起来的时候完全忘记了自己昨天讲了什么。

　　但是,那位女同事却把于小琳说的女总监的秘密当作谈资传播了出去,而且那位女总监也知道了。

　　总监表面上并没有向于小琳发作,依然像以前一样对待于小琳。但是在做重要的决策的时候,于小琳一些很好的建议并没有被采用,并当着于小琳的面表扬其他的员工,侧面批评于小琳。于小琳很难接受这样的现实,认为自己在这个公司里面已经没有发展空间,最终离职。

　　"病从口入,祸从口出",于小琳得到这样的结果也怨不得别人,谁让自己的嘴

上没有个把门的呢！

企业是社会的缩影，我们身在其中，难免遭遇各路八卦。但是，传播八卦，尤其是领导的八卦是非常危险的。连比尔·盖茨都曾告诫他的员工"不要在背后议论领导"。

我们对好朋友传了一条同事或领导的八卦，或许我们可以完全相信好朋友不会直接向同事或领导打小报告，但好友的好友呢？谁又能保证绕个弯最终不会传到当事人的耳中？所以传播八卦好比在进行高风险投资，我们在获取一吐为快的快感和听众仰慕的同时，也要考虑会不会因此把成本都亏进去了。

我们每天都要和同事、领导交流，在办公室内，一定掌握说话办事的艺术，什么话能说或不能说，什么事能做或不能做要心中有数，有时候，吃亏就是因为说了不该说的话，做了不该办的事。

邱先图在一家知名外企做事。有一次，项目经理告诉他，要给单位做一个宣传案的策划，经过大家讨论后，邱先图完全按照项目经理的意思加班加点，并顺利完成策划。但是，当策划案交到单位该项目主管领导那里时，他却被狠批一通。

在领导面前，邱先图说这方案是他们小组所有人讨论的结果，而且，他们项目经理也非常赞同，这个策划案60%都是项目经理的想法。可没想到领导直接把项目经理叫来，当面对质。主管领导追问项目经理："听说这都是你想的，就这种东西还能叫方案，还值得你们那么多人来集体策划？我看你这个项目经理还是不要当了。"

从主管领导的办公室出来后，他又被项目经理狠批了一顿。项目经理告诫他，以后说话前动点脑子，别一五一十把什么都说出去。

可见有些话真不该说，正所谓话到嘴边留三分，揭人短的老实话更是万万不能轻易出口。

老人们经常说这样一句话："宁说玄的，不说闲的"。意思是，与人聊天时，宁可说一些无关双方的夸张玄乎事，也不要说别人的闲话。在职场中也是如此，聊些天文地理、奇闻轶事都没有关系，但聊天归聊天，一旦说到同事或领导的事情应该尽量忌口，比如涉及同事或上司的隐私、公司正在酝酿的新决策、人事调动等，私底下交流一下也无妨，但如果口无遮拦地在大庭广众面前高谈阔论，一不小心就会跨越了限度。

很多美轮美奂的言辞都来自嘴的功劳，很多诋毁、恶意中伤的话语也出自于这张嘴。在职场中，有些人没有把心思放到怎样提高业务素养上，而是扮演着搬弄是非的角色，唯恐天下不乱。

同在一个单位，或者就在一个办公室，搞好与同事、领导的关系是非常重要的。倘若关系不和，甚至有点紧张，那就很难受了。导致同事、领导关系不够融洽的原因,除了重大问题上的矛盾和直接的利害冲突外,平时不注意自己的言行细节也是一个原因。

同事间的芥蒂多由说话而产生。如果我们经常像广播电台似的滔滔不绝地播报独家新闻,当然会使大家很新奇,也很快乐。但我们不可口无遮拦,信口开河。尽管一些"推心置腹"的诉苦能多少构筑出一种"办公室友谊",但喋喋不休地说别人的闲话却是最愚蠢的。在我们高谈阔论的时候,没准就有人开始盘算如何打我们的小报告了。

办公室虽是弹丸之地,但流言飞语却此起彼伏,而其杀伤力之强简直匪夷所思。如何在办公室里保护好自己,实在是当务之急。记住,与别人说话时避免敏感话题,不要随意对同事发牢骚,别在办公室谈论自己或他人的私事,不要传播那些八卦新闻,等等。

频繁跳槽,越跳越糟

职场瞎折腾,最严重的莫过于频繁跳槽了。

跳槽是一门学问,也是一种策略。"人往高处走",这固然没错。但是,说来轻巧的一句话,却包含了为什么"走"、什么是"高"、怎么"走"、什么时候"走",以及"走"了以后怎么办等一系列问题。

但是有一些人,特别是一些年轻人,根本就不考虑那么多,凡事凭着感觉走,觉得不好就走人,还美其名曰"树挪死,人挪活"。结果怎么样呢?

王强是一家500强制药公司的经理,有MBA学位,在公司颇受器重,工作前途一片光明。但是就在他事业蒸蒸日上的时候,他跳槽了,原因居然是公司离自己的家有点远。

不过在新公司,"蜜月期"还没度完,王强就陷入了困境:新工作与自己的专长毫不相关;老板对他期望过高,因而数次交给他不可能完成的任务;下属因为他并没有像他们预期的那样出色而对他少了尊重。一段美好的"姻缘"很快走到了尽头。

王强是众多跳槽的上班族中的一个。在现代一些人的心中,跳槽,早就没有了心理障碍,甚至从工作的第一天起他们就时刻准备着跳走了。

经常跳槽的人,往往抱着"下一份工作会更好"的心态,一旦遭遇挫折,就认为自己怀才不遇,很容易产生另谋高就的想法。于是,他们视跳槽为最好的解脱办法。但是,新公司、新工作还是有许多让他们感觉不满的地方,最让他们感觉失望的是,老板和上司并没有把他们当成重要的人才来对待。当在新公司遇到挫折后,跳槽的念头便又重新浮现出来。

人常说,凡事总得有个度。跳槽也是一样,有人这样解释自己的行为:"一辈子死守在一个单位,不符合"人挪活,树挪死"的训条,久而久之会养成惰性,不利于自己接受外界新鲜事物,不利于挖掘自身潜力,不是好事。"

但是如果一个人频频跳槽,哪儿也待不住,那么他的下场将是越跳越不值钱,越跳越糟。

有一位大学生,名校毕业,先是分到一所中学教英语,勉强干了2年,觉得教师工作又辛苦又不来钱,看着原来的同学在外面见的世面多,交际广,挣钱多,因此就不想在学校干了。学校还挺重视他的,不让他走,他整整折腾了1年多,总算从学校辞职出来到一家合资公司干文秘。开始时热情挺高,干得不错,多次受老板的表扬,但工作不到1年就觉得干秘书工作挣钱不多管事不少,没有奔头。背着公司,骑马找马又到人才市场登了记。

又过了半年多,一家保险公司聘了这个大学生。他觉得每天出动跑业务很适合自己的个性,而且干得好1个月可挣五六千块。所以他当机立断,辞掉秘书去当保险推销员。谁曾想保险也不好干,培训一段时间上了岗,头3天就碰了好几个钉子,还吃了不少闭门羹。1个星期过去了,他一张单子都没签到,一气之下他又另谋新就了。

总算他的运气不错,一家外企公司看中他外语好,能言善辩,性格外向,聘请他做公司代表,推销产品。在这家外企公司,他干的时间最长,1年零3个月。

后来他结识了一个小老板,想聘请他去做公司副总经理,他从自己的前程考虑,抓住这个机会又跳了槽,本来想过一把当官的瘾,尝尝指挥别人是什么味道,但让他始料不及的是,想搞好一个小公司没点真本领还真不行,干了一段时间不见起色,自己便丧失了信心,打了退堂鼓,又到人才市场转悠。

当他选中一家公司并慎重地填写了"求职登记表"后,招聘单位人事主管看着登记表上"丰富"的经历,惊讶地看了他一眼没说话。他没有被聘请。他现在后悔,从学校出来没有脚踏实地地工作,失掉了好多好机会。

改革开放打破了人才的单位所有、部门所有,冲击了一次分配定终身,给人才以择业自主权,这是社会的一大进步。但是,有那么一部分人,如上述的这个大学生,频频跳槽,以至于跳得哪个单位都不敢要了,年龄一大,只有自己酿的苦酒自己去喝。

频繁跳槽,越跳越糟。为什么这样说呢?其一,人的一生中,掐头去尾,实际工作的时间只有三四十年。在这段时期内,谁都希望干成几件事。但是如果我们在年富力强的时候频频跳槽,在哪里也扎不下根,那成就从何谈起呢?过去提倡干一行

爱一行,爱一行钻一行,如果我们从积极的意义上去理解,这句话对那些频繁跳槽者真算得上是金玉良言了。其二,频繁跳槽会使人滋长投机取巧,华而不实的心理。其三,频繁跳槽会引起聘用单位的反感,认为我们是这山看着那山高,在哪里也干不长久。

事实上,很多老员工都知道,无论出于何种原因,跳槽都不是一个解决问题的好办法,而是万不得已之时才会做出的举动。然而,如今越来越多的年轻人把这个不应该轻易使用的方法,随随便便就拿出来用了。

出走并不能解决问题,跳槽不是好办法。很多问题需要沟通,需要协商解决,关键是我们必须主动。我们必须把自己的想法及时告诉上司和老板,以免因沟通不畅而造成误解。如果我们工作兢兢业业,甚至重付出、轻回报,那么不用我们说,老板也会给我们提高待遇,给我们相应回报,因为老板不是瞎子,更不是傻子。

不能说不跳槽有多好,也不能说跳槽有多不好,只是我们心里要有个标准,那就是我们找的工作是否适合自己,如果适合就不要轻率放弃。掌握好这一条,跳与不跳我们的心里就有了底。

据资料统计,在人才市场机制完善的发达国家,专业技术人员一生跳槽的平均数为4次多一点儿,有些行业的人很少流动。在一些发达国家,有一个稳定的工作,就意味着有稳定的收入,那是人人都求之不得的。

"选择你所爱的,爱你所选择的"应是我们工作的原则。既然选择了一家公司,我们就应该为做好工作而努力,而不能总计较自己的付出是否与收入对等。要知道,那些被认为最差劲的公司也有很多有利于我们成长的东西,而大家公认最好的公司或最成功的企业也有其不足之处。世界上没有完美的企业,只有不断追求完美的企业。

别给自己使绊子

职场如战场,职位之争无时无刻都在发生,残酷的淘汰赛每时每刻都在进行。在潮起潮落、更迭不息的职场上,稍不留神就可能被淘汰。想在激烈的职场竞争中稳操胜券,获得上司赏识的目光,首先得避免给自己使绊子,让自己自陷职场危机。

1.工作时间闲聊

在工作时间,不要与同事喋喋不休地闲聊。闲聊,会影响其他同事办公,即使同事碍于情面口头上不说你,也会在心里对你表示不满,甚至讨厌你。再有,海阔天空地闲谈,容易给同事造成一种你非常清闲的感觉。久而久之,你给大家的印象

就是工作态度有问题。如果有一天，老板想升迁你，也会因同事们的"集体谏言"而打退堂鼓。试想，哪个老板会让一个整天闲扯的人来尸位素餐？如此一来，好机会自然不会轮到你。

2.趁老板不在偷懒

老板的离开并不意味着他完全失去了对公司的控制，所以不要趁老板不在而偷懒。否则，你那打了折扣的绩效迟早会将你的所作所为暴露无遗。一个有竞争力的员工的表现常常是：无论老板在不在，他都会一如既往地努力工作。即使单独一个人行事，他做事的态度也慎重得像整个世界都在监视他似的。因为他知道，工作不能仅仅是做出样子来给老板看，老板要的是实际业绩和工作效果。

事实上，无论是趁老板不在而偷懒还是谨慎无奈地继续工作，都不是正确的做事方法。尽管后者仍然"努力"，但那也只是防止有人打小报告而已。被动地工作，习惯于像奴隶一样在主人的督促下劳动，缺乏工作热诚，那么可以确定，这样的员工是不会有什么突出成就的。记住，老板不在决不能成为你偷懒或放松自己的理由，恰恰相反，你应该将之视为一个机会，一次考验，同时，锻炼一下自我鞭策的能力。

不要只是一味地等候或按照别人的吩咐做事，觉得自己不用负责任，因此出了错也不用受到谴责。这样的心态只能让人觉得你目光短浅，并永不将你列为升迁之列。

工作发自内心，积极主动是员工增强竞争力的必备素质。自动自发是一种对待工作的态度，也是一种对待人生的态度。只有当自律与责任成为习惯时，成功才会接踵而至。

3.两边传话，抬高自己

某公司一位很被器重的小伙子陈某，整天游走在主管孙伟和老总之间，面对其中任何一个人时，他都说对方的不好，还成为一个"传声筒"，把双方的牢骚话传来传去。但双方并不知晓个中奥秘，都以为他忠诚无比。结果是两位领导的隔阂越来越深，互有怨言。主管孙伟在这一场没有硝烟的战争中，自然处于下风，伤痕累累地离开了公司。接下来，老总让陈某接替了孙伟的主管一职。

半年后，孙伟跟这个老总在一家大饭店偶遇，通过交流，这才明白了其中的缘由。两人相逢一笑泯恩仇，当初那个两面派的陈某自然是被老总坚决地解雇了。

两面派的收益在于在不同的利益群面前暂时性保全自身利益，之所以说"暂时性"，是因为两面派意味着欺骗，至少是骗了一方也可能是两方，"要想人不知，除非己莫为"，做了见不得人的事情，迟早有一天会露馅；是谎言就一定会被戳穿。一旦露馅，或谎言被戳穿，失去的不仅是之前妄图以谎言、欺骗等卑劣手段自保的利益，还会失去既得利益及名声。

4.时间意识淡薄

大家都知道,上班不能迟到早退,但整天掐着点来公司报到,下班时间一到又立马消失不见也不好。如果你未能在下班前将当天该解决好的问题处理完毕,那你必须让主管知道。

当事情确实是很棘手,出于种种原因,你又不能继续留下来帮忙时,你应该到家后打电话回公司询问事情是否已得到控制。即使是平常的日子,在离开公司之前,向你的主管打声招呼也有助于提升你的个人形象。

5.贪占公司便宜

没有哪个老板会重用一个中饱私囊的员工。因此,不要贪占公司的小便宜,哪怕是一只废弃的鼠标垫或仅仅用过一面的A4纸,都不要带回家。否则,一旦被老板察觉,你在他心目中就会大大掉价。

媒体曾报道过一起"贪小便宜惹祸"的案例。

据报道,由于利用公司的100美元iPhone返还计划牟利,至少800名苹果专卖店店员被炒了鱿鱼。事情起源于2007年6月,当时苹果向所有员工包括专卖店店员发放了人手一台的免费iPhone,作为活广告来宣传自己的首款手机产品。之后在2007年9月,苹果宣布iPhone降价200美元,引起不少用户不满。随后,乔布斯表示之前购买iPhone的用户可以得到100美元的购物券返还。于是,不少苹果店员用自己免费的iPhone号码骗取了这100美元的购物券,此次占小便宜的后果就是,店员被辞退,职位竞争自然更无从谈起。

再有,冒领功劳等于制造敌人,若你因一个不属于自己的成绩而受到领导表扬,你应该及时坦白地讲出来。除此之外,没有夸张的装扮,工作场合远离夸张的发型、半尺厚的松糕鞋、有孔的牛仔裤等也很重要。

第二十一章

商场不折腾：做个讲规则的人

对一个刚刚踏上生意场的人来说，往往会毫不忌讳地把自己对财富的追求当作自己的唯一目标，更有人非常疯狂地为这个目标奋斗，非常艰辛，非常执著，整个人像钻进了怪圈，把自己折腾得像个苦行僧一样，但他的生意并不见得会有什么起色。只要转变一下思想，把做生意当成一件平常的事，心态就会慢慢地平稳，就会把生意上的输赢看淡。心态变好了，就会充满信心，因为我们已经找到了力量的源泉。

风云变幻生意场，胜负不惊平常心

自从我国确定以经济发展为中心的政策以来，人们的思想观念发生了很大的变化，不管是干部、职工、演员，还是普通的老百姓，都纷纷下海经商，有一些人折腾了几十年也没有什么起色，但是大部分人都成功了。

如今，世界经济处于低潮。按照专家们的说法，现在是创业投资的"黄金时期"，再加上就业形势趋紧，于是有更多的人把目光投向了商业这个诱惑极大的领域。

在步入生意场之前，人们大都事先做过种种主观策划，相信照此路线行走下去必定成功发达。在以后的实践过程中，如果一切顺顺利利，那当然很好。但实际情况经常是诸事未必顺，于是有的人不免心烦，接下来如果再遇到麻烦，有的人恐怕就会心情沮丧。如此几个回合下来，当初的豪情说不定会消失得无影无踪。

这方面，国内一个曾经辉煌一时的保健品公司给了我们很多启示。

1993年，一对父子在山东济南创立了一家保健品公司，他们怎么也不会料到这个公司会创造出中国保健品行业最辉煌的历史。然而，仅仅过了6年时间，辉煌传奇的公司就衰落瓦解。

第一年，公司在老板的苦心经营下，业绩蒸蒸日上。年底时，公司在国内已经小有名气。对此，老板大喜过望，决定在全国打响自己的品牌。从1994—1996年的短短3年间，公司迅速扩张，在全国所有大城市、省会城市和绝大部分地级市注册了600个子公司，在县、乡、镇有2000个办事处，吸纳了15万销售人员。销售额从1亿跃至80亿元；资产从1993年年底的30万元增长到1997年年底的48亿元。

1995年，公司老板更放出豪言，到20世纪末，完成900亿~1000亿元销售额，成为中国第一纳税人，其勃勃雄心溢于言表。为此，公司开始实施全面多元化发展战略，向医疗电子、精细化工、生物工程、材料工程、物理电子及化妆品等6个行业渗透。与此同时，在全国范围内收购、并购几十家亏损医药企业。

一切都是那么美妙。不论是员工还是老板都飘飘然了。员工变得骄傲自满，不求上进；老板变得越来越"忙"，每天忙于各大媒体记者的采访，各路政府官员的接待，各地投资项目的考察，慢慢地远离了原先跌摸滚爬的市场，逐渐地淡漠了曾经朝夕相处的营销团队。

只可惜，不到1年时间，市场风云突变，公司的各种问题纷纷暴露，犹如火山喷发一样不可遏制。如盲目扩张和多元化战略；机构的爆炸式膨胀和管理失控；高速发展阶段的产品虚假宣传；忽视公众利益，等等。

1999年3月，这个保健品帝国陷入全面瘫痪状态。全国200多个子公司停止，绝大多数工作站和办事处全部关闭，全国销售基本停止。

直到此时，老板才惊醒过来，虽然相应的采取了一些措施，但是，任何的努力都已经于事无补了。

与这个保健品公司相反的是，可口可乐公司庆祝百年华诞，全体员工狂欢至深夜。而当时公司的总裁却一个人静坐在办公室中，反思过去工作中存在的问题和不足。华为集团的总裁任正非在企业位居全国电子行业百强首位的时候，书写了《华为的冬天》一文，让公司全体员工阅读反省。"十年来我天天思考的是失败，对成功视而不见，也没有什么荣誉感、自豪感，而是危机感"，这样的文字至今仍令人深思。正因为如此，可口可乐至今仍风靡世界，成为美国精神的象征；华为企业一路走来，不断壮大，并且将一路走下去，更加壮大。

因此，做老板要有好心态，做成功的老板更要有平常心。

有这样一位老人，家境富裕，儿女孝顺，他完全可以放弃所有的辛苦劳作，像很多人想象的那样去享受生活。可他却每天起早贪黑地去守着自己的那个小店。

　　老人是修钢笔的,现在用钢笔的人都很少,更别说修的了,他的那点收入连房租都不够,可他还是很认真、很执著地去经营著。

　　老人之所以不愿放弃,是因为他不是在经营一门生意,而是在经营他自己。他的重心不是盈利,而是幸福踏实的生活,虽然在这个小店上入不敷出,但他可以使自己少睡懒觉,可以让自己为一件事情去积极思考,可以接触很多人,可以使自己一直在运转,使自己与时代相连,可以使自己的身心健康……

　　这位老人才是具有人生大智慧的人,他收益的东西非常珍贵,是金钱买不到的。

　　对一个踏上生意场的人来说,往往会毫不隐讳地把对财富的追求当作自己的唯一目标,更有人非常疯狂地为这个目标奋斗,非常艰辛,非常执著。整个人像钻进了怪圈,任何人的话都听不进去,还经常对身边的人发脾气,把自己折腾得像个苦行僧一样,但他的生意并不见得会有什么起色。

　　只要转变一下思想,把做生意当成一件平常的事,心态就会慢慢地平稳,就会把生意上的输赢看淡。心态变好了,身体就感觉很轻盈,精力很旺盛,即使事业刚刚起步,离目标还很远很远,还需要奋斗很长时间,但也会充满信心,因为我们已经找到了力量的源泉。

错了就别硬较劲,该回头时须回头

　　生意场上,人们常常赞誉那些百折不挠而功成名就的人,认为必须学会坚强、执著、永不放弃,才能成为最后的赢家。殊不知人的时间和精力毕竟有限,没有几个人自始至终都从事着一种生意,大多数人都是经过几次放弃、几次转行,才最终确定自己究竟适合做什么样的生意。

　　有一天,一对母子在公园中嬉戏,儿子手中拿着一个气球,母亲拿出一只口琴吹起来,公园里立即回响起悠扬的琴声。儿子又伸手向母亲要口琴,却又舍不得放开气球。左右为难之际,母亲停止了吹奏,朝他不住地发笑。在短短的几秒内,儿子做了选择,松开手,放弃了气球,于是他学会了吹奏口琴。

　　虽然这小孩后来没成为音乐家,但却成了一个能左右全球经济的大人物,他就是艾伦·格林斯潘——曾经的美国联邦储备委员会主席。

　　美国康奈尔大学的威克教授做过一个实验:把几只蜜蜂放进瓶子中,瓶底向着有光的一方,瓶口敞开。但见蜜蜂们只向着有光亮处不断飞动,不断撞在瓶壁上,总飞不出去。威克教授再放入几只苍蝇,一会儿苍蝇都飞出去了。原因很简单,苍蝇并不朝着一个固定的方向飞行，它们会多方尝试，向上、向下、向光、背光，虽然免不了多次碰壁，但它们最终会飞出去。

这个实验提示人们：横冲直撞总比坐以待毙要高明得多。成功并没有什么秘诀，就是在行动中尝试、改变、再变、再尝试……直到成功。

24年前，赵孙立只是一个拿固定工资的环卫工人，如今他已经成为全国知名的"化纤女裤大王"。他的成功，得益于几次适时的"放弃"。

赵孙立的父亲是个老环卫工人。1979年，17周岁的赵孙立高中毕业，第一份工作就是接父亲的班，到河南省郑州市二七区卫生队做环卫工人。此后，赵孙立天天戴着眼镜拿着扫帚扫大街，虽然每月50多元的工资在当时相对而言也是较高的收入，但是，他不甘心就这样做一辈子环卫工人。

1982年，郑州市的个体经营开始蓬勃发展，赵孙立毅然辞去别人眼中的铁饭碗，一心一意要下海当个体户。听朋友说，浙江义乌的小商品市场特别繁华，品种全，价格低。由于没有多少资金，赵孙立准备从最零碎的小商品开始上手。

做了一个星期后，赵孙立粗略一算，赚了200多元——比原来干环卫工人4个月的工资还要多！然后，他把经营场地从路边搬进了8平方米左右的小门店内。第二年，赵孙立将门店经营面积扩大到了100多平方米，营业额每年也以翻番的速度增长。3年后，赵孙立成了郑州市最大的服装辅料批发商。

不过，越来越多的人加入到这个行业，赵孙立感觉到服装辅料生意的竞争越来越大，为了不被别人挤垮，他果断放弃了服装辅料生意。

1992年，赵孙立经过考察，投资100万元购置了3台电脑绣花机，在市郊农村租下几间民房，开办了郑州市第一家电脑绣花厂，专门给人家的半成品服装绣花。由于是独家生意，电脑绣花厂刚一开业就生意兴隆，每天3台机器24小时不停运转。

就在赵孙立享受着事业飞速发展带来的成功与快乐的时候，一场大火将他的货物仓库化为灰烬，也将他12年创业的积累几乎烧了个精光。

赵孙立没有气馁，开始筹集资金，准备东山再起。但此时电脑绣花厂纷纷出现。赵孙立于是将店铺转让，谋求新的发展。

赵孙立开始把目光向成衣加工方面聚焦。不久，一个20台机器30多个员工的小服装加工厂在郑州市近郊的村庄建立。这就是赵孙立今天的娅丽达公司。公司产品定位到女裤这一方向上。

2000年7月14日，赵孙立拿到了"娅丽达"女裤商标的注册证书。随后，迅速建立销售网络。短时间内，一个依托河南、辐射全国的销售网络初步形成。他的工厂生产的女裤开始供不应求，企业开始走上高速发展的快车道。

如今，"娅丽达"已经成为中国化纤女裤行业的领导品牌。企业现有员工近千人，在全国拥有品牌专卖店500余家，销售专柜200多个。企业资产规模达6 000多万

元,年产女裤360多万条,年销售额逾亿元。

无论在哪个领域,多种势力在接触与较量的时候,进固然重要,但在很多情况下,退更为必要。也就是说,走为上,走得巧、走得妙,就能保全自己,甚至保全与自己相关的许多人与物。

商业竞争同样如此,无论在哪个领域赚钱,都是多个竞争对手在与自己争抢市场份额,能够高歌猛进、一路凯歌当然最好,如果与对手相比,自己在资金、技术、知名度、人际关系等方面都处于劣势,那该怎么办呢?硬拼?可能是鸡蛋碰石头,自取其辱而已。聪明人在这个时候就会选择一走了之,惹不起总躲得起吧?这才是上策。留得青山在,不怕没柴烧。这不是懦弱,这叫识时务者为俊杰。

因为有过太多坚持到底的故事,人们便认为坚持与放弃永远是一正一反的矛盾,赞扬坚持而鄙夷放弃。其实坚持代表一种顽强的毅力,它就像不断促使人奔向成功的马达。但是,在前进的同时还需要一定技巧,有时如果方向不对,结果只会是南辕北辙。这时,唯有先放弃,等找准方向再重新努力才是明智之举。

摩托罗拉公司放弃了制造,将制造中心托付给新加坡和中国,它赢得了自己在研发和市场的战略制高点。日立、索尼、本田、惠普等则放弃了"统一于市场"的战略努力。同样,"买卖的松下"和"服务的IBM"放弃了"统一于技术"的战略导向。衫衫集团宁可不要行业老大的位置,放弃了生产与经销,只负责品牌的核心运作、推广及服装设计。所以,放弃是一种基于战略的价值判断,是一种有进有退、以退为进、以攻为守、张弛有度的战略智慧。

孟子说:"鱼我所欲也,熊掌亦我所欲也,二者不可兼得也,舍鱼而取熊掌者也……"这充分说明放弃的道理。在生活中,放弃是一种美丽,是一种心灵的豁达;而在商业中,懂得该放弃时就放弃是一种智慧,能在最合适的机会下放弃是一种睿智,而能够果断放弃则是一种魄力。

相互拆台瞎折腾,团结协作共发展

有这样一个小故事:集市里,一个姑娘和一个小伙子的摊位紧挨着,姑娘是卖鸡蛋的,小伙子是卖煤的。每当卖鸡蛋的姑娘吆喝"卖鸡蛋啦!",小伙子就会紧接着高喊:"卖煤啦!"结果姑娘的鸡蛋没卖出去,小伙的煤也没有卖出去。姑娘就和小伙子急了:"你安的什么心呀,每次我喊卖鸡蛋,你就喊卖没(煤)了,我的东西怎么卖得出去呀!"

这虽然是一个关于谐音的笑话,但也说明了一个市场道理:看起来市场里没有多大关系的各个卖家,其实彼此都有相当关系。如果互相拆台,折腾来折腾去,彼此都没有生意可做,市场需要互相补台才能水涨船高,只有市场繁荣了,大家的生意才会好起来。

一个关于IT的生态系统的报告显示,微软在中国每赚1元人民币,带动相关产业链上的企业与合作伙伴合计收入是16.89元人民币,而在其他的国家是微软每赚1美元,合作伙伴获得的平均收益是7美元,比例是1:7。

因此,团结合作是我们生意成功的原则之一。由于资源分配的不平均,我们要成功就必须与人合作,利用别人的资源,利用别人的智慧,同时奉献自己的资源,奉献自己的智慧。

我们在与别人的合作中会出现以下几种利益模式:利人利己——双赢;损人利己——半输半赢;损己利人——半输半赢。生意场上最忌讳的就是相互拆台,这样做只能是损人不利己,结果是最糟的——双输。

有个名叫西拉斯的人,在一个小镇上开着杂货铺。这铺子是他爸爸传下来的。他爸爸又是从他爷爷手里接过来的。他爷爷开这铺子的时候,南北两边正在打仗。

西拉斯买卖公道,信誉很好。他的铺子对镇上的人来说,就像手足,不可缺少。若西拉斯的儿子再长大,小铺子就要有新接班人了。

可是有一天,一个外乡人来拜访西拉斯,他说他想买下这铺子,请西拉斯自己出价。

西拉斯怎么舍得呢?即便出双倍价他也不能卖!这铺子不光是铺子呀,这是事业,是遗产,是信誉。

外乡人环视了一下铺子,神情严肃地说:"抱歉!我已选定街对面那幢空房子了,我再把它粉刷一番,弄得富丽堂皇,再进些上好货品,卖得便宜,那时你就没生意了。"

西拉斯不想再跟他说话,客气地把他请了出去。

不久,对面空房贴出了翻新公告,一些木匠在里面锯呀刨呀,又一些漆匠爬上爬下,把房子装修得很漂亮。不少人都围上去观看,兴致勃勃地议论着。当他们走到西拉斯的小铺时,全都露出鄙夷的表情。西拉斯很难过。

新店开业前一天,西拉斯坐在他那阴暗的店堂里想心事,他真想破口把对手臭骂一顿。但是他的妻子却是一个头脑清醒的人。

妻子用低低的声音缓缓地说:"亲爱的,你恨不得把对面那房子放火烧了,是不是?"

"当然了!烧了有什么不好?"

妻子继续说道:"烧也没用,人家保险过。再说,这样想也缺德。""那你说我该怎么想?"

妻子微笑着说："你该去祝愿。""祝愿大火来烧？祝愿他早日关门走人？"西拉斯气愤地说。

妻子嗔怪地说："你总说自己是个厚道人，西拉斯，可一碰到切身事就糊涂了。你该怎么做不是很清楚吗！你应该祝愿新店开业，祝愿成功。"

西拉斯心里很不情愿，但自己毕竟是厚道人，他决定去一次。

第二天早晨新店还没开门，全镇人已等在外边。大家看正门上方赫然写着"新新杂货店"几个金字，都想进去一睹为快。西拉斯也在人堆里，他调整了一下自己的情绪，跨到台阶上大声说："外乡老弟，恭喜开业，祝你给全镇人添方便！"

他刚说完便吃了一惊，因为全镇人都围上来朝他欢呼，还把他举起来。大家跟他进店参观。谁都关心标价，谁都觉得很公道。那外乡老板又惊又喜，兴奋地牵着西拉斯的手，两个生意人像是老朋友。

随着小镇的一年年变大，两家生意都做得很兴隆。

做生意时，冲动是魔鬼，相互拆台就是瞎折腾。真正要做成大事的人，总是把对手当做自己的伙伴，在竞争中提高自己的智慧和能力。你的对手不仅是敌人，也是学习的对象。向你的对手祝愿成功，携手走向辉煌。互相拆台只会两败俱伤。但是由于各种各样的原因，有的人把对手当做死敌，嫉妒对手的成功，结果用各种卑鄙的手段去攻击对手。这种做法非常不可取。

大多数渴望成功的人，往往都比较争强好胜，他们追求自己事业的完美和成功，有着强烈的忧患意识和竞争意识。当然不能说这是坏事。但是，在强手如林的竞争社会里，这种竞争意识和忧患意识很容易让我们精神紧张，压力过大时还会导致心理失衡，甚至造成心理疾病。有人曾说过："没有一种灾难能像心理危机那样带给人们持续而深刻的痛苦。"这话一点儿也不假。心理脆弱、人际关系紧张、精神压力过大的人纵然能力和知识超人，但是也难以品尝成功的喜悦。

做生意时要团结同行，虽说同行相轻，但是如果有人拆台的话，恶性竞争的后果只会使我们输得更惨。

脚踏实地，不折腾最容易成功

一个老人教孩子做人的道理，他把一个装着五颜六色糖果的瓶子放到孩子面前，对他说："你要是喜欢，可以随便吃，不要客气。"

孩子很高兴，伸出小手，抓了满满的一大把，但是瓶口太细，孩子的小手被瓶口卡住了。他仍然不甘心地转动着手臂，试图把手拿出来，但是他的小手里抓了一人把糖果,他舍不得放弃手中的糖果。相对于细细的瓶口来说,他的小拳头实在是太大了。

孩子痛得大哭起来,老人语重心长地说:"孩子,只要你少拿一点,你的手就能出来了,你可以多拿几次,一次少拿一点儿不就行了吗?"

的确,一点一点地拿,孩子就可以吃到很多的糖果。孟子说过:"积土成山,风雨兴焉。积水成渊,蛟龙生焉……故不积跬步,无以至千里;不积小流,无以成江海。骐骥一跃,不能十步;驽马十驾,功在不舍。"他是想告诉我们:做事要一小步一小步地积累,最后才能够成功。把这句话用到生意场上是再合适不过了。

很多人做生意时,都梦想着有朝一日发大财,也像那些成功人士一样,戴名表、开名车、住豪宅。当看到自己的生意始终不温不火时,心里就有点不平衡了,开始占一些小便宜,更有甚者,一些人还走上歪门邪道,这些可是做生意的大忌,其结果不言自明。

林玉峰是一个农民,看到别人都发家致富,心里很不是滋味,况且他早就厌烦了每天脸朝黄土背朝天的日子,梦想着哪一天自己也过上富人的生活。于是他东挪西凑借了5万块钱买了一辆二手车,跑起了运输。

开始时林玉峰很吃苦,时常在货车中过夜。运货挣到的钱一部分邮寄回家,一部分用于还债,运货从没有出现过问题。

但是,时间一长,林玉峰就受不了了:这样挣钱太辛苦也太慢了,自己哪一天才能发达啊。经过几天的冥想,林玉峰想到了一个发财的点子。

有一天,有一个客户找到林玉峰,想雇他的车往乌鲁木齐运木耳。林玉峰马上感觉到机会来了。与客户办好了手续后,林玉峰拉上木耳出发了,但是,他不是去乌鲁木齐,而是把车开到了吉林的珲春市。在那里,他把木耳低价卖给了一个经销商,得到了30万元钱。随后,他开始了挥霍的生活,每天都过着灯红酒绿的日子。

但是,仅仅过了1个多月的时间,公安人员就找到了他,给他戴上了锃亮的手铐。

做生意不脚踏实地,只会瞎折腾,想成功是不可能的事。

一些刚做生意的人见别人开公司办企业大把大把赚钱,心就痒痒,有的人一口想吃成个大胖子,到头来很有可能吃大亏。

很多生意人就是这样,"心比天高,命比纸薄",瞪着贪婪的眼睛,纠缠在利益上,到头来却什么都得不到,因为他总想着一次就能大捞一把。出于这个目的,他会把投资做得很大,把摊子铺得很宽,还会在时机尚未成熟的时候扩大规模,而这一切无非就是想把网撒开捕捞大鱼,希望一夜就能赚足一生都享用不尽的财富。这种急功近利的心态和想"一口吃成胖子"的贪婪往往让人失去更多,而不是得到更多。

对于手中没有什么资金又无经营经验的人来说,不妨先从小生意做起。小买

卖虽然发展慢,但用不着为亏本担惊受怕,还能积累做生意的经验,为下一步做大生意打下基础。以较少的资本做小生意,先了解市场,等待时机成熟,再大量投入干大生意。

胡雪岩的一生富有传奇色彩。他小时候家里很穷,每天去给地主放牛。13岁了还没有进过学堂。一天,他在路边凉亭里捡到了一个包满金银财宝的大包裹。一般人可能会想,这个可发大财了。但胡雪岩牢记母亲的教诲:"东西不是自己的,就一定不能拿。"于是他在那里等了大半天,终于将包裹归还失主,并拒绝了他的重金酬谢。

丢失钱财的人是一个杂粮店的老板,为感激胡雪岩,他请胡雪岩去给他当伙计。胡雪岩经母亲同意后,到杂粮店当了一个学徒,一干就是2年。这期间胡雪岩热心照顾了一个来杂粮店做生意的客人,那个客人一病不起,花光了所有的钱,焦虑绝望。他在胡雪岩的照顾下,从重病到康复。

其实这个客人是金华火腿行的老板。胡雪岩的为人处世令他十分感动。于是请胡雪岩到他那里做事。在金华火腿行,胡雪岩大开眼界,他第一次接触到了银票,知道了钱庄,他很想自己也成为一个钱庄老板。于是每天暗自练习书法,练习珠算和心算。掌握了袖里屯金的计算技能。这是一种不用纸笔算盘单靠心算计账的方法。在和钱庄伙计对账的时候,这种本领让钱庄的人对他刮目相看。于是钱庄的老板又请他当了伙计。这也为胡雪岩一生成功打下了基础。后来胡雪岩果真成了钱庄老板,从此发迹成为一代富商。

胡雪岩从一个穷放牛娃到成为一个传奇富商,他的人生在不自觉地做着阶段性的合理调整。在家放牛,就要像个放牛的,能把牛照顾好,在外做学徒,就要让老板满意。正因为他的勤奋好学,踏实肯干,他得到了各任老板的赏识和推举。

不管是做人还是做事,我们都要讲一个脚踏实地,不瞎折腾的人是最容易成功的。

生意人的成功秘诀究竟在哪里?一句话,脚踏实地做生意,才是成功的不二法门。

脚踏实地做生意,就能避免好高骛远。明明是小作坊,却偏要当成跨国公司来玩,结果既增加了管理成本,又与理想中的效果相去甚远。一些生意人总是梦想着能找到一条迅速致富的捷径,不肯低下头来,看看自己身边的需求与市场,勿以"赚"小而不为。

脚踏实地做生意,就能抓好每一个环节中的每一个细节。一个定价或许就决定了经销商对我们的态度,一句广告里的文字或许就影响了消费者对我们产品的印象,以本性的踏实坦诚赢得客户的好感带来预想中的订单……细节决定成败,老生常谈却不是空谈。

脚踏实地做生意,意味着远离投机取巧。抛开商业道德不谈,投机取巧的行为并不能带来快速的成功,反而会加大操作成本。10万元可以打通某些关系,也可以策划一场全国性的促销活动,可是即使关系打通了,促销活动同样要做,成本的增加远远超过了销量的提升。凭借暗箱操作或者给对手致命一击,虽然对手倒下了,但是原本两个人承担的市场开拓的成本也就只能落在一个人肩上。

拒绝陌生行业的诱惑

有句俗话说"隔行如隔山",创业的确是一门大学问,尽管各行各业是紧密联系在一起的,但是每个行业之间又有许多区别,每个行业都有其自身的经营之道。所以,创业者切不可盲目涉足自己不熟悉的领域。在这方面,有许多血的教训值得我们吸取。

张氏家族是东南亚一带有名的显赫家族,在香港的华人、洋人贸易界有着举足轻重的地位。博彩业大王张先生就出生在这样的豪门世家里。其祖伯父是东南亚最富有的华人;父亲既是洋行买办,又是立法局非官方华东三院主席;另外,他的伯父和叔叔大多都是买办出身。而且,他们既通中文又精通英文的优势,无人可比。

然而就是这样一个显赫的家族,却栽在了股票市场上。张先生的叔父张世明因无法偿还债务,饮弹自杀;长兄张世达患上了精神病,服下大量的安眠药后长眠不起;其他人也抛妻别子,亡命他乡。

是什么原因造成张家家破人亡的呢?

一天,在怡和洋行做买办的张世明,进入大班办公室时,发现地上有一封未封口的信,他好奇地拣起瞄了一眼。原来正好是一个买入股票的信息。张世明早对股票的神奇有所耳闻,但是自己从来没有炒过股。他早就幻想着能一夜暴富,不再打工。惊喜之余,张世明急忙回去与兄弟们商量,决定立刻贷款并倾其所有家产购入信息上提示的股票。

谁知,当张氏家族倾其所有将全部资产投向那只股票后,该股票的价格演出了"高台跳水"的一幕,一路狂跌,一直跌得张家家破人亡。

原来这是怡和大班故意玩的一出把戏。他们想抛出手里的股票,又发愁中小投资者没有巨额资金来接盘,于是操纵股价,先高后抛。虽然张家上下都是非常聪明的人,但张世明弟兄对股票生意是外行,哪里能识破这其中的诡计。

一个本来家业兴旺的大户顷刻之间家破人亡。

虽然有的陌生行业看起来利润大,但是对于不懂行的人来说,涉足就意味着

风险。所以，无论致富还是创业，都要慎之又慎。

俗话说：做熟不做生，熟门熟路好赚钱。虽然经商中难免遇到陷阱，但如果是懂行的人，则受骗的几率可能会大大降低。因此，创业者选择自己的行业时，一定要考虑自身的情况，万不可冒冒失失，一头扎进自己不熟悉的领域而不能自拔。毕竟，选择熟悉的行业是赚钱的一个好开端。因为只有在最熟悉的领域才能铺下你的第一块金砖。

警惕多元化这把双刃剑

我们经常听到不少公司领导人在介绍自己企业的时候，都会自豪地告诉大家，他们经过几年的艰苦努力，公司规模日益扩大，其产品有多少种类，已行销几大洲几大洋，是怎样跨领域经营的，已经建立了多少分公司等。看起来他们什么钱都在赚，其实也许最终是什么钱也没赚成。

20世纪90年代，在湖北大地上曾经有位红极一时的农民企业家。他20年前只凭7台缝纫机创业，一路走来，不断做大做强。从1989年在深圳、香港成立制衣公司，一年内拿到8 000万元的出口订单，到1991年，组建集团公司，1993年进行股份制改造，创造了一个一般人可望而不可即的业界奇迹。

但就是这个民营企业的佼佼者，令父老乡亲引以为自豪的子弟，最终却无可奈何地将自己一手创建的集团公司的股份转让给湖北某大型集团，而他自己也不得不从原本富丽堂皇的星级写字楼搬到一个停建多年的简易楼房里。

这样大起大落的结局源自于他的多元化运作。

1993年全国的铝材市场骤然升温，本来经营服装加工的他，便一心要上铝材加工厂，并且要大干快上。

如果只上铝材加工厂也还可以，但是由于兴建了年产10万吨的铝材加工厂，需要大量的铝锭。这位农民企业家认为，肥水不流外人田，不能向生产厂家购买，自己做铝锭加工，于是决定再建一个电解铝厂。

但电解铝厂耗能高，电力供应难以保证，精明的企业家又算了一笔账。如果自建电厂，自用、商用都能满足，岂不一举两得。于是，他又不顾电力部门的强烈反对，上马了三台50 000kW的发电机组。

最后，还有剩余的电力，这可不能浪费掉。为解决剩余的电力，就需要商业输出和联网，不得已之下他又建了一个电站。

在人们大力称赞他的大手笔运作时，这位企业家有点飘飘然了。他从未理智

地细算过维持这些网点或机构的费用一年是多少，究竟是企业做大做强了还是给自己挖了一个个潜在的黑洞？就这样，一直被他津津乐道的"铝材厂"、"电解铝厂"和"发电厂"三大工程，在他每一分钱都要赚的思想驱使下，把集团一步步引向衰败的边缘。

如果该集团不盲目追求多元化，或许就是另外一番天地。如果投资兴建了铝材加工厂之后，轻装上阵，该谁赚的钱放手让谁去赚，也不会是今天这样的结局。

这其中，有胜利的欢乐，有盲目的自信，也有"无知"的贪婪。最重要的还是这位企业家只想着每一个环节的钱都要赚，到头来，却因摊子铺得太大，无法运转，其结果是不仅一分钱也没赚上，而且还把一个原本很有活力的企业集团赔了进去。

社会越发展，分工越明确。但凡生产一个产品，就恨不得从产品设计、生产，到包装、运输，如果每一个环节的钱都想赚，到头来，可能什么钱也没有赚到。别人做的成本未必高，自己做未必就划算。毕竟经营企业要靠利润，有收入才是硬道理。

我们都知道"一鸟在手胜过十鸟在林"。哪怕自己只熟悉一个行业，只有一种技能，也要全心全意地做好自己的行业。千万不要人云亦云，也不要打一枪换一个地方。如果朝三暮四，连一个行业都做不好，那么其他什么行业恐怕都无法做好。那样，只是增加了成本，别无他益。在这方面，初次创业的人更应该引以为戒。

整合资本打造财富圈

财富生态圈是一个城市中最为方便、快捷、高效地汇聚财富之地。它能为城市提供最大限度的生产力，汇集最有实力的企业，同时拥有自我调节的能力，能形成强强联合、规模效应和财富的聚拢。

在传统的创业观念中，似乎只有自己拥有更多的资本，才能赚到更多的财富。现代企业家创富要具备多方面的能力，善于整合他人的资本，通过整合打造一个财富生态圈，是非常重要的创业能力之一。

广东省广州市的卢俊雄25岁就成为当代中国最年轻的亿万富翁，他在1年的时间内，同时展开四大项目：百货中心、今金购物城、东方车行和美食城。四个项目几乎同时进行，一气呵成。在一般人看来，在1年的时间内完成四大动作，没有雄厚的资金或银行做后盾，简直不可思议。然而，卢俊雄却做成功了。他致富有一套独特的方法。其中，通过整合他人的资本与其他资源，打造财富生态圈就是他多种致富方法中的一种。

1992年12月，卢俊雄的华龙公司在繁华的广州中山七路建造了一座装饰新颖、一流的现代化大商场。这座"城市百货中心"的占地面积有1 400平方米。

一竣工，卢俊雄就把刚完工的商场全部以招租的方式租出去。当时广州的许多地段不错的商场很长时间都招不满，而他的商场却在短短的23天招满全部商户。许多销售商不明白是什么原因。

原来卢俊雄有自己一套独到的租赁方法，那就是以每年都可以退还租金的方式吸引租户。一般商场的招租是几年后一次还租，商户的钱要在商场压很久，而且如果商场一旦经营不利，因为没到期，商户的租金也拿不走。针对商户的担心，卢俊雄采取的方式是一个摊位一次收10年租金，每年退还其中的10%，并包括利息；同时，每个摊位收取比市场价低2/3的管理费。因此，不到一个月，220个摊位全部租完，华龙公司一下子收到1 000多万元的资金，把建造大楼的资金全部收了回来。而卢俊雄只花了2 000元的招租广告费，就建起了一个现代化的大商场。

赚了一大笔钱的卢俊雄看到了利用社会资金的快速赚钱模式，于是他又想在其他地方建造一个商场，以便形成与"城市百货中心"的遥相呼应。他一眼就看准了人口稠密的西华路上的旧商场，于是花3 280万元、以分期付款的方式，买下了这个700平方米的建筑物。之后，他投巨资很快建成了"今金购物城"。

这次招租，善于利用整合方式的卢俊雄又巧妙地把租金与土地联系了起来。他采取的办法是租期20年，先要摊主提供所需的摊位面积，之后按每平方米5万~7万元的租金出租。公司不但每年向租者退还5%的租金，而且每租一个平方米就可以得到公司赠送的1平方米位于新塘的土地。对于商户来说，不但能得到及时的返租，而且还能得到赠送的土地，当然具有很大的诱惑力。这是卢俊雄大手笔整合的结果。因为他得知新塘马上开发，地价肯定猛涨，便与新塘联手运作，打出了租商场送土地的好主意，这次，卢俊雄一下子又得到了4 400万元的租金。

为了打造自己的财富生态圈，卢俊雄又看准了汽车服务业。随着人们生活水平的提高，汽车、摩托车服务业肯定会掀起一个高潮。为此，他又筹划了一个"东方车行"的大项目，决定用招租的方式。这次，他改变了操作方式：一次收5年租金，一个摊位7平方米，分5年退完，利息用管理费代替。一些有眼力的承租者纷纷在东方车行门前排起了长队，结果，华龙公司又得到了750万元的租金。但是，每年返租商户的钱卢俊雄并不想自己掏腰包，这次，他又要整合一个新的项目，从新项目的收费中来解决返还租金问题。而这个新项目是他打造的又一个财富圈，将与其他三个财富圈一起，构建一个良性循环的财富生态圈。

对于百姓来说，衣食住行都是头等大事。百货、车行附带赠送土地解决了商户的衣、住、行问题，而现在，他要帮他们解决一个食的问题。广东曾以吃的品种繁多而闻名天下，美食界的人都知道"食在广东"。随着广东对外开放的力度加大，全国各地的人也会涌来淘金。因此，建一座美食城就是卢俊雄要打造的第四个财富圈。

有一年,广州市政府下令整顿临时食摊,要求所有大小排档一律在两年之内进屋经营,一些摊主因此议论纷纷,大有无处安身之感。

此时,眼光敏锐的卢俊雄当机立断,建美食城。他说干就干,1993年春节前一座风格独特的美食城在中山八路开业,那些大小排档的摊主们又排起了承租的长队。这次,卢俊雄采取的是按月收取租金的方式。因为开排档的摊主资金有限,而且他们有限的资金还要用于进料等周转。结果,这种很受商户欢迎的租赁方式为卢俊雄带来了600万元。而卢俊雄将这600万元作为"东方车行"前三年退回的租金绰绰有余,为承租"东方车行"的商户们解决了后顾之忧。

就这样,卢俊雄通过整合商业项目、整合商户的租金、整合土地等,通过运用不同的整合手段对这些不同项目的整合,构成了一个成熟的、高度密集的财富生态圈。一个个财富圈在不断的发展和演化中,让身处其中的商户们与卢俊雄共存共荣。各个财富圈也通过相互制约、转化、补偿、交换及适应,最终实现了整个商户与商城的和谐发展,逐步建立起圈与圈之间动态的和谐、平衡。

整合就是把分散的资源和各不相同的方法进行有序的调度、组合、配置,从而收到最佳效果。在经济全球化的过程中,从无序到有序的整合,是对中国企业更为适合的一种创新。这对中国企业家来说,不仅是一个挑战,更是一个机遇。

整合资源提高竞争力

许多企业的资源在未经组合时,往往是杂乱无章的,不能产生资源合力。把原来看似零散、分割、毫不相干的资源,根据有序的原则进行调度、组合、配置,使资源发挥出最大的效能,产生最佳效果。这既是企业战略调整的手段,也是企业经营管理的日常工作。许多现代商业高手就是运用这种整合的方式取得了良好的效果。

2001年7月14日,陈天桥买下了《传奇》的运营权,从很大程度上说,这是陈天桥冒险下的赌注。因为,单是同《传奇》海外版权持有商为期2年的签约就需要每年30万美元的天价。而且除了版权运营费,每月还要上缴收入的27%作为提成。本来腰包还算鼓的陈天桥签完约基本上就成了穷光蛋。

一个穷光蛋怎么运行网络游戏?因为运行网络游戏需要很多服务器,而此时的陈天桥已经没有钱来添置服务器。但是,正如今天许多人都知道的一样,陈天桥的网络游戏不但做起来了,而且还把他推向了财富宝座。那么,陈天桥当初是怎么运作的呢?

开始，陈天桥拿着与韩国方面签订的合约，找到浪潮、戴尔等，告诉他们："我要运作韩国人的游戏，申请试用机器2个月。"服务器厂商一看这的确是国际正规合同，而且陈天桥的"盛大"以前也是信誉不错的客户。这次，他又要有大的动作了，将来恐怕还是潜在大客户，小看不得，于是就同意了。

然后陈天桥又拿着浪潮、戴尔等供应服务器的单子，以同样的方式与中国电信谈："我们需要很大的带宽运营游戏。你们看，浪潮、戴尔都给我提供了服务器。"对于电信来说，连浪潮、戴尔这样的国际大牌企业都看得上陈天桥，他们当然要给予支持，不放过这个潜在的合作伙伴，于是给了陈天桥测试期免费的带宽试用。

就这样，陈天桥用非常高明和充满技巧的手段，把浪潮、戴尔、中国电信等这些看起来没有什么联系的企业的资源整合到自己门下，为自己所用，使盛大度过了生死存亡的关头。通过这样的资源配置，盛大在测试期内就实现了盈利。

从上面这个案例中可以看出陈天桥争夺资源、配置资源的技巧与方法。陈天桥运用整合的智慧，将一个个零散分布的点穿针引线，构筑成了一个完成具体商业目的的利益链条，使整合起来的系统正常发挥功能并运作流畅，当然也达到了与众多合作伙伴们"你好我好大家好"的局面。

由此可见，整合是现代商战的重要方法和重要手段。整合可以把分散的优势变成综合优势，把局部优势变成整体优势。在快鱼吃慢鱼的时代，最有发展前途的企业是最善于整合不同资源的企业。不善于整合资源，就只能凭借一己之力，慢慢发展；善于整合资源，就可以扬长避短，巧干快上，形成一个经济关系网，并使自己成为这个网络的中心和主导。

产业整合中蕴藏了巨大的商业机会，通过进行产业整合不但可以减少浪费，降低成本，而且可以最大限度地提高企业的资本竞争力。因此，只有那些不断审视自己、不断审视周围环境的企业家才能抓住整合的机会，创造更加美好的未来。

信誉比金钱重要

在日本有一家著名的牛奶制品厂，曾有着悠久的历史，就是这家老牌企业竟然在一夜之间名誉扫地，一个家喻户晓的百年品牌突然陨落。其原因是什么呢？

原来，2000年6月27日，大阪、京都、奈良等关西地区的卫生部门突然接到多起投诉电话，说居民因喝"雪印"牛奶导致呕吐、腹痛、腹泻等中毒症状。食品如果不合格，直接危害人们的生命，所以，这起大规模的中毒事件马上引起了日本全社会的关注。

调查中毒原因时,检查员发现"雪印"奶制品中所含的金黄色葡萄球菌严重超标。

这是怎么回事?奶源一向都没有问题啊!公司负责人也疑惑不解。最后查明原来是操作过程中一名员工违规造成的。因为按照质量监督部门的要求,制奶公司的生产线必须每天用水清洗,每周进行一次手洗。可"雪印"负责清洗管道的员工疏忽大意,并未按这个要求清洗,再加上公司的管理部门监督也不到位。正是因为输奶管道阀门内壁和阀门附近管道内壁长期没有清洗,造成了病菌的滋生。

得知这个原因,公司总裁追悔莫及。

就这样,"雪印"苦苦树立75年的品牌在一天之间完全垮掉。该公司下属的34家制奶厂也全部停产,6 700多名职工下岗。

品牌就是企业家的信誉,品牌就是企业的生命,是多年积累的无法估量的巨大财富,尤其需要精心维护。一旦被毁,就很难东山再起。像"雪印"这样损失惨重的教训实在值得每个企业深思。但是,令人们意想不到的是2008年岁末,在我国的奶制品业"三鹿"集团又重演了"雪印"的悲剧。人们在为三鹿惋惜的同时,也不禁要问问那些精明的企业家:一个失去信誉的企业还能够生存、盈利吗?更何况盈利?一个失去信誉的企业家还能再得到人们的拥护和信赖吗?

虽然,在人们越来越重视提高生活质量的今天,庞大的消费群使奶制品公司获利颇丰是吸引众多企业上马的主要原因,但是,如果盈利建立在危害消费者身心健康的基础上,不惜以身试法,甚至连生命都失去了,再丰厚的利润要它何用?这恐怕不会是企业家经营的初衷。虽然从短期来看,那些奉公守法、小心谨慎、诚实正直的人发财致富的速度,可能不如那些不择手段、弄虚作假的人来得快,但是如果舍弃信誉一味追逐利润,则是舍本逐末,最后的结果可想而知。

在金钱和信誉面前,孰轻孰重,理论上谁都懂,但真正能够做到的能有几人?企业家的信誉、人格当然要靠自觉去维护,但如果全凭自觉,恐怕很难每个人都做到。值得欣喜的是,国家为尽快建立和完善市场经济秩序,经济法规建设的步伐大大加快,但是企业作为市场行为主体,无论创业时期还是发展阶段,都需要时刻自律。即要有较高的道德素质,必须遵循大家确认的商业道德;强化本企业在业界的形象和声誉;维持本企业的道德责任感;永远以客户的需求为第一考虑;获取合理利润;没有违法和不道德的行为。真正做到这些的才是值得人们敬佩的业界英豪。

钱,固然是每个人都需要的,经商办企业更是要以钱为主,但这不是我们的唯一目的所在。在信誉面前,钱的作用是有限的。没有信誉,企业的长期发展就无从谈起。一门心思钻到钱眼里的人,最终也不可能赚到太多的钱。

只有令人称赞的信誉才是最为宝贵的财富,每个做强、做大的企业都是因为有良好的信誉支撑。对于创业者来说,有了信誉,才会得到人们的支持,缩短致富的距离。

打造信誉金招牌

信誉就是创富的通行证。有了良好的信誉,公司才好聘用你,银行才可以借钱给你,商人才敢跟你做生意,伙伴才能与你合作。所以,无论打工还是自己当老板创业,都要打造好信誉这个金字招牌。

有一名在德国的留学生毕业时成绩非常优异,便留在德国四处求职。拜访过很多家大公司,全都被拒绝,他很伤心、恼火,收起高才生的架子,选了一家小公司去求职。结果呢,这家公司虽然小,却仍然和大公司一样很有礼貌地拒绝了他。

为什么呢?因为他坐公交车曾逃票5次。他很惊讶,也很气愤:原来就是因为这么点儿鸡毛蒜皮的事,小题大做。但德国人可不这么认为。在德国,抽查逃票一般被查出的概率是3‰。这位高材生居然被抓住5次,在严肃严谨的德国人看来,大概那是永远不可饶恕的。

试想,一个人在三毛两角的蝇头小利上都靠不住,还能指望在别的事情上靠得住吗?一旦遇到比逃票更大的诱惑,怎么能信任他不出卖公司的利益呢?

一个成熟的社会,一个有力量的社会,不但要考察每一个人的知识、能力等硬实力,而且还要考察一个人的信誉、人格等软实力。如果不讲信誉,就很难在这个文明社会立足。虽然商人的目的是赚钱,但也要考虑好赚钱的门道,有口皆碑的信誉就是自己的金字招牌。

在金融帝国,美国华尔街的摩根家族享誉世界。他们之所以能成就一番大业,与有口皆碑的信誉分不开。

1835年,在美国,有一家名叫"伊特纳火灾"的小保险公司正在发布招聘股东的声明。当时,摩根先生并没有现钱。正好这家公司不用马上拿出现金,只需在股东名册上签上名就可成为股东。抱着开创一番事业的信心,摩根先生毫不犹豫地签了名,成为他们的股东。

但是,时间不长,一家在该公司投保的客户发生了火灾。按照规定,如果完全付清赔偿金,保险公司就会破产。本来规模不大的公司面临着巨额赔偿,股东们一个个惊惶失措,纷纷要求退股。

这时,摩根先生显示出了与众不同的决断力。经营事业,金钱固然重要,但是他认为信誉比金钱更重要。他斟酌再三,决定不能失信,要将赔偿金如数付给投保的客户。可是,没有资金的他怎样去支付客户的赔偿金呢?于是,摩根先生不顾辛苦,想办法四处筹款,最后,甚至不顾亲人的哀求,连唯一的住房也卖掉了,这才得已收购了所有要求退股的股份,按期将赔偿数额给了那家受损的客户。

本来并没有抱多大希望的那家公司被摩根先生的举动深深打动。正是得益于摩根先生及时的帮助,那家公司渡过了难关,重新振兴。

一时间,伊特纳火灾保险公司声名鹊起。

但此时,已经身无分文的摩根保险公司濒临破产。为了生存,他无奈之中打出广告:凡是再到伊特纳火灾保险公司投保的客户,保险金一律加倍收取。

出乎意料的是,客户很快蜂拥而至,第一个去的就是那家曾遭受火灾的公司。原来在很多人的心目中,伊特纳公司是最讲信誉的保险公司,这一点使它比许多有名的大保险公司更深得人心。伊特纳火灾保险公司从此崛起。

当年的摩根先生,就是后来美国摩根银行的创始人摩根的祖父。

成就摩根家族的并不仅仅是一场火灾,而是比金钱更有价值的信誉。当人们问及摩根家族取得事业辉煌的秘诀时,摩根说:"还有什么比让别人信任你更宝贵呢?"

信誉的品牌是靠人品打造的,那是人们对一个人人品的佩服与欣赏。无论时代怎样变化,人类对真善美的追求永远是生活的主旋律。为人处世中,有多少人信任你,你就拥有多少次成功的机会。

第二十二章

管理不折腾：做个称职的领导

什么是领导？领导就是"创造一个令下属追求的前景和目标，再将它转化为大家的行为，去完成和达到这个前景和目标。"作为一个最高领导人其实并不用什么都会，只要学会关心下属，对下属制定目标、明确目标就足够了。

没事找事，不配做领导

在企业的日常管理中，很多管理者经常"没事找事"，即看到下属没什么事情做就感觉不舒服，随机的给下属安排工作，以填补所谓的工作量并追求所谓的"保持工作状态"，这种"没事找事"大多与过程控制无关，往往是随机性的，而其结果也常常是工作量增大、员工一片抱怨之声，工作成果却没有什么显著的提高。

王仲平是一个优秀的员工，不光本职工作做得好，而且一有时间就找一些事做。老板对他很是器重。不久，他就被提拔为组长了。

做了领导后，王仲平的工作作风依然没有变，他决不允许自己有空闲的时间，也不愿看到自己的下属无所事事。

一天，王仲平忙完了自己的事情，在办公室里转了一圈。他发现员工小江竟然趴在桌上睡觉。

王仲平把小江叫了出去。"小江，工作的时间怎么睡上觉了？你很闲吗？"

小江揉了揉眼睛说："我刚做好了一个文件,感觉头有点发沉,就趴在桌上眯一下。"

王仲平说:"这怎么行?你知道咱们现在的任务有多重,哪有时间打瞌睡啊!去洗把脸,然后把这份文件再校一遍,2个小时后交给我。"

小江极不情愿地说了声"好吧",走的时候嘴里小声地嘟囔着:"为了做好那个文件,我一夜没睡。难道我眯一下也不行?2个小时交给你?我的头这么沉,4个小时也不一定做得完啊!"

确切地说,作为员工,王仲平"绝不允许自己有空闲的时间"是一种优秀的品质,但是,作为管理者,就有待商榷了。像小江这种情况,让他不闲着不但不能有效地利用时间,反而会使他的工作效率急剧下降。

就现在而言,金融危机依然存在,市场竞争趋于白热化。但公司依然要正常运营,该留的员工要留,该发的工资要发,无奈利润空间却在减少。与之相应的是,员工工作相对显得较之前轻松与空闲。这恐怕是现在很多企业管理者面临的最头疼之事。一看到员工空闲下来,他们就会揪心地烦躁,挖空心思想安排各种工作,恨不能把员工8个小时以外的时间也利用上。

其实,"没事找事"是管理者对下属和自身不信任的表现。查尔斯·汉迪在《管理之神》一书中提出,在信任与控制之间存在着相对的"制衡"关系,即当控制增加时,信任就会减少,我们也可以说,管理者对下属越是不信任,越是倾向于使用控制手段,"没事找事"的管理者即是更倾向于对下属的控制,"没事找事"也正是这种控制的外在表现,这就容易使下属产生相应的抵抗性,使下属的热情发挥受阻,使其创新能力受到损害;"没事找事"也在一定程度上体现了管理者的不自信,尤其是很多中小企业的管理者,本身能力有限,对自己的影响力本就没有多少信心,看到下属无事可做当然不舒服,这时候依靠权力去没事找事就成了下意识的选择,而结果往往是自己的影响力进一步下降,管理变得越来越复杂,却不能产生实效。

"没事找事"的管理方式其实是一种非正常的状态,是名副其实的瞎折腾。孔子说"见不贤而内自省也",当下我们要做的是检视自己,从而达到针对性地提高与改进。

我们首先是要从工作流程的设置上入手,盯紧目标,设置原则,指导方法,以成果为导向,将工作量的规划与过程控制、激励员工的能动性结合起来,给员工以发挥的空间,使其自我实现需求得到必要的满足,以增加员工的热情,减少管理阻力。

另外,员工的工作一旦出现松弛状态,我们就可以考虑以提高相应的工作技能、社会化生存技能的培训和即时性指导等进行填充,或者以组织团队活动、适当

必要的损失。经考察认为可以信任者,则确认可以。一旦放心使用相信下属,就不要零零碎碎地授权,可以一次授予的权力,一次就授下去。

干部特别是知识分子,大多有较强的自信心和自尊心,有成就感和荣誉感,有通过自己的努力去完成某项工作或某种事业的心情和愿望。领导者应充分信任他们。授权之后放手让他们在职权范围内独立地处理问题,使他们有职有权,创造性地做好工作。对他们的工作除了进行必要的领导和检查,不要去指手画脚,随意干涉。

信任人、尊重人,可以给人以巨大的精神鼓舞,激发其事业心和责任感,而且只有上级信任下级,下级才会信任上级,并产生一种向心力,使领导和被领导者和谐一致地工作。相反,当一个人的自尊心受到伤害时,他就会本能地产生一种离心力和强烈的情绪冲动,影响工作和同事关系。

授权与信任密切相关。一个领导者如果不相信下级,那么就很难授权于下级,即使授权了,也形同虚设。有的领导一方面授权于下级,一方面又不放心,一怕他不能胜任,二怕他以后犯错误,对有才干的人还怕他不服管,具体表现为越俎代庖,包办下级的工作;越权指挥,给中层领导造成被动;不懂某方面的专业知识,却干涉下级的具体业务,甚至听信谗言,公开怀疑下级等。凡此种种,都会挫伤下级的积极性,不利于下级进行创造性的工作。

5.集中指挥权

授权的目的是为了让下属分担更多的责任。授权后,领导尽力发挥自身的统帅综合才能,协调各方面力量,保证各部分的发展更好地服从于全局目标。领导要把最大限度地向下级授权与保证指挥全局的权力统一起来,严禁把有关全局的最后决策权、管理全局的集中指挥权、主要部门的人事任免权和财务权随意下放。否则,领导就会对整个组织系统失去控制,导致另一种失责。高明的管理能做到"大权独揽,小权分散,不离原则"。处理大权与小权、集权与分权的关系,显示出主管人员授权水平的高低。

6.定期考核

主管人员在权力授出后,还要留心定期对下属进行考核,对下属的用权情况做出实事求是、恰如其分的评价,并与下属的各种利益紧密联系起来。考核不能急于求成,也不能求全责备。要看工作的质量,是否扎扎实实,认真细致,是否有实效。考核既要看到近期的业绩,又要看远期的业绩;既要看整体,还要看局部。不能肯定近期得实惠、长远招灾祸的工作。工作有失误,只要不是下属故意为之,就要耐心帮助下属纠正改过。

总之,授权紧紧围绕"领导气候"的形成,这6个技巧的合力,可以形成良好的领导氛围。

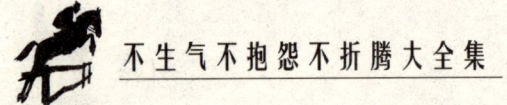

重视培养接班人

十年树木,百年树人。培养接班人是领导工作极重要的一环。其他人才的培养可以在今天的竞争中处于有利地位,而接班人的培养则会使自己的事业在未来占据优势。领导者从身边的人中培养接班人,首先自己对他们都比较了解,知道他们各自的能力和品质;其次,培养的接班人对自己的事业最了解,而且能使自己的经营理念得以传承。

作为领导,应该选择和培养继承事业的下一代领导人。事业继承的历史越悠久,领导人就显得越伟大。周文王、周武王建立的周朝,被他们的后代延续了800年之久。因此,周文王和周武王被人称为英明的领导。

管仲是我国先秦时代著名的齐国相国,他辅佐齐桓公九合诸侯,一统天下,如果他在去世前能培养出"第二个管仲"来继承已经成就的业绩,不仅齐桓公不会丧生于竖刁、易牙、开方这样的小人之手,齐国霸业会更加宏伟、延续的时间会更加长久,而管仲本人也会与周公齐名了。又如杨坚开创的隋朝基业,也只延续了炀帝一代,这样,他在历史上的影响不仅没有秦始皇那么大,而且和项羽、陈胜、吴广、张角等时代的豪杰之士的区别,也只是五十步和一百步之分而已。

一个超越时空的伟大理想、伟大事业,需要依靠超越时空的后来人去继承捍卫、发扬光大。但事业的继承捍卫、发扬光大与事业的开创者所选择的继承人有着密切的关系。所以说,选择培养后继人才是领导者重大的事情。

名扬古今的诸葛亮,不仅广揽人才、重用人才,还会千方百计地保护培养接班人。蒋琬,就是在诸葛亮的精心保护、培养下,才逐渐成为蜀汉政权中脱颖而出的人。

蒋琬,三国时陵湘人,字会焱。在刘备入蜀前,他只是一个州衙门里的小吏,做些缮写文书之类的事。刘备入蜀后,让他做了广都县令。由于他办事公正,勤勤恳恳,又颇为妥善,受到了同僚们的赞赏和百姓的拥戴,也引起了诸葛亮的分外关注。可是,有一次刘备因为有事到了广都县,蒋琬却因为喝醉了没有出来迎接,这使得刘备非常的生气,当场就罢了他的官,并且判处了他的死罪。诸葛亮知道这件事后,就马不停蹄地赶过来,奉劝刘备说:"蒋琬平时办事是非常谨慎的,工作很勤奋,办事很公正,并用他饱读诗收,博学多才,只要稍加教导,肯定是治理国家不可多得的人才呀!"刘备怒气未消:"可是,他如此目无尊长,又怎么能治理百姓呢?"诸葛亮就说:"这一次,只不过是他偶然的过失罢了,再说,蒋琬一贯是以安定百姓为本的,不善于官场上的迎来送往,您不能因为眼前的这一次小事而把他判处死

罪啊！"

刘备看到诸葛亮都为他讲情，并且说得合情合理，他一向都非常尊重诸葛亮，因此，也就收回了成命，说："既然军师都这样说了，我就饶了他一次吧。不过，死罪免了，活罪难逃。"于是，就罢了蒋琬的官。不久，诸葛亮又找了个机会，把蒋琬扶持起来，给以他重任，并大力培养。蒋琬也发奋努力，立志精忠报国。后来，蒋琬做了尚书郎，还曾经代理丞相的职务。诸葛亮率师出征时，总是让蒋琬全权负责军需保障，而蒋琬也总能做到有充足的士兵和食物，以满足军队的需要，帮助军队解决了后顾之忧。

数年后，当诸葛亮打出岐山病危时，还特地给后主写信，称赞蒋琬的人品与才干，并且提议在他死后，让蒋琬来接替自己的职位。刘禅遵照诸葛亮的遗嘱，先是命蒋琬为尚书令，总统国事，次年又令蒋琬为大将军。蒋琬终于成为继诸葛亮之后蜀汉政权的中坚人物。

蒋琬遇到了孔明可谓是遇到福星了，没有孔明的精心保护、培养，纵使其有通天之能也是枉然。孔明对蒋琬也可谓是育之有术，用心良苦啊。先是为其求情，赦其死罪，后又寻找机会重用他，并大力培养，蒋琬才得以成为一个人物。

领导者对待人才也应学习诸葛孔明，对人才要能够容其小过，在必要时加以培养，这样才能使人才扬长避短，才尽所用。每一个接班人的成长发展，与领导者的教育和培养是分不开的。

培养接班人4件事

许多人相信每一代新的领导人是天生的而不是培养出来的，他们认为新领导人一出生就是领导人，只等到年纪够大接管社会上适当的位子。结果，很多领导人只愿意制造追随者，期待新的领导人在时机成熟时就当场现身。那些领导人不知道他们限制了多少自己的以及他周围人士的潜能。正如美国著名企业资深顾问约翰·麦司威尔所说，生产追随者的领导人，他的成功仅限于其指示和个人影响所及的地方。当他不再领导时，他的成功也就结束了。同时，培养其他领导人的领导人，可以加倍他的影响力。他的组织会继续建构和成长，即使他个人不再承担领导的责任。

李光耀是新加坡前总理，在他执政期间，十分重视接班人的培养。早在1967年，李光耀担任新加坡总理才8年，年方44岁，他就提出了接班人的问题，当时他称之为"创造一种自我延续的权力结构"，也就是后来的新加坡人民行动党提出的

"自我更新"问题。它显示了李光耀作为一位国家领导人的远见卓识和国家建设思路。20世纪70年代初,人民行动党开始在政府机构中广泛物色人才,吸收他们加入人民行动党,参加1972年9月的大选。前几年活跃在新加坡政坛上的第二副总理、人民行动党主席王鼎昌和环境发展部长艾哈迈德、马塔尔等人是这期间被选中的新秀。1976年又是一个大选年,人民行动党从国有公司、政府拥有股份的银行中发掘人才。现任新加坡总理吴作栋就是这一年脱颖而出的。1985年1月1日,新加坡由年轻一代担任重要角色的内阁组成,12名内阁成员中有7人是40多岁,表明新老两辈人已进入交接阶段。李光耀虽然担任总理,但他已放手让年轻领袖充分发挥领导才能,以确保新老两代领导人交接工作顺利进行。1991年,李光耀不再担任新加坡总理,进入幕后工作,但他依然在为新加坡的繁荣而做着贡献。

在李光耀培养新生代领导人这件事情中,美国前总统里根评论说:"李的良好判断使美国许多领袖包括我(指里根自己)本人受益不浅。"菲律宾红衣主教海梅平说李光耀"是一位好领袖"。

如果你正准备培养领导人,要做好4件事。

1.维持积极的环境

还不具备领导技巧的人,必须有一个积极的环境帮助他们成长。没有那种环境,他们会害怕成长。有了它,他们会愿意学习和尝试新事务。提供环境,然后维持他们在你近旁,他们因此可以学习你的思考方式。

2.高度信任他们

他们在开始时可能犯很多错,他们的培养可能是漫长的过程。高度信任他们,即使事情变得很糟糕,依然鼓励他们坚持做下去。

3.一步一步授权

你先陪着他们做,并以你的名义给他们权威。等他们获得经验运用你的权威,开始给他们自己的权威——先处理小事,然后处理较大的事,一步一步地在别人心目中塑立新领导人的形象。最后,人们会因为他们的权威而承认他们。

运用他们的优点在培养领导人的过程中,充分运用他们本人的优点很重要。

作为领导人,你必须使培养新的领导人成为必不可少的生活方式。当你过上了这种生活,你生活里的成功会以乘方的形式增加,你的影响才会超过你的想象。不培养领导人的领导人,有一天会发现他们的成功受到了阻拦。无论他们多么有效率和方法多好,都终将时不我予。哈瑞·弗莱斯说:"我们只有培养他人,才能永远成功。"

测试三

工作情商调查问卷

一、概述

　　情商是指我们认知、理解和驾驭自我情感以及他人情感的能力。这些能力包括：自我控制、热情、坚持不懈以及激发自己和他人利用这种情绪、感觉、心情去适应社会，驾驭社交场合的能力。人的情商水平，即在人际交往中精于使用情感的能力，是获得成功的极其重要的因素。人们认为，情商和智商一样重要，甚至情商比智商更重要。令人欣慰的是，虽然智商是与生俱来的，但是情商却是一种我们能学到和提高的品质。情商，不仅仅在管理层中具有重要的意义，在企事业中、在集体中的每一个人，都是十分需要的，这既有利于个体，也有利于集体的健康发展。工作情商测验为你提供了一项实用工具。

二、目的与功能

　　本测验是从人事测量的角度出发编制的测验工具，可以被用来有效地预测人们的职业成就，特别是管理职业的成就。本测验从情绪控制能力、情绪稳定性、情绪平衡能力、挫折承受能力、情绪应付能力、生活调节能力、社会适应能力等7个方面对个体的情商水平进行评价，可为人才选拔、职业咨询等提供重要的参考依据。

三、适用对象

(1)本测验广泛适用于高中以上文化程度的人群。

(2)可用于企业对管理人员的集体施测,为实施有效管理和选拔管理人员提供借鉴和依据。

四、使用说明

本测验由30道题目组成。答题时间约为20分钟。

指导语:每道题目陈述一种情况,请受测者结合自身实际,用"1"、"2"、"3"、"4"表明自己的认同程度,"1"表示不认同,"2"表示不确定,"3"表示基本认同,"4"表示非常认同。在回答问题之前,努力让自己身临其境,不必过多考虑。

五、测验题目

题 号	题 目	认同程度			
1	我通常能够保持沉着冷静、积极乐观、镇定自若。	1	2	3	4
2	尊重他人的观点,我感到很困难。	1	2	3	4
3	我能够勇于承认自己的错误。	1	2	3	4
4	我通常或者总是能够实现承诺、信守诺言。	1	2	3	4
5	对于实现自己的目标,我是很负责任的。	1	2	3	4
6	我在工作中能够做到有条不紊并且很细心。	1	2	3	4
7	我经常性地从各种各样的大量资料中搜寻和发掘新的思想。	1	2	3	4
8	我擅长于产生新的思想。	1	2	3	4
9	我能够游刃有余地处理大量的需求,对付不断变化的需要有优先考虑的事情。	1	2	3	4
10	我是结果导向型的,为实现目标我有着强大的动力。	1	2	3	4
11	我喜欢提出挑战性的目标并且积极地去实现这些目标。	1	2	3	4
12	我一直在努力学习如何提高我的绩效,包括向比我年轻的人征求建议。	1	2	3	4
13	为实现一个重要的组织目标,我做好了牺牲自身利益的准备。	1	2	3	4
14	公司的使命是我能够理解并认同的。	1	2	3	4

题　号	题　目	认同程度			
15	我的团队(不管是部门、院系,还是公司)的价值影响着我的决策并且能够阐明我所做出的选择。	1	2	3	4
16	我能积极寻求推进组织总体目标的机会并取得他人的帮助。	1	2	3	4
17	在当前的工作中,我追求的是人们的要求或期望之外的更高目标。	1	2	3	4
18	障碍与挫折只可能使我延迟一时,但却不能使我停止。	1	2	3	4
19	我认为绕开官样文章或者屈就于过时的规定有时是必要的。	1	2	3	4
20	我会寻求一些新的视野,即使它意味着尝试某种全新的东西。	1	2	3	4
21	工作中我能够宠辱不惊,高兴或悲痛一般都不会扰乱我。	1	2	3	4
22	情况发生变化时,我能够迅速调整自己的策略。	1	2	3	4
23	跟踪新信息是我降低不确定性和寻找做事的更好途径的最佳手段。	1	2	3	4
24	我一般不会将挫折归结于人身缺陷(我自己的或者其他人的)。	1	2	3	4
25	我的行动发自于一种对于成功的期望,而不是开始于担心失败的心理。	1	2	3	4
26	当工作有压力的时候,我能够让自己放松。	1	2	3	4
27	如果别人需要,我会向他们提供建议并且在情感上支持他们。	1	2	3	4
28	我能够在从事不感兴趣的事情时创造激情。	1	2	3	4
29	我善于成功地解决同事之间的争端。	1	2	3	4
30	我能够与他人亲密地交谈。	1	2	3	4

六、结果分析

(一)记分规则

本测验全部为正向记分题目,即"1"记1分,选择"2"记2分,选择"3"记3分,选择"4"记4分。

表1　情商五大要素与相关题号对应表

要素	对应题号	得分
自我意识	1、6、11、16、21、26	
管理情感	2、7、12、17、22、27	
激发自我热情	3、8、13、18、23、28	
与他人心意相通	4、9、14、19、24、29	
社交技能	5、10、15、20、25、30	

将30个问题的分数加起来就会得到你整个情商的分数。然后对照表1,将自我意识、管理情感、激发自我热情、与他人心意相通、社交技能五个方面对应题号的得分相加,就得到你的情商五大要素的分数。

(二)测验分数的解释

这份问卷说明了你的情商。如果你得了100分或更高的分数,表明你具备了很高的情商。得分在60~100分说明你具备发展管理能力的情商。得分在60分以下说明应意识到你也许低于正常的情商。

对于情商五个因素——自我意识,控制情绪,自我激励,与他人心意相通以及社交技能——中的每一个因素,如果你的得分高于20分就说明你具备很高的情商,低于15分则反之。

七、使用指南

(一)改善你不擅长的情商要素

仔细阅读以下对情商五大要素的论述,并且思考你将如何改善上述得分较低的那些方面。

1.自我意识

这一要素为情商的其他要素奠定了基础。自我意识就是了解你的感受,感觉你内心的情感。经常感受自身情感的人能够更好地指导自己的生活。为了与他人有效地合作以及增进相互间的感情,我们需要感受自己的感情。

具备很高自我意识的经理们学会了了解自身内心深处的感情,并且意识到这些感情可以为制定不同决策提供有用的信息。当问题出现的时候,或者当解雇员工、重组企业或更改工作职责的时候,到底孰是孰非并不总是十分清楚。在这些情况下,经理们必须依靠他们自身的感觉和直觉。

2.控制情绪

情商的第二个重要因素是控制情绪,就是说经理们能够平衡自己的情绪,只有这样,不安、焦虑、恐惧或气愤就不会阻碍我们去做必须要做的事情。能够控制情绪的经理们可以做得更好,因为他们有清晰的思维。控制情绪并不意味着压制或忽视情绪而是理解它们,并且利用理解有效地处理各种情况。

3.自我激励

尽管困难、挫折甚至是彻底的失败对于追求人生或事业的长期目标至关重要,但是自我激励的能力对人们更有帮助,并且能使人充满乐观。美商大都会人寿保险公司发生了一件自我激励的典型故事,该公司雇佣了一些经过测试证明有十足信心的应聘者,尽管他们在正式的销售智能的测试中未能合格。与那些通过正式的销售能力测试但信心不足的销售员相比,"信心十足"的销售员第一年的销售额高出了21%,第二年则高出57%。

4.与他人心意相通

情商的第四个因素是与他人心意相通,即让自己融入他人的感情中——不用别人告诉你就能意识到他的感受。许多时候,人们并不会用语言告诉我们他们当时的感受,但是他们的语调、肢体语言以及面部表情告诉了我们一切。心意相通是建立在自我意识的基础上的;结合自身的情感,会使你更容易认识并且理解他人的情感。

5.社交技能

情商的最后一个因素包括了与他人相处的能力、建立积极的人际关系,对别人的情感做出反应,并影响他人。经理们需要具备社交技能来理解人际之间的关系、处理分歧、解决争端,以及为了共同的目的将人们聚集在一起。

(二)着力塑造自己的情商

1.投入情感,关注他人

通常许多人犯的很重要的错误就是假定他们管理的他人有着相似的行为和思维模式,他们按照同样的方式对领导者做出反应。实际上,更加有效的方法是区别看待每个不同的个体,对于他们对组织的独特贡献给予真心的赞誉。

当某人情感投入较高时,他倾向于能够完成更多的工作、提出更多的意见甚至更加固执地应对挫折和问题;当情感投入较低时,则是相反的状况:个人的生产力和热情下降,产生更多的问题。

为了使工作更加有效,你应该更加关注团队成员,以及确信你知道他们的重要或是主要关注点。可以通过以下练习来开发这种能力:

(1)时常直接询问他人的想法、感受、关注点,在需要时提供帮助与支持。

(2)尽可能地寻找时间与他人交谈,了解他人的背景以及什么对他们来说最重要。

(3)按常规在各部门之间沟通交流,获得团队成员对自己和他人的看法的反馈。

(4)公开宣布你的大门永远向大家敞开,你有足够的时间聆听他人的倾诉。

(5)严肃看待你遇到的各种情感问题,始终保持高度的真诚与可信赖的形象。

(6)留出足够的时间处理他人的问题,然后采取积极的行动,切忌只作口头许诺。

2.加强情感交流

年龄差异、兴趣差异、人际情感交流、亲密程度的不同通常会影响我们对周围事物的看法。然而,在工作环境中,我们经常需要探求一起工作和成功合作的原因,而不是发掘我们之间的差异。我们的工作就是尽量多与我们的同事进行情感沟通。乐于情感交流的个体往往设身处地地考虑他人的处境,思考某种决策会影响他们以及他们对此的反应。情感交流的能力可以通过不断深刻地理解他人来得以提升。在短期内,你可以采用合理的、能使互动更有价值的行为。下面列举了有助于情感交流的行为:

(1)始终保持礼貌、友好、开放的态度。

(2)真正关注你周围的人。

(3)对待他人不要表现出侵略或试图操纵的意向。

(4)慷慨且适度地对他人表示赞许和认可。

(5)避免在公开场合批评他人。

(6)敏锐地发现他人的需求与渴望,而不是仅仅根据他人的工作成果和质量做出判断。

(7)集中注意力倾听。

(8)思考他人发展前景中的问题、机遇、挑战。

测试四

处世风格调查问卷

一、概述

　　每个人都有一种占统治地位的处事风格。换句话说，就是每个人总会习惯性地采用某一种风格的特点与人们相处和共事，用这种风格行事自己就感到最方便。虽然每个人身上都有一种处事风格占绝对的优势，但从行为上看，任何一个人都是几种处事风格的混合体，谁也不会只用唯一的风格行事。无论其主导风格多么强烈，我们总能在一个人的行为中发现其他处事风格的蛛丝马迹，有时甚至会有大量的发现。每个人也都会表现出其他处事风格的行为，也许会在每一种处事风格的说明中找到自己的一部分影子。处事风格没有好坏之分，随便哪一种风格都是合适的。每一种处事风格都有其潜在的优点和缺点。优点只是一种潜在的资产，为了将其变为实际的长处，还需要认真地培养；同样，缺点也是一种潜在的负债，每一种处事风格的成功者都会创造出一些办法，使这些特点不至于带来破坏性结果。准确地弄清一个人所属的处事风格，就可以取得有关此人的大量信息。了解了自己和他人的处事风格，在增进相互了解、改善人际关系、促进交往共事等方面，会起到巨大的作用。

二、目的与功能

　　本工具的目的是帮助被调查者了解自己或者他人的处事风格，然后根据各种处事风格的特点，进一步了解自己应当如何同其他风格类型及同样风格的人进行人际交往，发扬自己风格的长处，努力克服各自风格的缺点，以建立

起更为积极的人际关系。

三、适用对象

本工具适应于想了解自己和他人的处事风格类型以及如何同其他风格的人交往的所有人员。可用于自测,也可以组织集体施测。

四、使用说明

本工具由60道题目组成,每道题目分别描述了人在处事时的思想和言行。

指导语:请仔细阅读下面的题目,然后根据自己的理解、经验和生活实际,实事求是地对题目进行判断,看每道题目是否符合自己的处事风格,然后用数字"3"、"2"和"1"表示自己的观点,其中"3"代表"非常符合","2"代表基本符合,"1"代表"不太符合",并在"符合程度"栏中做出相应的选择。

五、测验题目

题　号	题　目	符合程度		
1	我精力充沛,节奏迅速,目的明确,说话直率,这些特点有时会引起他人的忌恨。	1	2	3
2	我喜欢直言自己喜欢什么和不喜欢什么,有啥说啥。	1	2	3
3	我喜欢深思熟虑后再讲话,一面讲话一面仍然在思索。	1	2	3
4	我非常珍视和谐的人际关系,经常充当和事老的角色,往往能收到息事宁人的效果。	1	2	3
5	我比较认真,不那么爱开玩笑。	1	2	3
6	大家都知道我待人热情直爽。	1	2	3
7	我喜欢单独干或者和少数人一起干。	1	2	3
8	我不喜欢与人顶撞,因此只拣别人爱听的话说,而把自己的实际想法放在肚里。	1	2	3
9	当机立断是我的一个突出特点。	1	2	3
10	我说话时精神抖擞,声音很大。	1	2	3
11	我在面临风险时是极其谨慎的。	1	2	3
12	我力求顾全别人的面子,极不愿意损害彼此之间的关系。	1	2	3
13	我对效果非常看重。	1	2	3

（续 表）

题 号	题 目	符合程度		
14	我特别善于帮助别人在精神上振奋起来。	1	2	3
15	发生冲突时,我会千方百计地避免动感情。	1	2	3
16	情况不顺利时,我虽然也会有埋怨和不满,但可能照常干下去。	1	2	3
17	我更注意当前的实际情况,不大考虑理论、原则或人的感情。	1	2	3
18	我最讨厌整天在办公桌边埋头工作。	1	2	3
19	我在许多问题上可能与其他类型的人一样有深沉的感情,但我尽量谈事实而不想谈情感。	1	2	3
20	我处理事情往往是优柔寡断的。	1	2	3
21	我的感情往往是通过言行流露出来。	1	2	3
22	我喜欢豪言壮语。	1	2	3
23	我对自己的要求非常严格,对别人的要求也非常苛刻。	1	2	3
24	我特别富于同情心。	1	2	3
25	我从心底里是很关心别人的,但我在口头上不像他人讲得那么多。	1	2	3
26	我交往非常广泛,要做什么事情时总能找到许多人前来帮忙。	1	2	3
27	我遵循的原则是,与其吃后悔药,还不如保险一点好。	1	2	3
28	由于我行为友善,受人喜爱,因此容易与大多数人搞好关系。	1	2	3
29	我在很短的时间里能完成大量的任务。	1	2	3
30	我讲起话来往往滔滔不绝,可以轻而易举地发表长篇大论,可谓口若悬河。	1	2	3
31	我不大喜欢流露赞扬或欣赏的态度。	1	2	3
32	我有时待人过于友好,为了搞好关系替人帮忙而会丢下自己的事。	1	2	3
33	我说话时语气转折很少,表达观点和提出要求喜欢开门见山。	1	2	3
34	我不但自己爱玩,而且喜欢逗人快乐。	1	2	3
35	我谈话的中心一般是工作,很少谈及人。	1	2	3
36	我在决策时非常小心和谨慎,总希望寻求某种保证来减少有关的风险。	1	2	3
37	我一般精于时间的安排。	1	2	3
38	我有时也会感到泄气,通常是因为得不到别人的必要鼓励。	1	2	3
39	虽然我在表面上对人不是很关心,但在困难的境遇中,我往往会竭尽全力保证员工能得到适当的待遇。	1	2	3
40	在与人和组织打交道时,我非常有耐心。	1	2	3
41	我往往会令人吃惊地突然改变自己的主意或者突然修改原先的计划。	1	2	3
42	遇到陌生人时,尽管我有时内心也会出现片刻的疑惧,但与他们相处共事似乎还比较容易,用不着多费心思。	1	2	3
43	我以考虑周密、办事有序而著称。	1	2	3

(续 表)

题 号	题 目	符合程度		
44	我比大多数人更乐于日常事务性工作,根据别人创立的规章制度办事。	1	2	3
45	我一门心思关注当前的情况,对自己活动的长远后果缺乏足够的考虑。	1	2	3
46	如果需要长时间坐着开会,我仍会显示出不知疲倦的精力。	1	2	3
47	我希望与自己有关的事情都要做得完美无缺。	1	2	3
48	我在稳定有序的环境下工作,通常是很有成绩的。	1	2	3
49	我是个不达目的决不罢休的人。	1	2	3
50	充沛的精力,加上坚定性强带来的种种因素,我有时感到什么都不在话下。	1	2	3
51	我在决策时是绝不会漫不经心的,我总希望做到万无一失。	1	2	3
52	我能主动为集体做一些默默无闻、平凡琐碎的事情。	1	2	3
53	我独立自主的意识很强,希望为自己定一个目标,而不希望别人给自己指引方向。	1	2	3
54	我生气勃勃,精力旺盛,似乎浑身上下有使不完的劲,做任何事情都显得精神抖擞,干劲十足。	1	2	3
55	如果有一个办公室,我很喜欢把它布置得井井有条。	1	2	3
56	为了提高工作效率,我不惜牺牲自己的时间和精力。	1	2	3
57	我有非常明确的目标和追求。	1	2	3
58	我喜欢抛头露面。	1	2	3
59	我说话时总是力求精确,对别人也这样要求,希望别人能提供详细的材料证明所讲的论点。	1	2	3
60	我喜欢与别人一道工作,特别是在较小的团体中,喜欢与别人合作。	1	2	3

六、结果分析

(一)记分规则

对照表1,结合自己的答题记分情况,将得分分别相加,得出每种处事风格类型的得分。其中分数最高的即是自己所偏重的处事风格类型。

表1 题目分类表

要素	对应题号	得分
果断型风格	1、5、9、13、17、21、25、29、33、37、41、45、49、53、57	
管理情感	2、6、10、14、18、22、26、30、34、38、42、46、50、54、58	
激发自我热情	3、7、11、15、19、23、27、31、35、39、43、47、51、55、59	
与他人心意相通	4、8、12、16、20、24、28、32、36、40、44、48、52、56、60	

应该说明的是,很多人的处事风格并不单纯的属于单一类型,可能是多种类型的混合。

(二)测验分数的解释

1.果断型风格

果断型的人精力充沛;讲求实际;比较理智;有非常明确的目标和追求,不达目的决不罢休;独立自主的意识很强,当机立断;精于时间的安排;说话直率,节奏快,身体前倾,动作坚定有力;以工作为中心,节奏迅速,在短时间内能完成大量的任务,是实干家。

2.表露型风格

表露型的人喜欢抛头露面;奔放热情,说话直爽;交往广泛;精力旺盛,干劲十足;不断进取;想象力丰富;有很强的坚定性;谈话内容,往往以人为中心;善于运用各种体态语言传情达意。做事容易心血来潮,不大愿意深入实际;不愿做平凡小事;满足于一般的规划设想,不屑于实际考察。

3.思考型风格

思考型的人具有完美主义特征。做事考虑周密,效率高;树立高标准,并且努力达到和超过这些标准;喜欢独立工作;忠诚;不喜欢口头讲话,而倾向于书面表达;与人谈话的中心一般是工作,说话讲求逻辑性;不喜欢公开表露自己的情感。

4.随和型风格

随和型的人具有协作的精神。为提高工作效率,不惜牺牲自己的时间和精力;欢迎他人提意见;文静友善;富于同情心;喜欢组织上规定好职责和任务,自己按部就班地履行义务;是优秀的守业者;决策时小心谨慎,优柔寡断;与人谈话时多以他人为中心,倾向于保持沉默,体态语言的运用比较克制;珍视和谐的人际关系,喜欢息事宁人,谈吐得体。

七、使用指南

如何与其他处事风格类型的人建立起积极有效的工作关系?以下各种行为中的某些具体表现可供参考,但不一定要全部照搬。

(一)果断型的人

1.在表露型的人面前

(1)增加个人交往:①在谈话中创造一些不用谈工作的机会;②比平时更加自由和随便一些;③开始谈话时,可用一点时间聊一下与个人有关的家常事,介绍一些有关你本人及别人的情况;④不要摆出清高的姿态。

(2)重视情感:①对他们情绪上的反复,不用做过多的反应;②如实指出他们所处的精神状态;③体察他们有什么实际感受;④自己要显露出更多的情感,表现出自己更大的热情;⑤不必过于介意他们发脾气时所进行的口头攻击。

(3)协调谈话风格:①对夸大的说法采取容忍的态度;②允许离题,但应及时拉回正题;③用一点时间互相切磋;④应当为双方交谈留出足够的时间;⑤对他们说话中出现的矛盾做出巧妙的反应。

(4)肯定其爱开玩笑的特点:①设法为谈话创造一种更加愉快的气氛;②工作间隙不妨轻松一会儿;③允许他们开几个玩笑。

(5)承认表露型的人发挥的作用:①要赞扬他们所做的贡献;②应当让他们成为人们注意的中心。

(6)沟通思想,达成共识:①删去非常具体的细节;②尽力支持他们设想的目标;③将面对面交谈的内容用书面的形式做一个小结;④列举事实和进行推理要适度;⑤尽可能给他们不断的鼓励;⑥表明自己对人的因素相当重视;⑦选定一种具体的方案供对方考虑;⑧充分利用他们的建议。

(7)营造更为宽松的环境:①可能的话,允许他们临时动脑把事情做好;②创造条件让他们做新的工作;③帮助他们在工作中刻下他们的印记;④照顾他们好动的习性;⑤避免权力的争斗。

2.在思考型的人面前

(1)放慢节奏:①利用时间做更加周密的思考;②别把期限定得过紧;③决策时不要催逼他们;④说话慢一些。

(2)协调谈话的风格:①准备要充分;②材料要非常具体;③说话要精确;④就所提的建议,说明其存在的问题和不利的条件;⑤耐心地倾听对方的谈话;⑥合理地缩小考虑的范围;⑦提供书面的论据,并且补充有关的资料;⑧说明自己主张的做法为什么是最好的。

3.在随和型的人面前

(1)真诚相处:①开始谈话时,聊聊个人家常事,介绍一下自己的情况;②不要摆出一副清高的姿态;③在谈话中,创造一些不用谈工作的机会。

(2)重视情感:①自己要显露出更多的情感;②琢磨对方体态语言的含意;③注意对方的反应;④注视谈话的对方。

(3)营造稳定有序的工作环境:①显示出忠诚;②对于困难的工程项目,要帮助他们制订具体的工作规划,设计有关的工作程序;③减少不确定性;④在自己的职责范围内,确保随和型的人有其明确的工作任务和奋斗的目标。

(4)注意人的因素:①请随和型的人就影响到他们利益的事发表自己的意见;②论述所做的决策对人及其士气可能产生的影响;③说明其他人支持自己的主

张;④适当的时候,在进行决策前,找一个机会让随和型的人与其他人谈谈心。

(二)表露型的人

1.在随和型的人面前

(1)多倾听,虚心地听:①主动请他们讲话;②别急着帮对方把话讲完;③尽量少说;④向对方复述你所听到的要点;⑤不要打断对方的谈话;⑥说话时应当多停顿,停顿的时间尽量长一些,使他们容易找到插话的机会。

(2)态度不能太强硬:①显示出谦让的态度;②限制一下示意的动作;③讲话的声音低一些;④发表想法时尽量多用商量的口气;⑤减小眼光接触的力度。

(3)乐于助人:①真心赞赏他们所做出的贡献;②认真地听取他们的讲话,使他们感到有人在听,并且理解他们;③向他们伸出帮助之手。

2.在果断型的人面前

(1)以任务为中心:①说话时应当尽快地进入正题;②不能太随便;③应当准时;④不要离题。

(2)控制情感:①谈想法,而不要谈感受;②尽量少用示意性动作;③避免身体的接触;④尽量少用面部表情;⑤如果果断型的人不讲人情或显示出冷冰冰的态度,那么自己也不必介意。

(3)按计划办事:①办事要有计划;②注重实际;③将自己的理想转变为奋斗的设想和目标;④说到就要做到。

(4)避免权力的争斗:①介绍自己的看法时尽量多用商量的口吻,并且显示出自己谦让的态度;②说话时降低一些发声的力度;③要多听,虚心地听。

3.在思考型的人面前

(1)有条不紊地工作:①树立高标准;②优化工作程序和方法;③按计划办事;④办事有计划;⑤不断改进工作程序;⑥严格地遵循已经建立起来的有效程序。

(2)说话要严密、具体,以事实为根据:①准备要充分;②材料要具体;③说话要严密;④合理地缩小决策的范围;⑤就所提的建议,说明其存在的问题和不利的条件;⑥要集中精力谈正题;⑦提供精确的事实作为说话的论据;⑧说明自己的主张为什么是最好的;⑨提供书面的论据,必要时还要补充有关的资料;⑩应当耐心地倾听对方的谈话。

(三)思考型的人

1.在果断型的人面前

(1)加快节奏:①准备做出迅速的决策;②尽量加快讲话的速度;③要充分利用时间;④要及时处理问题;⑤行动要比平时快一些;⑥尽快实施做出的决策;⑦书面报告要简短;⑧对有关的信息和要求应当迅速做出适当的反应;⑨按时完成任务。

(2)显示出充沛的精力:①行动和说话的速度都要快一些;②增大眼光接触的频度和力度;③提高声音的力度;④利用示意动作表明自己专心于交谈。

(3)不要沉湎于细节或理论:①不要离题去大谈理论或者追溯问题和解决方法的来龙去脉;②介绍主要的论点,尽量跳过那些不很重要的细节;③要集中精力讲最重要的事情。

(4)想什么说什么:①表明观点时,千万不要用让人误以为自己缺乏信心的示意动作;②要多说少问;③不要掩饰出现的问题;④直言自己的想法;⑤明确说出自己不同意的观点;⑥尽量多用肯定的说法,少用试探的口气。

(5)说话要切实可行,注意实效:采取务实的态度,着重说明有关行动的后果,以拿出令人信服的证据。

(6)帮助他们做出自己的决定:①尽量不要用条条框框去束缚他们的手脚;②只要切实可行,就应当让果断型的人决定如何完成有关的项目并达到有关的目标;③向果断型的人提出建议时,只需提供2个方案供他们考虑;④介绍方案时,提供简明具体的说明;⑤尽量让果断型的人自由地决定他们自己的目标。

2.在随和型和表露型的人面前

(1)进行个人交往:①在谈话中,尽量创造一些不用谈工作的机会;②尽量比平时更加自由随便一些;③开始谈话时,可以聊聊个人家常事,介绍一下自己的某些情况;④讲一讲其他有关人的最近的情况;⑤不要摆出清高的姿态。

(2)加快节奏:①迅速地处理问题;②说话要比平时更快一些;③不要过多地做解释;④行动要比平时快一些;⑤准备做出迅速的决策;⑥尽快实施做出的决策。

(3)显示充沛的精力:①增大说话时声音的力度;②更多地运用力度较大的动作;③增大眼光接触的频度和力度;④交谈时身体尽量前倾;⑤不时地变换身体的姿势。

(4)重视情感:①自己要显露出更多的情感,表现出更大的热情;②如实指出表露型的人所处的精神状态;③对表露型的人情绪上的反复不用做过多的反应;④弄清楚表露型的人有怎样的感受;⑤对于他们发脾气时口头上进行的攻击不必过于介意。

(5)协调谈话的风格:①对表露型的人自相矛盾的说法做出巧妙的反应;②可以允许离题,但是应当及时拉回正题;③用一点时间互相切磋;④对夸大的说法采取容忍的态度;⑤尽量为交谈留出足够的时间。

(6)肯定他们爱开玩笑的特点:①工作间隙不妨轻松一会儿;②允许表露型的人开几个玩笑;③设法为谈话创造一种更加愉快的气氛。

(7)承认表露型的人所发挥的作用:赞扬他们所做出的贡献,让他们成为人们注目的中心。

(8)想到什么就说什么:①明确说出自己不同意的观点;②尽量多说,少问;③尽量多用肯定的说法,少用试探性的语气;④表明观点时,尽量不要用让人误以为自己缺乏信心的示意动作;⑤直言自己的想法;⑥不要掩饰出现的问题。

(9)沟通思想,达成共识:①表明自己对人的因素是非常重视的;②尽力支持表露型的人设想的目标;③尽可能给他们不断的鼓励;④列举事实和推理论证要适度;⑤重点介绍别人——特别是他们认识和尊敬的人所提出的建议;⑥面对面交谈;⑦选定一种具体的方案供对方考虑;⑧要注意从宏观上看问题。

(10)营造更为宽松的环境:①不必固守陈旧的条条框框;②创造条件让表露型的人做新的工作;③帮助表露型的人在工作中刻下他们的印记;④可能时临时做一些变通;⑤照顾他们好动的习性。

(四)随和型的人

1.在思考型的人面前

(1)以任务为中心:①不能太随便;②谈话时应当尽快地进入正题;③应当准时;④行为举止要克制。

(2)控制情感:①要严格地照章办事;②尽量走好每一步;③应当不断地改进;④尽量减少眼神的接触。

(3)说话要严密、具体,以事实为根据:①合理地缩小考虑的范围;②讲话要严密;③材料要具体;④准备要充分;⑤就所提的建议,说明其存在的问题和不利的条件;⑥要表明自己主张的是最好的做法;⑦耐心地倾听对方的谈话;⑧集中精力谈正题;⑨提供书面的论据,可能时还要补充有关的资料;⑩要提供切实的证据。

2.在表露型的人面前

(1)加快节奏:①要准备做出迅速的决策;②尽量加快讲话的速度;③要及时处理问题;④行动比平时要更快一些;⑤书面报告要简短;⑥对有关的信息和要求应当迅速做出适当的反应;⑦要尽快实施已做出的决策;⑧对先急后拖的现象应有思想准备。

(2)显示充沛的精力:①身体尽量保持挺直的姿势;②尽量利用身体的动作表明自己专心于交谈;③增大眼光接触的频度和强度;④尽量提高声音的力度;⑤行动和说话的速度都要快一些。

(3)着眼于大局:①详细的材料也要做认真的准备;②介绍主要的论点,尽量跳过那些不十分重要的细节;③应当集中注意力讲最重要的事情。

(4)想什么就说什么:①尽量多说,少问;②表明观点时,一定不要用让人误以为自己缺乏信心的示意动作,如耸肩、摊手、面部显示尴尬的表情等;③尽量多用肯定的说法,少用试探性的语气;④直言自己的想法;⑤明确说出自己不同意的观点;⑥建议采用一种行动的方案,并力争对方的支持;⑦不要掩饰出现的问题。

(5)帮助他们做出自己的决定:①只要切实可行,就应当让表露型的人决定用怎样的方式办事,通过怎样的步骤达到具体的目标;②尽量让表露型的人自由地决定如何实现他们的长远目标;③不要用条条框框来束缚他们的手脚。

3.在果断型的人面前

(1)加快节奏:①处理问题应当及时;②尽量加快讲话的速度;③要充分利用时间;④行动要比平时更快一些;⑤准备迅速做出决策;⑥书面报告要简短些;⑦要按期完成预定的任务;⑧对有关的信息和要求迅速做出适当的反应;⑨尽快实施已做出的决策。

(2)显示充沛的精力:①提高声音的力度;②多用体态语言强调自己专心于交谈;③增大眼光接触的频度和强度;④身体姿势尽量保持挺直;⑤言行速度要快一些。

(3)以任务为中心:①行为举止应当显示出务实的态度;②谈话应当尽快地进入正题;③不能太随便;④要准时。

(4)控制情感:①谈想法,而不要谈感受;②尽量少用示意性动作;③尽量避免身体的接触;④尽量少用面部的表情;⑤即使果断型的人不讲人情或显示出冷冰冰的态度,自己也不必太介意。

(5)弄清楚自己的目标和打算:①工作有打算;②确立工作的目标;③制定切实可行的远大目标。

(6)想什么就说什么:①尽量多用肯定的说法,少用试探性的语气;②尽量多说,少问;③直言自己的想法;④不要掩饰出现的问题;⑤明确说出自己不同意的观点;⑥表明观点时,不用让人误以为自己缺乏信心的示意动作。

(7)投其所好:①尽量跳过不十分重要的细节,介绍主要的论点;②要集中注意力讲最重要的事情;③如果有疑问,就避开不谈。

(8)说话要严密:①准备要充分;②提供精确的真凭实据;③在提出建议时,提供两种方案给果断型的人去选择;④重点应当放在有关行动的结果上;⑤着重说明自己所建议的做法是切合实际的;⑥说话要严密。

(五)与处事风格相同的人相处的方法

在某些情况下,由于风格而产生的一些差异可能有助于建立建设性的人际关系。处事风格相同的人在一起共事,其中一方临时性地采用另一种风格的某些行为是非常有益的。应当注意不要过分地运用或者在不适当的情况下运用基于自己风格的行为。在有些情况下,有必要找机会临时性地修正自己的一些行为,采用某些反映其他风格的特点的行为。如果两人顶撞起来,其中一方就要临时性地降低一下自己的坚定性水平;多倾听,虚心地听,减小说话声音的力度,多用商量的口气说话,显示出谦让的态度。